ちくま学芸文庫

理工学者が書いた数学の本

線形代数

甘利俊一　金谷健一

筑摩書房

まえがき

線形代数の教科書は多い．これは，理工学の基礎として線形代数がいかに重要であるかを示すものである．しかし，線形代数の全構造を要領よくまとめるのはそれほど簡単なことではない．そのため，多くの教科書では次のどちらかの傾向に走るきらいがある．一つは，計算技術を重視し，計算を通じて線形代数の理解を深めようというものであり，行列と行列式，連立一次方程式，各種の標準形の計算を中心としている．もう一つは，数学としての論理を重視して厳密な理論構成に力を注ぐものであり，ベクトル空間の公理系をもとに定理の証明を中心としている．

これに対して，本書では“線形代数の本質的な論理を，まず直観的イメージとして捉えること”を目標とした．そのために本書では，線形代数を単なる行列の計算とみなすのではなく，あくまでも公理的な論理構成をもつものと考えるが，しかし，それを定理の証明という形で述べるのではなく，工学や物理学の簡単な例を多用して，“線形代数の基本概念や構造がなぜ重要であり，どういう状況で必要になるか”を理解できるように心掛けた．単に計算の技術だけに習熟しても，そこから線形代数の本質に到達するのは容易ではないし，また，数学的に厳密な論理構成や証明は，事の本質をまず直観的に理解した後に行うのが本筋であると考えているからである．

近年，工学を含む自然科学の分野で，数学的な理論構成がますます盛んになりつつあり，線形代数の重要性も増している．しかし，数学的な理論構成にあたっては“既成の数学を当てはめる”という態度ではうまくいかない．その問題の本質的な構造に適合するように数学を創り，再構成する態度が必要である．これがわれわれが目指している新しい応用数学，数理工学の態度であり，そのためにも“本質を直観的に捉える”ことが重要である．このような応用数学は，昇華し形式化した数学にふたたび血肉を与え，これを生きた数学とする．われわれは本書を通じて，生きた数学の復権を追求しているのである．

“線形代数の本質を直観的に捉える”という本書の試みが，果たしてどの程度成功しているかについては，読者の批判を待つしかあるまい．なお，本書を計画した時点で考えた項目のうちのいくつかは，枚数の都合で割愛せざるを得なくなった．これらについては，巻末に補遺として簡単にふれておいた．

本書の出版にあたって，千葉工業大学（当時鉄道技術研究所）の山本彬也氏は原稿にていねいに目を通し，多くの有益な御助言を下さった．また，講談社の芳賀穣氏，日東英光氏には懇切なお世話をいただいた．これらの諸氏に感謝の意を表したい．

1987 年 1 月

甘利　俊一
金谷　健一

目　次

理工学者が書いた数学の本

線形代数

第1章　ベクトル空間と線形写像

1　n 次元ユークリッド空間 E^n のベクトル

現実の世界には，温度や質量のようにその大きさを‘数値’で表すことのできる量ばかりでなく，もっと‘複雑’な量が存在する．そのうちで，物理学や工学においてよく現れるものが**ベクトル**という量である．“ベクトルとは大きさと方向とをもった量である”ことはすでに学んでいるであろう．たとえば，物体の1点にはたらく力や，位置の移動を表す変位などはベクトルであり，これらは矢印をつけた線分を用いて大きさと方向とを同時に示すことができる．すなわち，平面上に原点Oをとり，ここを始点として向きのついた線分を引くと，これがベクトルを表す．これは**平面ベクトル**である．

同じようにして，三次元空間の中に原点Oをとり，ここを始点とする向きのついた線分を考えれば，**空間ベクトル**が得られる．もっと一般化すれば，n 次元空間のベクトルを考えることができる．本節では，このような n 次元（ユークリッド）空間のベクトルの性質を，詳しい説明は抜きにして直観的に述べて，後で扱うもっと一般的な議論の準備としよう．

まず，平面ベクトルからはじめよう．平面上に直交する座標軸（x 軸，y 軸）をとる．図 1-1 のように原点 O を始点とし，点 P(x, y) を終点とする向きのついた線分のベクトルは

$$\vec{x} = \begin{bmatrix} x \\ y \end{bmatrix}$$

のように二つの数値 x, y の組で表すことができる．

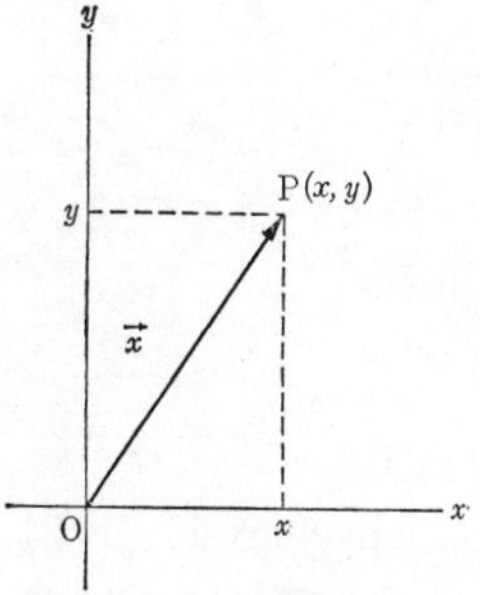

図 1-1　平面ベクトルの成分
平面ベクトル $\vec{x}$ の終点から x 軸，y 軸におろした垂線の位置がそれぞれ $\vec{x}$ の x 成分，y 成分である．

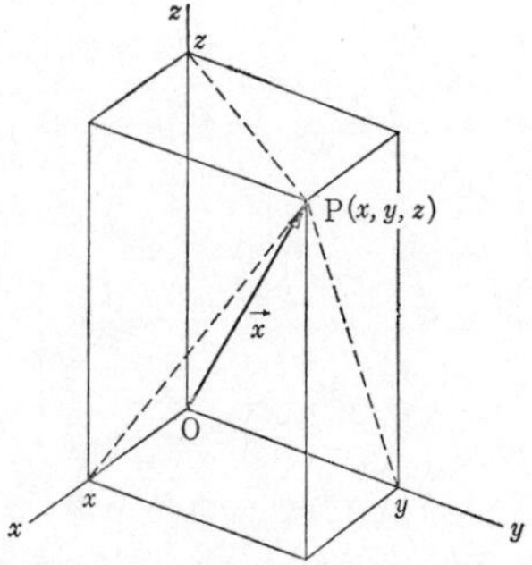

図 1-2　空間ベクトルの成分
空間ベクトル $\vec{x}$ の終点から x 軸，y 軸，z 軸へおろした垂線の位置が，それぞれ $\vec{x}$ の x 成分，y 成分，z 成分である．

同様に，空間ベクトルでは，図 1-2 のように直交する x 軸，y 軸，z 軸をとり，原点 O を始点，点 $\mathrm{P}(x, y, z)$ を終点とする向きのついた線分のベクトルを 3 個の数値の組で

$$\vec{x} = \begin{bmatrix} x \\ y \\ z \end{bmatrix}$$

のように表すことができる．

このことをさらに一般化して，n 次元の空間に，直交する x_1 軸，x_2 軸，…，x_n 軸をとり，原点 O を始点，点 $\mathrm{P}(x_1, x_2, \cdots, x_n)$ を終点とする向きのついた線分のベクトルを考えよう．これは

$$\vec{x} = \begin{bmatrix} x_1 \\ x_2 \\ \vdots \\ x_n \end{bmatrix}$$

のように，n 個の数値を用いて表すことができる．このように n 個の実数を縦に並べたものを **n 次元列ベクトル**とよび，縦に並んだ実数を**成分**とよぶ．上から順に第一成分，第二成分，…，第 n 成分という．このような n 個の数値を用いて表した n 次元列ベクトルの集合を **n 次元列ベクトル空間**という．

原点から出て終点が同じである二つのベクトルは等し

い．したがって，二つの列ベクトルが等しいとは，各成分がすべて等しいことと約束する．たとえば

$$\vec{x} = \begin{bmatrix} x_1 \\ x_2 \\ \vdots \\ x_n \end{bmatrix}, \quad \vec{y} = \begin{bmatrix} y_1 \\ y_2 \\ \vdots \\ y_n \end{bmatrix}$$

とすると

$$\vec{x} = \vec{y}$$

は

$$x_1 = y_1, \quad x_2 = y_2, \quad \cdots, \quad x_n = y_n$$

を意味する．

ベクトル $\vec{x}$ に定数 c を掛けてできる $c\vec{x}$ は，$c>0$ ならば，$\vec{x}$ の方向を変えないで長さだけを c 倍したベクトルである．$c<0$ ならば，$\vec{x}$ を反対方向に向けて長さを $|c|$ 倍したものである（図 1-3）．列ベクトルでいえば

$$c\begin{bmatrix} x_1 \\ x_2 \\ \vdots \\ x_n \end{bmatrix} = \begin{bmatrix} cx_1 \\ cx_2 \\ \vdots \\ cx_n \end{bmatrix} \tag{1.1}$$

であり，列ベクトル $c\vec{x}$ は列ベクトル $\vec{x}$ の各成分を c 倍したものである．

平面ベクトルの場合，二つのベクトル $\vec{x}$ と $\vec{y}$ との和

$$\vec{x}+\vec{y}$$

を考えることができる．これは図 1-4 に示すように，$\vec{x}$ と $\vec{y}$ とを 2 辺とする平行四辺形の対角線の示す線分のベクトルである．n 次元ベクトルの場合にも，同様に $\vec{x}$ と $\vec{y}$ のつくる平行四辺形を考えて，$\vec{x}+\vec{y}$ をその対角線の線分と考えてよい．列ベクトルでいうならば，明らかに

$$\begin{bmatrix} x_1 \\ x_2 \\ \vdots \\ x_n \end{bmatrix} + \begin{bmatrix} y_1 \\ y_2 \\ \vdots \\ y_n \end{bmatrix} = \begin{bmatrix} x_1 + y_1 \\ x_2 + y_2 \\ \vdots \\ x_n + y_n \end{bmatrix} \tag{1.2}$$

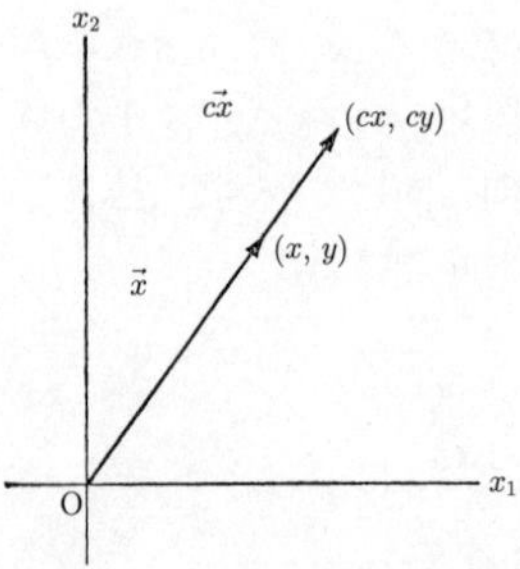

図 1-3　ベクトルの c 倍

ベクトル $\vec{x}$ を c 倍したものは，方向を変えずに長さを c 倍したものである．c が負のときは反対向きになる．

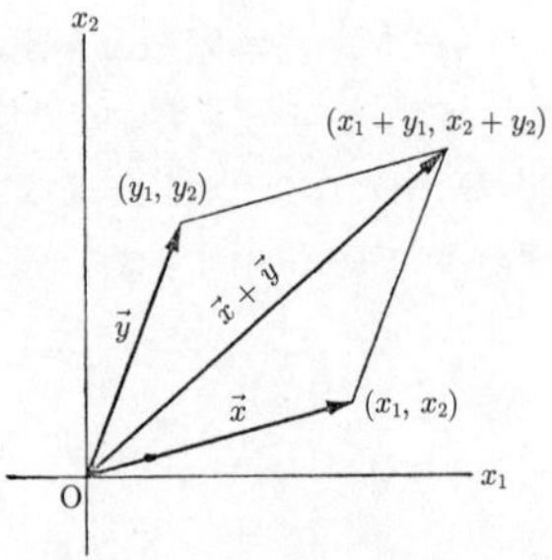

図 1-4　平面ベクトルの和

平面ベクトル $\vec{x}$ と $\vec{y}$ との和は，$\vec{x}$ と $\vec{y}$ とがつくる平行四辺形の対角線のベクトルである．

である．すなわち，二つの列ベクトルの和をつくるには，各成分ごとに加えればよい．

すべての成分が0である列ベクトルを

$$\vec{0} = \begin{bmatrix} 0 \\ 0 \\ \vdots \\ 0 \end{bmatrix}$$

とする．これは原点O自身を指すと考えられる．任意のベクトルにベクトル $\vec{0}$ を加えても，結果は変わらない．また

$$\vec{x} - \vec{y} = \vec{0}$$

は

$$\vec{x} = \vec{y}$$

を意味する．

n 次元の空間で，つぎのような n 個の列ベクトルをとってみよう．

$$\vec{e}_1 = \begin{bmatrix} 1 \\ 0 \\ 0 \\ \vdots \\ 0 \end{bmatrix}, \quad \vec{e}_2 = \begin{bmatrix} 0 \\ 1 \\ 0 \\ \vdots \\ 0 \end{bmatrix}, \quad \cdots, \quad \vec{e}_n = \begin{bmatrix} 0 \\ 0 \\ \vdots \\ 0 \\ 1 \end{bmatrix} \qquad (1.3)$$

これらは，各座標軸にそった単位の（長さ1の）ベクトルと考えてよい．任意の列ベクトル $\vec{x}$ は

$$\begin{bmatrix} x_1 \\ x_2 \\ \vdots \\ x_n \end{bmatrix} = x_1 \begin{bmatrix} 1 \\ 0 \\ 0 \\ \vdots \\ 0 \end{bmatrix} + x_2 \begin{bmatrix} 0 \\ 1 \\ 0 \\ \vdots \\ 0 \end{bmatrix} + \cdots + x_n \begin{bmatrix} 0 \\ 0 \\ \vdots \\ 0 \\ 1 \end{bmatrix} \tag{1.4}$$

または

$$\vec{x} = x_1\vec{e}_1 + x_2\vec{e}_2 + \cdots + x_n\vec{e}_n \tag{1.5}$$

と表すことができる．この場合 $\vec{x}$ の第 i 成分 x_i が，$\vec{e}_i$ の係数になっている．

現実の平面（二次元）や三次元空間では，線分の長さや，二つの線分のあいだの角度を計算することができる．同様に，n 次元の空間でもベクトルの長さや二つのベクトルのあいだの角度を計算することができる．それには，ベクトルのあいだに**内積**という演算を導入し，これを利用する．

二つの列ベクトル

$$\vec{x} = \begin{bmatrix} x_1 \\ x_2 \\ \vdots \\ x_n \end{bmatrix}, \quad \vec{y} = \begin{bmatrix} y_1 \\ y_2 \\ \vdots \\ y_n \end{bmatrix}$$

の内積 $\vec{x}\cdot\vec{y}$ を，成分を用いて

$$\vec{x}\cdot\vec{y} = x_1y_1 + x_2y_2 + \cdots + x_ny_n \tag{1.6}$$

で定義しよう．すると，ベクトル $\vec{x}$ の長さは

$$|\vec{x}| = \sqrt{\vec{x}\cdot\vec{x}} \quad \left(= \sqrt{{x_1}^2+{x_2}^2+\cdots+{x_n}^2}\right) \qquad (1.7)$$

で表すことができる．平面および空間の場合に，これが線分の実際の長さになっていることは，ピタゴラスの定理からも明らかであろう．n 次元列ベクトル空間にベクトルの内積や長さを式（1.6），（1.7）のように定義したとき，この空間を **n 次元ユークリッド空間**とよび，$\boldsymbol{E}^n$ と書く．

平面ベクトル $\vec{x}, \vec{y}$ のそれぞれの長さを r_x, r_y とし，x 軸（横軸）となす角度をそれぞれ θ_x, θ_y とする．図 1-5 からわかるように

$$\vec{x} = \begin{bmatrix} r_x \cos\theta_x \\ r_x \sin\theta_x \end{bmatrix}, \qquad \vec{y} = \begin{bmatrix} r_y \cos\theta_y \\ r_y \sin\theta_y \end{bmatrix}$$

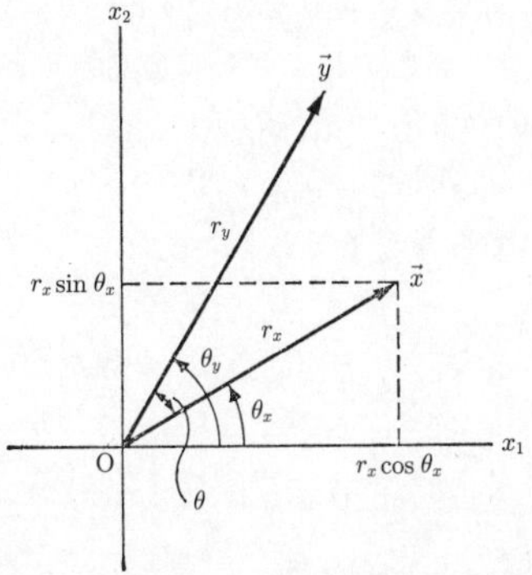

図 1-5　平面ベクトルとなす角度との関係
$\vec{x}\cdot\vec{y} = |\vec{x}|\,|\vec{y}|\cos\theta$ が成り立つ．

である．また，$\vec{x}$ と $\vec{y}$ のあいだの角度 θ は

$$\theta = \theta_y - \theta_x$$

である．$\vec{x}$ と $\vec{y}$ の内積を計算すると，三角関数の加法定理によって

$$\begin{aligned}\vec{x}\cdot\vec{y} &= r_x r_y \cos\theta_x \cos\theta_y + r_x r_y \sin\theta_x \sin\theta_y \\ &= r_x r_y \cos(\theta_y - \theta_x) = |\vec{x}|\,|\vec{y}|\cos\theta\end{aligned}$$

となる．とくに，$\vec{x}$ と $\vec{y}$ とが直交する場合は $\theta = 90^\circ$ であるから

$$\vec{x}\cdot\vec{y} = 0 \tag{1.8}$$

である．n 次元ベクトル $\vec{x}, \vec{y}$ に対しても，$\vec{x} \neq \vec{0}, \vec{y} \neq \vec{0}$ のとき

$$\vec{x}\cdot\vec{y} = |\vec{x}|\,|\vec{y}|\cos\theta \tag{1.9}$$

によって $\vec{x}$ と $\vec{y}$ のなす角 θ を定義する．$\theta = 90^\circ$ すなわち $\vec{x}\cdot\vec{y} = 0$ のとき，$\vec{x}$ と $\vec{y}$ はたがいに直交するという．

式 (1.3) のベクトル $\vec{e}_1, \vec{e}_2, \cdots, \vec{e}_n$ は

$$|\vec{e}_i| = 1 \qquad (i = 1, 2, \cdots, n) \tag{1.10}$$

であり，すべて長さが 1 である．また

$$\vec{e}_i \cdot \vec{e}_j = 0 \qquad (i \neq j)$$

であるから，$\vec{e}_1, \vec{e}_2, \cdots, \vec{e}_n$ はどの二つもたがいに直交している．

2 ベクトルとベクトル空間

向きのついた線分で表されるベクトルには，つぎの二つ

の性質があった．

(1) ベクトルに定数 c をかけても，ベクトルが得られる．

(2) 二つのベクトルを加えても，ベクトルが得られる．

ベクトルの集合 V を考えたとき，集合 V の元に対して (1) 定数倍，(2) 加算を行っても結果はまた V の要素，すなわち V の元である．この性質を，“集合 V は定数倍と和に関して**閉じている**”という．以下では，定数倍と加算に関して閉じている集合 V を考え，後で述べるいくつかの規則を満たすときこれを**ベクトル空間**とよぶ．V の元を**ベクトル**とよび，太字を用いて，$\boldsymbol{x}, \boldsymbol{y}, \boldsymbol{z}, \boldsymbol{a}, \boldsymbol{b}$ などで表すことにする．

$\boldsymbol{x}$ が集合 V の元であることを $\boldsymbol{x} \in V$ と表す．また，R を実数の集合とし，実数をベクトルと区別して**スカラー**とよぶ．このとき，正確にはつぎのようにベクトル空間を定義する．

【ベクトル空間の公理】 ベクトル空間とは，つぎに述べる規則Ⅰ，Ⅱおよびこれに関連した規則Ⅲ-1～8 を満たす集合 V のことである．

(Ⅰ) 任意のスカラー c と任意のベクトル $\boldsymbol{x}$ とのあいだに積 $c\boldsymbol{x}$ が定義できて，これがベクトルである．すなわち

$$c \in R, \boldsymbol{x} \in V \quad \text{ならば} \quad c\boldsymbol{x} \in V$$

（Ⅱ）　二つのベクトルの和が定義できて，これがベクトルである．すなわち

$$\boldsymbol{x}, \boldsymbol{y} \in V \quad ならば \quad \boldsymbol{x}+\boldsymbol{y} \in V$$

（Ⅲ-1）　二つのスカラー c, d に対して

$$(cd)\boldsymbol{x} = c(d\boldsymbol{x})$$

（Ⅲ-2）　実数 1 に対して

$$1\boldsymbol{x} = \boldsymbol{x}$$

（Ⅲ-3）　$$\boldsymbol{x}+\boldsymbol{y} = \boldsymbol{y}+\boldsymbol{x}$$

（Ⅲ-4）　$$(\boldsymbol{x}+\boldsymbol{y})+\boldsymbol{z} = \boldsymbol{x}+(\boldsymbol{y}+\boldsymbol{z})$$

（Ⅲ-5）　任意のベクトル $\boldsymbol{x}$ に対して

$$\boldsymbol{x}+\boldsymbol{0} = \boldsymbol{x}$$

となるベクトル $\boldsymbol{0}$ が存在する．$\boldsymbol{0}$ を零ベクトルとよぶ．

（Ⅲ-6）　任意のベクトル $\boldsymbol{x}$ に対して $-\boldsymbol{x}$ というベクトルが存在して

$$\boldsymbol{x}+(-\boldsymbol{x}) = \boldsymbol{0}$$

（Ⅲ-7）　$$c(\boldsymbol{x}+\boldsymbol{y}) = c\boldsymbol{x}+c\boldsymbol{y}$$

（Ⅲ-8）　$$(c+d)\boldsymbol{x} = c\boldsymbol{x}+d\boldsymbol{x}$$

とくに $\boldsymbol{x}+(-\boldsymbol{y})$ のことを $\boldsymbol{x}-\boldsymbol{y}$ と書く．したがって，（Ⅲ-6）は $\boldsymbol{x}-\boldsymbol{x}=\boldsymbol{0}$ と書くことができる．

【問】　上の（Ⅰ）〜（Ⅲ-8）を用いて，つぎの（ⅰ），（ⅱ）を証明せよ．

（ⅰ）　$(-1)\boldsymbol{x} = -\boldsymbol{x}$　　［ヒント：$\boldsymbol{x}+(-1)\boldsymbol{x} = 1\boldsymbol{x}+(-1)\boldsymbol{x}$］

（ⅱ）　$0\boldsymbol{x} = \boldsymbol{0}$　　［ヒント：$0\boldsymbol{x} = (1-1)\boldsymbol{x}$］

前節に述べた n 次元列ベクトル空間は明らかに上の公理（Ⅰ）～（Ⅲ）を満たしている．しかし，これだけではなく，もっと一般的な対象がベクトル空間になる．つぎの三つの例を考えてみよう．

【例 1-1】　図 1-6 に示すような 6 本の枝をつないでできる電気回路網を考え，各枝には図に示すような大きさの電流が流れているとしよう．電流は途中で消滅しないから，枝の結合点においては，そこに流入する電流の和は，そこから流出する電流の和に等しい．これを**キルヒホッフの電流（保存）則**という．いま，この電流保存則を満たすように電流を分配した状態図の一つを $\boldsymbol{x}$ としよう．$\boldsymbol{x}$ の c 倍すなわち $c\boldsymbol{x}$ は，各枝の電流が c 倍に増えたものと考えると，これも電流保存則を満たす．ま

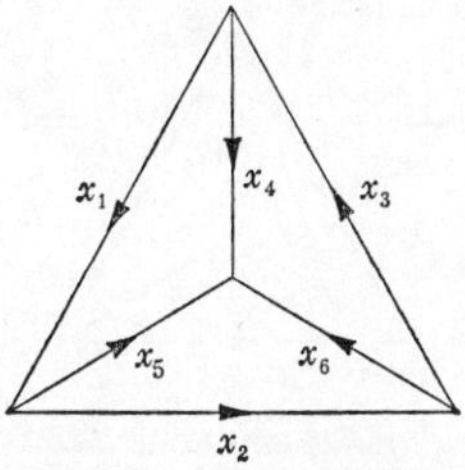

図 1-6　6 本の枝からなる電気回路を流れる電流
各枝の電流を矢印の向きに $x_1 \sim x_6$ とする．反対向きに流れる電流は負の値で表す．

た，保存則を満たす二つの電流の配置図 $\boldsymbol{x}$ と $\boldsymbol{x}'$ とを考えたとき，その和 $\boldsymbol{x}+\boldsymbol{x}'$ は $\boldsymbol{x}$ の電流と $\boldsymbol{x}'$ の電流とを各枝ごとに加え合わせたものとすると，これもまた，電流保存則を満たす（図1-7）．このように定義したスカラー倍と和に対して，ベクトル空間の公理（Ⅰ）〜（Ⅲ）が成立することは明らかである．したがって，‘キルヒホッフの電流保存則を満たす電流配置図’の全体は一つのベクトル空間であり，個々の電流配置図がベクトルになる．$\mathbf{0}$ ベクトルは，どの枝に流れる電流も0であるよう

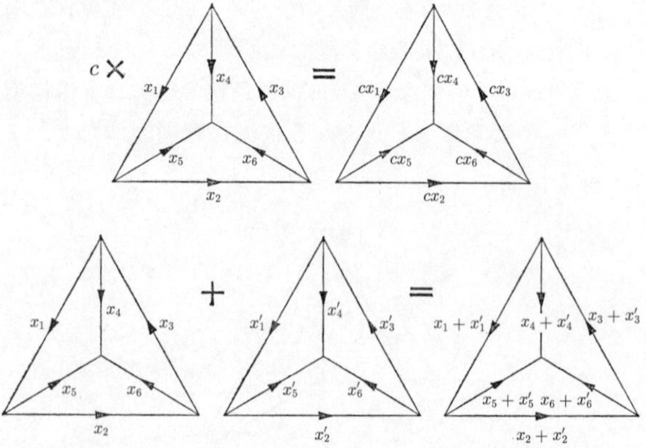

図1-7　電流配置の状態の c 倍と二つの状態の和
電流配置の状態の c 倍は，各枝の電流を c 倍した状態である．二つの電流配置の状態の和は対応する枝の電流の和の電流が流れている状態である．

な配置図である．$-\boldsymbol{x}$ は $\boldsymbol{x}$ とはすべてが逆向きに電流が流れている配置図である．

【例 1-2】　図 1-8 のような二つのおもりをばねでつないだ系を考える．おもりを引っ張ればばねが伸びて，おもりが平衡の位置からずれる．おもりの位置のずれをそれぞれ x_1, x_2 とする．x_1, x_2 は右にずれたときに正，左にずれたときに負の値になるものとする．このとき，ばねの伸びている状態がベクトル，このような状態の全体がベクトル空間になる．すなわち，スカラー倍と和を図 1-9 に示すように定義すると，ベクトル空間の公理（Ⅰ）～（Ⅲ）を満たすことは明らかである．

【例 1-3】　次数が n をこえない変数 t の多項式

$$f(t) = a_n t^n + a_{n-1} t^{n-1} + \cdots + a_1 t + a_0$$

を考えよう．一つの多項式 $f(t)$ の c 倍，$cf(t)$ もやはり多項式で，次数は n をこえない．また，このような二つの多項式 $f(t)$ と $g(t)$ との和 $f(t)+g(t)$ も次数が n をこえない多項式である．したがって，このような多項式の全体は定数倍と和に関して閉じている．これがベク

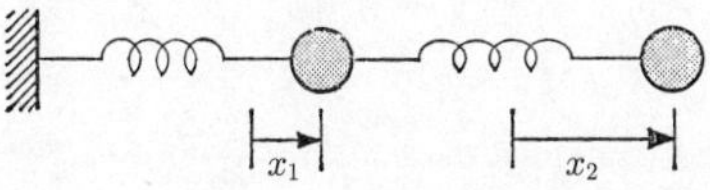

図 1-8　ばねの伸び
ばねでつないだおもりの系の状態は一つのベクトルと考えてよい．

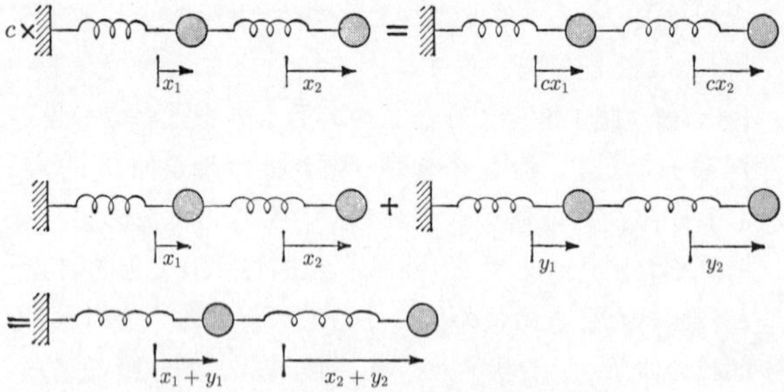

図1-9 ばねとおもりの系の c 倍と和

ばねとおもりの系の状態の c 倍は各変位を c 倍した状態である．二つの状態の和は対応する変位の和だけ変位した状態である．

トル空間の公理（Ⅲ）を満たすことは自明であるから，次数が n 以下の多項式の全体 P_n はベクトル空間である．

3 線形結合と線形独立

ベクトル空間 V に属する m 個のベクトル $\boldsymbol{x}_1, \boldsymbol{x}_2, \cdots, \boldsymbol{x}_m$ に対して，それぞれスカラー $c_1, c_2, \cdots, c_m$ を掛けるとベクトル $c_1\boldsymbol{x}_1, c_2\boldsymbol{x}_2, \cdots, c_m\boldsymbol{x}_m$ ができる．これらを加え合わせてできる

$$c_1\boldsymbol{x}_1 + c_2\boldsymbol{x}_2 + \cdots + c_m\boldsymbol{x}_m$$

もまた V に属するベクトルである．上式をベクトル

$\boldsymbol{x}_1, \boldsymbol{x}_2, \cdots, \boldsymbol{x}_m$ の**線形結合**（または**一次結合**）といい，$c_1, c_2, \cdots, c_m$ をその**係数**という．

m 個のベクトル $\boldsymbol{x}_1, \boldsymbol{x}_2, \cdots, \boldsymbol{x}_m$ が与えられたとき，このうちのどれか一つが他のベクトルの線形結合で表すことができるかどうかを考えてみよう．

どのベクトルも他のベクトルの線形結合では表せないならば，ベクトルの組 $\{\boldsymbol{x}_1, \boldsymbol{x}_2, \cdots, \boldsymbol{x}_m\}$ は**線形独立**（または**一次独立**）であるという．また，どれか一つのベクトルが他のベクトルの線形結合で表されるならば，これらの m 個のベクトルは**線形従属**（または**一次従属**）であるという．

与えられたベクトル $\boldsymbol{x}_1, \boldsymbol{x}_2, \cdots, \boldsymbol{x}_m$ が線形独立であるか線形従属であるかは，次のように言い換えることもできる．いま，係数 $c_1, c_2, \cdots, c_m$ をうまく選んで，これらの線形結合で $\boldsymbol{0}$ ベクトルをつくること，すなわち

$$c_1\boldsymbol{x}_1 + c_2\boldsymbol{x}_2 + \cdots + c_m\boldsymbol{x}_m = \boldsymbol{0} \tag{1.11}$$

とすることを考えてみる．すべての係数が0，すなわち $c_1 = c_2 = \cdots = c_m = 0$ であれば，$\boldsymbol{0}$ ベクトルができるのは当然である．$c_1, c_2, \cdots, c_m$ はすべてが0ではないとする（何個かは0であってもよい）．このようにして $\boldsymbol{0}$ ベクトルをつくることができれば，$\{\boldsymbol{x}_1, \boldsymbol{x}_2, \cdots, \boldsymbol{x}_m\}$ は線形従属である．なぜならば，$\boldsymbol{0}$ ベクトルを式（1.11）のようにしてつくったとき，たとえば $c_1 \neq 0$ となっていれば，$c_1\boldsymbol{x}_1$ 以外の項を移項して両辺を c_1 で割って

$$\boldsymbol{x}_1 = -\sum_{i=2}^{m} \frac{c_i}{c_1}\boldsymbol{x}_i$$

が得られる．すなわち，$\boldsymbol{x}_1$ は $\boldsymbol{x}_2, \cdots, \boldsymbol{x}_m$ の線形結合で表すことができる．$c_1 = 0$ ならば，他の0でない係数 c_j を選んで，$\boldsymbol{x}_j$ を他のベクトルを用いて表すことができる．

また，$c_1, c_2, \cdots, c_m$ をどんなに選んでも，すべての c_i を0にしないかぎり式（1.11）で $\mathbf{0}$ ベクトルをつくることができないときには，$\{\boldsymbol{x}_1, \boldsymbol{x}_2, \cdots, \boldsymbol{x}_m\}$ は線形独立である．なぜならば，仮に線形独立でなかったとして，たとえば $\boldsymbol{x}_1$ が他のベクトルを用いて

$$\boldsymbol{x}_1 = \sum_{i=2}^{m} c_i \boldsymbol{x}_i$$

と書けたとしよう．このとき

$$\boldsymbol{x}_1 - c_2\boldsymbol{x}_2 - c_3\boldsymbol{x}_3 - \cdots - c_m\boldsymbol{x}_m = \mathbf{0}$$

となってしまい，すべて0とはかぎらない係数をうまく選んで式（1.11）で $\mathbf{0}$ ベクトルをつくることができることになるからである．

【例 1-4】　$\boldsymbol{x}_1$ を東へ1m移動することを示すベクトル，$\boldsymbol{x}_2$ を西へ1m移動することを示すベクトルとする．明らかに

$$\boldsymbol{x}_1 = -\boldsymbol{x}_2$$

であり，東へ1m行って西に1m移動すればもとにもどり，移動しない状態は $\mathbf{0}$ であるから

$$\boldsymbol{x}_1 + \boldsymbol{x}_2 = \mathbf{0}$$

である．したがって，$\{\boldsymbol{x}_1, \boldsymbol{x}_2\}$ は線形従属である．

同様に，$\boldsymbol{x}_3$ を北へ1m，$\boldsymbol{x}_4$ を北東へ1m移動する

ベクトルとしよう（図 1-10）．$\boldsymbol{x}_1$ と $\boldsymbol{x}_3$ の線形結合

$$c_1\boldsymbol{x}_1 + c_3\boldsymbol{x}_3$$

では，$c_1 = c_3 = 0$ のとき以外に $\mathbf{0}$ ベクトルをつくることはできない．すなわち，東西方向への移動に南北方向への移動を組み合わせても元にはもどることができない．したがって，$\{\boldsymbol{x}_1, \boldsymbol{x}_3\}$ は線形独立である．同様にして，$\{\boldsymbol{x}_1, \boldsymbol{x}_4\}$ も線形独立である．しかし

$$\boldsymbol{x}_1 + \boldsymbol{x}_3 = \sqrt{2}\boldsymbol{x}_4 \quad \text{すなわち} \quad \boldsymbol{x}_1 + \boldsymbol{x}_3 - \sqrt{2}\boldsymbol{x}_4 = \mathbf{0}$$

であるから，$\{\boldsymbol{x}_1, \boldsymbol{x}_3, \boldsymbol{x}_4\}$ は線形従属である．

与えられたベクトル空間 V において，線形独立なベクトルをできるだけ多数選ぶことを考えよう．最大で n 個の線形独立なベクトルを選ぶことができたとする．このとき，n をこのベクトル空間の**次元**といい，n 次元のベクトル空間を添字 n を肩に付けて V^n で表す．また，

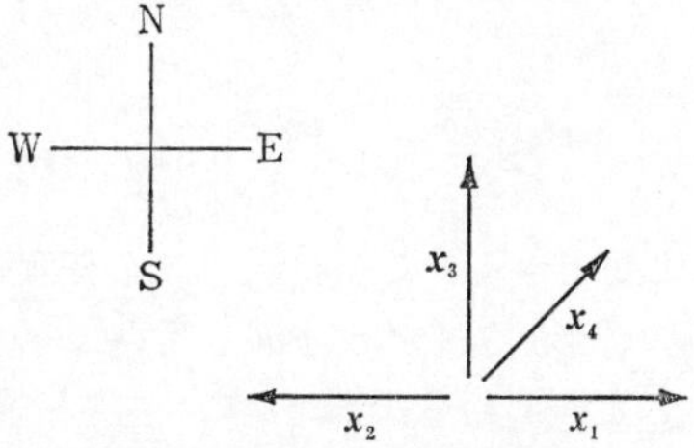

図 1-10　異なった方向へ進むことを表したベクトル
$\{\boldsymbol{x}_1, \boldsymbol{x}_2\}$ は線形従属，$\{\boldsymbol{x}_1, \boldsymbol{x}_3\}$ と $\{\boldsymbol{x}_1, \boldsymbol{x}_4\}$ は線形独立である．一方，$\{\boldsymbol{x}_1, \boldsymbol{x}_3, \boldsymbol{x}_4\}$ は線形従属である．

線形独立なベクトルの組として，無限個のベクトルを選ぶことができるようなときは，ベクトル空間の次元は ∞（無限大）であるという．

n 次元ベクトル空間 V^n において n 個の線形独立なベクトルの組 $\{\boldsymbol{e}_1, \boldsymbol{e}_2, \cdots, \boldsymbol{e}_n\}$ を一つ選ぶ．このとき，V^n のどのベクトル $\boldsymbol{x}$ も，係数 $c_1, c_2, \cdots, c_n$ をうまく選ぶと，$\boldsymbol{e}_1, \cdots, \boldsymbol{e}_n$ の線形結合で表すことができる．このことはつぎのように示すことができる．$n+1$ 個のベクトル $\boldsymbol{x}, \boldsymbol{e}_1, \boldsymbol{e}_2, \cdots, \boldsymbol{e}_n$ は線形従属である．なぜなら，n 次元のベクトル空間には定義によって $n+1$ 個の線形独立なベクトルの組は存在しないからである．したがって，すべてが0ではない実数 $c_0, c_1, \cdots, c_n$ があって

$$c_0\boldsymbol{x}+c_1\boldsymbol{e}_1+c_2\boldsymbol{e}_2+\cdots+c_n\boldsymbol{e}_n=\boldsymbol{0}$$

と書くことができる．ここで，$c_0 \neq 0$ である．なぜなら，$c_0=0$ とすれば $\boldsymbol{e}_1, \boldsymbol{e}_2, \cdots, \boldsymbol{e}_n$ が線形従属であることになり，仮定に反するからである．この式を変形すると

$$\boldsymbol{x}=\sum_{i=1}^{n}\left(\frac{-c_i}{c_0}\right)\boldsymbol{e}_i$$

と書くことができる．こうして，V^n の任意のベクトル $\boldsymbol{x}$ は n 個の線形独立なベクトルを用いてその線形結合で表せることがわかる．また逆に，ある n 個の線形独立なベクトルの組に対して，任意のベクトル $\boldsymbol{x}$ がこれら n 個のベクトルの線形結合で表すことができれば，n 個より多くの線形独立なベクトルの組が存在することは

なく，したがってこのベクトル空間の次元が n であることもわかる．

以上のことは，n 次元ベクトル空間 V^n には n 個の'独立な方向'があって，任意のベクトルがこの n 個の方向を示すベクトルの線形結合として表せることを意味している．線形独立なベクトルの組の選び方はいろいろある．いま，$k\,(<n)$ 個の線形独立なベクトル $\boldsymbol{x}_1, \boldsymbol{x}_2, \cdots, \boldsymbol{x}_k$ が与えられているとすると，これにうまく選んだ $n-k$ 個のベクトル $\boldsymbol{x}_{k+1}, \cdots, \boldsymbol{x}_n$ を付け加えて，$\{\boldsymbol{x}_1, \cdots, \boldsymbol{x}_k, \boldsymbol{x}_{k+1}, \cdots, \boldsymbol{x}_n\}$ を n 個の線形独立なベクトルの組とすることができる．

【例 1-5】 二次元平面の矢印のつくるベクトル空間は，明らかに二次元である．すなわち，東へ 1 単位の変位 $\boldsymbol{e}_1$ と北へ 1 単位の変位 $\boldsymbol{e}_2$ の二つは線形独立であり，他のどのような変位も，この二つのベクトルを用いて線形結合 $c_1\boldsymbol{e}_1+c_2\boldsymbol{e}_2$ の形に表すことができる．

【例 1-6】 ［例 1-1］の電気回路網を考えよう．図 1-11 に示すように，やはり回路の各枝に①番から⑥番までの番号と，矢印の向きがついているものとする．電流保存則を満たす配置図（すなわちベクトル図）の例として，図 1-12 に示すような単位電流の 3 個の配置を考え，これらを $\boldsymbol{e}_1, \boldsymbol{e}_2, \boldsymbol{e}_3$ と書こう．$\boldsymbol{e}_1$ は図 1-11 の枝①，⑤，④でできるループに大きさ 1 の電流が還流する電流配置である．枝④は図 1-11 と矢印が逆だから，ここを流

れる電流は大きさ -1 で，他の枝（②，③，⑥）には電流が流れていない．同様にして $\boldsymbol{e}_2, \boldsymbol{e}_3$ についてもどのような電流配置であるかがわかる．

まず，三つのベクトル $\boldsymbol{e}_1, \boldsymbol{e}_2, \boldsymbol{e}_3$ が線形独立であることを示そう．そのために，c_1, c_2, c_3 を係数として線形結合

$$c_1\boldsymbol{e}_1 + c_2\boldsymbol{e}_2 + c_3\boldsymbol{e}_3$$

をつくり，これが $\boldsymbol{0}$ ベクトルに等しくなる場合があるかどうかをみてみよう．$\boldsymbol{0}$ ベクトルは，すべての枝で流れる電流が0である電流配置のことである．$\boldsymbol{e}_2, \boldsymbol{e}_3$ の二つのベクトルは枝①を通っていないから，枝①の電流を0にするには，上記の線形結合で $c_1 = 0$ でなければならない．同様に，枝②を流れる電流が0であるためには，$\boldsymbol{e}_1$ と $\boldsymbol{e}_3$ は枝②を通らないから，$c_2 = 0$ で

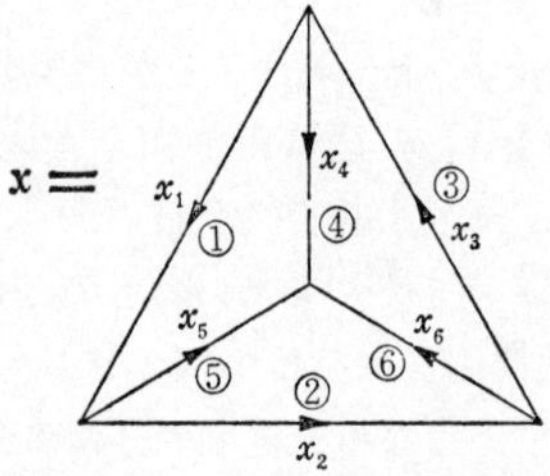

図1-11　枝①〜⑥からなる電気回路
各枝の電流は矢印の向きに $x_1 \sim x_6$ であり，負の電流は反対向きの流れを表す．

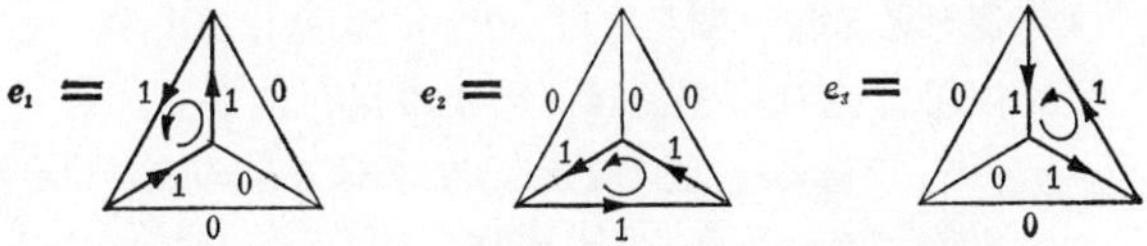

図 1-12　ループをまわる単位電流の 3 個の配置
$\boldsymbol{e}_1, \boldsymbol{e}_2, \boldsymbol{e}_3$ は線形独立である．

なければならない．また，枝③を流れる電流が 0 であるためには，$c_3 = 0$ でなければならない．すなわち，$c_1 = c_2 = c_3 = 0$ のとき，このときにかぎって上記の線形結合が 0 になりうる．このことは $\boldsymbol{e}_1, \boldsymbol{e}_2, \boldsymbol{e}_3$ が線形独立であることを示している（図 1-12）．

さて，図 1-11 の状態 $\boldsymbol{x}$ は電流保存則を満たしているものとする．このとき $\boldsymbol{x}$ は，線形結合

$$\boldsymbol{x} = x_1\boldsymbol{e}_1 + x_2\boldsymbol{e}_2 + x_3\boldsymbol{e}_3 \tag{1. 12}$$

と表すことができる（図 1-13）．なぜなら，枝①，②，

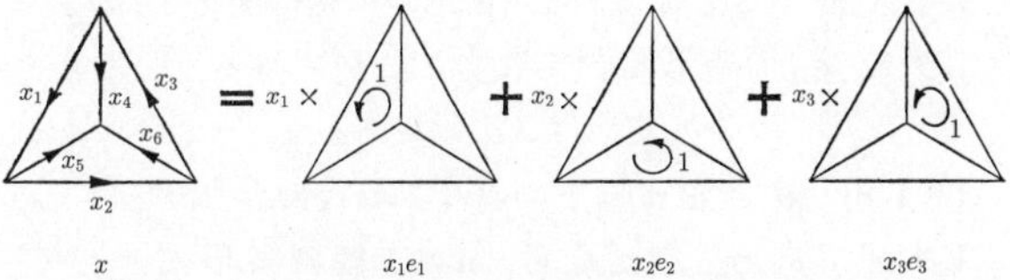

図 1-13　電気回路の電流状態
図 1-11 の状態は，図 1-12 の $\boldsymbol{e}_1, \boldsymbol{e}_2, \boldsymbol{e}_3$ を用いて $x_1\boldsymbol{e}_1 + x_2\boldsymbol{e}_2 + x_3\boldsymbol{e}_3$ と表せる．

③を流れる電流に関しては，上式の両辺は等しい．また，枝④に流れる電流は，電流の保存則から，$x_4 = -x_1 + x_3$ である．（図1-11で，いちばん上の点には③から電流が流れ込み，これが枝④と①から出ていく．）一方，式（1.12）の右辺では，枝④に寄与するのは $\boldsymbol{e}_1$ から -1，$\boldsymbol{e}_3$ から $+1$ で，$\boldsymbol{e}_2$ は寄与しないから，枝④には確かに $x_4 = -x_1 + x_3$ の電流が流れている．枝⑤，枝⑥についても，枝④の場合と同様の議論をすると，式（1.12）が成立することがわかる．したがって，任意の $\boldsymbol{x}$ が線形独立なベクトル $\boldsymbol{e}_1, \boldsymbol{e}_2, \boldsymbol{e}_3$ の線形結合で書き表すことができるから，電流回路網のベクトル空間は三次元である．

【例1-7】 ［例1-2］でとりあげたばね系を考える．図1-14のように，$\boldsymbol{e}_1$ を第一のおもりだけが単位の長さ1だけ移動した状態，$\boldsymbol{e}_2$ を第二のおもりだけが単位の長さ1だけ移動した状態とする．$c_1\boldsymbol{e}_1 + c_2\boldsymbol{e}_2 = \boldsymbol{0}$ となるには，$c_1 = 0, c_2 = 0$ でなければならないから，$\boldsymbol{e}_1, \boldsymbol{e}_2$ は線形独立である．また，任意の状態は図1-15のように，$\boldsymbol{e}_1, \boldsymbol{e}_2$ の線形結合で表すことができる．したがって，このベクトル空間は二次元である．

【例1-8】 次数が n 以下の t の多項式の全体 P_n は $n+1$ 次元である．なぜなら，$n+1$ 個の多項式として，$1, t, t^2, \cdots, t^n$ を考えると，任意の n 次以下の多項式 $f(t)$ はこれらの $n+1$ 個の多項式の線形結合で

$$f(t) = c_0 + c_1 t + \cdots + c_n t^n$$

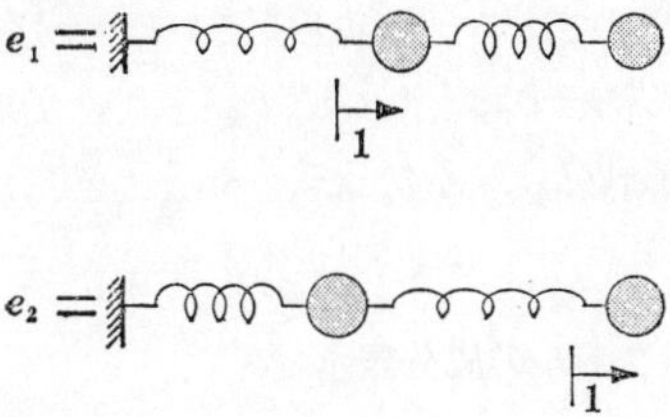

図 1-14　線形独立な二つのばね系

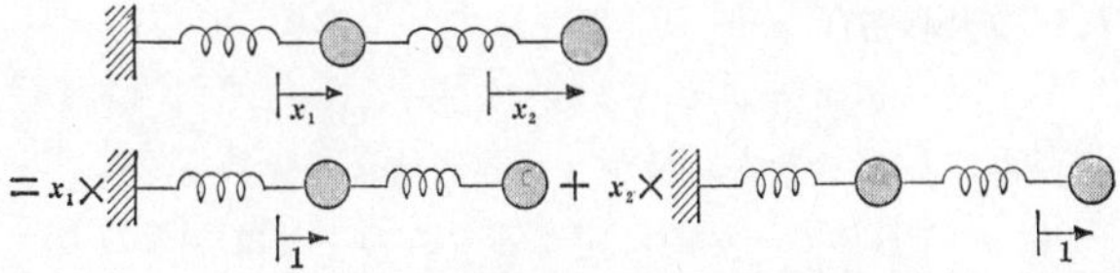

図 1-15　ばね系の任意の状態
任意の状態は $\boldsymbol{e}_1, \boldsymbol{e}_2$ の線形結合で表せる.

と表すことができる. さらに

$$c_0 + c_1 t + \cdots + c_n t^n = 0$$

が恒等的に成立するのは, $c_0 = c_1 = c_2 = \cdots = c_n = 0$ のときにかぎるから, これら $n+1$ 個の多項式は線形独立である. したがって, n 次以下の多項式のつくるベクトル空間は $n+1$ 次元である.

ところで, 次数を制限しないで, 任意の多項式の集合を考えるとどうなるであろうか. 多項式を何倍しても多項式であるし, 多項式と多項式の和もまた多項式であり, ベクトル空間の公理をすべて満足するから, これもベクトル空間である．しかし，これは無限次元ベクトル空間である．それは，$1, t, t^2, t^3, \cdots$ という t のべきのすべてが線形独立になるからである．

4 基底とベクトルの成分表示

ベクトル空間 V^n の線形独立なベクトルの一組を $\{\boldsymbol{e}_1, \boldsymbol{e}_2, \cdots, \boldsymbol{e}_n\}$ とすると，V^n の任意のベクトル $\boldsymbol{x}$ はこれらの線形結合

$$\boldsymbol{x} = x_1\boldsymbol{e}_1 + x_2\boldsymbol{e}_2 + \cdots + x_n\boldsymbol{e}_n \tag{1.13}$$

で表すことができる．しかも，線形結合の係数 $x_1, x_2, \cdots, x_n$ は $\boldsymbol{x}$ に応じて一意的に定まる．このことはつぎのように確かめることができる．いま仮に，$\boldsymbol{x}$ が式（1.13）のほかに

$$\boldsymbol{x} = x_1'\boldsymbol{e}_1 + x_2'\boldsymbol{e}_2 + \cdots + x_n'\boldsymbol{e}_n \tag{1.14}$$

とも書けたとしよう．両式の各辺の引き算を行うと

$$(x_1 - x_1')\boldsymbol{e}_1 + (x_2 - x_2')\boldsymbol{e}_2 + \cdots + (x_n - x_n')\boldsymbol{e}_n = \boldsymbol{0}$$

となる．しかし，$\boldsymbol{e}_1, \boldsymbol{e}_2, \cdots, \boldsymbol{e}_n$ は線形独立であるから，上式の係数はすべて 0 でなければならない．したがって

$$x_1 = x_1', \quad x_2 = x_2', \quad \cdots, \quad x_n = x_n'$$

が成立する．したがって，式（1.13）と式（1.14）は同じものであり，$\boldsymbol{x}$ は $\boldsymbol{e}_1, \boldsymbol{e}_2, \cdots, \boldsymbol{e}_n$ の線形結合として一意的に表すことができる．

V^n において，n 個の一次独立なベクトルの組 $\{\boldsymbol{e}_1, \boldsymbol{e}_2, \cdots, \boldsymbol{e}_n\}$ を一つ定めよう．これを簡単に $\{\boldsymbol{e}_i\}$ と表す．

$(i=1,2,\cdots,n$ の n 個のベクトルがあるとみなすのである.）このとき，任意の $\boldsymbol{x}$ に対して係数 $x_1, x_2, \cdots, x_n$ が一意的に定まって

$$\boldsymbol{x} = \sum_{i=1}^{n} x_i \boldsymbol{e}_i \tag{1.15}$$

と表すことができる．こうして，n 個の係数の組 $\{x_1, x_2, \cdots, x_n\}$ を用いてベクトル $\boldsymbol{x}$ を数値的に表すことができて，いろいろと都合がよい．このような目的で選んだベクトルの組 $\{\boldsymbol{e}_i\}$ を**基底**，$\boldsymbol{e}_i$ のおのおのを**基底ベクトル**，係数 x_i を $\boldsymbol{x}$ の基底 $\{\boldsymbol{e}_i\}$ に関する**第 $\boldsymbol{i}$ 成分**とよぶ．

いったん基底 $\{\boldsymbol{e}_i\}$ を定めれば，V^n のベクトルは基底 $\{\boldsymbol{e}_i\}$ に関する n 個の成分の組 $\{x_1, x_2, \cdots, x_n\}$ で一意的に表すことができる．これらの成分を縦に並べて書いた n 個の数字の列

$$\begin{bmatrix} x_1 \\ x_2 \\ \vdots \\ x_n \end{bmatrix}$$

を，ベクトル $\boldsymbol{x}$ の**成分表示**あるいは**成分列ベクトル**とよび，$\vec{x}$ と書くことにする．しかし，成分列ベクトルを上のように縦に書くのは紙面の都合でたいへんであるから，$[x_1, x_2, \cdots, x_n]^{\mathrm{t}}$ のように横に書いて肩に t を付け，実は縦に成分を並べた列ベクトルであることを示すことにする．この記法では，$\boldsymbol{x}$ のスカラー倍 $c\boldsymbol{x}$ を成分表示して得

られる成分列ベクトルは

$$[cx_1, cx_2, \cdots, cx_n]^{\mathrm{t}}$$

である．また，$\boldsymbol{x}$ と成分列ベクトルが

$$[y_1, y_2, \cdots, y_n]^{\mathrm{t}}$$

であるベクトル $\boldsymbol{y}$ との和 $\boldsymbol{x}+\boldsymbol{y}$ の成分列ベクトルは

$$[x_1+y_1, x_2+y_2, \cdots, x_n+y_n]^{\mathrm{t}}$$

である．したがって，ベクトルのスカラー倍または和は，成分列ベクトルでは，成分ごとにスカラー倍または和をとればよい．すなわち，成分列ベクトルの c 倍は

$$c[x_1, x_2, \cdots, x_n]^{\mathrm{t}} = [cx_1, cx_2, \cdots, cx_n]^{\mathrm{t}} \tag{1.16}$$

また，二つの成分列ベクトルどうしの和は

$$\begin{aligned}&[x_1, x_2, \cdots, x_n]^{\mathrm{t}} + [y_1, y_2, \cdots, y_n]^{\mathrm{t}}\\ &\quad = [x_1+y_1, x_2+y_2, \cdots, x_n+y_n]^{\mathrm{t}}\end{aligned} \tag{1.17}$$

と計算してもよいことがわかる．ベクトルを成分列ベクトルとして表すと，計算のために便利である．

基底ベクトル $\boldsymbol{e}_1, \boldsymbol{e}_2, \cdots, \boldsymbol{e}_n$ の基底 $\{\boldsymbol{e}_i\}$ に関する成分列ベクトルは

$$\vec{e}_1 = \begin{bmatrix} 1 \\ 0 \\ 0 \\ \vdots \\ 0 \end{bmatrix}, \quad \vec{e}_2 = \begin{bmatrix} 0 \\ 1 \\ 0 \\ \vdots \\ 0 \end{bmatrix}, \quad \cdots, \quad \vec{e}_n = \begin{bmatrix} 0 \\ 0 \\ \vdots \\ 0 \\ 1 \end{bmatrix} \tag{1.18}$$

である．式 (1.15) を成分列ベクトルで表すと，線形結合の式は

$$\begin{bmatrix} x_1 \\ x_2 \\ x_3 \\ \vdots \\ x_n \end{bmatrix} = x_1 \begin{bmatrix} 1 \\ 0 \\ 0 \\ \vdots \\ 0 \end{bmatrix} + x_2 \begin{bmatrix} 0 \\ 1 \\ 0 \\ \vdots \\ 0 \end{bmatrix} + \cdots + x_n \begin{bmatrix} 0 \\ 0 \\ \vdots \\ 0 \\ 1 \end{bmatrix} \tag{1.19}$$

すなわち

$$\vec{x} = \sum_{i=1}^{n} x_i \vec{e}_i \tag{1.20}$$

になる．

基底 $\{\boldsymbol{e}_i\}$ としては，線形独立な n 個のベクトルであれば，何を選んでもよい．もちろん，$\boldsymbol{x}$ の成分列ベクトルの数値は，基底として何を選んだかに依存して定まる．通常は，それぞれの問題に応じて‘便利な’基底を選ぶことになる．いくつか例をあげよう．

【例 1-9】 平面上の変位を表すベクトル空間の場合，図 1-16 に示すように，$\boldsymbol{e}_1$ として右へ 1 単位移動するベクトル，$\boldsymbol{e}_2$ として上へ 1 単位移動するベクトルをとり，これらを基底とする．すると，右へ 3 単位，上へ 2 単位だけ移動する変位ベクトル $\boldsymbol{x}$ は

$$\boldsymbol{x} = 3\boldsymbol{e}_1 + 2\boldsymbol{e}_2$$

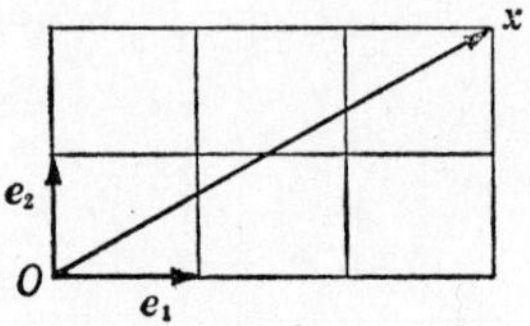

図 1-16　直交する基底

変位 $\boldsymbol{x}$ は基底 $\{\boldsymbol{e}_1, \boldsymbol{e}_2\}$ を用いると，$\boldsymbol{x}=3\boldsymbol{e}_1+2\boldsymbol{e}_2$ と表せる．

であり，この基底に関する $\boldsymbol{x}$ の成分列ベクトルは

$$\vec{x}=[3,2]^{\mathrm{t}}$$

である．第 1 節でユークリッド空間のベクトルを直交軸を用いて列ベクトルで表したが，これはそこでの表し方と一致している．第一成分の $x_1=3$ が右へ進む距離，第二成分の $x_2=2$ が上へ進む距離を表していて便利である．

図 1-17 に示すような $\boldsymbol{e}_1{}'$ と $\boldsymbol{e}_2{}'$ は線形独立であるから，この二つを基底に選ぶこともできる．この場合には，上の変位ベクトル $\boldsymbol{x}$ は

$$\boldsymbol{x}=2\boldsymbol{e}_1{}'+\boldsymbol{e}_2{}'$$

になる．したがって，基底 $\{\boldsymbol{e}_i{}'\}$ に関する成分列ベクトルは

$$[2,1]^{\mathrm{t}}$$

である．これは，二次元ユークリッド空間に斜交軸を引き，これを用いて成分列ベクトルを書いたことに対応している．このような成分列ベクトルは通常は不便である

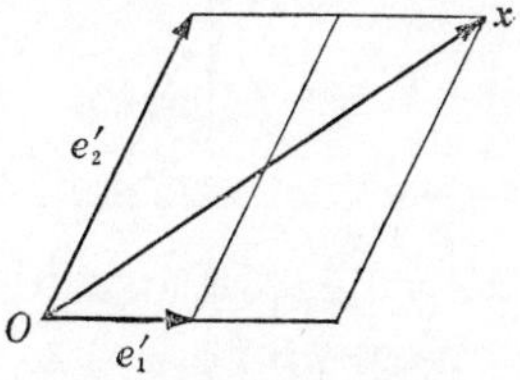

図 1-17 斜交する基底

変位 $\boldsymbol{x}$ は基底 $\{\boldsymbol{e}_1', \boldsymbol{e}_2'\}$ を用いると，$\boldsymbol{x}=2\boldsymbol{e}_1'+\boldsymbol{e}_2'$ と表せる.

が，特殊な問題には便利なことがある.

【例 1-10】 ［例 1-1］の電気回路網のベクトル空間の場合には，図 1-12 に示した $\boldsymbol{e}_1, \boldsymbol{e}_2, \boldsymbol{e}_3$ を基底にとると便利である. このとき，枝①, ②, …, ⑥ にそれぞれ $x_1, x_2, \cdots, x_6$ の電流が流れている状態を示すベクトル $\boldsymbol{x}$ は，$\boldsymbol{e}_1, \boldsymbol{e}_2, \boldsymbol{e}_3$ を用いて

$$\boldsymbol{x} = x_1\boldsymbol{e}_1 + x_2\boldsymbol{e}_2 + x_3\boldsymbol{e}_3$$

と書くことができたから，この基底に関する成分列ベクトルは

$$\vec{x} = [x_1, x_2, x_3]^{\mathrm{t}}$$

である.（x_4, x_5, x_6 は，電流保存則によって x_1, x_2, x_3 で表すことができる.）

一方，基底として図 1-18 のような $\boldsymbol{e}_1', \boldsymbol{e}_2', \boldsymbol{e}_3'$ をとると，たとえば

$$\boldsymbol{x} = x_5\boldsymbol{e}_1' - x_6\boldsymbol{e}_2' + x_2\boldsymbol{e}_3'$$

と表すことができる. なぜならば，図 1-11 の電流配置 $\boldsymbol{x}$ で，枝⑤を流れる電流は x_5 で，$\boldsymbol{e}_2'$ を流れる電流も

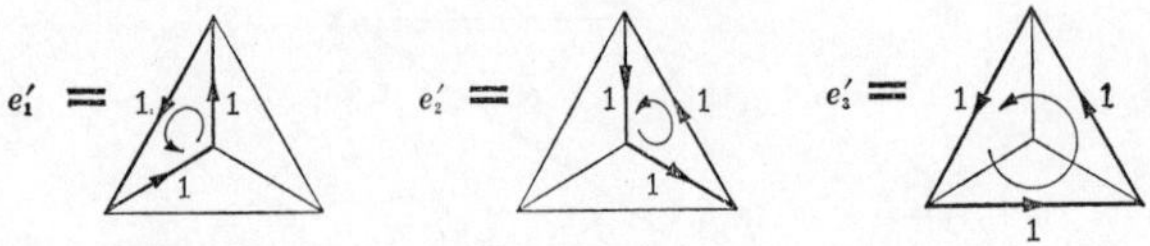

図1-18　ループをまわる単位電流の三つの配置

これらは線形独立であるから基底にとることができる.

$e_3{}'$ を流れる電流も枝⑤は通らないから, $e_1{}'$ だけ x_5 の電流が流れなければならないからである. $e_2{}', e_3{}'$ の係数が $-x_6, x_2$ であることも, 同様にして確かめることができる. したがって, この基底に関する成分列ベクトルは

$$\vec{x}' = [x_5, -x_6, x_2]^{\mathrm{t}}$$

である. x_1, x_3, x_4 は電流保存則によって x_5, x_6, x_2 で表すことができる. どちらの表現が便利であるかは, どの枝の電流に着目しているかによる.

ベクトル $\boldsymbol{x}$ の成分は, どの基底を用いるかで異なることをみた. いま, 基底 $\{\boldsymbol{e}_i\}$ に関する $\boldsymbol{x}$ の成分を $\{x_i\}$ で表すこととしよう. ($i=1, 2, \cdots, n$ の n 個の成分を $\{x_i\}$ で略記して表す.) すなわち

$$\boldsymbol{x} = \sum_{i=1}^{n} x_i \boldsymbol{e}_i$$

であり, 成分列ベクトルは

$$\vec{x} = [x_1, x_2, \cdots, x_n]^{\mathrm{t}}$$

である.

別の基底 $\{\boldsymbol{e}_i{}'\}$ を用いると，成分 $\{x_i{}'\}$ は異なった数値になる．このとき

$$\boldsymbol{x} = \sum_{i=1}^{n} x_i{}' \boldsymbol{e}_i{}'$$

であり，成分列ベクトルは

$$\vec{x}' = [x_1{}', x_2{}', \cdots, x_n{}']^{\mathrm{t}}$$

である．つぎに，成分 $\{x_i\}$ と成分 $\{x_i{}'\}$ のあいだにどのような関係があるかを調べよう．これは，途中で基底を変更しようとするときに，成分ベクトルをどのように変えたらよいかを知るのに必要である．

$\boldsymbol{x}$ 自身はどの基底で表しても同じものであるから

$$\boldsymbol{x} = \sum_{j=1}^{n} x_j \boldsymbol{e}_j = \sum_{i=1}^{n} x_i{}' \boldsymbol{e}_i{}' \qquad (1.21)$$

が成立している．ここで基底ベクトル $\boldsymbol{e}_j$ を他の基底 $\{\boldsymbol{e}_i{}'\}$ の線形結合で表してみよう．（V^n のどのベクトルも基底 $\{\boldsymbol{e}_i{}'\}$ の線形結合で表すことができることに注意.）このとき，線形結合の係数が $r_{1j}, r_{2j}, \cdots, r_{nj}$ であるとすると

$$\boldsymbol{e}_j = r_{1j}\boldsymbol{e}_1{}' + r_{2j}\boldsymbol{e}_2{}' + \cdots + r_{nj}\boldsymbol{e}_n{}'$$

である．これは，$j=1, \cdots, n$ のすべての j について表されている．まとめて

$$\boldsymbol{e}_j = \sum_{i=1}^{n} r_{ij} \boldsymbol{e}_i{}'$$

と表すこともできる．（添字の並び方に注意.）この $\boldsymbol{e}_j$ を式（1.21）の中央の項に代入し，たし算の順序を変える

と

$$\boldsymbol{x} = \sum_{j=1}^{n} x_j \left(\sum_{i=1}^{n} r_{ij} \mathbf{e}_i{}' \right) = \sum_{i=1}^{n} \left(\sum_{j=1}^{n} r_{ij} x_j \right) \mathbf{e}_i{}'$$

になる．$\boldsymbol{x}$ を基底 $\{\mathbf{e}_i{}'\}$ によって表す仕方は一意的であるから，これを式（1.21）の最後の項と比較すれば

$$x_i{}' = \sum_{j=1}^{n} r_{ij} x_j \tag{1.22}$$

であることがわかる．

基底 $\{\mathbf{e}_i\}$ に関するベクトルの成分と基底 $\{\mathbf{e}_i{}'\}$ に関するベクトルの成分とのあいだには式（1.22）の関係がある．ここに，n^2 個の数の組 r_{ij} $(i = 1, 2, \cdots, n\,;\ j = 1, 2, \cdots, n)$ は，$\{\mathbf{e}_i\}$ のそれぞれのベクトルを $\{\mathbf{e}_i{}'\}$ の線形結合で表したときの係数であり，これがわかれば，$\{\mathbf{e}_i{}'\}$ に関する成分 $\{x_i{}'\}$ を $\{\mathbf{e}_i\}$ に関する成分 $\{x_i\}$ を用いて表すことができる．

【例 1-11】　平面上のベクトル空間の場合に，図 1-16, 1-17 に示したような二つの基底 $\{\mathbf{e}_i\}$ と $\{\mathbf{e}_i{}'\}$ を考える．基底ベクトル $\mathbf{e}_1, \mathbf{e}_2$ を基底 $\{\mathbf{e}_i{}'\}$ の線形結合で表すと

$$\mathbf{e}_1 = \mathbf{e}_1{}'$$
$$\mathbf{e}_2 = -\frac{1}{2}\mathbf{e}_1{}' + \frac{1}{2}\mathbf{e}_2{}'$$

になる．したがって，$\{\mathbf{e}_i\}$ から $\{\mathbf{e}_i{}'\}$ へ基底を変えるときに現れる係数 r_{ij} は，$r_{11} = 1$，$r_{21} = 0$，$r_{12} =$

$-1/2$，$r_{22}=1/2$ である．r_{ij} のような添字の二つ付いた数の集まりは

$i \backslash j$	1	2
1	1	$-\dfrac{1}{2}$
2	0	$\dfrac{1}{2}$

のように，表の形に書いておくと見やすい．数字の並べ方に注意しよう．$\boldsymbol{e}_1$ を $\{\boldsymbol{e}_i{}'\}$ の線形結合で表した係数が第 1 列に（縦に）並んでいる．$\boldsymbol{e}_2$ を $\{\boldsymbol{e}_i{}'\}$ の線形結合で表した係数が第 2 列に（縦に）並んでいる．このように数の組 $\{r_{ij}\}$ を並べたものを**行列**という．

図 1-16 に示したベクトル $\boldsymbol{x}$ の成分列ベクトルは，基底 $\{\boldsymbol{e}_i\}$ に関して

$$\vec{x}=[x_1, x_2]^{\mathrm{t}}=[3, 2]^{\mathrm{t}}$$

であり，基底 $\{\boldsymbol{e}_i{}'\}$ に関しては

$$\vec{x}'=[x_1{}', x_2{}']^{\mathrm{t}}$$

であり，式（1. 22）から

$$x_1{}'=\sum_{j=1}^{2} r_{1j}x_j=1\times 3+\left(-\frac{1}{2}\right)\times 2=2$$

$$x_2{}'=\sum_{j=1}^{2} r_{2j}x_j=0\times 3+\frac{1}{2}\times 2=1$$

すなわち

$$\vec{x}'=[x_1{}', x_2{}']^{\mathrm{t}}=[2, 1]^{\mathrm{t}}$$

になって，図 1-17 と一致する．

【例 1-12】 ［例 1-1］の電気回路網の場合にも，基底の選び方はいろいろある．たとえば，図 1-12 と図 1-18 に示した二つの基底 $\{\boldsymbol{e}_i\}$ と $\{\boldsymbol{e}_i'\}$ とを考えることができる．$\boldsymbol{e}_1'$ は $\boldsymbol{e}_1$ に等しく，$\boldsymbol{e}_2'$ は $\boldsymbol{e}_3$ に等しく，$\boldsymbol{e}_3'$ は回路のいちばん外側に大きさ 1 の電流が流れている状態であって，$\boldsymbol{e}_1+\boldsymbol{e}_2+\boldsymbol{e}_3$ に等しい．このとき，回路の内側の枝④，⑤，⑥には電流がたがいに打ち消し合って流れないで，外側にだけ電流が流れることになる．すなわち

$$\boldsymbol{e}_1' = \boldsymbol{e}_1$$
$$\boldsymbol{e}_2' = \boldsymbol{e}_3$$
$$\boldsymbol{e}_3' = \boldsymbol{e}_1+\boldsymbol{e}_2+\boldsymbol{e}_3$$

であるから，$\boldsymbol{e}_1, \boldsymbol{e}_2, \boldsymbol{e}_3$ を $\boldsymbol{e}_1', \boldsymbol{e}_2', \boldsymbol{e}_3'$ について解くと

$$\boldsymbol{e}_1 = \boldsymbol{e}_1'$$
$$\boldsymbol{e}_2 = -\boldsymbol{e}_1'-\boldsymbol{e}_2'+\boldsymbol{e}_3'$$
$$\boldsymbol{e}_3 = \boldsymbol{e}_2'$$

になる．これから，係数は

$\{r_{ij}\} =$

i \ j	1	2	3
1	1	−1	0
2	0	−1	1
3	0	1	0

であることがわかる．いま，基底 $\{\boldsymbol{e}_i\}$ に関する成分列

ベクトルが

$$\vec{x} = [x_1, x_2, x_3]^{\mathrm{t}}$$

であるようなベクトル（これは枝①，②，③に大きさ x_1，x_2，x_3 の電流が流れていることを表す）を基底 $\{\boldsymbol{e}_i{}'\}$ に関する成分列ベクトルで表すと，式（1.22）によって

$$x_i{}' = \sum_{j=1}^{3} r_{ij} x_j$$

であるから，

$$\vec{x}' = [x_1{}', x_2{}', x_3{}']^{\mathrm{t}} = [x_1 - x_2, -x_2 + x_3, x_2]^{\mathrm{t}}$$

になる．$x_1{}', x_2{}', x_3{}'$ はそれぞれ枝⑤，枝⑥の逆向き，枝②に流れている電流を表している．

【例 1-13】 t の二次以下の多項式のつくるベクトル空間を考えよう．すでに調べたように，これは基底として $\{1, t, t^2\}$ をもつ三次元ベクトル空間である．新しい基底として $\{1, t+1, (t+1)^2\}$ を考える．もとの基底ベクトルを新しい基底ベクトルの線形結合で表すと

$$1 = 1$$

$$t = -1 + (t+1)$$

$$t^2 = 1 - 2(t+1) + (t+1)^2$$

であるから

$\{r_{ij}\} =$

i \ j	1	2	3
1	1	-1	1
2	0	1	-2
3	0	0	1

である．たとえば，ベクトル

$$f(t) = 2 - 3t + t^2 \tag{1.23}$$

の基底 $\{1, t, t^2\}$ に関する成分列ベクトルは $[2, -3, 1]^{\mathrm{t}}$ である．このベクトルの新しい基底に関する成分 $[x_i{}']$ は式（1.22）から

$$x_1{}' = 1\times2 + (-1)\times(-3) + 1\times1 = 6$$

$$x_2{}' = 0\times2 + 1\times(-3) + (-2)\times1 = -5$$

$$x_3{}' = 0\times2 + 0\times(-3) + 1\times1 = 1$$

である．したがって

$$f(t) = 6 - 5(t+1) + (t+1)^2$$

と表すことができる．これが式（1.23）と同じであることは，括弧の中を展開してみればすぐに確かめられる．

5 計量と内積

第1節で，n 次元ユークリッド空間 $\boldsymbol{E}^n$ のベクトル $\vec{x}$ の長さを $|\vec{x}|$ と書いた．$\vec{x}$ にスカラー c を掛けると，できるベクトルの長さは $|c|$ 倍される（c が負のときは向きが

反対になる）から

$$|c\vec{x}| = |c|\,|\vec{x}| \tag{1.24}$$

である．

二つのベクトル $\vec{x}, \vec{y}$ があって，それらの方向のなす角が θ であるとする．このとき，$\vec{x}$ と $\vec{y}$ との内積 $\vec{x}\cdot\vec{y}$ が

$$\vec{x}\cdot\vec{y} = |\vec{x}|\,|\vec{y}|\cos\theta \tag{1.25}$$

で定義された．もちろん

$$\vec{x}\cdot\vec{y} = \vec{y}\cdot\vec{x} \tag{1.26}$$

である．

とくに，$\theta=90°$，すなわち $\vec{x}$ と $\vec{y}$ がたがいに直交するときには

$$\vec{x}\cdot\vec{y} = 0$$

である．また，$\vec{x}=\vec{y}$ のときには $\theta=0$ であり

$$|\vec{x}|^2 = \vec{x}\cdot\vec{x} \tag{1.27}$$

である．

ベクトルの長さや内積は，ユークリッド空間だけでなく，一般のベクトル空間に対しても定義することができる．まず，内積からはじめよう．二つのベクトル $\boldsymbol{x}, \boldsymbol{y}$ に対して何らかの方法で（多くの場合物理的に自然な考察によって）実数を対応させることができたとしよう．そして，この実数を $(\boldsymbol{x}, \boldsymbol{y})$ と表し，ベクトル $\boldsymbol{x}$ と $\boldsymbol{y}$ との**内積**とよぶことにする．さらに，この内積はつぎの三つの性質を満たすものとする．

【内積の公理】

(1) 線形性 $(c_1\boldsymbol{x}_1+c_2\boldsymbol{x}_2, \boldsymbol{y}) = c_1(\boldsymbol{x}_1, \boldsymbol{y}) + c_2(\boldsymbol{x}_2, \boldsymbol{y})$

(2) 対称性 $(\boldsymbol{x}, \boldsymbol{y}) = (\boldsymbol{y}, \boldsymbol{x})$

(3) 正値性 $(\boldsymbol{x}, \boldsymbol{x}) \geqq 0$

$(\boldsymbol{x}, \boldsymbol{x}) = 0$ になるのは $\boldsymbol{x} = \boldsymbol{0}$ のときにかぎる.

(1) の線形性は, 二つのベクトル $\boldsymbol{x}_1$ と $\boldsymbol{x}_2$ の線形結合とベクトル $\boldsymbol{y}$ との内積は, ベクトル $\boldsymbol{x}_1$ および $\boldsymbol{x}_2$ の $\boldsymbol{y}$ との内積のそれぞれに c_1 および c_2 を掛けて加えたものに等しいことを意味する. さきに調べたユークリッド空間のベクトルの内積がこの内積の公理を満たしていることはすぐにわかる. この公理 (1), (2), (3) は, 内積という演算の満たす性質を規定するだけであって, 内積を具体的にどのように定義するのかをいっているわけではない. それは, あとで例題でわかるように, '物理的性質を上手に表現するように' 決めればよいのである.

つぎに, ユークリッド空間のベクトルの '長さ' を一般化して, ベクトル $\boldsymbol{x}$ のノルム $\|\boldsymbol{x}\|$ (大きさまたは絶対値ともいう) という概念を導入しよう. これを, 式 (1.27) と同じ関係が成立するように, 内積を用いて

$$\|\boldsymbol{x}\| = \sqrt{(\boldsymbol{x}, \boldsymbol{x})} \tag{1.28}$$

で定義する. また, ノルムが0でない二つのベクトルのあいだの角度 θ を, 式 (1.25) と同じ関係が成立するよ

うに

$$\cos\theta = \frac{(\boldsymbol{x},\boldsymbol{y})}{\|\boldsymbol{x}\|\cdot\|\boldsymbol{y}\|} \tag{1.29}$$

で定義する．このとき

$$(\boldsymbol{x},\boldsymbol{y}) = 0$$

であるならば，$\cos\theta=0$ すなわち $\theta=90°$ である．$\mathbf{0}$ でない二つのベクトル $\boldsymbol{x},\boldsymbol{y}$ の内積が 0 になるとき，$\boldsymbol{x}$ と $\boldsymbol{y}$ はたがいに**直交**するという．

この定義によって内積からノルムを求めることができるが，逆にベクトルのノルム $\|\boldsymbol{x}\|$ が任意の $\boldsymbol{x}$ についてわかっていれば，内積を計算することができる．$(\boldsymbol{x},\boldsymbol{y})$ を知るためには，ベクトル $\boldsymbol{x}+\boldsymbol{y}$ のノルムを計算すればよい．

$$\begin{aligned}\|\boldsymbol{x}+\boldsymbol{y}\|^2 &= (\boldsymbol{x}+\boldsymbol{y},\boldsymbol{x}+\boldsymbol{y})\\ &= (\boldsymbol{x},\boldsymbol{x})+2(\boldsymbol{x},\boldsymbol{y})+(\boldsymbol{y},\boldsymbol{y})\\ &= \|\boldsymbol{x}\|^2+2(\boldsymbol{x},\boldsymbol{y})+\|\boldsymbol{y}\|^2\end{aligned}$$

であり，これから

$$(\boldsymbol{x},\boldsymbol{y}) = \frac{1}{2}\{\|\boldsymbol{x}+\boldsymbol{y}\|^2-\|\boldsymbol{x}\|^2-\|\boldsymbol{y}\|^2\} \tag{1.30}$$

によって内積をノルムで表すことができる．

いま，V^n において基底 $\{\boldsymbol{e}_i\}$ をとり，内積を成分を用いて表すことを考えてみよう．二つの基底ベクトル $\boldsymbol{e}_i$ と $\boldsymbol{e}_j$ の内積を

$$g_{ij} = (\boldsymbol{e}_i,\boldsymbol{e}_j)$$

と書く．ベクトル $\boldsymbol{x}$ と $\boldsymbol{y}$ との内積を，その成分を用いて

直接に表してみよう．$\boldsymbol{x}, \boldsymbol{y}$ の成分をそれぞれ $\{x_i\}, \{y_j\}$ とすると

$$\boldsymbol{x} = \sum_{i=1}^{n} x_i \boldsymbol{e}_i, \quad \boldsymbol{y} = \sum_{j=1}^{n} y_j \boldsymbol{e}_j$$

であるから，$\boldsymbol{x}, \boldsymbol{y}$ の内積は

$$\begin{aligned}(\boldsymbol{x}, \boldsymbol{y}) &= \left(\sum_{i=1}^{n} x_i \boldsymbol{e}_i, \sum_{j=1}^{n} y_j \boldsymbol{e}_j\right) \\ &= \sum_{i=1}^{n} \sum_{j=1}^{n} x_i y_j (\boldsymbol{e}_i, \boldsymbol{e}_j) \\ &= \sum_{i=1}^{n} \sum_{j=1}^{n} g_{ij} x_i y_j \end{aligned} \tag{1. 31}$$

と表すことができる．すなわち，基底ベクトルどうしの内積を表す n^2 個の数の組 $\{g_{ij}\}(i=1, 2, \cdots, n\,;\, j=1, 2, \cdots, n)$ がわかっていれば，ベクトルの内積はその成分を用いて計算できる．この n^2 個の数の組 $\{g_{ij}\}$ を計量とよぶ．内積の公理の（2）対称性から，$(\boldsymbol{e}_i, \boldsymbol{e}_j) = (\boldsymbol{e}_j, \boldsymbol{e}_i)$ であり，したがって

$$g_{ij} = g_{ji}$$

が成立する．

異なった基底 $\{\boldsymbol{e}_i{'}\}$ を用いれば，もちろん $g_{ij}{'} = (\boldsymbol{e}_i{'}, \boldsymbol{e}_j{'})$ は異なった数の組になるが，このとき，成分 $x_i{'}, y_j{'}$ も異なった数値になり，$(\boldsymbol{x}, \boldsymbol{y})$ 自体はどの基底で計算しても同じである．ベクトル $\boldsymbol{x}$ のノルムの成分表示は，式（1. 31）で $\boldsymbol{x} = \boldsymbol{y}$ とおいて

$$\|\boldsymbol{x}\|^2 = \sum_{i=1}^{n}\sum_{j=1}^{n} g_{ij}x_i x_j \tag{1.32}$$

になる.

【例 1-14】　平面上の変位ベクトルの場合には, 図 1-16 に示したように, それぞれ右に 1 単位, 上に 1 単位の変位を示すベクトル $\boldsymbol{e}_1, \boldsymbol{e}_2$ を基底ベクトルにとれば, これらのベクトルは長さが 1 で, しかも直交している. したがって

$$\left.\begin{aligned} g_{11} &= (\boldsymbol{e}_1, \boldsymbol{e}_1) = 1 \\ g_{22} &= (\boldsymbol{e}_2, \boldsymbol{e}_2) = 1 \\ g_{12} = g_{21} &= (\boldsymbol{e}_1, \boldsymbol{e}_2) = 0 \end{aligned}\right\} \tag{1.33}$$

によって計量 $\{g_{ij}\}$ を定義すると, 物理的な意味との対応がつく.

計量 $\{g_{ij}\}$ を

$$\{g_{ij}\} = \begin{array}{c|cc} i \backslash j & 1 & 2 \\ \hline 1 & 1 & 0 \\ 2 & 0 & 1 \end{array}$$

のように表そう.

ベクトル $\boldsymbol{x}, \boldsymbol{y}$ のこの基底に関する成分をそれぞれ $\{x_i\}, \{y_i\}$ とすれば, 両者の内積は

$$(\boldsymbol{x}, \boldsymbol{y}) = \sum_{i,j} g_{ij} x_i y_j$$
$$= x_1 y_1 + x_2 y_2 \qquad (1.34)$$

になる．すなわち，成分どうしを掛け合わせて和をとったものであり，第1節で述べた内積 $\vec{x}\cdot\vec{y}$ と一致している．$\boldsymbol{x}$ のノルムは式（1.34）で $\boldsymbol{x}=\boldsymbol{y}$ とおいて

$$\|\boldsymbol{x}\|^2 = \boldsymbol{x}\cdot\boldsymbol{x} = {x_1}^2 + {x_2}^2 \qquad (1.35)$$

である．したがって $\|\boldsymbol{x}\|$ は，ピタゴラスの定理によって実際の長さを表している．

第1節では，直交座標に関してベクトルの成分表示を行ったが，これはたがいに直交し，長さが1のベクトルの組を基底として選んだ特殊な場合に相当している．この場合にかぎってベクトル $\vec{x}$ と $\vec{y}$ との内積は式（1.6）のように簡単に表すことができるのである．

内積の定義されたベクトル空間 V^n の基底 $\{\boldsymbol{e}_i\}$ で，すべての基底ベクトルのノルムが1に等しいとき，すなわち

$$\|\boldsymbol{e}_i\| = 1 \qquad (i = 1, 2, \cdots, n) \qquad (1.36)$$

であるとき，$\{\boldsymbol{e}_i\}$ は1に**正規化**されているという．また，どの二つの基底ベクトルもたがいに直交しているとき，すなわち

$$(\boldsymbol{e}_i, \boldsymbol{e}_j) = 0 \qquad (i \neq j) \qquad (1.37)$$

が成立しているとき，$\{\boldsymbol{e}_i\}$ は**直交基底**であるという．そして，式（1.36）と（1.37）の両方が成立する基底 $\{\boldsymbol{e}_i\}$ を

正規直交基底という．すなわち，正規直交基底の場合は

$$g_{ij} = (\boldsymbol{e}_i, \boldsymbol{e}_j) = \begin{cases} 1 & (i = j \text{のとき}) \\ 0 & (i \neq j \text{のとき}) \end{cases}$$

または

$$\{g_{ij}\} = \begin{array}{c|cccc} {}_i\diagdown^j & 1 & 2 & \cdots & n \\ \hline 1 & 1 & 0 & \cdots & 0 \\ 2 & 0 & 1 & \cdots & 0 \\ \vdots & \vdots & \vdots & \ddots & \vdots \\ n & 0 & 0 & \cdots & 1 \end{array}$$

である．計量が簡単に表せるために，正規直交基底を用いてベクトルを成分で表すことが多い．ベクトル

$$\boldsymbol{x} = \sum_{i=1}^{n} x_i \boldsymbol{e}_i$$

のノルムの 2 乗は，正規直交基底では

$$\|\boldsymbol{x}\|^2 = \sum_{i,j} g_{ij} x_i x_j = \sum_{i=1}^{n} {x_i}^2 \tag{1.38}$$

であるから，成分の 2 乗和になる．また二つのベクトル $\boldsymbol{x}$ と $\boldsymbol{y}$ との内積は

$$(\boldsymbol{x}, \boldsymbol{y}) = \sum_{i,j} g_{ij} x_i y_j = \sum_{i} x_i y_i \tag{1.39}$$

である．

【例 1-14(つづき)】 図 1-17 に示した基底 $\{\mathbf{e}_i{}'\}$ を用いてみよう．このとき，図からもわかるように

$$\left.\begin{aligned} g_{11}' &= (\mathbf{e}_1', \mathbf{e}_1') = 1 \\ g_{22}' &= (\mathbf{e}_2', \mathbf{e}_2') = 5 \\ g_{12}' &= g_{21}' = (\mathbf{e}_1', \mathbf{e}_2') = 1 \end{aligned}\right\} \tag{1.40}$$

である．これは，$\mathbf{e}_1', \mathbf{e}_2'$ のノルムと角度から求まるが，基底 $\{\mathbf{e}_i\}$ を用いて $\mathbf{e}_i'$ の成分を求め，式 (1.33) を用いて計算することもできる．$\{\mathbf{e}_i\}$ による $\mathbf{e}_1', \mathbf{e}_2'$ の成分はそれぞれ $[1, 0]^{\mathrm{t}}, [1, 2]^{\mathrm{t}}$ であるから，式 (1.34) からただちに式 (1.40) が得られる．これは

$\{g_{ij}'\} =$

$i \backslash j$	1	2
1	1	1
2	1	5

と書くことができる．ベクトル $\boldsymbol{x}, \boldsymbol{y}$ の基底 $\{\boldsymbol{e}_i'\}$ に関する成分列ベクトルを $[x_1', x_2']^{\mathrm{t}}, [y_1', y_2']^{\mathrm{t}}$ とすれば，つぎのようになる．

$$\begin{aligned} (\boldsymbol{x}, \boldsymbol{y}) &= \sum g_{ij}' x_i' y_j' \\ &= x_1' y_1' + x_1' y_2' + x_2' y_1' + 5 x_2' y_2' \\ \|\boldsymbol{x}\|^2 &= (x_1')^2 + 2 x_1' x_2' + 5 (x_2')^2 \end{aligned}$$

成分による内積の式が上の例のようにめんどうな形になった理由は，基底ベクトル $\mathbf{e}_1'$ と $\mathbf{e}_2'$ が直交していないことである．この $\{\boldsymbol{e}_i'\}$ の場合には，斜交座標系を用いて二次元平面の幾何を議論しているのである．ベクトル空間で

のいろいろな計算にあたっては，‘うまい基底’ を選んで式を簡単にすることが重要である．

【例 1-15】 ［例 1-1］の電気回路網の場合には，ベクトルは電流配置であるから，そのノルムや内積は自然には出てこない．むしろ，このような場合には，物理的な要請に従ってノルムを決めるのがよい．図 1-19 に回路をもう一度示そう．簡単のために，おのおのの枝には 1 単位の抵抗が入っているものとする．また，このほかに，枝の適当なところに電源として電池を挿入してもよい．

回路網に電流が流れると，おのおのの枝の抵抗によってエネルギーが消費される．電流の大きさを I，抵抗の大きさを R とすれば，単位時間に消費されるエネルギーは I^2R である．さて，電流配置を示すベクトル $\boldsymbol{x}$ の

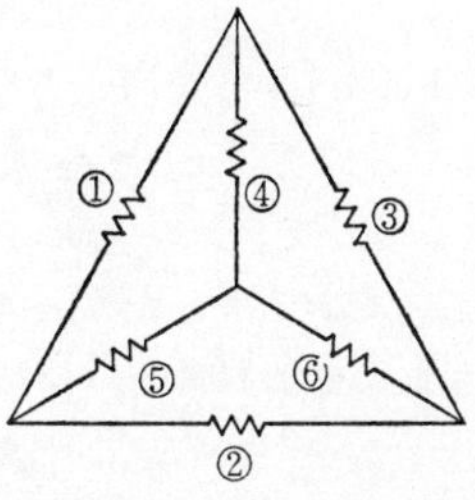

図 1-19　①〜⑥の枝からなる電気回路
各枝には 1Ω の抵抗が入っている．

ノルムの2乗 $\|\boldsymbol{x}\|^2$ を，回路網が消費する単位時間あたりの総エネルギーと定義しよう．これによって，ベクトル空間にノルム，したがって内積が定義されたことになる．

まず，図1-12に示した基底 $\{\boldsymbol{e}_i\}$ の基底ベクトルのノルムを求めよう．ベクトル $\boldsymbol{e}_1$ では，三つの枝①，⑤，④に強さ1単位の電流が流れている．おのおのの枝の抵抗 R は1単位であるから，三つの枝で $I^2R=1$，したがって合計3単位のエネルギーを消費する．こうして

$$g_{11} = \|\boldsymbol{e}_1\|^2 = 3$$

である．同様に，$\boldsymbol{e}_2, \boldsymbol{e}_3$ の場合も，いずれか三つの枝に1単位の電流が流れているので

$$g_{22} = \|\boldsymbol{e}_2\|^2 = 3$$
$$g_{33} = \|\boldsymbol{e}_3\|^2 = 3$$

である．

つぎに，ベクトル $\boldsymbol{e}_1+\boldsymbol{e}_2$ を考えよう．この電流配置では，枝⑤を流れる電流は $\boldsymbol{e}_1$ と $\boldsymbol{e}_2$ で向きが逆であるから打ち消し合って，枝①，②，⑥，④のループを大きさ1の電流が流れている．したがって，$\|\boldsymbol{e}_1+\boldsymbol{e}_2\|^2$ は四つの枝のエネルギー消費量4単位に等しい．すなわち

$$\begin{aligned}\|\boldsymbol{e}_1+\boldsymbol{e}_2\|^2 &= (\boldsymbol{e}_1+\boldsymbol{e}_2,\, \boldsymbol{e}_1+\boldsymbol{e}_2)\\ &= \|\boldsymbol{e}_1\|^2+2(\boldsymbol{e}_1,\boldsymbol{e}_2)+\|\boldsymbol{e}_2\|^2 = 4\end{aligned}$$

である．一方，$\|\boldsymbol{e}_1\|^2=\|\boldsymbol{e}_2\|^2=3$ であったから，上式から

$$g_{12}=(\boldsymbol{e}_1,\boldsymbol{e}_2)=-1$$

が得られる．同様にして $\|\boldsymbol{e}_1+\boldsymbol{e}_3\|$ の 2 乗，$\|\boldsymbol{e}_2+\boldsymbol{e}_3\|$ の 2 乗を調べると

$$g_{13}=(\boldsymbol{e}_1,\boldsymbol{e}_3)=-1$$
$$g_{23}=(\boldsymbol{e}_2,\boldsymbol{e}_3)=-1$$

が得られる．すなわち，計量は

$\{g_{ij}\} =$

$i \backslash j$	1	2	3
1	3	−1	−1
2	−1	3	−1
3	−1	−1	3

である．

一般の電流配置のベクトル $\boldsymbol{x}$ については

$$\boldsymbol{x}=\sum_i x_i\boldsymbol{e}_i$$

と成分で表せば，そのエネルギー消費量は

$$\begin{aligned}\|\boldsymbol{x}\|^2 &= \sum g_{ij}x_ix_j\\ &= 3({x_1}^2+{x_2}^2+{x_3}^2)-2(x_1x_2+x_2x_3+x_1x_3)\end{aligned}$$

になる．すなわち当然のことであるが，枝①，②，③を流れる電流 x_1, x_2, x_3 だけを用いて全体のエネルギー消費量がわかる．

上の例のように，多くの工学および物理学の問題では，エネルギーは重要な役割を果たす量で正の量であるから，ベクトルのノルムをエネルギーとして定義することがしばしば行われる．

【例 1-16】 図 1-8 のようなばね系で，ばねに貯えられるエネルギーを計算しよう．物理学でよく知られているように，ばね定数 k のばねを l だけ伸ばす（あるいは縮める）ための仕事量は $(1/2)kl^2$ であり，これがばねにエネルギーとして貯えられる．図 1-14 のような基底 $\{\boldsymbol{e}_i\}$ をとり，状態 $\boldsymbol{x}$ の成分列ベクトルを $[x_1, x_2]^t$ とする．また，それぞれのばね定数を k_1, k_2 とすると，ばねはそれぞれ $x_1, x_2 - x_1$ だけ引き伸ばされているので，ばねに貯えられているエネルギーは

$$\frac{1}{2}k_1{x_1}^2 + \frac{1}{2}k_2(x_2 - x_1)^2$$
$$= \frac{1}{2}(k_1 + k_2){x_1}^2 - k_2x_1x_2 + \frac{1}{2}k_2{x_2}^2$$

である．これをこの状態を表すベクトル $\boldsymbol{x}$ のノルムの 2 乗 $\|\boldsymbol{x}\|^2$ と定義しよう．ノルムが成分で表されているから，これを式（1. 32）と比較すれば

$$\{g_{ij}\} = \begin{array}{c|cc} i \backslash j & 1 & 2 \\ \hline 1 & \frac{1}{2}(k_1+k_2) & -\frac{1}{2}k_2 \\ 2 & -\frac{1}{2}k_2 & \frac{1}{2}k_2 \end{array}$$

であることがわかる．すなわち，エネルギーの考察から，直接 $(\boldsymbol{e}_i, \boldsymbol{e}_j)$ を導くことができる．

【例 1-17】 t の n 次以下の多項式のベクトル空間を考える．いま，t は区間 $[-1, 1]$，すなわち $|t| \leqq 1$ の範囲を動くものとする．このとき，この $n+1$ 次元ベクトル空間を $P_n[-1, 1]$ と表す．この空間の二つの多項式 $f(t), g(t)$ の内積を

$$(f(t), g(t)) = \int_{-1}^{1} f(t)g(t)\mathrm{d}t$$

で定義してみよう．これが内積の公理（1）〜（3）を満たすことはすぐにわかる．したがって，$f(t)$ のノルムは

$$\|f(t)\| = \sqrt{\int_{-1}^{1} (f(t))^2 \mathrm{d}t}$$

で与えられる．

基底ベクトルとして $1, t, t^2, \cdots, t^n$ をとり，二つの基底ベクトルの内積を計算すると

$$
\begin{aligned}
(t^k, t^l) &= \int_{-1}^{1} t^k t^l \mathrm{d}t = \frac{1}{k+l+1}\Big[t^{k+l+1}\Big]_{-1}^{1} \\
&= \frac{1-(-1)^{k+l+1}}{k+l+1} \\
&= \begin{cases} \dfrac{2}{k+l+1} & (k+l\text{ が偶数のとき}) \\ 0 & (k+l\text{ が奇数のとき}) \end{cases}
\end{aligned}
$$

となる．したがって，計量はつぎのようになる．

$\{g_{ij}\} =$

$i \backslash j$	1	2	3	n		$n+1$
1	2	0	$\frac{2}{3}$		…	
2	0	$\frac{2}{3}$	0		…	
3	$\frac{2}{3}$	0	$\frac{2}{5}$		…	
		…			…	
		…			…	
n		…		$\frac{2}{2n-1}$		0
$n+1$		…		0		$\frac{2}{2n+1}$

6　線形写像とその成分行列

集合の写像に関する復習をしておこう．二つの集合 S_1, S_2 があって，集合 S_1 の任意の元 x を選ぶと，それに対して集合 S_2 の元が一つ定まるものとする．x に対して定まる集合 S_2 の元 x' を $x' = \boldsymbol{A}x$ と書き，$\boldsymbol{A}$ を集合 S_1

から集合 S_2 への写像, S_2 の元 $x' = \boldsymbol{A}x$ を写像 $\boldsymbol{A}$ による元 x の像という（図 1-20）. 像 $\boldsymbol{A}x$ は集合 S_1 のすべての元 x に対して定義される. $\boldsymbol{A}$ が集合 S_1 から集合 S_2 への写像であることを次のように書く.

$$\boldsymbol{A} : S_1 \longrightarrow S_2$$

集合 S_1, S_2 のほかにもう一つの集合 S_3 があって, 集合 S_2 から集合 S_3 への写像 $\boldsymbol{B}$ が定義されているとする.

$$\boldsymbol{B} : S_2 \longrightarrow S_3$$

このとき集合 S_1 の任意の元 x に対して集合 S_2 の元 $x' = \boldsymbol{A}x$ が定まり, またこの集合 S_2 の元 x' に対して写像 $\boldsymbol{B}$ によって集合 S_3 の元が $x'' = \boldsymbol{B}x' = \boldsymbol{B}(\boldsymbol{A}x)$ が定まる. このようにして集合 S_1 の元 x に対して集合 S_3 の元 $x'' = \boldsymbol{B}(\boldsymbol{A}x)$ を定める写像を $\boldsymbol{B} \circ \boldsymbol{A}$ と書く（最初に作用する写像を右側に書く）. すなわち

$$\boldsymbol{B} \circ \boldsymbol{A} : S_1 \longrightarrow S_3, \qquad x'' = (\boldsymbol{B} \circ \boldsymbol{A})x$$

である. 集合 S_1 から集合 S_3 への直接の写像 $\boldsymbol{B} \circ \boldsymbol{A}$ のこ

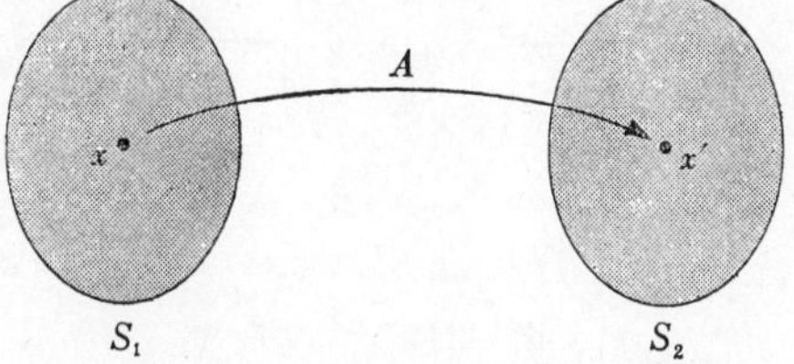

図 1-20　集合 S_1 から集合 S_2 への写像 $\boldsymbol{A}$
集合 S_1 の元 x の写像 $\boldsymbol{A}$ による像が $x' = \boldsymbol{A}x$ である.

とを写像 $\boldsymbol{A}$ と写像 $\boldsymbol{B}$ の積（あるいは合成）とよぶ（図1-21）．

写像

$$\boldsymbol{A} : S_1 \longrightarrow S_2$$

が与えられたとき，集合 S_2 のすべての元が集合 S_1 のどれかの元の像になっているとはかぎらない．しかし，とくに集合 S_2 のすべての元 y に対して $y = \boldsymbol{A}x$ となる集合 S_1 の元 x がただ一つだけ存在するとき，元 x を元 y の写像 $\boldsymbol{A}$ による逆像とよび

$$x = \boldsymbol{A}^{-1}y \tag{1.41}$$

と書く．したがって，写像 $\boldsymbol{A}^{-1}$ は集合 S_2 から集合 S_1 への写像である．

$$\boldsymbol{A}^{-1} : S_2 \longrightarrow S_1$$

これを写像 $\boldsymbol{A}$ の逆写像という．

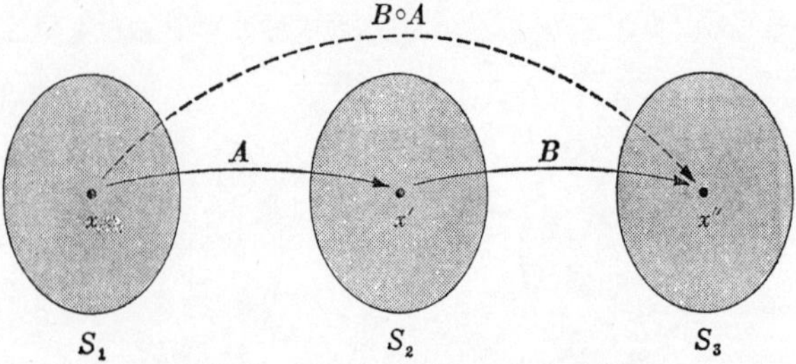

図1-21 写像の積
集合 S_1 から集合 S_2 への写像 $\boldsymbol{A}$ と集合 S_2 から集合 S_3 への写像 $\boldsymbol{B}$ との積 $\boldsymbol{B} \circ \boldsymbol{A}$ は，集合 S_1 から集合 S_3 への写像である．

写像 $\boldsymbol{A}$ とその逆写像 $\boldsymbol{A}^{-1}$ との積を考えよう．集合 S_1 の元 x の写像 $\boldsymbol{A}$ による像を元 y とすれば，元 y の写像 $\boldsymbol{A}^{-1}$ による像は元 x であるから

$$\boldsymbol{A}^{-1}\circ\boldsymbol{A}x = x$$

である．すなわち写像 $\boldsymbol{A}^{-1}\circ\boldsymbol{A}$ は集合 S_1 から集合 S_1 への写像で，集合 S_1 の任意の元をそれ自身に写像するものである．このような写像を集合 S_1 での**恒等写像**とよぶ．これを $\boldsymbol{I}_1$ で表せば

$$\boldsymbol{A}^{-1}\circ\boldsymbol{A} = \boldsymbol{I}_1, \qquad \boldsymbol{I}_1 : S_1 \longrightarrow S_1 \tag{1.42}$$

である．一方，集合 S_2 の任意の元 y をとったとき，写像 $\boldsymbol{A}^{-1}$ による逆像は $y=\boldsymbol{A}x$ となるような元 x である．この元 x の写像 $\boldsymbol{A}$ による像はふたたび元 y である．すなわち

$$\boldsymbol{A}\circ\boldsymbol{A}^{-1}y = y \tag{1.43}$$

したがって写像 $\boldsymbol{A}\circ\boldsymbol{A}^{-1}$ は集合 S_2 から集合 S_2 への写

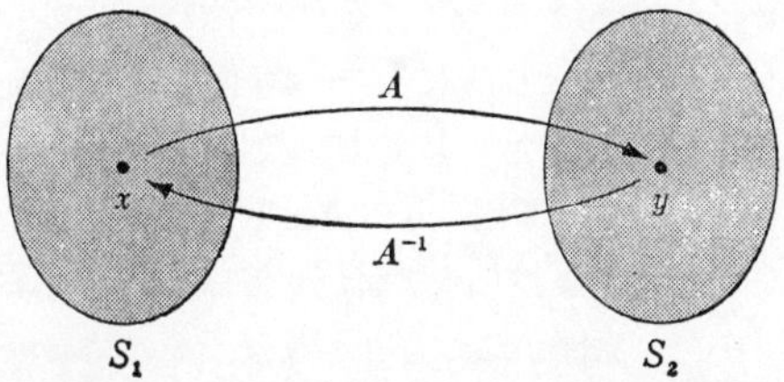

図1-22 集合 S_1 から集合 S_2 への写像 $\boldsymbol{A}$ とその逆写像 $\boldsymbol{A}^{-1}$ 写像の積 $\boldsymbol{A}^{-1}\circ\boldsymbol{A}$, $\boldsymbol{A}\circ\boldsymbol{A}^{-1}$ は，それぞれ集合 S_1, S_2 における恒等写像である．

像で，集合 S_2 の元をそれ自身に写像するものであり，これは集合 S_2 での恒等写像 $\boldsymbol{I}_2$ にほかならない（図 1-22）．

$$\boldsymbol{A} \circ \boldsymbol{A}^{-1} = \boldsymbol{I}_2, \quad \boldsymbol{I}_2 : S_2 \longrightarrow S_2 \tag{1.44}$$

以下では，n 次元ベクトル空間 V^n から m 次元ベクトル空間 V^m への写像を考える．写像 $\boldsymbol{A}$

$$\boldsymbol{A} : V^n \longrightarrow V^m$$

が V^n のベクトル $\boldsymbol{x}$ を

$$\boldsymbol{y} = \boldsymbol{A}\boldsymbol{x}$$

によって V^m のベクトル $\boldsymbol{y}$ に写すものとし，これが

(1) $\boldsymbol{A}(c\boldsymbol{x}) = c(\boldsymbol{A}\boldsymbol{x})$

(2) $\boldsymbol{A}(\boldsymbol{x}_1 + \boldsymbol{x}_2) = \boldsymbol{A}\boldsymbol{x}_1 + \boldsymbol{A}\boldsymbol{x}_2$

の二つの性質をもつとき，その写像を**線形写像**（または**線形変換，一次写像，一次変換**）という．

(1) は V^n のベクトル $\boldsymbol{x}$ を c 倍してから写像したものが，ベクトル $\boldsymbol{x}$ を先に V^m に写像しておいて，そこで c 倍したものに等しいことを意味する．(2) は二つのベクトル $\boldsymbol{x}_1, \boldsymbol{x}_2$ の和をとって，それを V^m へ写像したものが，$\boldsymbol{x}_1, \boldsymbol{x}_2$ をそれぞれ先に V^m へ写像した像 $\boldsymbol{A}\boldsymbol{x}_1, \boldsymbol{A}\boldsymbol{x}_2$ を V^m の中で加えたものに等しいことを意味する．これらのことは，$\boldsymbol{x}$ を‘原因’ $\boldsymbol{y} = \boldsymbol{A}\boldsymbol{x}$ を‘結果’と考えるとわかりやすい．すなわち，原因が c 倍になれば結果も c 倍になり，また，原因が二つ合わされば，その結果はそれぞれの結果が合わさったものになるということである．

以上のことから，線形写像では，線形結合をとってから写像しても，写像してから線形結合をとっても結果は同じ

であることがわかる．式で書くと

$$\boldsymbol{A}\left(\sum_{i=1}^{k} c_i \boldsymbol{x}_i\right) = \sum_{i=1}^{k} c_i(\boldsymbol{A}\boldsymbol{x}_i)$$

である．ベクトル空間における基本的な演算は線形結合であるから，線形写像とは，ベクトル空間の基本となる線形結合という演算を保存する写像であるということもできる．

ベクトル空間 V^n, V^m にそれぞれ基底を導入してベクトルを成分列ベクトルとして表すことができる．このとき，線形写像 $\boldsymbol{A}$ は成分列ベクトルを成分列ベクトルに写す．したがって，線形写像を成分という数値の集まりに対する演算として表すことができる．

いま V^n の基底を $\{\boldsymbol{e}_i\} = \{\boldsymbol{e}_1, \boldsymbol{e}_2, \cdots, \boldsymbol{e}_n\}$，$V^m$ の基底を $\{\tilde{\boldsymbol{e}}_i\} = \{\tilde{\boldsymbol{e}}_1, \tilde{\boldsymbol{e}}_2, \cdots, \tilde{\boldsymbol{e}}_m\}$ とする．V^n の基底ベクトルの一つ $\boldsymbol{e}_j$ の線形写像 $\boldsymbol{A}$ による像を求めてみよう．その像 $\boldsymbol{A}\boldsymbol{e}_j$ は V^m のベクトルであるから，基底 $\{\tilde{\boldsymbol{e}}_i\}$ の線形結合で表すことができる．これを

$$\boldsymbol{A}\boldsymbol{e}_j = \sum_{i=1}^{m} a_{ij}\tilde{\boldsymbol{e}}_i \tag{1.45}$$

と書こう．（添字の並び方に注意.）基底ベクトルが線形写像 $\boldsymbol{A}$ によって何に写像されるかがわかっていれば，nm 個の係数 a_{ij} がすべてわかる．V^n の任意のベクトル $\boldsymbol{x}$ は基底の線形結合で表すことができるので，任意のベクトル $\boldsymbol{x}$ が何に写像されるかもわかる．たとえば，ベクトル $\boldsymbol{x}$ が V^n の基底 $\{\boldsymbol{e}_i\}$ の線形結合として

$$\boldsymbol{x} = \sum_{j=1}^{n} x_j \boldsymbol{e}_j$$

と表されていると，線形性（1），（2）を用いて

$$\begin{aligned}\boldsymbol{A}\boldsymbol{x} &= \boldsymbol{A}\left(\sum_{j=1}^{n} x_j \boldsymbol{e}_j\right) \\ &= \sum_{j=1}^{n} x_j(\boldsymbol{A}\boldsymbol{e}_j) = \sum_{j=1}^{n} x_j \left(\sum_{i=1}^{m} a_{ij}\tilde{\boldsymbol{e}}_i\right) \\ &= \sum_{i=1}^{m}\left(\sum_{j=1}^{n} a_{ij}x_j\right)\tilde{\boldsymbol{e}}_i\end{aligned}$$

と書くことができる．V^m のベクトル $\boldsymbol{y} = \boldsymbol{A}\boldsymbol{x}$ が V^m の基底 $\{\tilde{\boldsymbol{e}}_i\}$ の線形結合として

$$\boldsymbol{y} = \sum_{i=1}^{m} y_i \tilde{\boldsymbol{e}}_i$$

と表されているなら，上の結果と比較して

$$y_i = \sum_{j=1}^{n} a_{ij}x_j \tag{1.46}$$

であることがわかる．すなわち，線形写像 $\boldsymbol{A}$ をほどこすことを，$n \times m$ 個の数の組 $\{a_{ij}\}$ $(i = 1, \cdots, m\,;\ j = 1, \cdots, n)$ を用いて，$\boldsymbol{x}$ の成分 $\{x_i\}$ と $\{a_{ij}\}$ とから式（1.46）によって $\boldsymbol{y}$ の成分 $\{y_i\}$ を求めることとして表すことができる．したがって，V^n の基底 $\{\boldsymbol{e}_i\}$ および V^m の基底 $\{\tilde{\boldsymbol{e}}_i\}$ に関連した nm 個の数の組 $\{a_{ij}\}$ によって線形写像 $\boldsymbol{A}$ を表すことができる．この数の組

$$[a_{ij}] = \begin{bmatrix} a_{11} & a_{12} & \cdots & a_{1n} \\ & & \cdots & \\ & & \cdots & \\ a_{m1} & a_{m2} & \cdots & a_{mn} \end{bmatrix}$$

（あるいは単に $\{a_{ij}\}$ と書く）を線形写像 $\boldsymbol{A}$ の基底 $\{\boldsymbol{e}_i\}$, $\{\tilde{\boldsymbol{e}}_j\}$ に関する**成分行列**という．この場合も，添字の並べ方に注意しよう．基底ベクトル $\boldsymbol{e}_j$ の像 $\boldsymbol{A}\boldsymbol{e}_j$ の基底 $\{\tilde{\boldsymbol{e}}_i\}$ による成分が第 j 列に縦に並んでいる．

【例 1-18】 二次元平面 V^2 のベクトルを，反時計回りに角度 θ だけ回転する写像を考えよう．この写像によって，V^2 のベクトルは同じベクトル空間 V^2 の別のベクトルに写される．あるベクトルを c 倍してから回転しても，回転してから c 倍しても結果は同じである．また，$\boldsymbol{x}+\boldsymbol{y}$ は，$\boldsymbol{x}, \boldsymbol{y}$ を 2 辺とする平行四辺形の対角線で表されるが，$\boldsymbol{x}, \boldsymbol{y}$ を角度 θ だけ回転すると，この平行四辺形もそのまま角度 θ だけ回転するので，$\boldsymbol{x}+\boldsymbol{y}$ を角度 θ だけ回転したものは，$\boldsymbol{x}$ と $\boldsymbol{y}$ をそれぞれ角度 θ だけ回転してから加えたものに等しい．したがって，角度 θ だけ回転する写像は線形写像である．この写像を $\boldsymbol{R}(\theta)$ とする．

いま，V^2 に正規直交基底 $\{\boldsymbol{e}_1, \boldsymbol{e}_2\}$ をとろう．基底ベクトルを写像した $\boldsymbol{R}(\theta)\boldsymbol{e}_1, \boldsymbol{R}(\theta)\boldsymbol{e}_2$ は，図 1-23 から明らかなように，もとの基底 $\boldsymbol{e}_1, \boldsymbol{e}_2$ の線形結合で

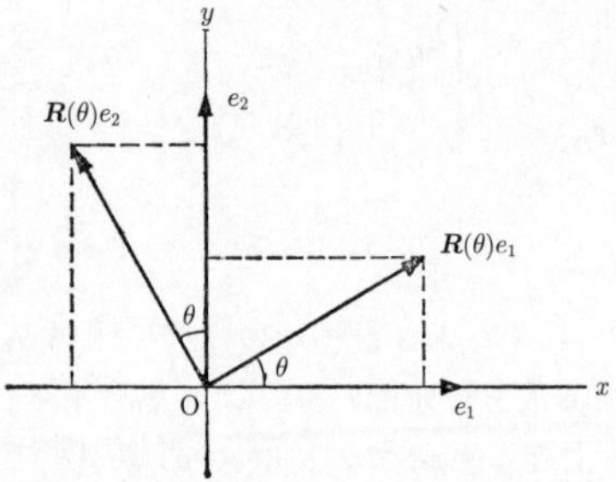

図1-23　正規直交基底を角 θ 回転させる写像

$\{e_1, e_2\}$ を正規直交基底とする．それぞれを角度 θ だけ回転した $R(\theta)e_1, R(\theta)e_2$ の e_1, e_2 に関する成分を調べれば，$R(\theta)$ の成分行列が求まる．

$$R(\theta)e_1 = \cos\theta e_1 + \sin\theta e_2$$

$$R(\theta)e_2 = -\sin\theta e_1 + \cos\theta e_2$$

と表される．この場合，V^2 から同じ V^2 への写像であるから，$\{\tilde{e}_1, \tilde{e}_2\}$ を $\{e_1, e_2\}$ と同じにとることにする．写像 $R(\theta)$ の成分行列は式（1.45）によって

$$\begin{bmatrix} \cos\theta & -\sin\theta \\ \sin\theta & \cos\theta \end{bmatrix}$$

である．（$R(\theta)e_1, R(\theta)e_2$ をそれぞれ，e_1, e_2 の線形結合で表した係数がそれぞれ縦に並んでいる．）ベクトル x の成分列ベクトルを $[x_1, x_2]^t$ とし，その像

$$\boldsymbol{y} = \boldsymbol{R}(\theta)\boldsymbol{x}$$

の成分列ベクトルを $[y_1, y_2]^{\mathrm{t}}$ とすると，y_1, y_2 は

$$y_1 = (\cos\theta)x_1 + (-\sin\theta)x_2$$

$$y_2 = (\sin\theta)x_1 + (\cos\theta)x_2$$

で与えられる．

【例 1-19】 n 次以下の多項式からなる $n+1$ 次元のベクトル空間 P_n を考える．多項式 $f(t)$ に対してその微分 $f'(t) = \mathrm{d}f/\mathrm{d}t$ を対応させる写像を $\boldsymbol{D}$ とする．すなわち

$$\boldsymbol{D}f(t) = f'(t)$$

である．$f(t)$ が n 次以下の多項式なら $f'(t)$ も n 次以下の多項式であるから，$\boldsymbol{D}$ は P_n から P_n への写像である．よく知られているように，実数 c に対して

$$\boldsymbol{D}cf(t) = c\boldsymbol{D}f(t)$$

であり，また，二つの多項式 $f(t), g(t)$ に対して

$$\boldsymbol{D}(f(t)+g(t)) = \boldsymbol{D}f(t)+\boldsymbol{D}g(t)$$

であるから，$\boldsymbol{D}$ は線形写像である．ベクトル空間 P_n の基底を $\{1, t, t^2, \cdots, t^n\}$ とすると，これらに対して

$$\boldsymbol{D}1 = 0$$

$$\boldsymbol{D}t = 1$$

$$\boldsymbol{D}t^2 = 2t$$

$$\cdots$$

$$\boldsymbol{D}t^n = nt^{n-1}$$

であるから，$\boldsymbol{D}$ のこの基底に関する成分行列は，式

(1.45) から

$$\begin{bmatrix} 0 & 1 & & & & \\ & 0 & 2 & & & \\ & & 0 & 3 & & \\ & & & \ddots & \ddots & \\ & & & & \ddots & n \\ & & & & & 0 \end{bmatrix}$$

である.（数値が記入されていないところはすべて0である.）この写像 $\boldsymbol{D}$ は逆写像をもたない. なぜなら, たとえば

$$\boldsymbol{D}f(t) = 1$$

となる多項式 $f(t)$ は, $t+$(定数) がすべてそうであって一つに定まらず, また

$$\boldsymbol{D}f(t) = t^n$$

になるような $f(t)$ は $n+1$ 次の多項式でなければならないが, この空間 P_n にはそのようなものは存在しない.

【例 1-20】 二つの容器 S_1 と S_2 があり, ある物質が容器 S_1 には p_1 kg, 容器 S_2 には p_2 kg 入っていたとする. この状態を

$$\vec{p} = [p_1, p_2]^{\mathrm{t}}$$

で表すことにし, これを列ベクトルとみると, その物質の配置の全体はベクトル空間 V をなす.（厳密にいうならば, ベクトル空間では, p_1 や p_2 が負の量になる

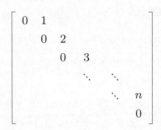

こともある．p_1 や p_2 が負のときは，これは不足量，もしくは‘借り’と考えればよい．）容器 S_1 からそこにある物質の半分をとり，また容器 S_2 からそこにある物質の 1/3 をとり，これを交換して前者を容器 S_2 へ，後者を容器 S_1 へ同時にもどして混ぜ合わせるという操作を考えてみよう．この操作を $\boldsymbol{P}$ と書くと，$\boldsymbol{P}$ は V から V への線形写像になっていることがすぐにわかる．

容器 S_1 には物質が 1 kg あり，容器 S_2 は空である状態と，容器 S_1 は空で，容器 S_2 には物質が 1 kg ある状態をそれぞれ

$$\vec{e}_1 = [1, 0]^{\mathrm{t}}, \vec{e}_2 = [0, 1]^{\mathrm{t}}$$

とすると，これらは線形独立であるから，$\{\vec{e}_1, \vec{e}_2\}$ を基底に選ぶことができる．状態 $\vec{e}_1$ に操作 $\boldsymbol{P}$ をほどこした結果は

$$\boldsymbol{P}\vec{e}_1 = \left[\frac{1}{2}, \frac{1}{2}\right]^{\mathrm{t}} = \frac{1}{2}\vec{e}_1 + \frac{1}{2}\vec{e}_2$$

であり，状態 $\vec{e}_2$ に操作 $\boldsymbol{P}$ をほどこした結果は

$$\boldsymbol{P}\vec{e}_2 = \left[\frac{1}{3}, \frac{2}{3}\right]^{\mathrm{t}} = \frac{1}{3}\vec{e}_1 + \frac{2}{3}\vec{e}_2$$

である．したがって，基底 $\{\vec{e}_1, \vec{e}_2\}$ に関する操作 $\boldsymbol{P}$ の成分行列は式（1.45）から

$$\begin{bmatrix} \frac{1}{2} & \frac{1}{3} \\ \frac{1}{2} & \frac{2}{3} \end{bmatrix}$$

となる．容器 S_1 に p_1 kg，容器 S_2 に p_2 kg だけ物質が

入っている状態

$$[p_1, p_2]^{\mathrm{t}} = p_1\vec{e}_1 + p_2\vec{e}_2$$

に操作 $\boldsymbol{P}$ をほどこせば，容器 S_1 の物質の量は $(1/2)p_1 + (1/3)p_2$ になり，容器 S_2 の物質の量は $(1/2)p_1 + (2/3)p_2$ になるから，結果は

$$\boldsymbol{P}[p_1, p_2]^{\mathrm{t}} = \left[\frac{1}{2}p_1 + \frac{1}{3}p_2,\ \frac{1}{2}p_1 + \frac{2}{3}p_2\right]^{\mathrm{t}}$$

である．これは上に求めた成分行列を用いて式（1.46）から計算した結果と一致している*．

【例 1-21】　図 1-24 に示すような二つの抵抗 R_1, R_2 からなる電気回路を考えよう．左側の二つの端子（入力端

*　上記の例で，とくに $p_1 \geqq 0$，$p_2 \geqq 0$，$p_1 + p_2 = 1$ のとき p_1, p_2 を**確率**と考えることもできる．すなわち，ある現象において，そのとりうる状態は S_1 と S_2 であり，状態 S_1 である確率を p_1，状態 S_2 である確率を p_2 と考えるのである．そして，状態 S_1 が生じたとき，単位時間後に，それが状態 S_1 のままである確率を 1/2，状態 S_2 に変化する確率を 1/2 とする．一方，状態 S_2 が生じたとき，単位時間後に状態 S_2 のままである確率を 2/3，状態 S_1 に変化する確率を 1/3 とする．はじめ状態 $\mathrm{S}_1, \mathrm{S}_2$ にある確率をそれぞれ p_1, p_2 とすれば，単位時間後に状態がそれぞれ $\mathrm{S}_1, \mathrm{S}_2$ である確率は，よく知られているようにそれぞれ $(1/2)p_1 + (1/3)p_2, (1/2)p_1 + (2/3)p_2$ である．これはさきの結果と一致している．すなわち，写像 $\boldsymbol{P}$ は現在の状態の分布を単位時間後の状態の分布に変化させる作用である．状態の数が $\mathrm{S}_1, \mathrm{S}_2, \cdots, \mathrm{S}_n$ と n 個になっても同様であり，成分行列の数値 p_{ij} は，状態 S_j であったものが単位時間後に状態 S_i に変化する確率を表す．この成分行列は**遷移確率行列**とよばれ，物理学や工学で重要な役割を果たす．ここにあげたようなものを**離散マルコフ過程**という．

子とよぶ）にかける電圧と，上側から流れ込み下側から出る電流をそれぞれ E_1, I_1 とし，右側の二つの端子（出力端子とよぶ）にかかる電圧と下側から流れ込み上側から出る電流をそれぞれ E_2, I_2 とする．端子の電圧と電流の状態はベクトルとみなすことができ，電圧の値と電流の値の組はその成分列ベクトルとみなすことができる．入力端子の電圧，電流を E_1, I_1 としたとき，出力端子に得られる電圧，電流 E_2, I_2 を定める対応

$$\begin{bmatrix} E_1 \\ I_1 \end{bmatrix} \longrightarrow \begin{bmatrix} E_2 \\ I_2 \end{bmatrix}$$

は，ベクトル空間からそれ自身への写像と考えてよい．この写像を $\boldsymbol{F}$ と書こう．オームの法則を使って実際に

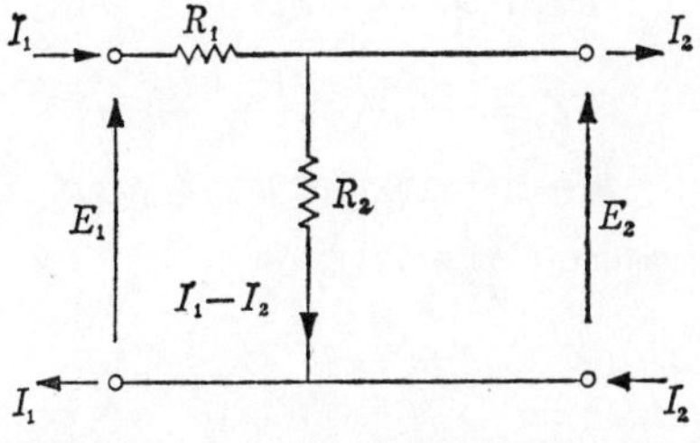

図 1-24 二つの抵抗からなる電気回路

左側の端子の電圧，電流を矢印の方向に E_1, I_1，右側の端子の電圧，電流を矢印の方向に E_2, I_2 とする．両者の対応は線形写像とみなしてよい．

解くと

$$\left.\begin{aligned} E_2 &= E_1 - R_1 I_1 \\ I_2 &= -\frac{E_1}{R_2} + \frac{R_1+R_2}{R_2} I_1 \end{aligned}\right\} \tag{1.47}$$

となり，写像 $\boldsymbol{F}$ は線形写像であることがわかる．一般に，抵抗と電池からなる電気回路の電圧や電流の関係は，すべて線形であることがわかっている．これは**重ね合わせの原理**ともよばれている*．$E_1=1, I_1=0$ の状態と $E_1=0, I_1=1$ の状態，すなわち

$$\vec{e}_1 = [1,0]^{\mathrm{t}}, \qquad \vec{e}_2 = [0,1]^{\mathrm{t}}$$

を基底にとって上の写像の成分行列を求めてみよう．式 (1.47) から，$E_1=1, I_1=0$ なら $E_2=1, I_2=-1/R_2$ である．また，$E_1=0, I_1=1$ なら $E_2=-R_1, I_2=(R_1+R_2)/R_2$ である．すなわち

$$\boldsymbol{F}\vec{e}_1 = \vec{e}_1 - \frac{1}{R_2}\vec{e}_2$$

$$\boldsymbol{F}\vec{e}_2 = -R_1\vec{e}_1 + \frac{R_1+R_2}{R_2}\vec{e}_2$$

である．これから，線形写像 $\boldsymbol{F}$ の基底 $\{\vec{e}_1, \vec{e}_2\}$ に関する成分行列はつぎのようになる．

* 定常交流を考えるなら，コイルやコンデンサー，トランス（変圧器）が入っていてもやはり同じ関係が成り立つ．この例にあげたような回路で抵抗以外にコイルやコンデンサー，トランスを用いたものは**四端子回路**とよばれている．

$$\begin{bmatrix} 1 & -R_1 \\ -\dfrac{1}{R_2} & \dfrac{R_1+R_2}{R_2} \end{bmatrix}$$

7 線形写像のスカラー倍，和，積

n 次元ベクトル空間 V^n から m 次元ベクトル空間 V^m への線形写像 $\boldsymbol{A}$ があって，これがベクトル $\boldsymbol{x}$ をベクトル $\boldsymbol{y}$ に写す．すなわち

$$\boldsymbol{y} = \boldsymbol{A}\boldsymbol{x}$$

であるとしよう．このとき，c を定数として，ベクトル $\boldsymbol{x}$ をベクトル $c\boldsymbol{y}$ に写像するような線形写像 $\boldsymbol{A}'$ を考えることができる．すなわち

$$\boldsymbol{A}'\boldsymbol{x} = c\boldsymbol{y} = c\boldsymbol{A}\boldsymbol{x}$$

である．このような線形写像を

$$\boldsymbol{A}' = c\boldsymbol{A} \tag{1.48}$$

と書き，線形写像 $\boldsymbol{A}$ のスカラー倍（c 倍）という．V^n の基底 $\{\boldsymbol{e}_i\}$ と V^m の基底 $\{\tilde{\boldsymbol{e}}_i\}$ に関する $\boldsymbol{A}$ の成分行列を $[a_{ij}]$ とすれば，同じ基底に関する $c\boldsymbol{A}$ の成分行列は

$$c\boldsymbol{A}\boldsymbol{e}_j = c\left(\sum_i a_{ij}\tilde{\boldsymbol{e}}_i\right) = \sum_i (ca_{ij})\tilde{\boldsymbol{e}}_i$$

であるから

$$[ca_{ij}] \tag{1.49}$$

であり，各成分が c 倍されたものである．

つぎに，V^n から V^m への線形写像が二つあったとしよ

う．これを $\boldsymbol{A}, \boldsymbol{B}$ とする．このとき，V^n から V^m への写像 $\boldsymbol{C}: V^n \longrightarrow V^m$ を

$$\boldsymbol{C}\boldsymbol{x} = \boldsymbol{A}\boldsymbol{x} + \boldsymbol{B}\boldsymbol{x} \tag{1.50}$$

で定義しよう．すなわち，ベクトル $\boldsymbol{x}$ の写像 $\boldsymbol{C}$ による像を，写像 $\boldsymbol{A}$ による像と写像 $\boldsymbol{B}$ による像の和で定義する．写像 $\boldsymbol{C}$ も線形写像であることはすぐにわかる．そこで

$$\boldsymbol{C} = \boldsymbol{A} + \boldsymbol{B}$$

と書き，線形写像 $\boldsymbol{C}$ を線形写像 $\boldsymbol{A}$ と線形写像 $\boldsymbol{B}$ の和という．$\boldsymbol{A}, \boldsymbol{B}, \boldsymbol{C}$ の成分行列をそれぞれ $[a_{ij}], [b_{ij}], [c_{ij}]$ とすると

$$\boldsymbol{A}\boldsymbol{e}_j = \sum_i a_{ij}\tilde{\boldsymbol{e}}_i, \quad \boldsymbol{B}\boldsymbol{e}_j = \sum_i b_{ij}\tilde{\boldsymbol{e}}_i, \quad \boldsymbol{C}\boldsymbol{e}_j = \sum_i c_{ij}\tilde{\boldsymbol{e}}_i$$

および

$$\boldsymbol{C}\boldsymbol{e}_j = \boldsymbol{A}\boldsymbol{e}_j + \boldsymbol{B}\boldsymbol{e}_j = \sum_i (a_{ij} + b_{ij})\tilde{\boldsymbol{e}}_i$$

であるから

$$c_{ij} = a_{ij} + b_{ij} \tag{1.51}$$

であることがわかる．同じ基底に関して考えると，線形写像の和の成分は，加える線形写像の成分の和になっている．

つぎに V^n から V^m への線形写像 $\boldsymbol{A}$ と，V^m から V^l への線形写像 $\boldsymbol{B}$ があったとしよう．このとき，写像 $\boldsymbol{A}$ と $\boldsymbol{B}$ とを続けて行った結果は V^n から V^l への線形写像になっており

$$\boldsymbol{C} = \boldsymbol{B} \circ \boldsymbol{A}$$

と表す．これを線形写像の**積**といい，単に $\boldsymbol{BA}$ で表すこともある．

いま，V^n, V^m, V^l にそれぞれ基底 $\{\tilde{\boldsymbol{e}}_i\}, \{\tilde{\boldsymbol{e}}_i\}, \{\tilde{\boldsymbol{e}}_i\}$ を導入し，これらの基底に関する写像 $\boldsymbol{A}, \boldsymbol{B}, \boldsymbol{C}$ の成分行列をそれぞれ $[a_{ij}], [b_{ij}], [c_{ij}]$ としよう．すなわち，

$$\boldsymbol{Ae}_j = \sum_{k=1}^{m} a_{kj}\tilde{\boldsymbol{e}}_k, \qquad \boldsymbol{B}\tilde{\boldsymbol{e}}_k = \sum_{i=1}^{l} b_{ik}\tilde{\boldsymbol{e}}_i,$$

$$\boldsymbol{Ce}_j = \sum_{i=1}^{l} c_{ij}\tilde{\boldsymbol{e}}_i \tag{1.52}$$

である．このとき，$\boldsymbol{Ce}_j$ を $\boldsymbol{B}(\boldsymbol{Ae}_j)$ の順に計算すると

$$\begin{aligned}\boldsymbol{Ce}_j &= \boldsymbol{B}(\boldsymbol{Ae}_j) = \boldsymbol{B}\left(\sum_{k=1}^{m} a_{kj}\tilde{\boldsymbol{e}}_k\right)\\ &= \sum_{k=1}^{m} a_{kj}(\boldsymbol{B}\tilde{\boldsymbol{e}}_k) = \sum_{k=1}^{m} a_{kj}\left(\sum_{i=1}^{l} b_{ik}\tilde{\boldsymbol{e}}_i\right)\\ &= \sum_{i=1}^{l}\left(\sum_{k=1}^{m} b_{ik}a_{kj}\right)\tilde{\boldsymbol{e}}_i\end{aligned}$$

が得られる．式（1.52）の最後の式と比較することによって

$$c_{ij} = \sum_{k=1}^{m} b_{ik}a_{kj} \tag{1.53}$$

が得られる．こうして，二つの線形写像 $\boldsymbol{A}$ と $\boldsymbol{B}$ の積の成分を，もとの線形写像 $\boldsymbol{A}$ と $\boldsymbol{B}$ の成分で表したものが得られた．

$\boldsymbol{A}$ を同一のベクトル空間 V^n から V^n への線形写像とし，すべてのベクトル $\boldsymbol{y}$ に対して

$$\boldsymbol{y} = \boldsymbol{A}\boldsymbol{x}$$

を満たすベクトル $\boldsymbol{x}$ がただ一つ存在するとき，逆写像 $\boldsymbol{A}^{-1}$ が存在して

$$\boldsymbol{x} = \boldsymbol{A}^{-1}\boldsymbol{y}$$

であり，これも線形写像であることはすでに述べた．

$$\boldsymbol{A}^{-1} \circ \boldsymbol{A}\boldsymbol{x} = \boldsymbol{x}$$

$$\boldsymbol{A} \circ \boldsymbol{A}^{-1}\boldsymbol{x} = \boldsymbol{x}$$

であるから，これらは V^n における恒等写像になっている．これを $\boldsymbol{I}$ で表すと

$$\boldsymbol{A} \circ \boldsymbol{A}^{-1} = \boldsymbol{A}^{-1} \circ \boldsymbol{A} = \boldsymbol{I} \tag{1.54}$$

逆写像をもつような V^n から V^n 自身への線形写像を正則な写像という．どのような基底をとっても

$$\boldsymbol{I}\boldsymbol{e}_i = \boldsymbol{e}_i \qquad (i = 1, 2, \cdots, n)$$

であるから，$\boldsymbol{I}$ のどの基底に関する成分行列も同じであって

$$\begin{bmatrix} 1 & 0 & \cdots & 0 \\ 0 & 1 & \cdots & 0 \\ & & \cdots & \\ & & \cdots & \\ 0 & 0 & \cdots & 1 \end{bmatrix}$$

である．恒等写像の成分を i_{ij} と書くと文字が読みにくいので，これを δ_{ij} と書くことにする．すなわち

$$\delta_{ij} = \begin{cases} 1 & (i = j \text{ のとき}) \\ 0 & (i \neq j \text{ のとき}) \end{cases}$$

である. δ_{ij} はクロネッカーのデルタとよぶ.

【例 1-22】 平面上のベクトルを角度 θ だけ回転させる線形写像 $\boldsymbol{R}(\theta)$ を考えよう. [例 1-18] で示したように, 正規直交基底 $\{\boldsymbol{e}_1, \boldsymbol{e}_2\}$ に関する成分行列は

$$\boldsymbol{R}(\theta) = \begin{bmatrix} \cos\theta & -\sin\theta \\ \sin\theta & \cos\theta \end{bmatrix}$$

である. c を実数とするとき, $c\boldsymbol{R}(\theta)$ は平面上のベクトルを角度 θ だけ回転してから c 倍に拡大する線形写像を意味する. その成分行列は

$$c\boldsymbol{R}(\theta) = \begin{bmatrix} c\cos\theta & -c\sin\theta \\ c\sin\theta & c\cos\theta \end{bmatrix}$$

である.

つぎに, 二つの線形写像の和 $\boldsymbol{R}(\theta_1) + \boldsymbol{R}(\theta_2)$ を考えよう. これは, ベクトルを角度 θ_1 だけ回転したベクトルと角度 θ_2 だけ回転したベクトルとを加えたベクトルに, もとのベクトルを写す線形写像である. ところが, 図 1-25 からわかるように, これは, ベクトルを角度 $(\theta_1 + \theta_2)/2$ だけ回転し, さらに大きさを $2\cos(\theta_1 - \theta_2)/2$ 倍する写像, すなわち

$$2\cos\frac{\theta_1-\theta_2}{2}\boldsymbol{R}\left(\frac{\theta_1+\theta_2}{2}\right)$$

に等しい．実際に成分行列で計算すると

$$\boldsymbol{R}(\theta_1)+\boldsymbol{R}(\theta_2)$$
$$=\begin{bmatrix}\cos\theta_1 & -\sin\theta_1\\ \sin\theta_1 & \cos\theta_1\end{bmatrix}+\begin{bmatrix}\cos\theta_2 & -\sin\theta_2\\ \sin\theta_2 & \cos\theta_2\end{bmatrix}$$

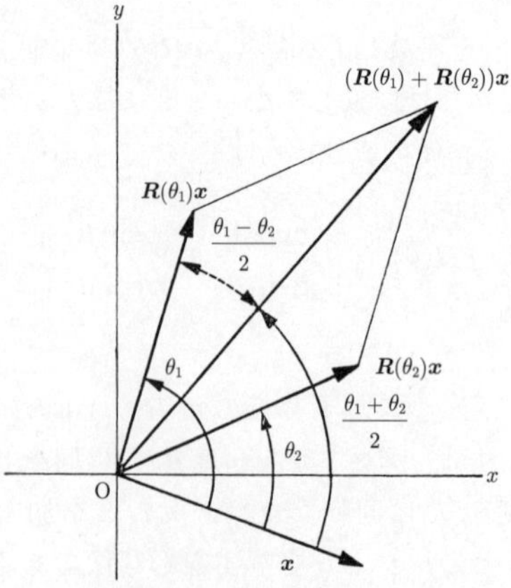

図1-25　回転写像の和

ベクトル $\boldsymbol{x}$ を角度 θ_1 だけ回転した $\boldsymbol{R}(\theta_1)\boldsymbol{x}$ と角度 θ_2 だけ回転した $\boldsymbol{R}(\theta_2)\boldsymbol{x}$ との和をつくると，これは $\boldsymbol{x}$ を $(\theta_1+\theta_2)/2$ だけ回転して $2\cos(\theta_1-\theta_2)/2$ 倍したベクトルに等しい．

$$
\begin{aligned}
&=\begin{bmatrix} \cos\theta_1+\cos\theta_2 & -\sin\theta_1-\sin\theta_2 \\ \sin\theta_1+\sin\theta_2 & \cos\theta_1+\cos\theta_2 \end{bmatrix} \\
&=\begin{bmatrix} 2\cos\frac{\theta_1+\theta_2}{2}\cos\frac{\theta_1-\theta_2}{2} & -2\sin\frac{\theta_1+\theta_2}{2}\cos\frac{\theta_1-\theta_2}{2} \\ 2\sin\frac{\theta_1+\theta_2}{2}\cos\frac{\theta_1-\theta_2}{2} & 2\cos\frac{\theta_1+\theta_2}{2}\cos\frac{\theta_1-\theta_2}{2} \end{bmatrix} \\
&=2\cos\frac{\theta_1-\theta_2}{2}\begin{bmatrix} \cos\frac{\theta_1+\theta_2}{2} & -\sin\frac{\theta_1+\theta_2}{2} \\ \sin\frac{\theta_1+\theta_2}{2} & \cos\frac{\theta_1+\theta_2}{2} \end{bmatrix} \\
&=2\cos\frac{\theta_1-\theta_2}{2}\boldsymbol{R}\left(\frac{\theta_1+\theta_2}{2}\right)
\end{aligned}
$$

であって，図 1-25 で調べたことが正しいことがわかる．

つぎに，ベクトルをまず角度 θ_1 だけ回転し，ひき続いて角度 θ_2 だけ回転する写像を考えてみよう．これは積 $\boldsymbol{R}(\theta_2)\boldsymbol{R}(\theta_1)$ であるが，これは角度を $\theta_1+\theta_2$ だけ回転する写像に等しいことは明らかである．したがって

$$\boldsymbol{R}(\theta_2)\boldsymbol{R}(\theta_1)=\boldsymbol{R}(\theta_1+\theta_2) \tag{1.55}$$

と書くことができる．実際に成分行列を用いて計算すると，左辺は

$$
\begin{aligned}
&\begin{bmatrix} \cos\theta_1\cos\theta_2-\sin\theta_1\sin\theta_2 & -\cos\theta_1\sin\theta_2-\sin\theta_1\cos\theta_2 \\ \sin\theta_1\cos\theta_2+\cos\theta_1\sin\theta_2 & -\sin\theta_1\sin\theta_2+\cos\theta_1\cos\theta_2 \end{bmatrix} \\
&=\begin{bmatrix} \cos(\theta_1+\theta_2) & -\sin(\theta_1+\theta_2) \\ \sin(\theta_1+\theta_2) & \cos(\theta_1+\theta_2) \end{bmatrix}
\end{aligned}
$$

であり，右辺の成分行列に等しいことがわかる．

つぎに，角度を θ だけ回転し，ついでこれを $-\theta$ だけ回転して元にもどす写像を考えてみよう．これは式（1.55）から

$$\boldsymbol{R}(-\theta)\boldsymbol{R}(\theta) = \boldsymbol{R}(0)$$

であるが，$\boldsymbol{R}(0)$ は角度 0 の回転であり，恒等写像 $\boldsymbol{I}$ に等しい．すなわち $\boldsymbol{R}(-\theta)$ は $\boldsymbol{R}(\theta)$ の逆写像

$$\boldsymbol{R}(\theta)^{-1} = \boldsymbol{R}(-\theta)$$

である．これは回転の意味からも当然のことであろう．

練習問題　1

1

$$\vec{a} = \begin{bmatrix} 1 \\ 0 \\ 3 \\ -2 \end{bmatrix}, \qquad \vec{b} = \begin{bmatrix} 3 \\ -2 \\ 1 \\ 2 \end{bmatrix}$$

のとき，内積 $\vec{a}\cdot\vec{b}$ を計算せよ．また，$\vec{a}$ と $\vec{b}$ の終点の中点を示すベクトル $\vec{c}$ の成分とその長さ $|\vec{c}|$ を計算せよ．

2　次数が n を越えない t の多項式で，ある定まった根 $t=\alpha$ をもつもの，すなわち $f(\alpha)=0$ となるような多項式 $f(t)$ の全体はベクトル空間であるか．

3　漸化式

$$a_{n+2} = a_{n+1} + 2a_n \qquad (n = 1, 2, 3, \cdots)$$

を満たす数列 $\{a_n\}$ 全体は二次元ベクトル空間であり，$(-1)^n, 2^n$ が基底になっていることを示せ．

［ヒント：初期値 $a_1 = \alpha, a_2 = \beta$ を定めると，数列は一つに

定まる．$(-1)^n, 2^n$ の線形結合によってそのような数列が表せることをいえばよい．]

4 ［例 1-2］，［例 1-7］に示したばね系を考える．［例 1-7］では，第一のおもりが 1 単位だけ右に移動した状態を $\boldsymbol{e}_1$，第二のおもりだけが 1 単位だけ右に移動した状態を $\boldsymbol{e}_2$ とし，これを基底に選んだ．別の基底として，第一のおもり，第二のおもりがともに 1 単位だけ右に移動した状態を $\boldsymbol{e}_1'$，第一のおもりが 1 単位だけ右に移動し，第二のおもりが 1 単位だけ左に移動した状態を $\boldsymbol{e}_2'$ としよう．$\boldsymbol{e}_1', \boldsymbol{e}_2'$ を $\boldsymbol{e}_1, \boldsymbol{e}_2$ で表すと

$$\boldsymbol{e}_1' = \boldsymbol{e}_1 + \boldsymbol{e}_2, \quad \boldsymbol{e}_2' = \boldsymbol{e}_1 - \boldsymbol{e}_2$$

となる．これを $\boldsymbol{e}_1, \boldsymbol{e}_2$ について解き，基底の変換の係数 $\{r_{ij}\}$ を求めよ．基底 $\{\boldsymbol{e}_1, \boldsymbol{e}_2\}$ に関する成分が x_1, x_2 である状態の，基底 $\{\boldsymbol{e}_1', \boldsymbol{e}_2'\}$ に関する成分 x_1', x_2' はどう表されるか．

5 三次元ベクトル空間のある基底 $\{\boldsymbol{e}_1, \boldsymbol{e}_2, \boldsymbol{e}_3\}$ に関する計量 $g_{ij} = (\boldsymbol{e}_i, \boldsymbol{e}_j)$ が

$\{g_{ij}\} =$

i \ j	1	2	3
1	1	1	2
2	1	2	1
3	2	1	6

であるとする．別の基底 $\{\boldsymbol{e}_1', \boldsymbol{e}_2', \boldsymbol{e}_3'\}$ として

$$\boldsymbol{e}_1' = \boldsymbol{e}_1$$

$$\boldsymbol{e}_2' = -\boldsymbol{e}_1 + \boldsymbol{e}_2$$

$$\boldsymbol{e}_3' = -3\boldsymbol{e}_1 + \boldsymbol{e}_2 + \boldsymbol{e}_3$$

をとると，この基底に関する計量 $g_{ij}' = (\boldsymbol{e}_i', \boldsymbol{e}_j')$ はどうなるか．

6 三次元ベクトル空間 $V_1{}^3$ から別の三次元ベクトル空間 $V_2{}^3$

への線形写像 $\boldsymbol{A}$ を考える．$V_1{}^3$ に基底 $\{\boldsymbol{e}_1, \boldsymbol{e}_2, \boldsymbol{e}_3\}$ をとり，$V_2{}^3$ に基底 $\{\tilde{\mathbf{e}}_1, \tilde{\mathbf{e}}_2, \tilde{\mathbf{e}}_3\}$ をとる．このとき

$$\boldsymbol{A}\boldsymbol{e}_1 = \tilde{\mathbf{e}}_1$$
$$\boldsymbol{A}\boldsymbol{e}_2 = 2\tilde{\mathbf{e}}_1 + \tilde{\mathbf{e}}_2$$
$$\boldsymbol{A}\boldsymbol{e}_3 = -\tilde{\mathbf{e}}_1 + 3\tilde{\mathbf{e}}_2 + \tilde{\mathbf{e}}_3$$

であるとすると，線形写像 $\boldsymbol{A}$ の $\{\boldsymbol{e}_1\}, \{\tilde{\mathbf{e}}_1\}$ に関する成分行列は何か．また，写像 $\boldsymbol{A}$ の逆写像 $\boldsymbol{A}^{-1}$ の $\{\tilde{\mathbf{e}}_1\}, \{\boldsymbol{e}_1\}$ に関する成分行列を求めよ．

[ヒント：逆写像 $\boldsymbol{A}^{-1}$ が存在すると仮定して上式の両辺に $\boldsymbol{A}^{-1}$ を作用させてみよ．]

7 xy 平面上で原点を始点とするベクトルを，直線 $y = x$ に関して対称な位置に写し，長さを2倍にし，さらに $45°$ だけ正の向きに回転した位置へ写す線形写像 $\boldsymbol{A}$ を考える．x 軸，y 軸上に長さ1の基底ベクトル $\vec{e_1} = [1, 0]^t, \vec{e_2} = [0, 1]^t$ をとり，それぞれの写像 $\boldsymbol{A}$ による像を基底 $\{\vec{e_1}, \vec{e_2}\}$ の線形結合で表し，写像 $\boldsymbol{A}$ の成分行列を求めよ．これを用いて，点 $(3, 4)$ はこの写像によってどこに写されるかを計算せよ．

第2章　行列と行列式

1　行列

1.1　線形写像と行列

前章では，ベクトル空間に基底を導入すると，いろいろな対象が数値の組で表せることを調べた．たとえば，ベクトル空間 V^n から V^m への線形写像

$$\boldsymbol{A} : V^n \longrightarrow V^m$$

は，V^n と V^m にそれぞれ基底 $\{\boldsymbol{e}_i\}, \{\tilde{\boldsymbol{e}}_i\}$ を導入することによって，成分行列 $[a_{ij}](i=1, 2, \cdots, m\,; j=1, 2, \cdots, n)$ の mn 個の数の組で表すことができた．ベクトル $\boldsymbol{x}$ 自身も，基底 $\{\boldsymbol{e}_j\}$ に関する成分 $\{x_i\}(i=1, \cdots, n)$ の n 個の数の組で表現できた．また，V^n のベクトルの内積は，基底ベクトルどうしの内積を成分とする計量 $\{g_{ij}\}(i, j=1, 2, \cdots, n)$ の n^2 個の数の組とベクトルの成分を用いて表すことができた．このように，ベクトルの演算や変換を計算するのに数値の組を用いると便利なことが多い．このような数値の組の演算を行うために，行列という量を定義しよう．

一般に mn 個の実数を

$$\begin{bmatrix} a_{11} & a_{12} & \cdots & a_{1n} \\ a_{21} & a_{22} & \cdots & a_{2n} \\ & \cdots\cdots & & \\ & \cdots\cdots & & \\ a_{m1} & a_{m2} & \cdots & a_{mn} \end{bmatrix}$$

のように並べたものを $m \times n$ **行列**とよぶ．そして，横の並びを**行**といい，上から順に第1行，第2行，…，第 m 行という．縦の並びを**列**といい，左から順に第1列，第2列，…，第 n 列という．行列の中に並べた実数のおのおのを**要素**または**成分**といい，第 i 行第 j 列の要素，すなわち上から i 番目，左から j 番目の要素を (i, j) 要素という．行列は大文字 $A, B, C, \cdots$ で表すことにする．二つの行列があって，どちらの行の数も等しく，どちらの列の数も等しいとき，この二つの行列は**同じ型**であるという．行列 A と行列 B とが等しい，すなわち

$$A = B$$

とは，A と B とが同じ型であり，かつ対応する要素がすべて等しいことを意味するものとする．すなわち

$$A = \begin{bmatrix} a_{11} & \cdots & a_{1n} \\ a_{21} & \cdots & a_{2n} \\ & \cdots\cdots & \\ & \cdots\cdots & \\ a_{m1} & \cdots & a_{mn} \end{bmatrix}, \quad B = \begin{bmatrix} b_{11} & \cdots & b_{1n} \\ b_{21} & \cdots & b_{2n} \\ & \cdots\cdots & \\ & \cdots\cdots & \\ b_{m1} & \cdots & b_{mn} \end{bmatrix}$$

であれば，$A=B$ とは

$$a_{ij}=b_{ij} \qquad (i=1,\cdots,m\,;j=1,\cdots,n)$$

のことである．

列ベクトル

$$\begin{bmatrix} x_1 \\ x_2 \\ \vdots \\ x_m \end{bmatrix}$$

は，1列の行列，すなわち $m\times 1$ 行列と考えてよい．また，1行の行列，すなわち $1\times n$ 行列

$$[y_1, y_2, \cdots, y_n]$$

を行ベクトルとよぶ．

あるベクトル空間 V^n からあるベクトル空間 V^m への線形写像 $\boldsymbol{A}$ があるとき，写像 $\boldsymbol{A}$ のある基底に関する成分 $[a_{ij}]$ を要素とする行列

$$A=\begin{bmatrix} a_{11} & a_{12} & \cdots & a_{1n} \\ a_{21} & a_{22} & \cdots & a_{2n} \\ & \cdots\cdots & & \\ & \cdots\cdots & & \\ a_{m1} & a_{m2} & \cdots & a_{mn} \end{bmatrix}$$

をつくることができる．この行列 A を線形写像 $\boldsymbol{A}$ のこの基底に関する**成分行列**という．式（1.45）で述べたように，成分 a_{ij} は $\boldsymbol{e}_j$ の像 $\boldsymbol{A}\boldsymbol{e}_j$ を $\{\tilde{\boldsymbol{e}}_i\}$ の線形結合

$$\boldsymbol{A}\boldsymbol{e}_j = \sum_{i=1}^{m} a_{ij}\tilde{\boldsymbol{e}}_i \qquad (j=1, \cdots, n) \tag{2.1}$$

で表したときの係数であった.（添字の並び方に注意.）

V^n のベクトル $\boldsymbol{x}$ が写像 $\boldsymbol{A}$ によって V^n のベクトル $\boldsymbol{y}$ に写像されるとき，すなわち

$$\boldsymbol{y} = \boldsymbol{A}\boldsymbol{x}$$

が成立しているとき，この関係を成分で書くと，式(1.46) で述べたように

$$y_i = \sum_{j=1}^{n} a_{ij}x_j \qquad (i=1, 2, \cdots, m) \tag{2.2}$$

すなわち

$$\begin{aligned} y_1 &= a_{11}x_1 + a_{12}x_2 + \cdots + a_{1n}x_n \\ &\cdots\cdots \\ &\cdots\cdots \\ y_i &= a_{i1}x_1 + a_{i2}x_2 + \cdots + a_{in}x_n \\ &\cdots\cdots \\ &\cdots\cdots \\ y_m &= a_{m1}x_1 + a_{m2}x_2 + \cdots + a_{mn}x_n \end{aligned}$$

であった．この関係を行列と列ベクトルで表すために，$m \times n$ 行列 A と n 次元列ベクトル $\vec{x}$ の積をつぎのように約束する．

$$A\vec{x}=\begin{bmatrix} a_{11} & a_{12} & \cdots & a_{1n} \\ a_{21} & a_{22} & \cdots & a_{2n} \\ & \cdots\cdots & & \\ & \cdots\cdots & & \\ a_{m1} & a_{m2} & \cdots & a_{mn} \end{bmatrix}\begin{bmatrix} x_1 \\ x_2 \\ \vdots \\ \vdots \\ x_n \end{bmatrix}$$

$$=\begin{bmatrix} a_{11}x_1+a_{12}x_2+\cdots+a_{1n}x_n \\ a_{21}x_1+a_{22}x_2+\cdots+a_{2n}x_n \\ \cdots\cdots \\ \cdots\cdots \\ a_{m1}x_1+a_{m2}x_2+\cdots+a_{mn}x_n \end{bmatrix}$$

積の結果は m 次元列ベクトルである．この積を用いると，式（2.2）は

$$\begin{bmatrix} y_1 \\ y_2 \\ \vdots \\ y_m \end{bmatrix}=\begin{bmatrix} a_{11} & a_{12} & \cdots & a_{1n} \\ a_{21} & a_{22} & \cdots & a_{2n} \\ & \cdots\cdots & & \\ & \cdots\cdots & & \\ a_{m1} & a_{m2} & \cdots & a_{mn} \end{bmatrix}\begin{bmatrix} x_1 \\ x_2 \\ \vdots \\ \vdots \\ x_n \end{bmatrix} \qquad (2.3)$$

あるいは簡単に

$$\vec{y}=A\vec{x}$$

と書くことができる．

【注意】　とくに $1\times n$ 行列と $n\times 1$ 行列の積，すなわち n 次元行ベクトルと n 次元列ベクトルの積の場合には

$$[a_1, a_2, \cdots, a_n][x_1, x_2, \cdots, x_n]^{\mathrm{t}} = a_1x_1 + a_2x_2 + \cdots + a_nx_n \tag{2.4}$$

である．これを図で示すと列ベクトルを横にして，行ベクトルと重ね，対応要素どうしを掛け合わせてから総和をとることになる（図 2-1）．これが**行と列との積**であり，行列の計算の基本になる．たとえば，式（2.3）で y_i は A の第 i 行と $\vec{x}$ との積である（図 2-2）．このことからも，行列と列ベクトルの積をつくるには，行列の列の数 n と列ベクトルの次元数 n が一致していなければならないことがわかる．

c を実数，$\vec{x}, \vec{x}'$ を n 次元列ベクトル，A を $m \times n$ 行列

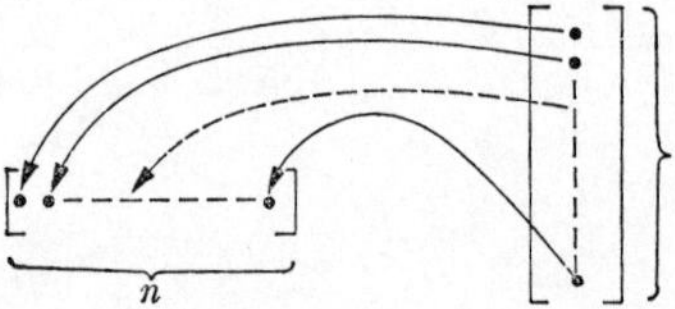

図 2-1　行ベクトルと列ベクトルとの積のつくり方
対応する成分を重ねて積をつくり，和をとる．

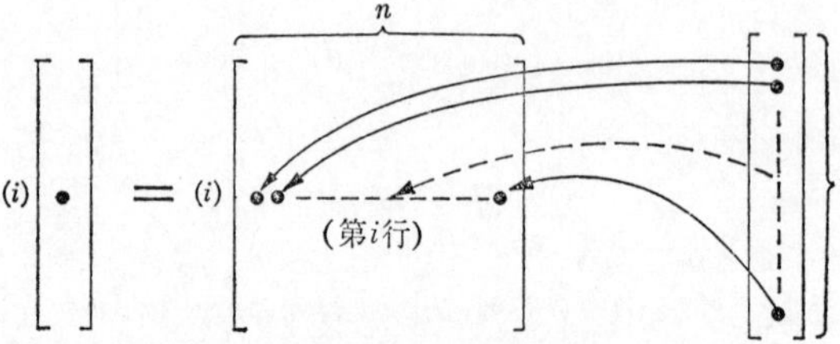

図 2-2　行列と列ベクトルとの積のつくり方
行列の第 i 行と列ベクトルとの積の和が左辺の第 i 成分になる．

とすると，つぎのことがわかる．

【定理 2-1】

(1)　$A(c\vec{x}) = cA\vec{x}$　(2.5)

(2)　$A(\vec{x}+\vec{x}') = A\vec{x}+A\vec{x}'$　(2.6)

[証明]　(1)　まず，両辺とも m 次元列ベクトルである．

$$\text{左辺の第}\ i\ \text{成分} = \sum_{j=1}^{n} a_{ij}(cx_j) = c\sum_{j=1}^{n} a_{ij}x_j$$

$$= \text{右辺の第}\ i\ \text{成分}$$

これが $i=1, 2, \cdots, m$ について成立するから両辺の成分はそれぞれ等しく，したがって左辺＝右辺が成立する．

(2)　$$\text{左辺の第}\ i\ \text{成分} = \sum_{j=1}^{n} a_{ij}(x_j + x_j{}')$$

$$= \sum_{j=1}^{n} a_{ij}x_j + \sum_{j=1}^{n} a_{ij}x_j{}'$$

$$= \text{右辺の第}\ i\ \text{成分}$$

である．したがって，(1) と同じ理由によって左辺＝右辺が成立する．

式 (2.5)，(2.6) は $m\times n$ 行列 A を掛けることが列ベクトルの空間 $\boldsymbol{E}^n$ から $\boldsymbol{E}^m$ への線形写像であることを意味している（第 1 章 6 節）．逆に，$\boldsymbol{E}^n$ から $\boldsymbol{E}^m$ への線形写像は列ベクトルと $m\times n$ 行列の積で表すことができる．これを示すために，$\boldsymbol{A}$ を線形写像とし，第 1 章 1 節の式 (1.3) で示した列ベクトル空間の基底 $\vec{e}_1, \vec{e}_2, \cdots, \vec{e}_n$ の写

像 $\boldsymbol{A}$ による像を

$$\boldsymbol{A}\vec{e}_1 = \begin{bmatrix} a_{11} \\ \vdots \\ a_{m1} \end{bmatrix}, \quad \boldsymbol{A}\vec{e}_2 = \begin{bmatrix} a_{12} \\ \vdots \\ a_{m2} \end{bmatrix}, \ \cdots,$$

$$\boldsymbol{A}\vec{e}_n = \begin{bmatrix} a_{1n} \\ \vdots \\ a_{mn} \end{bmatrix} \tag{2.7}$$

とおく．任意の列ベクトル

$$\vec{x} = [x_1, x_2, \cdots, x_n]^{\mathrm{t}}$$

は，基底 $\vec{e}_1, \cdots, \vec{e}_n$ を用いて

$$\vec{x} = x_1\vec{e}_1 + x_2\vec{e}_2 + \cdots + x_n\vec{e}_n \tag{2.8}$$

と表すことができるから（式（1.4）参照），式（2.5），（2.6）によって

$$\begin{aligned} \boldsymbol{A}\vec{x} &= x_1\boldsymbol{A}\vec{e}_1 + x_2\boldsymbol{A}\vec{e}_2 + \cdots + x_n\boldsymbol{A}\vec{e}_n \\ &= x_1\begin{bmatrix} a_{11} \\ \vdots \\ a_{m1} \end{bmatrix} + x_2\begin{bmatrix} a_{12} \\ \vdots \\ a_{m2} \end{bmatrix} + \cdots + x_n\begin{bmatrix} a_{1n} \\ \vdots \\ a_{mn} \end{bmatrix} \\ &= \begin{bmatrix} a_{11}x_1 + a_{12}x_2 + \cdots + a_{1n}x_n \\ \cdots\cdots \\ \cdots\cdots \\ a_{m1}x_1 + a_{m2}x_2 + \cdots + a_{mn}x_n \end{bmatrix} \end{aligned}$$

$$
= \begin{bmatrix} a_{11} & \cdots & a_{1n} \\ & \cdots\cdots & \\ & \cdots\cdots & \\ a_{m1} & \cdots & a_{mn} \end{bmatrix} \begin{bmatrix} x_1 \\ \vdots \\ \vdots \\ x_n \end{bmatrix}
$$

となり，行列との積で表される．これからまた，行列 A の第 1 列，第 2 列，…，第 n 列はそれぞれ基底 $\vec{e}_1, \vec{e}_2, \cdots, \vec{e}_n$ の写像 $\boldsymbol{A}$ による像であることもわかる．

1.2 行列のスカラー倍と和

ベクトル空間 V^n からベクトル空間 V^m への線形写像 $\boldsymbol{A}$ があるとき，そのスカラー倍を式（1. 48）によって定義した．その成分は式（1. 49）のようになった．これを行列の形に書いて，実数 c と行列の積をつぎのように定義する．

$$
c \begin{bmatrix} a_{11} & \cdots & a_{1n} \\ & \cdots\cdots & \\ & \cdots\cdots & \\ a_{m1} & \cdots & a_{mn} \end{bmatrix} = \begin{bmatrix} ca_{11} & \cdots & ca_{1n} \\ & \cdots\cdots & \\ & \cdots\cdots & \\ ca_{m1} & \cdots & ca_{mn} \end{bmatrix} \quad (2.\,9)
$$

すなわち，各要素を c 倍する．式（1. 48）の線形写像 $\boldsymbol{A}$, $\boldsymbol{A}'$ の成分行列をそれぞれ

$$A=\begin{bmatrix} a_{11} & \cdots & a_{1n} \\ & \cdots\cdots & \\ & \cdots\cdots & \\ a_{m1} & \cdots & a_{mn} \end{bmatrix}, \quad A'=\begin{bmatrix} a_{11}' & \cdots & a_{1n}' \\ & \cdots\cdots & \\ & \cdots\cdots & \\ a_{m1}' & \cdots & a_{mn}' \end{bmatrix}$$

とすると，式（1.48）の関係は成分行列によって

$$A'=cA$$

と書くことができる．

また，V^n から V^m への二つの線形写像 $\boldsymbol{A}$ と $\boldsymbol{B}$ があったとき，写像 $\boldsymbol{A}$ と写像 $\boldsymbol{B}$ の和 $\boldsymbol{C}$ を式（1.50）によって定義した．その要素は式（1.51）を満たした．これを行列の形に書いて，行列の和をつぎのように定義する．

$$\begin{bmatrix} a_{11} & \cdots & a_{1n} \\ & \cdots & \\ & \cdots & \\ a_{m1} & \cdots & a_{mn} \end{bmatrix} + \begin{bmatrix} b_{11} & \cdots & b_{1n} \\ & \cdots & \\ & \cdots & \\ b_{m1} & \cdots & b_{mn} \end{bmatrix}$$
$$=\begin{bmatrix} a_{11}+b_{11} & \cdots & a_{1n}+b_{1n} \\ & \cdots\cdots & \\ & \cdots\cdots & \\ a_{m1}+b_{m1} & \cdots & a_{mn}+b_{mn} \end{bmatrix} \tag{2.10}$$

すなわち，各要素ごとに和をとる．したがって

$$A = \begin{bmatrix} a_{11} & \cdots & a_{1n} \\ & \cdots & \\ & \cdots & \\ a_{m1} & \cdots & a_{mn} \end{bmatrix}, \quad B = \begin{bmatrix} b_{11} & \cdots & b_{1n} \\ & \cdots & \\ & \cdots & \\ b_{m1} & \cdots & b_{mn} \end{bmatrix},$$

$$C = \begin{bmatrix} c_{11} & \cdots & c_{1n} \\ & \cdots & \\ & \cdots & \\ c_{m1} & \cdots & c_{mn} \end{bmatrix}$$

とすると，式（1.51）は

$$C = A + B$$

と書くことができる．同じ型の行列，すなわち同数の行と同数の列をもつ行列に対してしか和を定義できないことに注意しよう．

すべての要素が 0 である行列を**零行列**といい

$$O = \begin{bmatrix} 0 & \cdots & 0 \\ & \cdots & \\ & \cdots & \\ 0 & \cdots & 0 \end{bmatrix}$$

と書く．（ただし，型はあらかじめ指定されているものとする．）行列の計算に関して，つぎの関係が成り立つことは容易にわかる．

【定理 2-2】

(1) $(cA)\vec{x}=c(A\vec{x})$

(2) $(A+B)\vec{x}=A\vec{x}+B\vec{x}$

(3) $A+B=B+A$

(4) $(A+B)+C=A+(B+C)$

(5) $(c+c')A=cA+c'A$

(6) $(cc')A=c(c'A)$

(7) $0A=O$

(8) $A+O=A$

ただし，c, c' は実数，$\vec{x}$ は n 次元列ベクトル，A, B, C, O は $m\times n$ 行列である．

【問】 (1)～(8) を証明せよ．

1.3 行列の積

三つのベクトル空間 V^n, V^m, V^l があり，V^n から V^m への線形写像 $\boldsymbol{A}$，V^m から V^l への線形写像 $\boldsymbol{B}$ があるとき，それらの積 $\boldsymbol{C}$ は V^n から V^l への線形写像である．写像 $\boldsymbol{C}$ の要素は式 (1.53) によって表した．写像の積を対応する行列の積の形に書くために，行列と行列との積をつぎのように定義する．

$$
\begin{bmatrix} b_{11} & \cdots & b_{1m} \\ & \cdots & \\ & \cdots & \\ b_{l1} & \cdots & b_{lm} \end{bmatrix}
\begin{bmatrix} a_{11} & \cdots & a_{1n} \\ & \cdots & \\ & \cdots & \\ a_{m1} & \cdots & a_{mn} \end{bmatrix}
$$

$$
= \begin{bmatrix} \sum_{k=1}^{m} b_{1k}a_{k1} & \cdots & \sum_{k=1}^{m} b_{1k}a_{kn} \\ & \cdots\cdots & \\ & \cdots\cdots & \\ \sum_{k=1}^{m} b_{lk}a_{k1} & \cdots & \sum_{k=1}^{m} b_{lk}a_{kn} \end{bmatrix} \tag{2.11}
$$

こうすると，式（1.53）の関係

$$
c_{ij} = \sum_{k=1}^{m} b_{ik}a_{kj} \qquad (i = 1, \cdots, l\,; j = 1, \cdots, n) \tag{2.12}
$$

は

$$
A = \begin{bmatrix} a_{11} & \cdots & a_{1n} \\ & \cdots & \\ & \cdots & \\ a_{m1} & \cdots & a_{mn} \end{bmatrix}, \quad
B = \begin{bmatrix} b_{11} & \cdots & b_{1m} \\ & \cdots & \\ & \cdots & \\ b_{l1} & \cdots & b_{lm} \end{bmatrix},
$$

$$
C = \begin{bmatrix} c_{11} & \cdots & c_{1n} \\ & \cdots & \\ & \cdots & \\ c_{l1} & \cdots & c_{ln} \end{bmatrix}
$$

$$
C = BA \tag{2.13}
$$

という行列のあいだの関係と同じになる．

【注意】 式 (2.11) において C の (i,j) 要素 c_{ij} は B の第 i 行と A の第 j 列の積であると考えると覚えやすい (図 2-3). また, $l\times m$ 行列と $m\times n$ 行列との積が $l\times n$ 行列になることや第一の行列の列の数と第二の行列の行の数が一致していなければならないこともわかる (図 2-4).

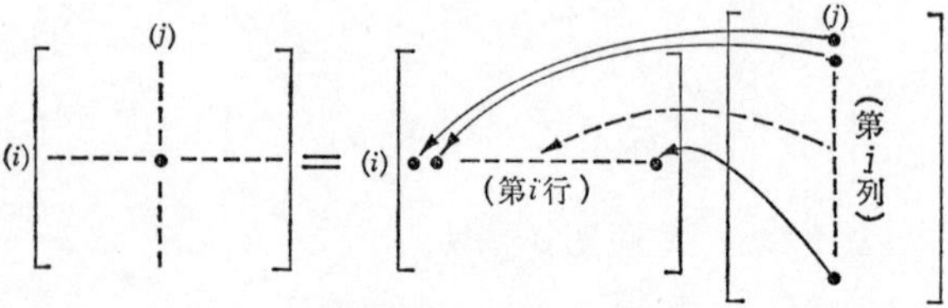

図 2-3 行列と行列との積のつくり方
右辺の最初の行列の第 i 行とつぎの行列の第 j 列との積の和が左辺の (i,j) 要素となる.

四つのベクトル空間 V^n, V^m, V^l, V^k があり, 線形写像

$$\boldsymbol{A}: V^n \to V^m, \quad \boldsymbol{B}: V^m \to V^l, \quad \boldsymbol{C}: V^l \to V^k$$

が与えられたとする (図 2-5). これらを合成して, $V^n \to V^k$ の線形写像をつくることを考える. それには写像 $\boldsymbol{A}$ と写像 $\boldsymbol{B}$ を合成して V^n から V^l への積写像 $\boldsymbol{B}\circ\boldsymbol{A}$ をつくり, それと写像 $\boldsymbol{C}$ を合成してもよいし, あるいは, あらかじめ写像 $\boldsymbol{B}$ と写像 $\boldsymbol{C}$ を合成して V^m から V^k への積写像 $\boldsymbol{C}\circ\boldsymbol{B}$ をつくり, 写像 $\boldsymbol{A}$ とそれを合成してもよい. すなわち

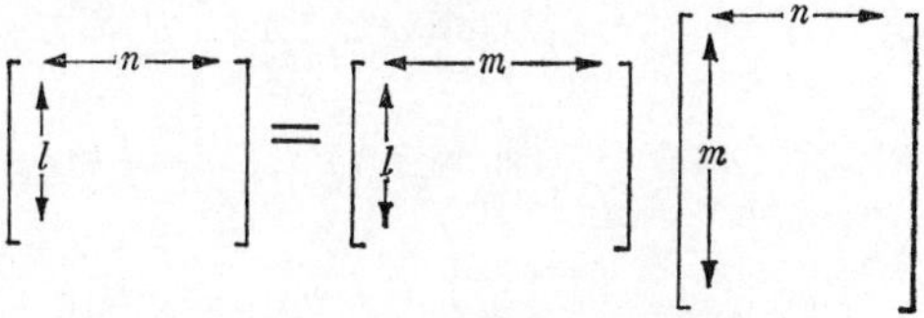

図 2-4　行列の積における型の関係

$l \times m$ 行列と $m \times n$ 行列との積が $l \times n$ 行列となる，右辺最初の行列の列の数とつぎの行列の行の数は一致していなければならない．

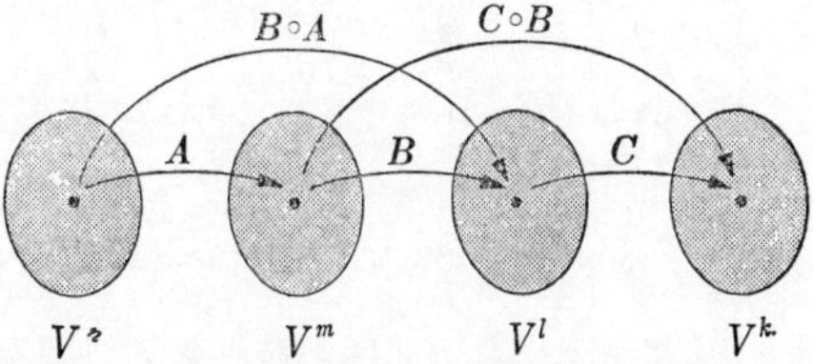

図 2-5　線形写像の合成

写像 $\boldsymbol{A}$, $\boldsymbol{B}$, $\boldsymbol{C}$ を順に合成した写像は積写像 $\boldsymbol{B} \circ \boldsymbol{A}$ と写像 $\boldsymbol{C}$ との積でもあり，また写像 $\boldsymbol{A}$ と積写像 $\boldsymbol{C} \circ \boldsymbol{B}$ との積でもある．

$$\boldsymbol{C} \circ (\boldsymbol{B} \circ \boldsymbol{A}) = (\boldsymbol{C} \circ \boldsymbol{B}) \circ \boldsymbol{A}$$

である．ところで，V^n, V^m, V^l, V^k の適当な基底に関する写像 $\boldsymbol{A}$, $\boldsymbol{B}$, $\boldsymbol{C}$ の成分行列を A, B, C とすれば，式(2.13) によって合成写像の成分行列がそれぞれの行列の積になることから

$$C(BA) = (CB)A \tag{2.14}$$

である．したがって，積の計算はどこからはじめてもよいことになる．

【注意】 式（2. 14）は直接に両辺の要素を調べて確かめることもできる．

$$C=\begin{bmatrix} c_{11} & \cdots & c_{1l} \\ & \cdots & \\ & \cdots & \\ c_{k1} & \cdots & c_{kl} \end{bmatrix}, \quad B=\begin{bmatrix} b_{11} & \cdots & b_{1m} \\ & \cdots & \\ & \cdots & \\ b_{l1} & \cdots & b_{lm} \end{bmatrix},$$

$$A=\begin{bmatrix} a_{11} & \cdots & a_{1n} \\ & \cdots & \\ & \cdots & \\ a_{m1} & \cdots & a_{mn} \end{bmatrix}$$

とおく．積 BA は $l\times n$ 行列であり，その (i,j) 要素を α_{ij} とすれば行列の積の定義（2. 12）から

$$\alpha_{ij}=\sum_{p=1}^{m} b_{ip}a_{pj} \qquad (i=1,2,\cdots,l\,;j=1,2,\cdots,n)$$

である．したがって，式（2. 14）の左辺の (i,j) 要素は

$$\begin{aligned}\sum_{q=1}^{l} c_{iq}\alpha_{qj} &= \sum_{q=1}^{l} c_{iq}\sum_{p=1}^{m} b_{qp}a_{pj} \\ &= \sum_{q=1}^{l}\sum_{p=1}^{m} c_{iq}b_{qp}a_{pj} \quad (i=1,2,\cdots,k\,;j=1,2,\cdots,n)\end{aligned}$$

である．一方，CB は $k\times m$ 行列であり，その (i,j) 要素を β_{ij} とすれば

$$\beta_{ij}=\sum_{q=1}^{l} c_{iq}b_{qj} \qquad (i=1,2,\cdots,k\,;j=1,2,\cdots,m)$$

である．したがって，式（2. 14）の右辺の (i,j) 要素は

$$\sum_{p=1}^{m} \beta_{ip} a_{pj}$$

$$= \sum_{p=1}^{m} \sum_{q=1}^{l} c_{iq} b_{qp} a_{pj} \qquad (i = 1, 2, \cdots, k\,;j = 1, 2, \cdots, n)$$

であり，両辺の各要素は等しいことがわかる．

行列の積について，つぎの関係が成り立つことは容易にわかる．

【定理 2-3】

$$\left.\begin{array}{ll}(1) & A(B+C) = AB+AC \\ (2) & (A+B)C = AC+BC\end{array}\right\}\text{分配法則}$$

(3)　$AO = O, \quad OA = O$

ただし，行列 A, B, C, O は等式の中に現れる積が定義できるような型のものであるとする．

A, B がともに $n \times n$ 行列であれば，AB も BA も定義できるが，そのときでも $AB = BA$ は必ずしも成り立たない．また $A \neq O, B \neq O$ であっても $AB = O$ になることがある．これが実数どうしの積の場合との最も大きな違いである．

【例 2-1】

$$A=\begin{bmatrix} 1 & 0 \\ 1 & 0 \end{bmatrix}, \quad B=\begin{bmatrix} 0 & 0 \\ 1 & 0 \end{bmatrix}$$

とすれば

$$AB=\begin{bmatrix} 0 & 0 \\ 0 & 0 \end{bmatrix}, \quad BA=\begin{bmatrix} 0 & 0 \\ 1 & 0 \end{bmatrix}$$

である．したがって，$A \neq O, B \neq O$ であるが $AB = O$ であり，また $AB \neq BA$ である．

【問】［定理 2-3］を証明せよ．

1.4 転置行列

$m \times n$ 行列 A の行と列とを入れかえた $n \times m$ 行列を A の転置行列といい，A^t と書く．すなわち

$$A=\begin{bmatrix} a_{11} & \cdots & a_{1n} \\ & \cdots & \\ & \cdots & \\ a_{m1} & \cdots & a_{mn} \end{bmatrix}$$

ならば

$$A^{\mathrm{t}} = \begin{bmatrix} a_{11} & \cdots & a_{m1} \\ & \cdots & \\ & \cdots & \\ a_{1n} & \cdots & a_{mn} \end{bmatrix}$$

である．A^{t} の第 i 行は A の第 i 列に等しく，A^{t} の第 j 列は A の第 j 行に等しい．すなわち，A^{t} の第 i 行 j 列要素は A の第 j 行 i 列要素である．たとえば

$$A = \begin{bmatrix} 1 & 2 & 3 \\ 1 & 0 & 1 \end{bmatrix} \quad \text{のとき} \quad A^{\mathrm{t}} = \begin{bmatrix} 1 & 1 \\ 2 & 0 \\ 3 & 1 \end{bmatrix}$$

である．とくに，列ベクトル，すなわち $n \times 1$ 行列

$$\vec{x} = \begin{bmatrix} x_1 \\ \vdots \\ x_n \end{bmatrix}$$

の転置行列は，$1 \times n$ 行列，すなわち行ベクトル

$$\vec{x}^{\,\mathrm{t}} = [x_1, \cdots, x_n]$$

になる．また，行ベクトルの転置行列は列ベクトルである．前章で成分が縦に並んだ列ベクトルを表すのに $[x_1, \cdots, x_n]^{\mathrm{t}}$ の記号を用いたのは，実は転置の記号であった．転置の記号を用いると，n 次元ユークリッド空間 $\boldsymbol{E}^n$ の列ベクトル $\vec{x}, \vec{y}$ の内積の式（1.6）はつぎのように書くことができる．

$$\vec{x}\cdot\vec{y}=\vec{x}^{\mathrm{t}}\vec{y}=[x_1,\cdots,x_n]\begin{bmatrix}y_1\\ \vdots\\ y_n\end{bmatrix} \tag{2.15}$$

転置行列については，つぎの関係が成り立つことはすぐにわかる．

【定理 2-4】

（1）　$(cA)^{\mathrm{t}}=cA^{\mathrm{t}}$

（2）　$(A+B)^{\mathrm{t}}=A^{\mathrm{t}}+B^{\mathrm{t}}$

（3）　$(A^{\mathrm{t}})^{\mathrm{t}}=A$

（4）　$(AB)^{\mathrm{t}}=B^{\mathrm{t}}A^{\mathrm{t}}$

［（4）の証明］

$$A=\begin{bmatrix}a_{11} & \cdots & a_{1m}\\ & \cdots & \\ & \cdots & \\ a_{n1} & \cdots & a_{nm}\end{bmatrix},\quad B=\begin{bmatrix}b_{11} & \cdots & b_{1l}\\ & \cdots & \\ & \cdots & \\ b_{m1} & \cdots & b_{ml}\end{bmatrix}$$

とする．A は $n\times m$ 行列，B は $m\times l$ 行列であるから積 AB が定義できて $n\times l$ 行列になる．また，B^{t} は $l\times m$ 行列，A^{t} は $m\times n$ 行列であるから，積 $B^{\mathrm{t}}A^{\mathrm{t}}$ が定義できて $l\times n$ 行列になる．したがって（4）の両辺とも定義できて型が等しい．

AB の (i,j) 要素は $\sum_{k=1}^{m}a_{ik}b_{kj}$ であるから

$$\text{左辺の}\,(i,j)\,\text{要素} = AB\,\text{の}\,(j,i)\,\text{要素} = \sum_{k=1}^{m} a_{jk}b_{ki}$$

一方，$A^{\mathrm{t}}, B^{\mathrm{t}}$ の (i, j) 要素をそれぞれ $a_{ij}{}', b_{ij}{}'$ とすると

$$a_{ij}{}' = a_{ji}, \quad b_{ij}{}' = b_{ji}$$

であるから

$$\text{右辺の}\,(i,j)\,\text{要素} = \sum_{k=1}^{m} b_{ik}{}'a_{kj}{}' = \sum_{k=1}^{m} b_{ki}a_{jk}$$

であり，左辺と右辺の各要素は一致する．

【問】 (1)，(2)，(3) を証明せよ．

1.5　対称行列と反対称行列

行の数と列の数が等しい行列，すなわち $n \times n$ 行列は，線形代数でとくに重要な役割を果たす．ベクトル空間 V^n から自分自身である V^n への線形写像は $n \times n$ 行列で表されるし，また V^n の基底ベクトルどうしの内積の組である計量 $\{g_{ij}\}$ も $n \times n$ 行列の形で表される．このような行の数と列の数が等しい行列を**正方行列**といい，$n \times n$ の正方行列を単に n 次の正方行列という．そして，n のことをその正方行列の**次数**という．

正方行列 A を転置した行列 A^{t} が A と等しいとき，すなわち

$$A^{\mathrm{t}} = A \tag{2.16}$$

のとき，A を**対称行列**という．要素を用いると，

$$A = \begin{bmatrix} a_{11} & \cdots & a_{1n} \\ & \cdots & \\ & \cdots & \\ a_{n1} & \cdots & a_{nn} \end{bmatrix}$$

が対称行列であるのは

$$a_{ij} = a_{ji} \qquad (i, j = 1, \cdots, n) \qquad (2.17)$$

を満たすときである.

一般に n 次の正方行列 A において，左上から右下に並んだ対角線上の要素 $a_{11}, a_{22}, \cdots, a_{nn}$ を A の**対角要素**とよぶ．対称行列は対角要素を対称軸として折り返したとき，重なった要素が一致するような行列である．一方

$$A^{t} = -A \qquad (2.18)$$

を満たす行列 A を**反対称行列**（または**交代行列**）という．このとき，要素のあいだには

$$a_{ij} = -a_{ji} \qquad (i, j = 1, \cdots, n) \qquad (2.19)$$

の関係がある．式（2.19）で $i=j$ とすればわかるように，反対称行列の対角要素はすべて 0 である．したがって，それは

$$A = \begin{bmatrix} 0 & a_{12} & a_{13} & \cdots & a_{1n} \\ -a_{12} & 0 & a_{23} & \cdots & a_{2n} \\ -a_{13} & -a_{23} & 0 & & \\ \vdots & \vdots & & \ddots & \vdots \\ -a_{1n} & -a_{2n} & & \cdots & 0 \end{bmatrix}$$

の形をしている．すなわち，0 の並んだ対角要素を対称軸として折り返したとき，重なった要素は符号だけがたがいに異なるような行列である．

【例 2-2】　A が正方行列のとき，$AA^{\mathrm{t}}, A^{\mathrm{t}}A$ はともに対称行列である．なぜなら，［定理 2-4］の (3) と (4) から

$$(AA^{\mathrm{t}})^{\mathrm{t}} = (A^{\mathrm{t}})^{\mathrm{t}}A^{\mathrm{t}} = AA^{\mathrm{t}}$$
$$(A^{\mathrm{t}}A)^{\mathrm{t}} = A^{\mathrm{t}}(A^{\mathrm{t}})^{\mathrm{t}} = A^{\mathrm{t}}A$$

となるからである．

【例 2-3】　A を正方行列とするとき，$(A+A^{\mathrm{t}})/2$ および $(A-A^{\mathrm{t}})/2$ はそれぞれ対称行列および反対称行列である．なぜなら

$$\left(\frac{1}{2}(A+A^{\mathrm{t}})\right)^{\mathrm{t}} = \frac{1}{2}(A^{\mathrm{t}}+A) = \frac{1}{2}(A+A^{\mathrm{t}})$$
$$\left(\frac{1}{2}(A-A^{\mathrm{t}})\right)^{\mathrm{t}} = \frac{1}{2}(A^{\mathrm{t}}-A) = -\frac{1}{2}(A-A^{\mathrm{t}})$$

を満たすからである．このことから，任意の正方行列は対称行列と反対称行列の和に分けられることがわかる．すなわち

$$A = \frac{1}{2}(A+A^{\mathrm{t}}) + \frac{1}{2}(A-A^{\mathrm{t}})$$

と書ける．たとえば

$$\begin{bmatrix} 1 & 4 & 7 \\ 2 & 5 & 6 \\ 3 & 8 & 9 \end{bmatrix} = \begin{bmatrix} 1 & 3 & 5 \\ 3 & 5 & 7 \\ 5 & 7 & 9 \end{bmatrix} + \begin{bmatrix} 0 & 1 & 2 \\ -1 & 0 & -1 \\ -2 & 1 & 0 \end{bmatrix}$$

1.6 対角行列，単位行列，逆行列

ベクトル空間V^nにおいて，ある基底$\{\boldsymbol{e}_1, \boldsymbol{e}_2, \cdots, \boldsymbol{e}_n\}$をとる．基底ベクトルをそれぞれ$a_1, a_2, \cdots, a_n$倍するような$V^n$から$V^n$への線形写像$\boldsymbol{A}$を考える．このとき，基底ベクトル$\boldsymbol{e}_1, \cdots, \boldsymbol{e}_n$の写像$\boldsymbol{A}$による像は

$$\boldsymbol{A}\boldsymbol{e}_1 = a_1\boldsymbol{e}_1, \quad \boldsymbol{A}\boldsymbol{e}_2 = a_2\boldsymbol{e}_2, \quad \cdots, \quad \boldsymbol{A}\boldsymbol{e}_n = a_n\boldsymbol{e}_n$$

であるから，その成分行列は成分行列の定義（2.1）によって

$$A = \begin{bmatrix} a_1 & & & \\ & a_2 & & \\ & & \ddots & \\ & & & a_n \end{bmatrix}$$

である．（以下，このように示すとき，書いてない要素はすべて0と約束する．）このように，対角要素以外がすべて0である行列を**対角行列**という．同じ次数の対角行列どうしの積はまた対角行列であり，その対角要素は対応する対角要素ごとの積になっている．そして対角行列どうしの積は積の順序を変えても同じ行列が得られる．すなわち

$$A=\begin{bmatrix} a_1 & & \\ & \ddots & \\ & & a_n \end{bmatrix},\quad B=\begin{bmatrix} b_1 & & \\ & \ddots & \\ & & b_n \end{bmatrix}$$

とするとき

$$AB=BA=\begin{bmatrix} a_1b_1 & & \\ & \ddots & \\ & & a_nb_n \end{bmatrix} \tag{2.20}$$

である．これは，基底 $\boldsymbol{e}_1, \cdots, \boldsymbol{e}_n$ をそれぞれ $a_1, \cdots, a_n$ 倍してから，さらにそれぞれ $b_1, \cdots, b_n$ 倍するのは，さきに $b_1, \cdots, b_n$ 倍してから $a_1, \cdots, a_n$ 倍するのと同じであることを意味している．とくに $A=B$ とすると，上式を繰り返し適用して

$$A^N=\underbrace{AA\cdots A}_{N\text{ 個}}=\begin{bmatrix} {a_1}^N & & \\ & \ddots & \\ & & {a_n}^N \end{bmatrix} \tag{2.21}$$

であることがわかる．

基底ベクトル $\boldsymbol{e}_1, \cdots, \boldsymbol{e}_n$ をそれぞれ自分自身に写像するような写像は恒等写像 $\boldsymbol{I}$ であり，$\boldsymbol{I}$ の成分行列 I は，$a_1=1, a_2=1, \cdots, a_n=1$ とおけばよいから

$$I = \begin{bmatrix} 1 & & & \\ & 1 & & \\ & & \ddots & \\ & & & 1 \end{bmatrix}$$

である．これを n 次の**単位行列**という．これは恒等写像の成分行列であるから，単位行列を任意の列ベクトル $\vec{x}$ に掛けても結果は変わらない．

$$I\vec{x} = \vec{x}$$

また，I と同じ次数の任意の正方行列 A との積も A に等しい．

$$AI = IA = A$$

これは，任意の線形写像と恒等写像とを合成しても，もとと同じ結果になることを意味している．

線形写像 $\boldsymbol{A}: V^n \longrightarrow V^n$ が逆写像 $\boldsymbol{A}^{-1}$ をもつとき，式(1.54)，すなわち

$$\boldsymbol{A} \circ \boldsymbol{A}^{-1} = \boldsymbol{A}^{-1} \circ \boldsymbol{A} = \boldsymbol{I}$$

が成り立つ．写像 $\boldsymbol{A}, \boldsymbol{A}^{-1}$ の成分行列をそれぞれ A, A^{-1} とすれば，線形写像の合成と行列の積との関係から

$$AA^{-1} = A^{-1}A = I$$

になる．上式を満たす二つの行列 A と A^{-1} はたがいに**逆行列**であるという．A^{-1} は A の逆行列であり

$$(A^{-1})^{-1} = A$$

である．逆行列をもつ行列を**正則行列**という．

【注意】 逆行列は，あるとしてもただ一つしかない．実際，

A に対して

$$AB = BA = I, \quad AB' = B'A = I$$

を満たす B, B' があったとしたら

$$BAB' = (BA)B' = IB' = B'$$
$$BAB' = B(AB') = BI = B$$

であるから

$$B = B'$$

である.

【例 **2-4**】

$$A = \begin{bmatrix} a & b \\ c & d \end{bmatrix}, \quad ad-bc \fallingdotseq 0$$

なら

$$A^{-1} = \frac{1}{ad-bc}\begin{bmatrix} d & -b \\ -c & a \end{bmatrix}$$

である. これはつぎのように確かめられる.

$$AA^{-1} = \frac{1}{ad-bc}\begin{bmatrix} a & b \\ c & d \end{bmatrix}\begin{bmatrix} d & -b \\ -c & a \end{bmatrix} = \begin{bmatrix} 1 & 0 \\ 0 & 1 \end{bmatrix}$$

二つの n 次正方行列 A, B がともに正則行列のとき, それらの積

$$C = BA$$

もまた正則行列である．そして

$$(BA)^{-1} = A^{-1}B^{-1} \tag{2.22}$$

が成立する．これを証明するには，正則な線形写像 $\boldsymbol{A}, \boldsymbol{B}$ について

$$(\boldsymbol{B} \circ \boldsymbol{A})^{-1} = \boldsymbol{A}^{-1} \circ \boldsymbol{B}^{-1}$$

を示せばよい．$\boldsymbol{A}$ も $\boldsymbol{B}$ も正則であるから，逆写像 $\boldsymbol{A}^{-1}, \boldsymbol{B}^{-1}$ をもち，$\boldsymbol{A}$ と $\boldsymbol{B}$ を合成した写像の逆写像は，$\boldsymbol{B}^{-1}$ と $\boldsymbol{A}^{-1}$ の合成である（図 2-6）．この関係を成分行列で表せば式（2.22）となる．あるいはまた

$$\begin{aligned}(BA)(A^{-1}B^{-1}) &= B(AA^{-1})B^{-1} \\ &= BIB^{-1} = I\end{aligned}$$

から直接確かめることもできる．

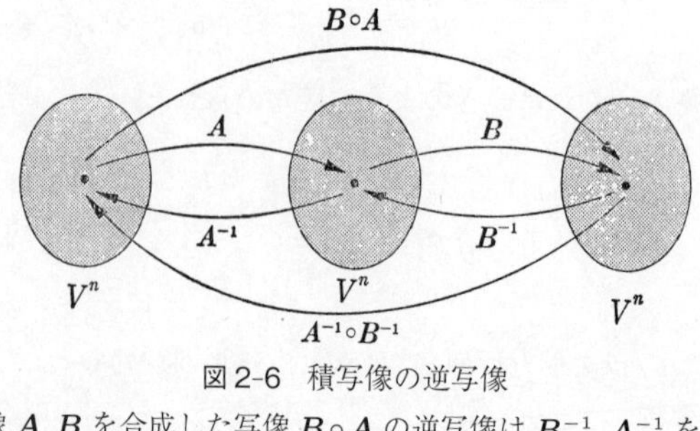

図 2-6 積写像の逆写像

写像 $\boldsymbol{A}, \boldsymbol{B}$ を合成した写像 $\boldsymbol{B} \circ \boldsymbol{A}$ の逆写像は $\boldsymbol{B}^{-1}, \boldsymbol{A}^{-1}$ を合成した写像 $\boldsymbol{A}^{-1} \circ \boldsymbol{B}^{-1}$ に等しい．

2 直交行列

2.1 回転と鏡映

平面内のベクトルの回転は線形写像であり，その行列は［例 1-18］に示した．ここでは n 次元ユークリッド空間 $\boldsymbol{E}^n$ での回転を調べる．基底は常に各座標軸にそった単位長さの $\{\vec{e}_1, \vec{e}_2, \cdots, \vec{e}_n\}$ をとる（式（1.3））．これを**自然基底**とよぶ．まず，つぎの例を考えよう．

【例 2-5】 三次元空間 $\boldsymbol{E}^3$ での回転を考える．最初に x-y 面内での角度 θ の回転を考える．ただし θ は x 軸を y 軸に近づける方向にはかることにする．この回転を表す線形写像を $\boldsymbol{R}_{xy}(\theta)$ とすれば，図 2-7 から

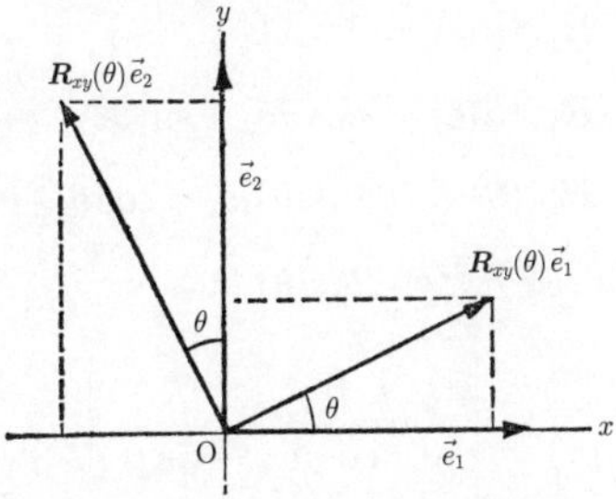

図 2-7　x-y 面内の角度 θ の回転

回転を表す線形写像 $\boldsymbol{R}_{xy}(\theta)$ の成分行列は，基底ベクトル $\vec{e}_1, \vec{e}_2$ の $\boldsymbol{R}_{xy}(\theta)$ による像を $\vec{e}_1, \vec{e}_2$ の線形結合で表せば求まる．

$$\boldsymbol{R}_{xy}(\theta)\vec{e}_1 = \cos\theta\vec{e}_1 + \sin\theta\vec{e}_2$$
$$\boldsymbol{R}_{xy}(\theta)\vec{e}_2 = -\sin\theta\vec{e}_1 + \cos\theta\vec{e}_2$$
$$\boldsymbol{R}_{xy}(\theta)\vec{e}_3 = \vec{e}_3$$

である．したがって，写像 $\boldsymbol{R}_{xy}(\theta)$ の成分行列を $R_{xy}(\theta)$ とすれば，式（2.1）から

$$R_{xy}(\theta) = \begin{bmatrix} \cos\theta & -\sin\theta & 0 \\ \sin\theta & \cos\theta & 0 \\ 0 & 0 & 1 \end{bmatrix} \qquad (2.23)$$

である．

つぎに，y-z 面内での角度 θ の回転を考える．図 2-8 から

$$\boldsymbol{R}_{yz}(\theta)\vec{e}_1 = \vec{e}_1$$
$$\boldsymbol{R}_{yz}(\theta)\vec{e}_2 = \cos\theta\vec{e}_2 + \sin\theta\vec{e}_3$$
$$\boldsymbol{R}_{yz}(\theta)\vec{e}_3 = -\sin\theta\vec{e}_2 + \cos\theta\vec{e}_3$$

であるから，成分行列 $R_{yz}(\theta)$ は

$$R_{yz}(\theta) = \begin{bmatrix} 1 & 0 & 0 \\ 0 & \cos\theta & -\sin\theta \\ 0 & \sin\theta & \cos\theta \end{bmatrix} \qquad (2.24)$$

である．同様に z-x 面内での角度 θ の回転を考えると

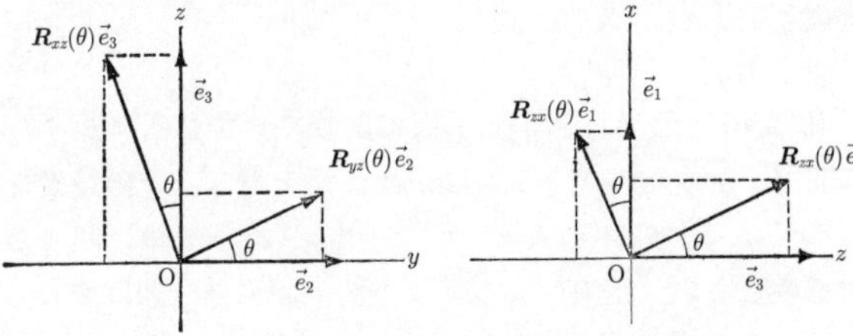

図2-8　y-z および z-x 面内の，角度 θ だけの回転

$$\boldsymbol{R}_{zx}(\theta)\vec{e}_1 = -\sin\theta\vec{e}_3 + \cos\theta\vec{e}_1$$
$$\boldsymbol{R}_{zx}(\theta)\vec{e}_2 = \vec{e}_2$$
$$\boldsymbol{R}_{zx}(\theta)\vec{e}_3 = \cos\theta\vec{e}_3 + \sin\theta\vec{e}_1$$

であるから，成分行列 $R_{zx}(\theta)$ は

$$R_{zx}(\theta) = \begin{bmatrix} \cos\theta & 0 & \sin\theta \\ 0 & 1 & 0 \\ -\sin\theta & 0 & \cos\theta \end{bmatrix} \tag{2.25}$$

である．

$\boldsymbol{E}^3$ での一般の回転は原点を通る面内での回転をいくつか合成したものである．

【問】 回転の意味を考えることによって，つぎの関係

(1) $R_{xy}(\theta_1)R_{xy}(\theta_2) = R_{xy}(\theta_1+\theta_2)$
(2) $R_{xy}(\theta_1)^{-1} = R_{xy}(-\theta_1)$
(3) $R_{xy}(0) = I$
(4) $R_{xy}(\pi) = -I$

が成り立つことを説明せよ．

【例 2-6】 全空間を y-z 平面に関して対称に折り返す写像 $\boldsymbol{I}_x$ を考えよう．これは平面に鏡を置き，その鏡像をつくることに相当する（図 2-9）．これを x 軸に関する**鏡映**とよぶ．鏡映によって，空間の図形は，形は変わらないが，向きが反転する．すなわち裏返しになる．これが線形写像であることはすぐに確かめられる．この鏡映の成分行列を求めてみよう．x 軸の基底 $\vec{e}_1$ は $-\vec{e}_1$ になり，$\vec{e}_2, \vec{e}_3$ は変わらないから

$$\boldsymbol{I}_x\vec{e}_1 = -\vec{e}_1, \quad \boldsymbol{I}_x\vec{e}_2 = \vec{e}_2, \quad \boldsymbol{I}_x\vec{e}_3 = \vec{e}_3$$

である．

したがって，式（2.1）によって成分行列は

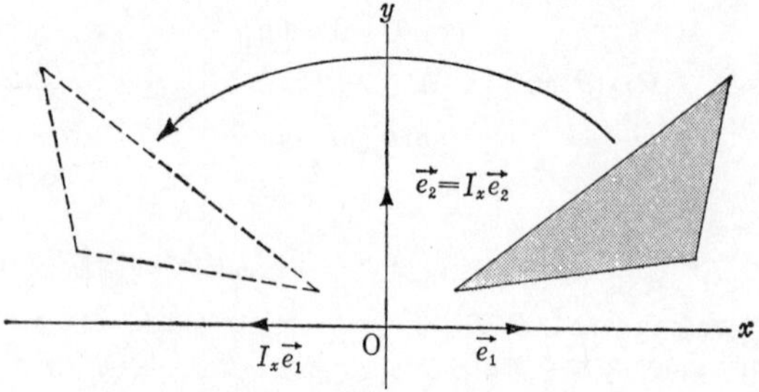

図 2-9 x 軸に関する鏡映

x 軸の向きを変え，y 軸，z 軸方向はそのままにする写像 $\boldsymbol{I}_x$ は y-z 平面に関する鏡像をつくることを表す．図形はこれによって反転され，裏返しになる．

$$I_x = \begin{bmatrix} -1 & 0 & 0 \\ 0 & 1 & 0 \\ 0 & 0 & 1 \end{bmatrix}$$

である．y 軸，z 軸に関する鏡映も同様である．

つぎに，x-y 面内で x 軸を y 軸に，y 軸を x 軸に写像し，z 軸方向はそのままにする写像 $\boldsymbol{J}_{xy}$ を考えてみる．これは図 2-10 からわかるように，平面 $x=y$ に関する鏡映にほかならない．

$$\boldsymbol{J}_{xy}\vec{e}_1 = \vec{e}_2, \quad \boldsymbol{J}_{xy}\vec{e}_2 = \vec{e}_1, \quad \boldsymbol{J}_{xy}\vec{e}_3 = \vec{e}_3$$

であるから成分行列は

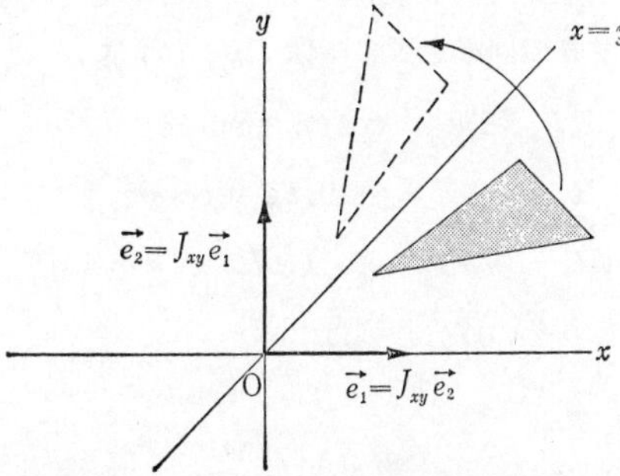

図 2-10　x 軸と y 軸とを取り替える写像

$\boldsymbol{J}_{xy}$ は平面 $x=y$ に関する鏡像をつくることを表す．図形は反転され，裏返しになる．

$$J_{xy} = \begin{bmatrix} 0 & 1 & 0 \\ 1 & 0 & 0 \\ 0 & 0 & 1 \end{bmatrix}$$

である．

三次元ユークリッド空間 $\boldsymbol{E}^3$ での回転と鏡映をいくつか合成したものを**一般の回転**あるいは**広義の回転**という．それに対して，鏡映を含まない回転を**本来の回転**あるいは**狭義の回転**または**純粋回転**という．一般の回転は $\boldsymbol{E}^3$ 内の任意の図形をそれと合同な図形に写像する．したがって，線分の長さや，線分どうしのなす角はこの写像によって変化しない．

以上のことを $\boldsymbol{E}^n$ に拡張する．$i \neq j$ のとき，x_i-x_j 面内での角度 θ の回転を表す写像 $\boldsymbol{R}_{x_i x_j}(\theta)$ は

$$\begin{aligned} \boldsymbol{R}_{x_i x_j}(\theta)\vec{e}_i &= \cos\theta\vec{e}_i + \sin\theta\vec{e}_j \\ \boldsymbol{R}_{x_i x_j}(\theta)\vec{e}_j &= -\sin\theta\vec{e}_i + \cos\theta\vec{e}_j \\ \boldsymbol{R}_{x_i x_j}(\theta)\vec{e}_k &= \vec{e}_k \quad (\text{ただし，} k \neq i, j) \end{aligned}$$

であるから，その成分行列は

$$R_{x_ix_j}(\theta)=\begin{array}{c} \\ \\ \\ (i) \\ \\ \\ \\ (j) \\ \\ \\ \\ \end{array}\begin{bmatrix}
1 & & & \overset{(i)}{\vdots} & & & & \overset{(j)}{\vdots} & & & \\
& \ddots & & \vdots & & & & \vdots & & & \\
& & 1 & \vdots & & & & \vdots & & & \\
\cdots & \cdots & \cdots & \cos\theta & \cdots & \cdots & \cdots & -\sin\theta & \cdots & \cdots & \cdots \\
& & & \vdots & 1 & & & \vdots & & & \\
& & & \vdots & & \ddots & & \vdots & & & \\
& & & \vdots & & & 1 & \vdots & & & \\
\cdots & \cdots & \cdots & \sin\theta & \cdots & \cdots & \cdots & \cos\theta & \cdots & \cdots & \cdots \\
& & & \vdots & & & & \vdots & 1 & & \\
& & & \vdots & & & & \vdots & & \ddots & \\
& & & \vdots & & & & \vdots & & & 1
\end{bmatrix} \tag{2.26}$$

である．ただし，θ は x_i 軸を x_j 軸に近づける方向にはかる．

x_i 軸の向きを反転する鏡映 I_{x_i} は，同様にして

$$I_{x_i}=\begin{array}{c} \\ \\ \\ \\ (i) \\ \\ \\ \\ \end{array}\begin{bmatrix}
1 & & & & \overset{(i)}{\vdots} & & & \\
& 1 & & & \vdots & & & \\
& & \ddots & & \vdots & & & \\
& & & 1 & \vdots & & & \\
\cdots & \cdots & \cdots & \cdots & -1 & & & \\
& & & & & 1 & & \\
& & & & & & \ddots & \\
& & & & & & & 1
\end{bmatrix} \tag{2.27}$$

の形の対角行列である．また $i \neq j$ として，x_i 軸を x_j 軸に，x_j 軸を x_i 軸に写像する鏡映の成分行列 $J_{x_ix_j}$ は

$$J_{x_ix_j}\vec{e}_i = \vec{e}_j, \quad J_{x_ix_j}\vec{e}_j = \vec{e}_i,$$
$$J_{x_ix_j}\vec{e}_k = \vec{e}_k \qquad (k \neq i, j)$$

であるから

$$
J_{x_ix_j}=
\begin{array}{c} \\ \\ \\ (i) \\ \\ \\ \\ (j) \\ \\ \\ \\ \end{array}
\!\!\begin{bmatrix}
1 & & & (i) & & & (j) & & \\
& \ddots & & \vdots & & & \vdots & & \\
& & 1 & \vdots & & & \vdots & & \\
\cdots & \cdots & \cdots & 0 & \cdots & \cdots & 1 & \cdots & \cdots \\
& & & \vdots & 1 & & \vdots & & \\
& & & \vdots & & \ddots & \vdots & & \\
& & & \vdots & & 1 & \vdots & & \\
\cdots & \cdots & \cdots & 1 & \cdots & \cdots & 0 & \cdots & \cdots \\
& & & \vdots & & & \vdots & 1 & \\
& & & \vdots & & & \vdots & & \ddots \\
& & & \vdots & & & \vdots & & 1
\end{bmatrix}
\tag{2. 28}
$$

である．

このような鏡映を行うと，$\boldsymbol{E}^n$ のすべての図形が裏返しになる．これに別の鏡映をまた行えば，図形はふたたび裏返されてもとにもどる．すなわち，鏡映を奇数回繰り返せば全空間は裏返され，偶数回繰り返せばもとにもどる．

2.2 直交行列とその性質

n 次元ユークリッド空間 $\boldsymbol{E}^n$ での一般の回転はベクトルの長さや二つのベクトルのなす角度を変えないような写像であるといいかえることができる．このような一般の回転の成分行列 A が満たす必要十分条件を求めよう．まず，ベクトル $\vec{x}$ の長さが写像によって変化しないことは

$$|A\vec{x}| = |\vec{x}| \tag{2. 29}$$

と書ける．また，$\vec{0}$ でない二つのベクトル $\vec{x}$ とベクトル $\vec{y}$

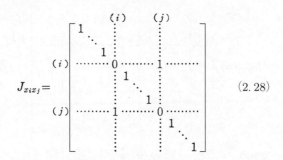

とのなす角度を θ とすると，式（1.9）によって

$$\cos\theta = \frac{\vec{x}\cdot\vec{y}}{|\vec{x}|\,|\vec{y}|}$$

であるから，写像によってこれが変化しないこと，したがってベクトルのなす角が変わらないことは，式（2.29）を用いると

$$A\vec{x}\cdot A\vec{y} = \vec{x}\cdot\vec{y} \tag{2.30}$$

と書ける．したがって，行列 A が一般の回転を表している条件は，式（2.29）と式（2.30）が任意のベクトル $\vec{x}$, $\vec{y}$ について成り立つことである．しかし，式（2.29）か式（2.30）のどちらか一方だけで十分であることはすぐにわかる．まず式（2.30）で $\vec{x}=\vec{y}$ とおけば式（2.29）が得られるから，式（2.30）が任意の $\vec{x},\vec{y}$ について成立すれば式（2.29）も成立する．逆に式（2.29）が任意の $\vec{x}$ について成立するとすれば，$\vec{x}$ を $\vec{x}+\vec{y}$ でおきかえると

$$|A(\vec{x}+\vec{y})| = |\vec{x}+\vec{y}|$$

である．両辺の 2 乗をそれぞれ計算すると

$$\begin{aligned}
|A(\vec{x}+\vec{y})|^2 &= (A\vec{x}+A\vec{y})\cdot(A\vec{x}+A\vec{y}) \\
&= A\vec{x}\cdot A\vec{x}+2A\vec{x}\cdot A\vec{y}+A\vec{y}\cdot A\vec{y} \\
&= |A\vec{x}|^2+2A\vec{x}\cdot A\vec{y}+|A\vec{y}|^2 \\
|\vec{x}+\vec{y}|^2 &= (\vec{x}+\vec{y})\cdot(\vec{x}+\vec{y}) \\
&= \vec{x}\cdot\vec{x}+2\vec{x}\cdot\vec{y}+\vec{y}\cdot\vec{y} \\
&= |\vec{x}|^2+2\vec{x}\cdot\vec{y}+|\vec{y}|^2
\end{aligned}$$

であり，$|A\vec{x}|=|\vec{x}|$，$|A\vec{y}|=\vec{y}$ を考慮して，両辺を比較すると

$$A\vec{x}\cdot A\vec{y}=\vec{x}\cdot\vec{y}$$

であることがわかる．すなわち，式（2. 29）が任意の $\vec{x}$ について成立すれば，式（2. 30）も成立する．これはベクトルの長さを変えない写像は二つのベクトルの角度も変えないことを意味している．

式（2. 29）あるいは（2. 30）が成立する n 次行列を直交行列という．直交行列によって図形はそれと合同な図形に写像され，線分の長さや角度は変わらない．

A を直交行列とし

$$A=\begin{bmatrix} a_{11} & \cdots & a_{1n} \\ & \cdots & \\ a_{n1} & \cdots & a_{nn} \end{bmatrix}$$

とする．このとき，$\boldsymbol{E}^n$ の正規直交基底 $\vec{e}_1, \vec{e}_2, \cdots, \vec{e}_n$ はそれぞれ

$$\vec{a}_1=\begin{bmatrix} a_{11} \\ \vdots \\ a_{n1} \end{bmatrix},\quad \vec{a}_2=\begin{bmatrix} a_{12} \\ \vdots \\ a_{n2} \end{bmatrix},\quad \cdots,\quad \vec{a}_n=\begin{bmatrix} a_{1n} \\ \vdots \\ a_{nn} \end{bmatrix}$$

に写像される．A はベクトルの長さと角度を変えないから，これらも正規直交系でなければならない．すなわち，行列 A の各列の要素を成分とする n 個の列ベクトル $\vec{a}_1, \vec{a}_2, \cdots, \vec{a}_n$ はすべて長さが 1 で，たがいに直交してい

る．

すなわち

$$\vec{a}_i \cdot \vec{a}_j = \delta_{ij} \qquad (i, j = 1, \cdots, n) \tag{2.31}$$

である．

逆に上式が成り立てば A は直交行列である．なぜなら，任意のベクトル

$$\vec{x} = \begin{bmatrix} x_1 \\ \vdots \\ x_n \end{bmatrix}, \qquad \vec{y} = \begin{bmatrix} y_1 \\ \vdots \\ y_n \end{bmatrix}$$

は，基底を用いて

$$\vec{x} = x_1\vec{e}_1 + \cdots + x_n\vec{e}_n, \quad \vec{y} = y_1\vec{e}_1 + \cdots + y_n\vec{e}_n$$

と表されるから

$$\begin{aligned} A\vec{x}\cdot A\vec{y} &= \left(A\sum_{i=1}^{n} x_i\vec{e}_i\right)\cdot\left(A\sum_{j=1}^{n} y_j\vec{e}_j\right) \\ &= \left(\sum_{i=1}^{n} x_i A\vec{e}_i\right)\cdot\left(\sum_{j=1}^{n} y_i A\vec{e}_j\right) \\ &= \left(\sum_{i=1}^{n} x_i\vec{a}_i\right)\cdot\left(\sum_{j=1}^{n} y_j\vec{a}_j\right) = \sum_{i=1}^{n}\sum_{j=1}^{n} x_i y_j \vec{a}_i\cdot\vec{a}_j \\ &= \sum_{i=1}^{n}\sum_{j=1}^{n} x_i y_j \delta_{ij} \quad (i=j \text{ の項だけ加えればよい}) \\ &= \sum_{i=1}^{n} x_i y_i = \vec{x}\cdot\vec{y} \end{aligned}$$

であり，式（2.30）が成り立つからである．ところで，式（2.31）を具体的な行列の要素を用いて書き表せば

$$\sum_{k=1}^{n} a_{ki}a_{kj} = \delta_{ij} \qquad (i, j = 1, \cdots, n) \tag{2.32}$$

である．これは行列による関係

$$AA^{\mathrm{t}} = I \tag{2.33}$$

あるいは

$$A^{\mathrm{t}}A = I \tag{2.34}$$

を要素で表したものにほかならない．すなわち，転置行列 A^{t} が行列 A の逆行列に等しい．

$$A^{\mathrm{t}} = A^{-1} \tag{2.35}$$

もちろん逆行列 A^{-1} も直交行列である．

以上をまとめるとつぎのようになる．

【定理 2-5】　正方行列 A が直交行列であることは，つぎのように表すことができて，それらはどれも同値である．

(1)　行列 A は $\boldsymbol{E}^n$ での一般の回転を表し，図形を合同な図形に写像し，線分の長さもなす角度も変えない．

(2)　任意の列ベクトル $\vec{x}, \vec{y}$ に対して $A\vec{x}\cdot A\vec{y} = \vec{x}\cdot\vec{y}$

(3)　任意の列ベクトル $\vec{x}$ に対して $|A\vec{x}| = |\vec{x}|$

(4)　行列 A の各列の要素を成分とする n 個の列ベクトルはすべて長さが1で，たがいに直交する．すなわち $\vec{a}_i\cdot\vec{a}_j = \delta_{ij}$

(5)　$A^{\mathrm{t}}A = AA^{\mathrm{t}} = I$

(6)　$A^{\mathrm{t}} = A^{-1}$

3 行列式

3.1 平行四辺形の面積と平行六面体の体積

平面上に二つのベクトル

$$\vec{a} = \begin{bmatrix} a_1 \\ a_2 \end{bmatrix}, \quad \vec{b} = \begin{bmatrix} b_1 \\ b_2 \end{bmatrix}$$

をとると，これらを2辺とする平行四辺形ができる（図2-11のOACB）．この平行四辺形の面積を考えてみよう．

図2-11に示すように，辺BCを通る線上に任意に点Pをとり，OA，OPを2辺とする平行四辺形OAP′Pを考えると，平行四辺形OACBの面積は平行四辺形OAP′Pの面積に等しい．これらの面積はOAの長さに二つの平

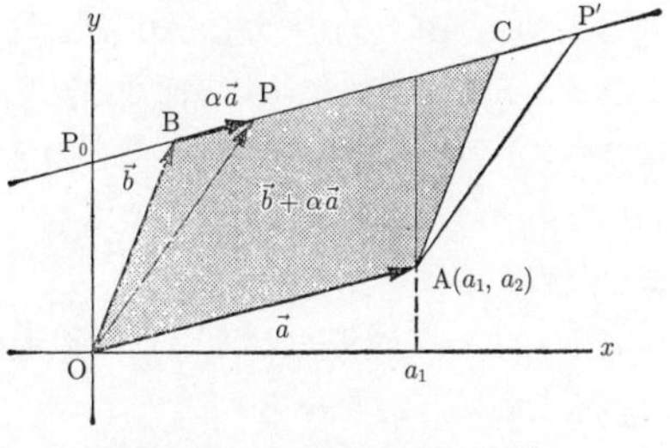

図2-11　平行四辺形の面積

OACBの面積はOAP′Pの面積に等しい．すなわち $\vec{a}, \vec{b}$ のつくる平行四辺形の面積は $\vec{a}, \vec{b}+\alpha\vec{a}$ のつくる平行四辺形の面積に等しい．α は任意の実数である．

行線 OA と BC の距離を掛けて得られるからである．

このことをベクトルの言葉で表してみよう．点 P を終点とするベクトル $\vec{p}$ は，α を定数として

$$\vec{p}=\vec{b}+\alpha\vec{a}=\begin{bmatrix} b_1+\alpha a_1 \\ b_2+\alpha a_2 \end{bmatrix}$$

と表される．上のことは，定数 α をいろいろに変えたときに，二つのベクトル $\vec{a}$ と $\vec{p}=\vec{b}+\alpha\vec{a}$ とを 2 辺とする平行四辺形の面積はベクトル $\vec{a}$ と $\vec{b}$ とを 2 辺とする平行四辺形の面積に等しいと言いかえることができる．このことはまた，二つのベクトルの関数としての面積は，第二のベクトルに第一のベクトルを任意の定数倍したものを加えてできるベクトルを第二のベクトルとおきかえても，その値を変えないとも表現することができる．

同様に，図 2-11 で BC の代わりに AC を延長して考えれば，二つのベクトルの関数としての面積は，第一のベクトルに第二のベクトルを任意の定数倍したものを加えてできるベクトルを第一のベクトルとおきかえても，その値を変えないことがわかる．

ベクトル $\vec{a},\vec{b}$ によってつくられる平行四辺形の面積を具体的に求めるために，定数 α を

$$\alpha=-\frac{b_1}{a_1}$$

のように選ぶ．このとき

$$\vec{p}=\begin{bmatrix} 0 \\ b_2-\dfrac{b_1a_2}{a_1} \end{bmatrix}$$

であって，点 P は y 軸上の P_0 にきている（図 2-11）．そして，$OP_0=|b_2-b_1a_2/a_1|$ である．平行四辺形の面積は，OP_0 の長さにベクトル $\vec{a}$ の x 成分の大きさ $|a_1|$ を掛ければ得られるから

$$\left|b_2-\frac{b_1a_2}{a_1}\right|\cdot|a_1|=|a_1b_2-b_1a_2|$$

である．

ここで，二つのベクトル $\vec{a}$ と $\vec{b}$ とを 2 辺とする平行四辺形に‘向き’をつぎのように定義しよう．第一のベクトル $\vec{a}$ を図形の内部を通るように回転して第二のベクトル $\vec{b}$ に重ねようとするときの回転が正の向き（左まわり，すなわち x 軸を y 軸へ最小回転で重ねる向き）であるときに，ベクトル $\vec{a}$ と $\vec{b}$ とがつくる平行四辺形の‘向き’は正であるとする．逆に，ベクトル $\vec{a}$ を図形の内部を通るように回転してベクトル $\vec{b}$ に重ねようとするときの回転が負の向き（右まわり）であるとき，ベクトル $\vec{a}$ と $\vec{b}$ とがつくる平行四辺形の‘向き’は負であるとする．

この定義によって，$\vec{a}$ と $\vec{b}$ を入れかえたとき，あるいは平行四辺形を鏡映で写したときには，平行四辺形の‘向き’が変わることがわかる．

つぎに，平行四辺形の面積を平行四辺形の正・負の‘向き’に応じて正・負の符号をもつように拡張することを考

える．ベクトル $\vec{a}$ と $\vec{b}$ のつくる平行四辺形の面積 S はベクトル $\vec{a}, \vec{b}$ の関数であるから，ベクトルを成分で表して

$$S = \begin{vmatrix} a_1 & b_1 \\ a_2 & b_2 \end{vmatrix} \tag{2.36}$$

と表示することにしよう．

$$|S| = |a_1 b_2 - a_2 b_1|$$

であることはすでにわかっているから，符号をきめればよい（図 2-12）．

二つのベクトル

$$\vec{a}_0 = \begin{bmatrix} a \\ 0 \end{bmatrix}, \qquad \vec{b}_0 = \begin{bmatrix} 0 \\ b \end{bmatrix}$$

がつくる平行四辺形（長方形）は，定義によって正の向き

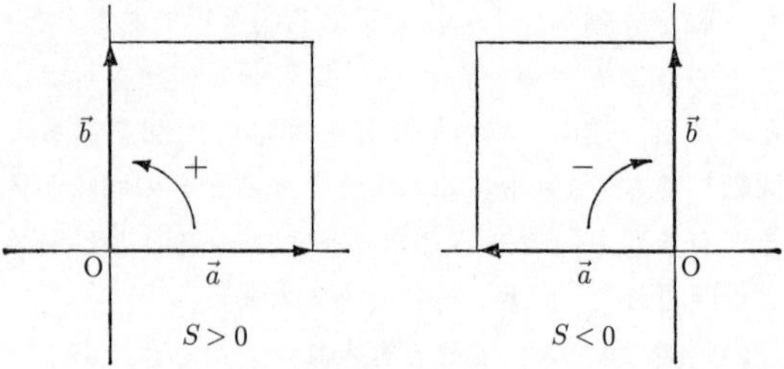

図 2-12　四辺形の面積の正負

ベクトル $\vec{a}, \vec{b}$ のつくる平行四辺形の面積は，ベクトル $\vec{a}$ の方向をベクトル $\vec{b}$ の方向にそろえるのに四辺形の中を正の向きに回転するなら正であり，負の向きに回転するとき負である．

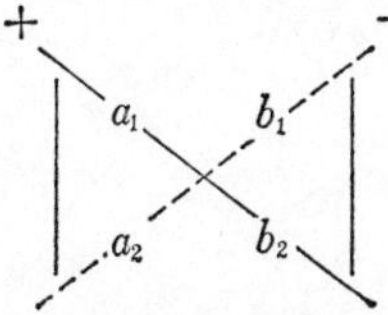

図2-13 平行四辺形の面積（符号つきの面積）の計算
実線で結んだ要素の積には＋をつけ，破線で結んだ要素の積には－をつけて加える.

をもつから，この長方形の面積 S_0 は正である．したがって

$$S_0 = \begin{vmatrix} a & 0 \\ 0 & b \end{vmatrix} = ab$$

とおけばよいことがわかる．こうして，一般の場合には

$$S = \begin{vmatrix} a_1 & b_1 \\ a_2 & b_2 \end{vmatrix} = a_1b_2 - a_2b_1 \tag{2.37}$$

とおいて，'符号つき' の面積が得られる．これは，図2-13 の実線で結んだ要素の積には＋，破線で結んだ要素の積には－をつけて加えたことになっている.

ベクトル $\vec{a}$ とベクトル $\vec{b}$ とを入れかえたときには

$$\begin{vmatrix} b_1 & a_1 \\ b_2 & a_2 \end{vmatrix} = b_1a_2 - b_2a_1 = -(a_1b_2 - a_2b_1)$$

$$= -\begin{vmatrix} a_1 & b_1 \\ a_2 & b_2 \end{vmatrix}$$

である．たとえば，x 軸に関する鏡映 I_x をほどこせば

$$I_x\vec{a}=\begin{bmatrix} a_1 \\ -a_2 \end{bmatrix}, \qquad I_x\vec{b}=\begin{bmatrix} b_1 \\ -b_2 \end{bmatrix}$$

であるから

$$\begin{vmatrix} a_1 & b_1 \\ -a_2 & -b_2 \end{vmatrix} = -a_1b_2+a_2b_1 = -\begin{vmatrix} a_1 & b_1 \\ a_2 & b_2 \end{vmatrix}$$

である．したがって，式（2.37）の符号が平行四辺形の‘向き’を表していることがわかる．

三次元の場合は，三つの空間ベクトル $\vec{a}, \vec{b}, \vec{c}$ によって平行六面体がつくられる（図2-14）．それらの成分を

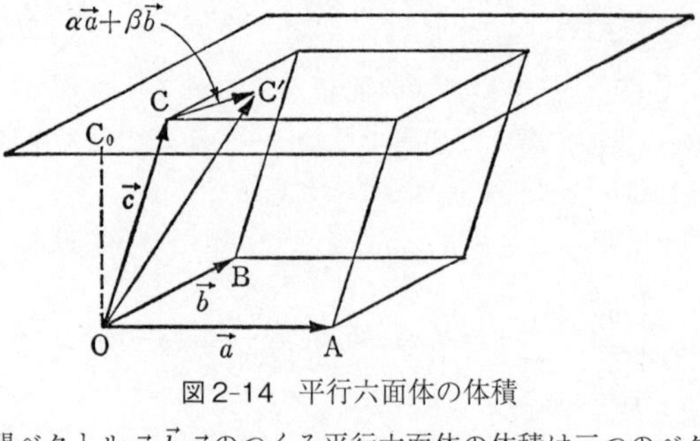

図2-14　平行六面体の体積

空間ベクトル $\vec{a}, \vec{b}, \vec{c}$ のつくる平行六面体の体積は三つのベクトル $\vec{a}, \vec{b}, \vec{c}+\alpha\vec{a}+\beta\vec{b}$ のつくる平行六面体の体積に等しい．これはベクトル $\vec{a}, \vec{b}$ のつくる底面積に高さ OC_0 を掛ければ求まる．

$$\vec{a}=\begin{bmatrix} a_1 \\ a_2 \\ a_3 \end{bmatrix},\quad \vec{b}=\begin{bmatrix} b_1 \\ b_2 \\ b_3 \end{bmatrix},\quad \vec{c}=\begin{bmatrix} c_1 \\ c_2 \\ c_3 \end{bmatrix}$$

として，この三つのベクトルを辺とする同様に符号のついた平行六面体の体積 V を

$$V=\begin{vmatrix} a_1 & b_1 & c_1 \\ a_2 & b_2 & c_2 \\ a_3 & b_3 & c_3 \end{vmatrix} \tag{2.38}$$

と書こう．体積 V は，図 2-14 に示すように，ベクトル $\vec{a}, \vec{b}$ のつくる底面の平行四辺形の面積に，図の上面と底面を延長した 2 枚の平行平面のあいだの距離 h を掛けたものである．したがって，ベクトル $\vec{c}$ をこの上面内の任意の点 C′ を終点とするベクトル $\vec{c}'$ におきかえても，ベクトル $\vec{a}, \vec{b}, \vec{c}$ のつくる平行六面体とベクトル $\vec{a}, \vec{b}, \vec{c}'$ のつくる平行六面体は同じ体積をもつ．ベクトル $\vec{c}'$ は α, β を定数としてベクトル $\vec{c}$ に $\vec{a}$ の α 倍と $\vec{b}$ の β 倍とを加えて

$$\vec{c}'=\vec{c}+\alpha\vec{a}+\beta\vec{b}$$

と表される．このことをベクトルの言葉で言いかえると，第 3 列のベクトルに第 1 列のベクトルと第 2 列のベクトルの線形結合を加えても，体積 V の値は変わらないということになる．このことは式 (2.38) を用いれば，任意の実数 α, β に対してつぎのように表せる．

$$\begin{vmatrix} a_1 & b_1 & c_1 \\ a_2 & b_2 & c_2 \\ a_3 & b_3 & c_3 \end{vmatrix} = \begin{vmatrix} a_1 & b_1 & c_1+\alpha a_1+\beta b_1 \\ a_2 & b_2 & c_2+\alpha a_2+\beta b_2 \\ a_3 & b_3 & c_3+\alpha a_3+\beta b_3 \end{vmatrix}$$

同様の理由で，第1列のベクトルに第2列のベクトルと第3列のベクトルの線形結合を加えても，また第2列のベクトルに第1列のベクトルと第3列のベクトルの線形結合を加えても，体積 V は変わらない．ある列のベクトルに他の列のベクトルの定数倍を加える操作は，平行六面体をその体積を変えないで，ずらしていくことに対応している．

三つのベクトル

$$\vec{a} = \begin{bmatrix} a \\ 0 \\ 0 \end{bmatrix}, \quad \vec{b} = \begin{bmatrix} 0 \\ b \\ 0 \end{bmatrix}, \quad \vec{c} = \begin{bmatrix} 0 \\ 0 \\ c \end{bmatrix}$$

はそれぞれ x 軸，y 軸，z 軸方向のベクトルであるから，たがいに直交し，これらは直方体をつくる．このときの体積は $|abc|$ であるから，符号を

$$V = \begin{vmatrix} a & 0 & 0 \\ 0 & b & 0 \\ 0 & 0 & c \end{vmatrix} = abc$$

になるようにきめると，V は‘符号つき’の体積になる．辺の長さ a, b, c がともに正のときは V も正であるが，ど

れか一つだけ，たとえば $a<0$ であると，体積 V は負になる．

この場合も，三つのベクトル $\vec{a}, \vec{b}, \vec{c}$ は‘向きのついた’平行六面体を表すものと考えることができる．一番目のベクトル $\vec{a}$ を回転して二番目のベクトル $\vec{b}$ の方向に重ねるとき，‘右ねじの法則’のように，ねじを右の向きに回したときのねじの進む向きと三番目のベクトル $\vec{c}$ の向きが同じであるならば（すなわち両者の角が鋭角ならば），六面体の向きは正であり，反対の向き（両者の角が鈍角）ならば，六面体の向きは負である．このとき体積 V の符号は，‘向き’のついた六面体のその‘向き’を表す．六面体を鏡映によって裏返せば，‘向き’が変わり体積の符号が変わる．鏡に映った世界では，ねじの回し方が逆になることからもわかるであろう．

一般のベクトル $\vec{a}, \vec{b}, \vec{c}$ のつくる平行六面体の体積 V を具体的に求めてみよう．まず，式（2. 38）の第1列に $-b_1/a_1$ を掛けて第2列に加え，また，第1列に $-c_1/a_1$ を掛けて第3列に加えると

$$\begin{vmatrix} a_1 & 0 & 0 \\ a_2 & b_2-\dfrac{b_1a_2}{a_1} & c_2-\dfrac{c_1a_2}{a_1} \\ a_3 & b_3-\dfrac{b_1a_3}{a_1} & c_3-\dfrac{c_1a_3}{a_1} \end{vmatrix}$$

が得られる．つぎに，第2列に適当な数を掛けて第1列に加え，また他の適当な数を掛けて第3列に加える．このようなことを繰り返していくと，ついには

$$V=\begin{vmatrix} a_1 & 0 & 0 \\ 0 & b_2-\dfrac{b_1a_2}{a_1} & 0 \\ 0 & 0 & c_3-\dfrac{c_1a_3}{a_1}-\left(c_2-\dfrac{c_1a_2}{a_1}\right)\left(b_3-\dfrac{b_1a_3}{a_1}\right)\Big/\left(b_2-\dfrac{b_1a_2}{a_1}\right)\end{vmatrix}$$

になる．したがって，対角線上に並ぶ三つの要素を掛けて

$$\begin{aligned} V &= \begin{vmatrix} a_1 & b_1 & c_1 \\ a_2 & b_2 & c_2 \\ a_3 & b_3 & c_3 \end{vmatrix} \\ &= a_1b_2c_3+a_2b_3c_1+a_3b_1c_2-a_3b_2c_1-a_2b_1c_3-a_1b_3c_2 \end{aligned} \tag{2.39}$$

が得られる．これは，図 2-15 のように実線で結ばれた要素の積には＋，破線で結ばれた要素の積には－をつけて和をとったことになっている．

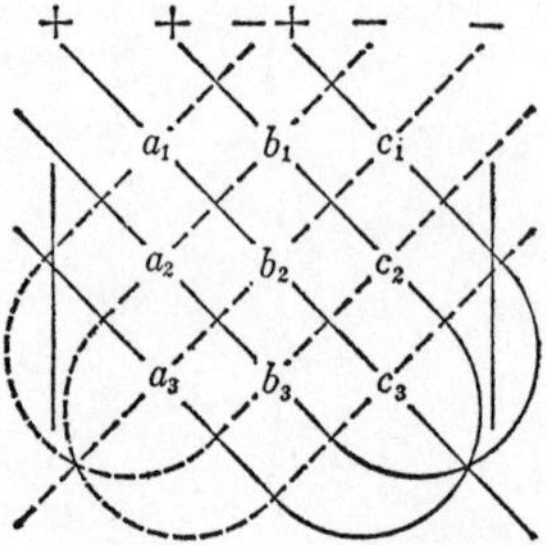

図 2-15　平行六面体の体積（行列式）の計算
実線で結んだ要素の積には＋をつけ，破線で結んだ要素の積には－をつけて加える．

3.2 行列式と n 次元平行多面体の体積

体積の計算は三次元の場合でもめんどうであった．n 次元の場合にはさらに複雑であるが，二次元および三次元の場合から一般化して考えることができる．結果は，n 個のベクトルのつくる行列の要素を同じ行，同じ列からは2個以上とらないようにしながら n 個とってきてそれらの積をつくり，それらに ± 1 の符号をつけて加え合わせたものになる．これを示すには，いくつかの準備が必要である．

整数 $1, 2, \cdots, n$ を並べかえる仕方は，全部で $n!$ 通りある．この n 個の数字を並べた並び方の一つ一つを，$1, 2, \cdots, n$ の**順列**という．

【例 2-7】 $1, 2$ の順列は $(1, 2)$，$(2, 1)$ の二つである．$1, 2, 3$ の順列は $(1, 2, 3)$，$(2, 3, 1)$，$(3, 1, 2)$，$(3, 2, 1)$，$(2, 1, 3)$，$(1, 3, 2)$ の六つである．

$1, 2, \cdots, n$ の順列 $(i_1, i_2, \cdots, i_n)$ があったとき，その中の二つの数を入れかえることを**互換**という．たとえば，i_2 と i_4 とを入れかえる互換を行うと，これは $(i_1, i_4, i_3, i_2, i_5, \cdots, i_n)$ となる．順列 $(i_1, i_2, \cdots, i_n)$ が順列 $(1, 2, \cdots, n)$ から偶数回の互換を行って得られるとき，順列 $(i_1, i_2, \cdots, i_n)$ の**符号**は1であるという．奇数回の互換を行って得られたなら，符号は -1 である．順列の符号を

$$\mathrm{sgn}(i_1 i_2 \cdots i_n)$$

と書くことにする．

【例 2-8】

$$(1\ 2\ 3\ 4\ 5)\xrightarrow{1}(1\ 4\ 3\ 2\ 5)\xrightarrow{2}(3\ 4\ 1\ 2\ 5)\xrightarrow{3}(3\ 5\ 1\ 2\ 4)$$

であるから

$$\mathrm{sgn}(1\ 2\ 3\ 4\ 5)=1,\quad \mathrm{sgn}(1\ 4\ 3\ 2\ 5)=-1,$$
$$\mathrm{sgn}(3\ 4\ 1\ 2\ 5)=1,\quad \mathrm{sgn}(3\ 5\ 1\ 2\ 4)=-1$$

【注意】 一つの順列を得るのにいくつかの互換の組み合わせ方があるが，どのような互換をどの順序に行っても，結果が同一なら，順列の符号は必ず同じである．実際，順列 $(i_1, i_2, \cdots, i_n)$ の符号は，空間 $\boldsymbol{E}^n$ で x_1 軸，x_2 軸，$\cdots, x_n$ 軸をそれぞれ x_{i_1} 軸，x_{i_2} 軸，$\cdots, x_{i_n}$ 軸に移す写像が全空間を反転するとき -1，そうでないとき 1 である．なぜなら，二つの座標軸を入れかえる写像 $J_{x_i x_j}$ は空間を反転し，それを奇数回行えば全空間は反転され，偶数回行えばもとにもどるからである（[例 2-6] 参照）．

n 個のベクトル

$$\vec{a}_1=\begin{bmatrix}a_{11}\\a_{21}\\\vdots\\\vdots\\a_{n1}\end{bmatrix},\ \vec{a}_2=\begin{bmatrix}a_{12}\\a_{22}\\\vdots\\\vdots\\a_{n2}\end{bmatrix},\ \cdots,\ \vec{a}_n=\begin{bmatrix}a_{n1}\\a_{n2}\\\vdots\\\vdots\\a_{nn}\end{bmatrix}$$

が与えられたとき，これを並べて行列

$$A = \begin{bmatrix} a_{11} & a_{12} & \cdots & a_{1n} \\ a_{21} & a_{22} & \cdots & a_{2n} \\ & \cdots & \cdots & \\ & \cdots & \cdots & \\ a_{n1} & a_{n2} & \cdots & a_{nn} \end{bmatrix}$$

をつくることができる．n 個のベクトルがつくる n 次元平行多面体の符号つきの体積を

$$V = \sum_{(i_1 \cdots i_n)} \mathrm{sgn}(i_1 i_2 \cdots i_n) a_{i_1 1} a_{i_2 2} \cdots a_{i_n n} \qquad (2.40)$$

と定義する．ただし，和は $1, 2, \cdots, n$ のすべての順列についてとるものとする．$n=2$ および 3 の場合には，式 (2.37) および式 (2.39) に一致することは容易にわかる．これは，行列 A の各列ベクトルから要素を一つずつ，第 1 列から i_1 番目，第 2 列から i_2 番目というふうに，$i_1, i_2, \cdots, i_n$ がたがいに重ならないように（$(i_1, \cdots, i_n)$ が $(1, 2, \cdots, n)$ の順列であるように）とり，この積に順列 $(i_1, i_2, \cdots, i_n)$ の符号をつける．このようにしてできる $n!$ 個の積を加え合わせたものである．式 (2.40) で定義された符号つきの体積 V を行列 A の**行列式**といい

$$V = |A| = \begin{vmatrix} a_{11} & \cdots & a_{1n} \\ a_{21} & \cdots & a_{2n} \\ & \cdots\cdots & \\ & \cdots\cdots & \\ a_{n1} & \cdots & a_{nn} \end{vmatrix}$$

または $\det A$ と表す．行列式は正方行列に対してしか定義できない．

行列 A の行列式 $|A|$ が，実際に調べた二次元の符号つきの面積および三次元の符号つきの体積に等しいことは，つぎに示す行列式の基本的な性質からわかる．

行列式の基本的な性質

(1) 対角行列の行列式は対角要素の積である．

$$\begin{vmatrix} a_{11} & & & \\ & a_{22} & & \\ & & \ddots & \\ & & & a_{nn} \end{vmatrix} = a_{11}a_{22}\cdots a_{nn} \qquad (2.41)$$

[証明] 行列式の定義式 (2.40) の右辺において，A が対角行列のとき，$(i_1, i_2, \cdots, i_n) = (1, 2, \cdots, n)$ という順列以外は積 $a_{1i_1}a_{2i_2}\cdots a_{ni_n}$ が 0 になる．したがって，行列式の値は積 $a_{11}\cdots a_{nn}$ になる．

これは，n 個の座標軸方向のベクトル

$$\begin{bmatrix} a_{11} \\ 0 \\ 0 \\ \vdots \\ 0 \end{bmatrix}, \begin{bmatrix} 0 \\ a_{22} \\ 0 \\ \vdots \\ 0 \end{bmatrix}, \cdots, \begin{bmatrix} 0 \\ 0 \\ \vdots \\ 0 \\ a_{nn} \end{bmatrix}$$

でつくられる n 次元直方体の体積が，辺の長さの積で与えられることを示している．この場合も，符号つきの体積である．一般に，$\boldsymbol{E}^n$ の基底 $\vec{e}_1, \vec{e}_2, \cdots, \vec{e}_n$ でつくられる n 次元立方体に，反転を含まない変形や回転を行ってできる n 次元平行多面体は‘正の向き’をもつといい，その体積は正の符号をもつ．これに対して，正の向きの多面体を反転し‘裏返した’ものは‘負の向き’であり，その体積は負の符号をもつ．

(2) 行列 A の一つの列を c 倍すると，その行列式は行列式 $|A|$ の c 倍になる．

$$\begin{vmatrix} a_{11} & \cdots & ca_{1j} & \cdots & c_{1n} \\ a_{21} & \cdots & ca_{2j} & \cdots & a_{2n} \\ & & \cdots\cdots & & \\ & & \cdots\cdots & & \\ a_{n1} & \cdots & ca_{nj} & \cdots & a_{nn} \end{vmatrix} = c \begin{vmatrix} a_{11} & \cdots & a_{1n} \\ a_{21} & \cdots & a_{2n} \\ & \cdots\cdots & \\ & \cdots\cdots & \\ a_{n1} & \cdots & a_{nn} \end{vmatrix} \qquad (2.42)$$

[証明] 第 j 列 $\vec{a}_j$ が c 倍されると，式 (2.40) の右辺は

$$\sum \mathrm{sgn}(i_1 \cdots i_n) a_{i_1 1} \cdots c a_{i_j j} \cdots a_{i_n n}$$
$$= c \sum \mathrm{sgn}(i_1 \cdots i_n) a_{i_1 1} \cdots a_{i_n n}$$

であり，c 倍される．

これは，ベクトル $\vec{a}_1, \vec{a}_2, \cdots, \vec{a}_n$ のどれか一つを c 倍すると，n 次元平行多面体もその列ベクトルの方向に c 倍に大きくなって，体積が c 倍になることを意味している（図2-16）．なお，c が負のときは，反転されるので，符号が変わる．

(3)　一つの列，たとえば第 j 列 $\vec{a}_j$ が

$$\vec{a}_j = \vec{a}_j{}' + \vec{a}_j{}''$$

のように二つの列ベクトルの和に分解できたとする．このとき，行列式 $|A|$ は，列ベクトル $\vec{a}_j$ を列ベクトル $\vec{a}_j{}'$

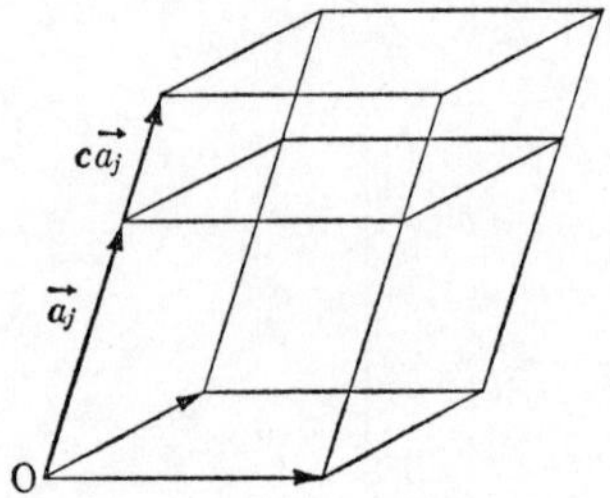

図2-16　行列式の c 倍

行列式（平行多面体の体積）は一つの列ベクトル $\vec{a}_j$ が c 倍されると c 倍になる．

に置き換えた行列の行列式と列ベクトル $\vec{a}_j$ を列ベクトル $\vec{a}_j{}'$ に置き換えた行列の行列式との和に等しい.

$$\begin{vmatrix} a_{11} & \cdots & a_{1j}{}'+a_{1j}{}'' & \cdots & a_{1n} \\ & & \cdots\cdots & & \\ & & \cdots\cdots & & \\ a_{n1} & \cdots & a_{nj}{}'+a_{nj}{}'' & \cdots & a_{nn} \end{vmatrix}$$

$$= \begin{vmatrix} a_{11} & \cdots & a_{1j}{}' \cdots a_{1n} \\ & \cdots\cdots & \\ & \cdots\cdots & \\ a_{n1} & \cdots & a_{nj}{}' & \cdots & a_{nn} \end{vmatrix} + \begin{vmatrix} a_{11} & \cdots & a_{1j}{}'' & \cdots & a_{1n} \\ & & \cdots\cdots & & \\ & & \cdots\cdots & & \\ a_{n1} & \cdots & a_{nj}{}'' & \cdots & a_{nn} \end{vmatrix} \tag{2. 43}$$

[証明] 式 (2. 40) に従って計算すると

$$\begin{aligned} &\sum \mathrm{sgn}(i_1\cdots i_n)a_{i_1 1}\cdots(a_{i_j j}{}'+a_{i_j j}{}'')\cdots a_{i_n n} \\ &\quad = \sum \mathrm{sgn}(i_1\cdots i_n)a_{i_1 1}\cdots a_{i_j j}{}'\cdots a_{i_n n} \\ &\qquad + \sum \mathrm{sgn}(i_1\cdots i_n)a_{i_1 1}\cdots a_{i_j j}{}''\cdots a_{i_n n} \end{aligned}$$

より明らかである.

これは, 図 2-17 に示すように, $\vec{a}_j$ を $\vec{a}_j{}'$ と $\vec{a}_j{}''$ に分解したときに, もとの n 次元平行多面体の体積が二つの n 次元平行多面体の和になることを意味している.

(4) A の二つの列, たとえば第 j 列と第 k 列 $(j \neq k)$ とをとりかえると, $|A|$ は符号を変える.

[証明] 簡単のため, A の第 1 列と第 2 列をとりかえる

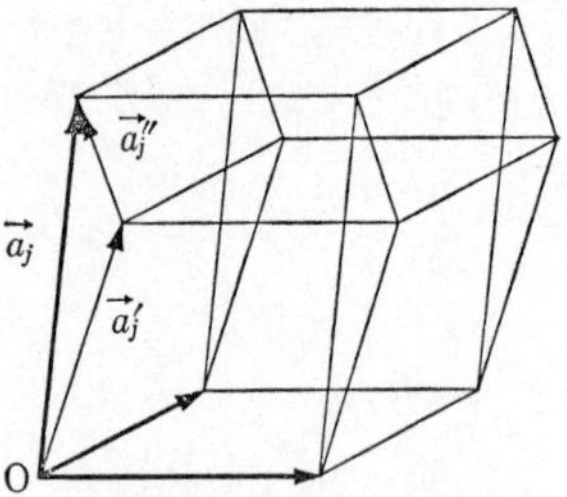

図2-17 行列式の分解
行列式（平行多面体の体積）は一つの列ベクトル $\vec{a}_j$ が $\vec{a}_j' + \vec{a}_j''$ と分解したときは，それぞれの行列式の和になる.

ものとし（第 j 列と第 k 列をとりかえる場合も同じように証明できる），これを A' としよう．すると

$$\begin{aligned}|A'| &= \sum \mathrm{sgn}(i_1 i_2 i_3 \cdots i_n) a_{i_1 2} a_{i_2 1} a_{i_3 3} \cdots a_{i_n n} \\ &= \sum \mathrm{sgn}(i j i_3 \cdots i_n) a_{i2} a_{j1} a_{i_3 3} \cdots a_{i_n n} \\ &= \sum \mathrm{sgn}(i j i_3 \cdots i_n) a_{j1} a_{i2} a_{i_3 3} \cdots a_{i_n n} \\ &= -\sum \mathrm{sgn}(j i i_3 \cdots i_n) a_{j1} a_{i2} a_{i_3 3} \cdots a_{i_n n} \\ &= -|A|\end{aligned}$$

となる.

行列式 $|A|$ の符号は，$\boldsymbol{E}^n$ の基底ベクトル $\vec{e}_1, \vec{e}_2, \cdots, \vec{e}_n$ のつくる n 次元平行多面体に反転を含まない変形や回転を行って行列 A の列ベクトル $\vec{a}_1, \vec{a}_2, \cdots, \vec{a}_n$ のつくる n 次元立方体ができるかどうかで決まる．いま，こ

の符号が正であったとしよう．このとき，列ベクトル $\vec{a}_1$ と列ベクトル $\vec{a}_2$ とを入れかえた n 本の列ベクトル $\vec{a}_2, \vec{a}_1, \vec{a}_3, \cdots, \vec{a}_n$ でできる n 次元平行多面体は，基底ベクトル $\vec{e}_2, \vec{e}_1, \vec{e}_3, \cdots, \vec{e}_n$ のつくる n 次元平行多面体（軸の順序に注意）の変形であるが，これは基底ベクトル $\vec{e}_1, \vec{e}_2, \cdots, \vec{e}_n$ のつくる多面体で基底ベクトル $\vec{e}_1$ と基底ベクトル $\vec{e}_2$ とをとりかえたもの，すなわちこの多面体に $J_{x_1x_2}$ という鏡映をほどこしたものである．したがって，多面体の向きが変わることになり，行列式でいえばその符号が変わる．

(5) 行列 A のどれか二つの列，たとえば第 j 列と第 k 列が等しいときは

$$|A| = 0$$

[証明] A の第 j 列と第 k 列を入れかえた行列を A' とすれば，第 j 列と第 k 列が等しいから $A = A'$ である．一方，(4) によって

$$|A| = -|A'|$$

であるから

$$|A| = -|A|$$

これは

$$|A| = 0$$

を意味する．

幾何学的にいえば，列ベクトル $\vec{a}_1, \vec{a}_2, \cdots, \vec{a}_n$ の中に等しいものがあれば，n 次元平行多面体の二つの辺が同じに

なって，平行多面体は全体がつぶれる．このため，n 次元的な広がりを表す体積は0になるということである．

(6) 行列 A の一つの列に他の列の c 倍を加えても，行列式 $|A|$ は変化しない．さらに，一つの列に他の列の線形結合を加えても行列式 $|A|$ は変化しない．

[証明] 行列 A の第 j 列に第 k 列の c 倍を加えた行列を A' としよう．列ベクトル $\vec{a}_1, \vec{a}_2, \cdots, \vec{a}_n$ を並べた行列の行列式を $|\vec{a}_1, \vec{a}_2, \cdots, \vec{a}_n|$ と略記すれば，

$$
\begin{aligned}
|A'| &= |\vec{a}_1, \cdots, \vec{a}_{j-1}, \vec{a}_j + c\vec{a}_k, \vec{a}_{j+1}, \cdots, \vec{a}_n| \\
&= |\vec{a}_1, \cdots, \vec{a}_j, \cdots, \vec{a}_n| \\
&\quad + |\vec{a}_1, \cdots, \vec{a}_{j-1}, c\vec{a}_k, \vec{a}_{j+1}, \cdots, \vec{a}_k, \cdots, \vec{a}_n| \\
&= |A| + c\,|\vec{a}_1, \cdots, \vec{a}_{j-1}, \vec{a}_k, \vec{a}_{j+1}, \cdots, \vec{a}_k, \cdots, \vec{a}_n| \\
&= |A| \qquad (2.44)
\end{aligned}
$$

である．これを繰り返せば，第 j 列に他の列の線形結合を加えても値が変わらないことがわかる．

いま，$\vec{a}_1, \vec{a}_2, \cdots, \vec{a}_{n-1}$ の線形結合を $\vec{a}_n$ に加えて，これを $\vec{a}_n{}'$ としよう．二次元，三次元のところで扱ったように，ベクトル $\vec{a}_1, \vec{a}_2, \cdots, \vec{a}_n$ のつくる n 次元平行多面体は，ベクトル $\vec{a}_1, \vec{a}_2, \cdots, \vec{a}_{n-1}$ のつくる $n-1$ 次元平行多面体を底面とし，その上にベクトル $\vec{a}_n$ だけふくらんだものであると考えると，$\vec{a}_n{}'$ は $\vec{a}_n$ を底面に平行にずらしただけであることがわかる（図2-18）．このようにずらしても，n 次元平行多面体の体積は変わらないのは当然である．し

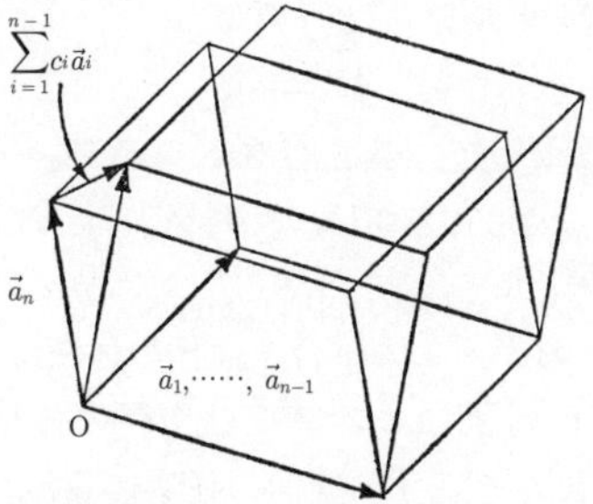

図2-18 n 次元の行列式

行列式（平行多面体の体積）は一つのベクトルに他のベクトルの線形結合を加えても変化しない．底面はベクトル $\vec{a}_1, \cdots, \vec{a}_{n-1}$ のつくる $n-1$ 次元平行多面体である．

かも，このようにして，線形結合を加える操作を行って平行多面体をずらしていけば，ついには体積を変えることなく，すべての軸に平行なベクトルからなる n 次元直方体にまで変形することができる．このような n 次元直方体の体積は，（1）で示したように，確かに $|A|$ である．したがって，式（2.40）で定義した $|A|$ が，一般の場合にも，n 次元平行多面体の符号つきの体積であることがわかる．

3.3 行列による写像と行列式

n 次元ユークリッド空間 $\boldsymbol{E}^n$ からそれ自身への線形写像による像は列ベクトルに行列を掛けることによって得られる．そして基底ベクトルを $\vec{e}_1, \vec{e}_2, \cdots, \vec{e}_n$ とし，行列 A の

第 i 列の列ベクトルを $\vec{a}_i$ とすれば

$$A\vec{e}_i = \vec{a}_i$$

である．したがって，基底ベクトル $\vec{e}_1, \vec{e}_2, \cdots, \vec{e}_n$ のつくる体積 1 の n 次元立方体は，行列 A による線形写像によって，列ベクトル $\vec{a}_1, \vec{a}_2, \cdots, \vec{a}_n$ のつくる n 次元平行多面体に写像されるが，この平行多面体の体積は $|A|$ である．すなわち，“行列 A による写像は空間の体積を $|A|$ 倍する”．立方体にかぎらず，空間の任意の領域の体積が $|A|$ 倍になることが，つぎのようにしてわかる．

三次元の場合で説明しよう（n 次元の場合も同じである）．まず，空間を各座標平面（x-y 面，y-z 面，z-x 面）に平行な平面で等間隔に区切ると，全空間は立方体に分割される．線形写像によって平面は平面に写像され，それぞれ平行な面はまた平行な面に写像される．各立方体はすべて相似な平行六面体となるから，それぞれの体積が $|A|$ 倍される．ところで，一般の領域 V の体積は，それを分割した微小領域の立方体の体積の和の区切りを細かくしたときの極限であるから，各微小領域が $|A|$ 倍されればその領域の体積も $|A|$ 倍される（図 2-19）．

このことを用いると，いくつかの重要な結果が得られる．

（1） 行列の積の行列式は，行列式の積に等しい．すなわち，A, B を n 次正方行列とするとき

$$|AB| = |A|\,|B| \tag{2.45}$$

［証明］ $|AB|$ は写像 AB による体積拡大率であるが，

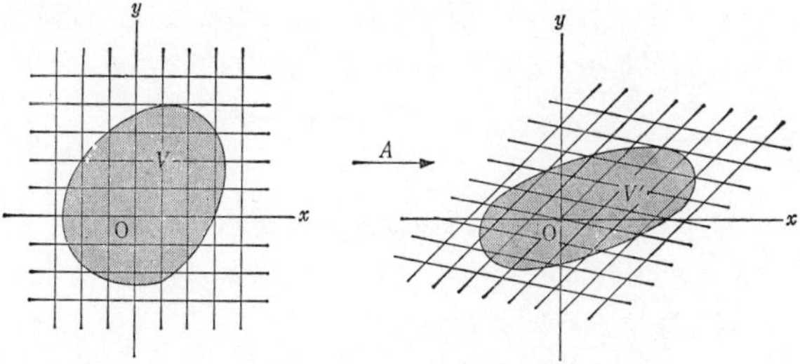

図 2-19 行列による写像

領域 V に含まれる微小領域の体積は行列 A による写像で $|A|$ 倍になる．したがって，領域 V の像 V' の体積も領域 V の $|A|$ 倍である．

AB は写像 B をまず行い，ついで写像 A を行う写像であるから，体積もまず $|B|$ 倍され，ついで $|A|$ 倍される．よって，$|AB|$ は $|A|\,|B|$ に等しい．

(2) 行列 A の逆行列 A^{-1} が存在するならば

$$|A^{-1}| = \frac{1}{|A|} \tag{2.46}$$

[証明] 行列 A による写像で体積が $|A|$ 倍されるならば，その逆写像では体積が $1/|A|$ になる．あるいは

$$AA^{-1} = I$$

の両辺の行列式を考える．単位行列 I の行列式は 1 であるから

$$|AA^{-1}| = |A|\,|A^{-1}| = 1$$

これからも式（2.46）が得られる．このことは，行列 A に逆行列が存在するときは $|A| \neq 0$ であることを示している．

ここで，行列の転置と行列式の関係を示しておこう．

（3） 転置行列の行列式はもとの行列の行列式に等しい．すなわち，行列 A に対して

$$|A^{\mathrm{t}}| = |A| \qquad (2.47)$$

[証明] A^{t} の (i, j) 要素を a'_{ij} とすれば $a'_{ij} = a_{ji}$ である．式（2.40）によると

$$\begin{aligned}|A^{\mathrm{t}}| &= \sum_{(i_1 \cdots i_n)} \mathrm{sgn}(i_1 \cdots i_n) a'_{i_1 1} a'_{i_2 2} \cdots a'_{i_n n} \\ &= \sum_{(i_1 \cdots i_n)} \mathrm{sgn}(i_1 \cdots i_n) a_{1 i_1} a_{2 i_2} \cdots a_{n i_n}\end{aligned}$$

である．要素 $a_{1i_1}, a_{2i_2}, \cdots, a_{ni_n}$ を並びかえて，各要素の後の添字が $1, 2, \cdots, n$ となるようにする．その結果を $a_{j_1 1}, a_{j_2 2}, \cdots, a_{j_n n}$ とする．この並べかえは順列 $(i_1, \cdots, i_n)$ が $(1, 2, \cdots, n)$ になるように行われる．ところで，この並べかえによって各要素の最初の添字は $(1, 2, \cdots, n)$ が $(j_1, j_2, \cdots, j_n)$ になるので，順列 $(1, 2, \cdots, n)$ から順列 $(j_1, j_2, \cdots, j_n)$ をつくる互換の数は順列 $(1, 2, \cdots, n)$ から順列 $(i_1, i_2, \cdots, i_n)$ をつくる互換の数に等しい．したがって，$\mathrm{sgn}(i_1 \cdots i_n)$ は $\mathrm{sgn}(j_1 \cdots j_n)$ に等しい．また，和はすべての順列についてとるのであるから，$\sum_{(i_1 \cdots i_n)}$ を $\sum_{(j_1 \cdots j_n)}$ と書いても同じである．こうして

$$\text{上式} = \sum_{(j_1 \cdots j_n)} \operatorname{sgn}(j_1 j_2 \cdots j_n) a_{j_1 1} a_{j_2 2} \cdots a_{j_n n} = |A|$$

が得られる.

行列式の値は行列を転置しても変わらないことから，前の3.2項の（1）～（3）で列について述べた性質は，すべて行についても成立する．すなわち，二つの行が等しい行列の行列式は0であり，行列の二つの行をとりかえると行列式の符号が変わり，ある行に他の行の線形結合を加えても行列式の値は変わらないなどが成立する.

直交行列についてはつぎの性質がわかる.

（4） A を直交行列とするとき

$$|A| = \pm 1 \tag{2.48}$$

［証明］ A を直交行列とするとき

$$AA^{\mathrm{t}} = I$$

であるから，この両辺の行列式をとると

$$|A|\,|A^{\mathrm{t}}| = |A|^2 = 1$$

したがって

$$|A| = \pm 1$$

である.

直交行列はベクトルの長さや角度を変えない写像であるから，当然領域の体積も変えない．事実，$|A|=1$ の直交行列は空間の回転であり，$|A|=-1$ のときは，反転を含んだ回転である.

2次および3次の行列の行列式は，図2-13や図2-15のように直接計算することができる.

【例 2-9】

$$\begin{vmatrix} 2 & 1 & 3 \\ 0 & -1 & 1 \\ 2 & 3 & 4 \end{vmatrix} = 2\times(-1)\times4+0\times3\times3+2\times1\times1$$

$$-2\times(-1)\times3-0\times1\times4-2\times3\times1$$

$$= -8+2+6-6 = -6$$

図2-13や図2-15のような計算規則は，n 次行列では，項の数が $n!$ 個あって複雑になるので，4次以上の行列の場合には実際的ではない.

一般の次数の行列式を計算する代表的な方法には，この章の4節4.2項で述べる‘掃き出し法’がある．また，つぎの3.5項で述べる余因子展開なども，場合によっては有効である.

【例 2-10】　つぎの行列式はヴァンデルモンドの行列式とよばれるものである.

$$\begin{vmatrix} 1 & 1 & \cdots & 1 \\ x_1 & x_2 & \cdots & x_n \\ {x_1}^2 & {x_2}^2 & \cdots & {x_n}^2 \\ & \cdots\cdots & & \\ & \cdots\cdots & & \\ {x_1}^{n-1} & {x_2}^{n-1} & \cdots & {x_n}^{n-1} \end{vmatrix} = \prod_{j>i}(x_j - x_i)$$

$$
\begin{aligned}
&= (x_2 - x_1) \\
&\quad \times (x_3 - x_2)(x_3 - x_1) \\
&\quad \times (x_4 - x_3)(x_4 - x_2)(x_4 - x_1) \\
&\quad \cdots\cdots \\
&\quad \times (x_n - x_{n-1}) \cdots (x_n - x_1) \quad (2.49)
\end{aligned}
$$

右辺は $x_1, \cdots, x_n$ のうち異なる変数の差のすべての積である．ただし，添字の大きい変数から引くものとする．

この証明は簡単である．左辺の行列式は，$x_1, x_2, \cdots, x_n$ の多項式であるが，$x_i = x_j$ とすれば第 i 列と第 j 列が一致するために0になる．ゆえに，$x_j - x_i$ で割り切れる．i, j は任意であるから，けっきょく異なる変数の差のすべての積で割り切れる．そして両辺の次数を比較すると，$\Pi(x_j - x_i)$ の定数倍であることがわかる．一方，多項式の代表的な項，たとえば $x_2 x_3{}^2 \cdots x_n{}^{n-1}$ の係数を比較してみれば，左辺では対角要素の積の項だから1であり，その定数は1である．ゆえに，式（2.49）が示された．式（2.49）から $x_1, \cdots, x_n$ に相異なる実数を代入すると，ヴァンデルモンドの行列式は決して0にならないことがわかる．

3.4 線形独立性，および逆行列

行列 A の n 本の列の要素を成分とする n 本の列ベクトル $\vec{a}_1, \cdots, \vec{a}_n$ が線形従属であったとしよう．このとき，ど

れかの列ベクトルがそれ以外の列ベクトルの線形結合で表される．たとえば，ベクトル $\vec{a}_1$ が $\vec{a}_1 = \sum_{i=2}^{n} c_i \vec{a}_i$ と表されたとし，行列式を $|A| = |\vec{a}_1, \vec{a}_2, \cdots, \vec{a}_n|$ と表すことにすると

$$|A| = \left| \sum_{i=2}^{n} c_i \vec{a}_i, \vec{a}_2, \cdots, \vec{a}_n \right| = \sum_{i=2}^{n} c_i \, |\vec{a}_i, \vec{a}_2, \cdots, \vec{a}_n|$$

であるが，最後の項の行列式ではすべて同じ列が二度ずつ現れているので，$|A| = 0$ である．したがって，$|A| \neq 0$ であれば，どの列ベクトルも他の列ベクトルの線形結合で表すことができない．すなわち，列ベクトル $\vec{a}_1, \cdots, \vec{a}_n$ は線形独立である．言い換えれば，列ベクトル $\vec{a}_1, \vec{a}_2, \cdots,$ $\vec{a}_n$ が"線形独立であることは，それらのつくる平行多面体の体積が 0 でない（つぶれていない）ことである".

つぎに，逆行列 A^{-1} があるかどうかを調べよう．逆行列 A^{-1} は $\boldsymbol{E}^n$ における行列 A による線形写像の逆写像を表す．この逆写像は，任意の列ベクトル $\vec{y}$ に対して

$$\vec{y} = A\vec{x}$$

となる $\vec{x}$ が一つだけあるときにかぎって，存在する．ところが，行列と列ベクトルの積の定義によれば，これは，行列 A の各列の要素を成分とする列ベクトルを $\vec{a}_1, \vec{a}_2, \cdots, \vec{a}_n$ とするとき

$$\vec{y} = x_1\vec{a}_1 + x_2\vec{a}_2 + \cdots + x_n\vec{a}_n$$

と書くことができる．列ベクトル $\vec{a}_1, \vec{a}_2, \cdots, \vec{a}_n$ が線形独立であれば，任意の列ベクトル $\vec{y}$ に対して上式が成

立するような $x_1, x_2, \cdots, x_n$ がただ一通りに定まることはすでにみた（第1章4節参照）．しかし，列ベクトル $\vec{a}_1, \cdots, \vec{a}_n$ が線形従属であれば，$\boldsymbol{E}^n$ にはそのような線形結合では表すことができない列ベクトルが $\vec{y}$ 以外に存在し，また一つの列ベクトル $\vec{y}$ に対して $x_1, \cdots, x_n$ が一通りには定まらない．こうして，列ベクトル $\vec{a}_1, \vec{a}_2, \cdots, \vec{a}_n$ が線形独立であるとき，したがって，$|A| \neq 0$ の場合にかぎって，逆行列 A^{-1} が存在することがわかる．以上のことをまとめると，つぎの定理が得られる．

【定理 2-6】

つぎの（1）〜（4）はすべてたがいに同値である．

（1） 行列の各列の要素を成分とする n 本の列ベクトル $\vec{a}_1, \vec{a}_2, \cdots, \vec{a}_n$ は線形独立である．

（2） 列ベクトル $\vec{a}_1, \vec{a}_2, \cdots, \vec{a}_n$ のつくる n 次元平行多面体の体積は 0 でない．

（3） 列ベクトル $\vec{a}_1, \vec{a}_2, \cdots, \vec{a}_n$ の成分を列の要素とする行列 A の行列式は 0 でない．

$$|A| = |\vec{a}_1, \vec{a}_2, \cdots, \vec{a}_n| \neq 0$$

（4） 列ベクトル $\vec{a}_1, \vec{a}_2, \cdots, \vec{a}_n$ の成分を列の要素とする行列 A は正則行列である．すなわち，逆行列 A^{-1} が存在する．

【問】

$$\vec{a}_1 = \begin{bmatrix} -5 \\ 0 \\ 3 \end{bmatrix},\ \vec{a}_2 = \begin{bmatrix} 2 \\ 1 \\ 5 \end{bmatrix},\ \vec{a}_3 = \begin{bmatrix} -6 \\ -4 \\ 4 \end{bmatrix}$$

は線形独立か.

3.5 余因子と余因子展開

n 次正方行列の行列式を展開して $(n-1)$ 次正方行列の行列式の和の形にすることができる. まず, 準備として

$$\begin{vmatrix} a_{11} & a_{12} & \cdots & a_{1n} \\ 0 & a_{22} & \cdots & a_{2n} \\ 0 & & & \\ \vdots & \vdots & & \vdots \\ 0 & a_{n2} & \cdots & a_{nn} \end{vmatrix}$$

の形の行列式を考えよう. 行列式の定義にもどって考えると, これは

$$\sum_{(i_1 \cdots i_n)} \operatorname{sgn}(i_1 \cdots i_n) a_{i_1 1} \cdots a_{i_n n}$$

であるが, 第1列ではその一番目要素 a_{11} 以外はすべて0であるから, 和をとるときに $i_1 = 1$ しか現れない. したがって, これを

$$\sum_{(i_2\cdots i_n)} \mathrm{sgn}(1 i_2 i_3 \cdots i_n) a_{11} a_{i_2 2} a_{i_3 3} \cdots a_{i_n n}$$
$$= a_{11} \sum_{(i_2\cdots i_n)} \mathrm{sgn}(i_2 \cdots i_n) a_{i_2 2} a_{i_3 3} \cdots a_{i_n n}$$

と書くことができる．ただし，$(i_2 \cdots i_n)$ は $(2\ 3 \cdots n)$ の順列である．ここで，$\sum$ 以下の項は実は $n-1$ 次の行列式

$$\begin{vmatrix} a_{22} & \cdots & a_{2n} \\ & \cdots\cdots & \\ & \cdots\cdots & \\ a_{n2} & \cdots & a_{nn} \end{vmatrix}$$

であることは容易にわかる．これは，もとの行列から第1行と第1列を取り除いた行列の行列式である．この行列式を $\tilde{a}_{11}$ と書こう．

さて，一般の n 次の行列式

$$|A| = \begin{vmatrix} a_{11} & \cdots & a_{1n} \\ a_{21} & \cdots & a_{2n} \\ & \cdots\cdots & \\ & \cdots\cdots & \\ a_{n1} & \cdots & a_{nn} \end{vmatrix}$$

の場合は，第1列の要素を成分とする列ベクトル $\vec{a}_1$ を

$$\vec{a}_1 = a_{11}\begin{bmatrix} 1 \\ 0 \\ 0 \\ \vdots \\ 0 \end{bmatrix} + a_{21}\begin{bmatrix} 0 \\ 1 \\ 0 \\ \vdots \\ 0 \end{bmatrix} + \cdots + a_{n1}\begin{bmatrix} 0 \\ \vdots \\ \vdots \\ 0 \\ 1 \end{bmatrix}$$

のように和の形にして式（2. 43）を用いると

$$|A| = \begin{vmatrix} a_{11} & a_{12} & \cdots & a_{1n} \\ 0 & a_{22} & \cdots & a_{2n} \\ 0 & \vdots & & \vdots \\ \vdots & & & \\ 0 & a_{n2} & \cdots & a_{nn} \end{vmatrix} + \begin{vmatrix} 0 & a_{12} & \cdots & a_{1n} \\ a_{21} & a_{22} & \cdots & a_{2n} \\ 0 & \vdots & & \vdots \\ \vdots & & & \\ 0 & a_{n2} & \cdots & a_{nn} \end{vmatrix}$$

$$+ \cdots + \begin{vmatrix} 0 & a_{12} & \cdots & a_{1n} \\ 0 & a_{22} & \cdots & a_{2n} \\ \vdots & \vdots & & \vdots \\ 0 & & & \\ a_{n1} & a_{n2} & \cdots & a_{nn} \end{vmatrix}$$

の形に書くことができる．この第 i 番目の項を考えてみよう．第 i 行がいちばん上の行にくるように，順に一つ上の行を入れかえていくと

$$
\begin{vmatrix}
0 & a_{12} & \cdots & a_{1n} \\
0 & & & \\
\vdots & \vdots & & \vdots \\
a_{i1} & a_{i2} & \cdots & a_{in} \\
0 & & & \\
\vdots & \vdots & & \vdots \\
0 & a_{n2} & \cdots & a_{nn}
\end{vmatrix}
= (-1)^{i-1}
\begin{vmatrix}
a_{i1} & a_{i2} & \cdots & a_{in} \\
0 & a_{12} & \cdots & a_{1n} \\
\vdots & \vdots & & \vdots \\
0 & a_{i-1\,2} & \cdots & a_{i-1\,n} \\
0 & a_{i+1\,2} & \cdots & a_{i+1\,n} \\
\vdots & \vdots & & \vdots \\
0 & a_{n2} & \cdots & a_{nn}
\end{vmatrix}
$$

になる．$(-1)^{i-1}$ がつくのは，$(i-1)$ 回の行の入れかえのたびに符号が変わるからである．ここで，行列 A の第 1 列と第 i 行を取り除いた $n-1$ 次の行列の行列式に $(-1)^{i-1}$ を掛けたものを $\tilde{a}_{1i}$ と書こう．（$\tilde{a}_{i1}$ ではないことに注意.）

$$\tilde{a}_{1i} = (-1)^{i-1} \begin{vmatrix} a_{12} & \cdots & a_{1n} \\ \vdots & & \vdots \\ a_{i-1\,2} & \cdots & a_{i-1\,n} \\ a_{i+1\,2} & \cdots & a_{i+1\,n} \\ \vdots & & \vdots \\ a_{n2} & \cdots & a_{nn} \end{vmatrix}$$

これを用いると，さきの展開の第 i 項を $a_{i1}\tilde{a}_{1i}$ と書くことができるから

$$|A| = \sum_{i=1}^{n} a_{i1}\tilde{a}_{1i}$$

と書くことができる．a_{i1} は数，$\tilde{a}_{1i}$ は $(n-1)$ 次行列式であるから，こうして n 次行列式が $(n-1)$ 次行列式の和に展開できたわけである．$\tilde{a}_{1i}$ を行列 A の第1列第 i 行の**余因子**といい，この展開を行列式の**余因子展開**または**ラプラス展開**という．

余因子展開は，第1列にかぎることなく，任意の列についてもできる．たとえば第 j 列について行うには，列の交換によって，まず第 j 列がいちばん左の第1列にくるようにすればよい．この交換によって $(-1)^{j-1}$ が掛かる．したがって，第 i 行と第 j 列を除いた行列式に $(-1)^{i-1} \times (-1)^{j-1} = (-1)^{i+j}$ をつけて展開すればよい．また，$|A| = |A^t|$ であるから，任意の行について展開することもできる．

一般に，n 次行列 A の第 i 行と第 j 列を除いてできる

$(n-1)\times(n-1)$ 行列の行列式に $(-1)^{i+j}$ を掛けたものを $\tilde{a}_{ji}$ と表し（$\tilde{a}_{ij}$ ではない），行列 A の第 i 行第 j 列の（あるいは a_{ij} の）**余因子**という．図式的に表せば

$$\tilde{a}_{ji} = (-1)^{i+j} \begin{array}{c} \scriptstyle (j) \\ \left| \begin{array}{cc|cc} a_{11} & \cdots & \cdots & a_{1n} \\ \vdots & & & \vdots \\ \hline \vdots & & & \vdots \\ a_{n1} & \cdots & \cdots & a_{nn} \end{array} \right| \end{array} {\scriptstyle (i)} \qquad (2.50)$$

である．行列式の中の縦，横の線はそれぞれ除かれた列と行を表す．そして，一般の余因子展開はつぎのようになる．

（1）　第 j 列に着目した展開

$$
\begin{vmatrix} a_{11} & \cdots & \boxed{a_{1j}} & \cdots & a_{1n} \\ \vdots & & \vdots & & \vdots \\ a_{n1} & \cdots & \boxed{a_{nj}} & \cdots & a_{nn} \end{vmatrix}
$$

$$
= (-1)^{1+j} a_{1j} \overset{(j)}{\begin{vmatrix} a_{21} & \cdots & \cdots & a_{2n} \\ \vdots & & & \vdots \\ a_{n1} & \cdots & \cdots & a_{nn} \end{vmatrix}}^{(1)}
$$

$$
+ (-1)^{2+j} a_{2j} \overset{(j)}{\begin{vmatrix} a_{11} & \cdots & \cdots & a_{1n} \\ a_{31} & \cdots & \cdots & a_{3n} \\ \vdots & & & \vdots \\ a_{n1} & \cdots & \cdots & a_{nn} \end{vmatrix}}^{(2)}
$$

$$
+ \cdots + (-1)^{n+j} a_{nj} \overset{(j)}{\begin{vmatrix} a_{11} & \cdots & \cdots & a_{1n} \\ \vdots & & & \vdots \\ a_{n-1\,1} & \cdots & \cdots & a_{n-1\,n} \end{vmatrix}}_{(n)}
$$

$$
= \sum_{k=1}^{n} (-1)^{k+j} a_{kj} \overset{(j)}{\begin{vmatrix} a_{11} & \cdots & \cdots & a_{1n} \\ a_{n1} & \cdots & \cdots & a_{nn} \end{vmatrix}}^{(k)} = \sum_{k=1}^{n} a_{kj} \tilde{a}_{jk} \tag{2.51}
$$

すなわち，“第 j 列の成分を順にとり出し，その余因子を掛けて和をとればよい”．

(2)　第 i 行に着目した展開

$$
\begin{vmatrix} a_{11} & \cdots & a_{1n} \\ \boxed{a_{i1} \quad \cdots \quad a_{in}} \\ a_{n1} & \cdots & a_{nn} \end{vmatrix}
= (-1)^{i+1} a_{i1}
\overset{(1)}{\begin{vmatrix} a_{12} & \cdots & a_{1n} \\ \vdots & & \vdots \\ a_{n2} & \cdots & a_{nn} \end{vmatrix}}_{(i)}
$$

$$
+(-1)^{i+2} a_{i2}
\overset{(2)}{\begin{vmatrix} a_{11} & a_{13} & \cdots & a_{1n} \\ \vdots & \vdots & & \vdots \\ a_{n1} & a_{n3} & \cdots & a_{nn} \end{vmatrix}}_{(i)}
$$

$$
+\cdots+(-1)^{i+n} a_{in}
\overset{(n)}{\begin{vmatrix} a_{11} & \cdots & a_{1\,n-1} \\ \vdots & & \vdots \\ a_{n1} & \cdots & a_{n\,n-1} \end{vmatrix}}_{(i)}
$$

$$
= \sum_{k=1}^{n} (-1)^{i+k} a_{ik}
\overset{(k)}{\begin{vmatrix} a_{11} & \cdots & \cdots & a_{1n} \\ \vdots & & & \vdots \\ a_{n1} & \cdots & \cdots & a_{nn} \end{vmatrix}}_{(i)}
$$

$$
= \sum_{k=1}^{n} a_{ik} \tilde{a}_{ki} \tag{2.52}
$$

すなわち，“第 i 行の成分を順にとり出し，その余因子を掛けて和をとればよい”．

【例 2-11】

$$|A| = \begin{vmatrix} 3 & -2 & 5 & 4 \\ 1 & 8 & 2 & 5 \\ 2 & -5 & -1 & 4 \\ -3 & 2 & 3 & 2 \end{vmatrix}$$

を第 2 列に関して余因子展開すると

$$|A| = -(-2)\begin{vmatrix} 1 & 2 & 5 \\ 2 & -1 & 4 \\ -3 & 3 & 2 \end{vmatrix} + 8\begin{vmatrix} 3 & 5 & 4 \\ 2 & -1 & 4 \\ -3 & 3 & 2 \end{vmatrix}$$
$$-(-5)\begin{vmatrix} 3 & 5 & 4 \\ 1 & 2 & 5 \\ -3 & 3 & 2 \end{vmatrix} + 2\begin{vmatrix} 3 & 5 & 4 \\ 1 & 2 & 5 \\ 2 & -1 & 4 \end{vmatrix}$$

となり，第 3 行に関して余因子展開すると

$$|A| = 2\begin{vmatrix} -2 & 5 & 4 \\ 8 & 2 & 5 \\ 2 & 3 & 2 \end{vmatrix} - (-5)\begin{vmatrix} 3 & 5 & 4 \\ 1 & 2 & 5 \\ -3 & 3 & 2 \end{vmatrix}$$
$$+(-1)\begin{vmatrix} 3 & -2 & 4 \\ 1 & 8 & 5 \\ -3 & 2 & 2 \end{vmatrix} - 4\begin{vmatrix} 3 & -2 & 5 \\ 1 & 8 & 2 \\ -3 & 2 & 3 \end{vmatrix}$$

となる．

第 (i, j) 成分をとり出した余因子の符号 $(-1)^{i+j}$ はつぎのようになっている．

$$\begin{bmatrix} + & - & + & - \\ - & + & - & + \\ + & - & + & - \\ - & + & - & + \end{bmatrix}$$

これは任意の次数の行列でも同様で，$(1,1)$ 成分が＋であり，以下，隣接する要素の符号が＋－と交互に並ぶ．

行列 A に対して，その余因子を要素とする行列，すなわち，(i,j) 要素が余因子 $\tilde{a}_{ij}$ であるような行列

$$\tilde{A} = \begin{bmatrix} \tilde{a}_{11} & \cdots & \tilde{a}_{1n} \\ \vdots & & \vdots \\ \tilde{a}_{n1} & \cdots & \tilde{a}_{nn} \end{bmatrix}$$

を行列 A の**余因子行列**という．

行列 A とその余因子行列 $\tilde{A}$ の積 $A\tilde{A}$ をつくってみよう．$B=A\tilde{A}$ とおくと，この行列の (i,j) 要素 b_{ij} は

$$b_{ij} = \sum_{k=1}^{n} a_{ik}\tilde{a}_{kj}$$

である．$A\tilde{A}$ の対角要素 b_{ii} は $j=i$ とおいてみれば，式 (2. 52) と同じであるから，行列 A の第 i 列に関する余因子展開になっていて，行列式 $|A|$ に等しい．つぎに，$A\tilde{A}$ の非対角要素 b_{ij} $(i\neq j)$ を調べてみよう．このために，行列 A の第 j 行をとり除いてここに第 i 行をそのまま入れ

た行列の行列式

$$|A'| = \begin{array}{r} \\ \\ (i) \\ \\ (j) \\ \\ \\ \end{array} \begin{vmatrix} a_{11} & a_{12} & \cdots & a_{1n} \\ \vdots & \vdots & & \vdots \\ a_{i1} & a_{i2} & \cdots & a_{in} \\ \vdots & \vdots & & \vdots \\ a_{i1} & a_{i2} & \cdots & a_{in} \\ \vdots & \vdots & & \vdots \\ a_{n1} & a_{n2} & \cdots & a_{nn} \end{vmatrix}$$

を考えよう．これは，第 i 行と第 j 行とが等しいから，0 である．この行列式を第 j 行について余因子展開すると，これは

$$|A'| = \sum_{k=1}^{n} a_{ik}\tilde{a}_{kj} = b_{ij} = 0$$

である．すなわち

$$b_{ij} = \sum_{k=1}^{n} a_{ik}\tilde{a}_{kj} = |A|\,\delta_{ij} \qquad (2.\,53)$$

が得られる．これを行列で書くと

$$A\tilde{A} = |A|\,I \qquad (2.\,54)$$

である．まったく同様にして，列で展開を行って

$$\tilde{A}A = |A|\,I \qquad (2.\,55)$$

を示すことができる．

$|A| \neq 0$ のときには，式 (2. 54)，(2. 55) の両辺を行列式 $|A|$（行列式 $|A|$ は行列ではなくて，ただの数である）で割ると

$$\left(\frac{1}{|A|}\tilde{A}\right)A = I, \qquad A\left(\frac{1}{|A|}\tilde{A}\right) = I$$

と書くことができるが，これは $\tilde{A}/|A|$ が行列 A の逆行列 A^{-1} であること，すなわち

$$A^{-1} = \frac{\tilde{A}}{|A|} \tag{2.56}$$

であることを示している．このことからも，行列式が 0 でない行列だけが逆行列をもつことがわかる．そして，行列 A の行列式 $|A|$ と余因子行列 $\tilde{A}$ を計算すれば逆行列 A^{-1} が計算できることがわかる．しかし，この方法は，2 次や 3 次の行列以外では計算が極めて複雑である（［例 2-16］参照）．逆行列を計算するには，次節の 4.2 項で述べる‘掃き出し法’を用いるのが普通である．

【例 2-12】

$$A = \begin{bmatrix} a_{11} & a_{12} \\ a_{21} & a_{22} \end{bmatrix}$$

まず，行列式は

$$|A| = a_{11}a_{22} - a_{12}a_{21}$$

である．余因子は

$$\tilde{a}_{11} = \begin{vmatrix} \ & \ \\ \ & a_{22} \end{vmatrix} = a_{22}, \quad \tilde{a}_{12} = (-1)\begin{vmatrix} \ & a_{12} \\ \ & \ \end{vmatrix} = -a_{12}$$

$$\tilde{a}_{21} = (-1)\begin{vmatrix} \ & \ \\ a_{21} & \ \end{vmatrix} = -a_{21}, \quad \tilde{a}_{22} = \begin{vmatrix} a_{11} & \ \\ \ & \ \end{vmatrix} = a_{11}$$

であり

$$\tilde{A} = \begin{bmatrix} a_{22} & -a_{12} \\ -a_{21} & a_{11} \end{bmatrix}$$

である．したがって，$a_{11}a_{22} - a_{12}a_{21} \neq 0$ であれば

$$A^{-1} = \frac{1}{a_{11}a_{22} - a_{12}a_{21}} \begin{bmatrix} a_{22} & -a_{12} \\ -a_{21} & a_{11} \end{bmatrix}$$

である（［例 2-4］参照）．

【例 2-13】

$$A = \begin{bmatrix} 1 & 2 & 1 \\ 2 & 3 & 2 \\ 2 & 4 & 3 \end{bmatrix}$$

まず，行列式を求めると

$$|A| = -1$$

である．余因子行列は

$$\tilde{a}_{11} = \begin{vmatrix} 3 & 2 \\ 4 & 3 \end{vmatrix} = 9-8 = 1,$$

$$\tilde{a}_{12} = (-1)\begin{vmatrix} 2 & 1 \\ 4 & 3 \end{vmatrix} = -2,$$

$$\cdots$$

などを順に計算していって

$$\tilde{A} = \begin{bmatrix} 1 & -2 & 1 \\ -2 & 1 & 0 \\ 2 & 0 & -1 \end{bmatrix}$$

である．したがって，逆行列がつぎのように求まる．

$$A^{-1} = \begin{bmatrix} -1 & 2 & -1 \\ 2 & -1 & 0 \\ -2 & 0 & 1 \end{bmatrix}$$

4　連立一次方程式

4.1　クラメルの公式

$x_1, \cdots, x_n$ に関する連立一次方程式

$$
\begin{aligned}
a_{11}x_1+\cdots+a_{1n}x_n&=b_1\\
a_{21}x_1+\cdots+a_{2n}x_n&=b_2\\
&\cdots\cdots\\
&\cdots\cdots\\
a_{n1}x_1+\cdots+a_{nn}x_n&=b_n
\end{aligned}
\tag{2.57}
$$

を考える．行列 A とベクトル $\vec{x}, \vec{b}$ を

$$
A=\begin{bmatrix} a_{11} & \cdots & a_{1n} \\ & \cdots & \\ & \cdots & \\ a_{n1} & \cdots & a_{nn} \end{bmatrix}, \quad \vec{x}=\begin{bmatrix} x_1 \\ \vdots \\ x_n \end{bmatrix}, \quad \vec{b}=\begin{bmatrix} b_1 \\ \vdots \\ b_n \end{bmatrix}
$$

とおけば，式（2.57）は

$$
A\vec{x}=\vec{b} \tag{2.58}
$$

と書くことができる．

写像 A による $\vec{x}$ の像が $\vec{b}$ であるから，方程式を解くことは $\vec{b}$ の逆像（逆写像 A^{-1} による $\vec{b}$ の像）を求めることにほかならない．$|A|\neq 0$ のときは，両辺の左から式（2.56）の逆行列 A^{-1} を掛けると

$$
A^{-1}(A\vec{x})=(A^{-1}A)\vec{x}=I\vec{x}=\vec{x}
$$

であるから

$$
\vec{x}=A^{-1}\vec{b}=\frac{1}{|A|}\tilde{A}\vec{b}
$$

である．要素で書くと

$$x_i = \frac{1}{|A|}\sum_{k=1}^{n} \tilde{a}_{ik} b_k$$

であるが，これは行列 A の第 i 列を $\vec{b}$ で置き換えた行列の行列式

$$\frac{1}{|A|}\begin{vmatrix} a_{11} & \cdots & \overset{(i)}{b_1} & \cdots a_{1n} \\ a_{21} & \cdots & b_2 & \cdots a_{2n} \\ \vdots & & \vdots & \vdots \\ a_{n1} & \cdots & b_n & \cdots a_{nn} \end{vmatrix}$$

を第 i 列に関して余因子展開したものにほかならない．したがって

$$x_i = \begin{vmatrix} a_{11} & \cdots & \overset{(i)}{b_1} & \cdots & a_{1n} \\ \vdots & & \vdots & & \vdots \\ a_{n1} & \cdots & b_n & \cdots & a_{nn} \end{vmatrix} \Bigg/ \begin{vmatrix} a_{11} & \cdots & a_{1n} \\ \vdots & & \vdots \\ a_{n1} & \cdots & a_{nn} \end{vmatrix} \qquad (2.59)$$

$$(i = 1, 2, \cdots, n)$$

である．これをクラメルの公式という．

【例 2-14】　$n=2$ の場合

$$ax+by=p$$
$$cx+dy=q$$

$ad-bc \neq 0$ のとき

$$x=\frac{\begin{vmatrix} p & b \\ q & d \end{vmatrix}}{\begin{vmatrix} a & b \\ c & d \end{vmatrix}}=\frac{pd-bq}{ad-bc}, \qquad y=\frac{\begin{vmatrix} a & p \\ c & q \end{vmatrix}}{\begin{vmatrix} a & b \\ c & d \end{vmatrix}}=\frac{aq-pc}{ad-bc}$$

【例 2-15】

$$x+y+z=1$$
$$ax+by+cz=d$$
$$a^2x+b^2y+c^2z=d^2$$

ただし a, b, c はたがいに異なるものとする．係数行列の行列式は［例 2-10］のヴァンデルモンドの行列式の形であるから

$$\begin{vmatrix} 1 & 1 & 1 \\ a & b & c \\ a^2 & b^2 & c^2 \end{vmatrix} = (b-a)(c-b)(c-a)$$

である．各列に $\begin{bmatrix} 1 \\ d \\ d^2 \end{bmatrix}$ を入れた行列式も，それぞれ同様に

$$\begin{vmatrix} 1 & 1 & 1 \\ d & b & c \\ d^2 & b^2 & c^2 \end{vmatrix} = (b-d)(c-b)(c-d)$$

$$\begin{vmatrix} 1 & 1 & 1 \\ a & d & c \\ a^2 & d^2 & c^2 \end{vmatrix} = (d-a)(c-d)(c-a)$$

$$\begin{vmatrix} 1 & 1 & 1 \\ a & b & d \\ a^2 & b^2 & d^2 \end{vmatrix} = (b-a)(d-b)(d-a)$$

であるから

$$x = \frac{(b-d)(c-d)}{(b-a)(c-a)},\ y = \frac{(d-a)(c-d)}{(b-a)(c-b)},$$

$$z = \frac{(d-b)(d-a)}{(c-b)(c-a)}$$

になる.

このように，クラメルの公式は文字を係数とする方程式や，係数の配列が規則的な方程式の解の公式をつくるのに便利である．しかし，実際の数値を係数とする方程式を解くためには適切とはいえない.

【例 2-16】　クラメルの公式（2.59）をまともに計算するのに必要な加減乗除の計算回数を調べてみよう．分母は $x_1, \cdots, x_n$ に共通であるから，合計 $n+1$ 個の n 次行列式を計算しなければならない．n 次行列式は $n!$ 個の項の和であり，各項は n 個の数の積であるから，掛け算は各項につき $n-1$ 回，行列式全体では $n!(n-1)$ 回，加減算は $(n!-1)$ 回である．これを $n+1$ 個の行列式について合計すると，掛け算が $n!(n-1)(n+1)$ 回，加減算が $(n!-1)(n+1)$ 回となる．さらに，最後に $x_1, \cdots, x_n$ を求めるとき n 回の割り算が必要である．四則の総演算回数は，けっきょく $n(n+1)!-1$ 回ということになる．たとえば $n=10$ とすると，これは 399167999 回，すなわち約 4 億回となる．さらに $n=20$ とすれば，1021818843434188799999 回である．これは現在の最も高速のコンピューターを用いても事実上不可能な計算量である．しかし，10 変数や 20 変数程度の連立一次方程式は，物理学や工学の実際問題としてはしばしば現れるものである．したがって，実際の計算においては単に公式に代入するのでなく，能率のよい計算法（アルゴリズム）を考える必要がある．

4.2 掃き出し法

広く用いられているものに（ガウス＝ジョルダンの）掃き出し法がある．つぎの例をみるとわかりやすい．（変形の途中で出る連立一次方程式 $A\vec{x}=\vec{b}$ の左辺の行列 A と右辺の列ベクトル $\vec{b}$ を参考のため書いてある．）

【例 **2-17**】 連立一次方程式

$$
\begin{aligned}
2x+\ \ 6y+28z&=34\cdots\text{①}\\
3x+\ \ 4y+27z&=66\cdots\text{②}\\
4x+14y+60z&=68\cdots\text{③}
\end{aligned}
$$

$$
\begin{bmatrix} 2 & 6 & 28 \\ 3 & 4 & 27 \\ 4 & 14 & 60 \end{bmatrix}\begin{bmatrix} 34 \\ 66 \\ 68 \end{bmatrix}
$$

を解いてみよう．まず，①式を 2 で割る．それを 3 倍して②式から，また，4 倍して③式から引く．

$$
\begin{aligned}
&\text{①}\div 2 && x+\ \ 3y+14z= 17\cdots\text{④}\\
&\text{②}-\text{④}\times 3 && -5y-15z= 15\cdots\text{⑤}\\
&\text{③}-\text{④}\times 4 && 2y+4z\ = 0\cdots\text{⑥}
\end{aligned}
$$

$$
\begin{bmatrix} 1 & 3 & 14 \\ 0 & -5 & -15 \\ 0 & 2 & 4 \end{bmatrix}\begin{bmatrix} 17 \\ 15 \\ 0 \end{bmatrix}
$$

つぎに，⑤式を -5 で割る．それを 3 倍して④式から，また，2 倍して⑥式から引く．

$$
\begin{aligned}
&\text{④}-\text{⑦}\times 3 && x \quad\quad +5z = 26\cdots\text{⑧}\\
&\text{⑤}\div(-5) && y\ \ +3z = -3\cdots\text{⑦}\\
&\text{⑥}-\text{⑦}\times 2 && -2z = 6\cdots\text{⑨}
\end{aligned}
$$

$$
\begin{bmatrix} 1 & 0 & 5 \\ 0 & 1 & 3 \\ 0 & 0 & -2 \end{bmatrix}\begin{bmatrix} 26 \\ -3 \\ 6 \end{bmatrix}
$$

最後に，⑨式を -2 で割る．それを5倍して⑧式から，3倍して⑦式から引く．

$$\begin{array}{llcl} ⑧-⑩\times 5 & x & = & 41\cdots⑪ \\ ⑦-⑩\times 3 & \quad y & = & 6\cdots⑫ \\ ⑨\div(-2) & \qquad z & = & -3\cdots⑩ \end{array}$$

$$\begin{bmatrix} 1 & 0 & 0 \\ 0 & 1 & 0 \\ 0 & 0 & 1 \end{bmatrix}\begin{bmatrix} 41 \\ 6 \\ -3 \end{bmatrix}$$

上の例をみると，方程式を変形して簡単化していくことは，その連立一次方程式の係数の行列 A の行を何倍かしたり，ある行を何倍かして別の行に加えたりすることに対応していて，最終的には連立一次方程式の係数の行列が単位行列になればよいことがわかる．

一般の場合はつぎのようにすればよい．まず，式(2.58)の右辺の列ベクトル $\vec{b}$ を行列 A の第 $n+1$ 列として付け足したつぎの行列 A' を考える．

$$A' = \begin{bmatrix} a_{11} & \cdots & a_{1n} & a_{1n+1} \\ & \cdots\cdots & & \\ & \cdots\cdots & & \\ a_{n1} & \cdots & a_{nn} & a_{nn+1} \end{bmatrix} \tag{2.60}$$

ただし，$a_{1n+1}=b_1, a_{2n+1}=b_2, \cdots, a_{nn+1}=b_n$ である．一般的な手順を調べるには，つぎのように“帰納的な考

え方”をするとよい．まず最初の $k-1$ 個の行，列について，すでに

$$\begin{array}{r}\\ k-1\left\{\begin{array}{c}\\ \\ \\ \end{array}\right.\\ \\ \\ \\ \end{array}\!\!\left[\begin{array}{ccc|ccc}\multicolumn{3}{c|}{\overbrace{\hphantom{1\ \ \ddots\ \ 1}}^{k-1}} & & & \\ 1 & & & a_{1k} & \cdots & a_{1n+1}\\ & \ddots & & & & \\ & & 1 & a_{k-1k} & \cdots & a_{k-1n+1}\\ \hline & & & a_{kk} & \cdots & a_{kn+1}\\ & 0 & & & & \\ & & & a_{nk} & \cdots & a_{nn+1}\end{array}\right] \qquad (2.61)$$

と“変形できているものとする”．これを“第 k 列に進める”には，

(1) 第 k 行を a_{kk} で割る．$a_{kk}=0$ であれば，それより下の行の中から k 番目が0でないものを探してとりかえる．連立一次方程式（2.57）で方程式の並べ方は自由だから結果は変わらない．

(2) それを a_{lk} 倍して第 l 行から引く．これを $l=1, \cdots, k-1, k+1, \cdots, n$ について行う．

式で書けばつぎのようになる．

(1)　$a_{km} \leftarrow a_{km}/a_{kk} \qquad (m=k, k+1, \cdots, n+1)$

(2)　$a_{lm} \leftarrow a_{lm} - a_{lk}a_{km}$

$$(m=k, k+1, \cdots, n+1; l=1, \cdots, n; l \neq k)$$

ただし，矢印は左辺に書いた行列の要素を右辺で計算したものに置き換えることを意味する．（この書き方は，計算機のプログラムの書き方に対応している．）

こうすると式（2.61）は

$$
k\left\{\begin{array}{ccc|ccc}
\multicolumn{3}{c|}{\overbrace{\hphantom{1\ \ddots\ 1}}^{k}} & & & \\
1 & & & a_{1k+1} & \cdots & a_{1n+1} \\
& \ddots & & & \cdots & \cdots \\
& & 1 & a_{kk+1} & \cdots & a_{kn+1} \\
\hline
& & & a_{k+1k+1} & \cdots & a_{k+1n+1} \\
& 0 & & & \cdots & \cdots \\
& & & a_{nk+1} & \cdots & a_{nn+1}
\end{array}\right]
$$

の形になる.（各要素は同じ記号で書いてあるが，式(2.61)とは値が異なっている.）そこで，このような手順(1)，(2)を最初から $k=1, \cdots, n$ に対して順に行い，式(2.60)から出発して

$$
\begin{bmatrix}
1 & & & c_1 \\
& & & c_2 \\
& \ddots & & \vdots \\
& & 1 & c_n
\end{bmatrix}
$$

となったとすれば，$c_1, c_2, \cdots, c_n$ が解 $x_1, x_2, \cdots, x_n$ である．途中(1)の割り算で，どのように行を入れかえても $a_{kk}=0$ になり，計算が続けられなくなれば，この方程式はただ一通りの解を定めることができないこと，すなわち行列 A は正則ではないことを意味している.（このような場合の扱い方は第4章3節3.4項で示す.）この方法がクラメルの公式にくらべて能率のよいことは，つぎのようにして確かめられる.

【例 2-18】 掃き出し法による計算の回数を調べてみよう.(1)は1回の割り算だけで実行できる．これを $m=k, k+1, \cdots, n+1$ と行うが，第 k 列では結果が1

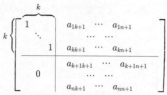

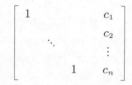

になることがわかっているので，実際には $n-k+1$ 回の割り算でよい．(2) は1回の掛け算と1回の引き算で，計2回の四則演算であるが，第 k 列では結果が0になることがわかっているから，残りの m について $n-k+1$ 回，l について $n-1$ 回，これを行えば合計 $2(n-1)(n-k+1)$ 回の計算になる．(1)，(2) を合わせると $(2n-1)(n+1-k)$ 回になる．これを $k=1, 2, \cdots, n$ にわたって行うと，計算の総回数は

$$\sum_{k=1}^{n}(2n-1)(n+1-k) = \frac{1}{2}n(n+1)(2n-1)$$

になる．たとえば $n=10$ とすると1045回であり，$n=20$ としても8190回である．この程度の計算であれば，コンピューターを用いればただちに解くことができる．

【例 2-19】 連立一次方程式

$$\begin{cases} x+2y-5z = -29 \\ -x-\ \ y+2z = 9 \\ x-\ \ y+2z = 15 \end{cases}$$

を掃き出し法によって解いてみよう．

$$\left[\begin{array}{ccc|c} 1 & 2 & -5 & -29 \\ -1 & -1 & 2 & 9 \\ 1 & -1 & 2 & 15 \end{array}\right] \longrightarrow \left[\begin{array}{ccc|c} 1 & 2 & -5 & -29 \\ 0 & 1 & -3 & -20 \\ 0 & -3 & 7 & 44 \end{array}\right]$$

$$\longrightarrow \left[\begin{array}{ccc|c} 1 & 0 & 1 & 11 \\ 0 & 1 & -3 & -20 \\ 0 & 0 & -2 & -16 \end{array}\right] \longrightarrow \left[\begin{array}{ccc|c} 1 & 0 & 1 & 11 \\ 0 & 1 & -3 & -20 \\ 0 & 0 & 1 & 8 \end{array}\right]$$

$$\longrightarrow \left[\begin{array}{ccc|c} 1 & 0 & 0 & 3 \\ 0 & 1 & 0 & 4 \\ 0 & 0 & 1 & 8 \end{array}\right]$$

$$\therefore \quad x = 3, \quad y = 4, \quad z = 8$$

4.3 逆行列と行列式の掃き出し計算

行列 A の逆行列 A^{-1} を求める方法を考える.

$$AA^{-1} = I \tag{2.62}$$

を満たす行列 A^{-1} が得られればよい. そこで逆行列 A^{-1} の各列の要素を成分とする列ベクトルを順に $\vec{x}_1, \vec{x}_2, \cdots, \vec{x}_n$ とおく. また, 単位行列 I の列ベクトルは $\vec{e}_1, \vec{e}_2, \cdots, \vec{e}_n$ であり, $\vec{e}_i$ は第 i 成分が 1 で他の成分はすべて 0 の列ベクトルである. 式 (2.62) は

$$A[\vec{x}_1, \vec{x}_2, \cdots, \vec{x}_n] = [\vec{e}_1, \vec{e}_2, \cdots, \vec{e}_n]$$

と書くことができるが, これは行列の積の計算の約束を考えれば

$$A\vec{x}_1 = \vec{e}_1, A\vec{x}_2 = \vec{e}_2, \cdots, A\vec{x}_n = \vec{e}_n$$

と書くことができる．すなわち，行列 A を係数行列とし，式（2. 58）の右辺をそれぞれ列ベクトル $\vec{e}_1, \vec{e}_2, \cdots, \vec{e}_n$ とした連立一次方程式の解の列ベクトルを $\vec{x}_1, \vec{x}_2, \cdots, \vec{x}_n$ とすれば，この成分を要素として並べたものが逆行列 A^{-1} である．したがって，前項の掃き出し法を用いて，列ベクトル $\vec{x}_1, \vec{x}_2, \cdots, \vec{x}_n$ を計算することができるが，各 $\vec{x}_i$ を一つずつ求めるのではなく，行列 A の右端に列ベクトル $\vec{e}_1, \vec{e}_2, \cdots, \vec{e}_n$ をすべて並べておけば，まとめて計算することができる．つぎに，これを例で示す．

【例 2-20】

$$A = \begin{bmatrix} 1 & 2 & 1 \\ 3 & 4 & 5 \\ 2 & 5 & 3 \end{bmatrix}$$

$$\left[\begin{array}{ccc|ccc} 1 & 2 & 1 & 1 & 0 & 0 \\ 3 & 4 & 5 & 0 & 1 & 0 \\ 2 & 5 & 3 & 0 & 0 & 1 \end{array}\right] \longrightarrow \left[\begin{array}{ccc|ccc} 1 & 2 & 1 & 1 & 0 & 0 \\ 0 & -2 & 2 & -3 & 1 & 0 \\ 0 & 1 & 1 & -2 & 0 & 1 \end{array}\right]$$

$$\longrightarrow \left[\begin{array}{ccc|ccc} 1 & 2 & 1 & 1 & 0 & 0 \\ 0 & 1 & -1 & 1.5 & -0.5 & 0 \\ 0 & 1 & 1 & -2 & 0 & 1 \end{array}\right]$$

$$\longrightarrow \left[\begin{array}{ccc|ccc} 1 & 0 & 3 & -2 & 1 & 0 \\ 0 & 1 & -1 & 1.5 & -0.5 & 0 \\ 0 & 0 & 2 & -3.5 & 0.5 & 1 \end{array}\right]$$

$$\longrightarrow \left[\begin{array}{ccc|ccc} 1 & 0 & 3 & -2 & 1 & 0 \\ 0 & 1 & -1 & 1.5 & -0.5 & 0 \\ 0 & 0 & 1 & -1.75 & 0.25 & 0.5 \end{array}\right]$$

$$\longrightarrow \left[\begin{array}{ccc|ccc} 1 & 0 & 0 & 3.25 & 0.25 & -1.5 \\ 0 & 1 & 0 & -0.25 & -0.25 & 0.5 \\ 0 & 0 & 1 & -1.75 & 0.25 & 0.5 \end{array}\right]$$

すなわち

$$A^{-1} = \begin{bmatrix} 3.25 & 0.25 & -1.5 \\ -0.25 & -0.25 & 0.5 \\ -1.75 & 0.25 & 0.5 \end{bmatrix}$$

行列 A の行列式 $|A|$ も掃き出し法によって求めることができる．行列 A を掃き出し法で変形していくとき，一つの行を d で割ると行列式の値は $1/d$ になる．また，ある行に他の行の何倍かを加えても行列式は変化しない．さらに行と行を1回交換すると行列式の符号が変わる．最後に単位行列になったとき行列式は1であるから，途中で行を $d_1, d_2, \cdots, d_M$ で割り，L 回だけ行を交換したとすれば

$$(-1)^L\,|A|\,/d_1d_2\cdots d_M = 1$$

である．したがって，つぎのようになる．

$$|A| = (-1)^L d_1 d_2 \cdots d_M$$

【例 2-21】［例 2-20］では，第 2 行を -2 で，第 3 行を 2 で割ったから

$$|A| = (-2) \times 2 = -4$$

上の方法によれば，連立一次方程式の解や逆行列を計算するときに同時に行列式も求められるので便利である．しかし，とくに行列式だけを計算するには，より手数の少ない方法がある．まず

$$\begin{bmatrix} a_{11} & a_{12} & \cdots & a_{1n} \\ & a_{22} & \cdots & a_{2n} \\ & & \ddots & \vdots \\ & & & a_{nn} \end{bmatrix}$$

という形の行列を考える．これは，対角要素より下の部分がすべて 0 の行列である．このような形の行列を（上）**三角行列**という．この行列の行列式を考えると，行列式の定義式（2.40）の右辺の項の中で 0 でないものは第 1 列から a_{11}，第 2 列から a_{22}，…，第 n 列から a_{nn} をとったものだけであり，その符号は 1 であることがわかる．したがって，行列式は

$$a_{11} a_{22} \cdots a_{nn}$$

である．すなわち，“三角行列の行列式は対角要素の積に等しい”．したがって，行列 A に掃き出しの計算を行って

ある行を何倍かしたり，ある行の何倍かを他の行に加えたり，行と行を交換したりして，最後に三角行列になるようにすればよい．得られた三角行列の行列式を D とすれば

$$|A| = (-1)^L d_1 d_2 \cdots d_M D$$

によって求められる．ここで，L は行の交換の回数であり，$d_1, d_2, \cdots, d_M$ は途中で行を割った数である．

【例 2-22】 ［例 2-20］と同じ行列で計算してみる．［例 2-20］の掃き出し計算との違いに注意しよう．

$$\begin{bmatrix} 1 & 2 & 1 \\ 3 & 4 & 5 \\ 2 & 5 & 3 \end{bmatrix} \longrightarrow \begin{bmatrix} 1 & 2 & 1 \\ 0 & -2 & 2 \\ 0 & 1 & 1 \end{bmatrix}$$

$$\longrightarrow \begin{bmatrix} 1 & 2 & 1 \\ 0 & 1 & -1 \\ 0 & 1 & 1 \end{bmatrix} \longrightarrow \begin{bmatrix} 1 & 2 & 1 \\ 0 & 1 & -1 \\ 0 & 0 & 2 \end{bmatrix}$$

途中，第 2 行を -2 で割った．したがって

$$|A| = (-2) \times 1 \times 1 \times 2 = -4$$

【問】

$$A = \begin{bmatrix} 1 & 2 & 3 \\ -3 & 1 & 2 \\ 2 & -1 & -1 \end{bmatrix}$$

の逆行列 A^{-1} と行列式 $|A|$ を求めよ．また

$$\vec{x} = \begin{bmatrix} x \\ y \\ z \end{bmatrix}, \quad \vec{b} = \begin{bmatrix} 0 \\ -4 \\ 2 \end{bmatrix}$$

として，連立一次方程式 $A\vec{x}=\vec{b}$ を解け．

練習問題　2

1　つぎの計算を行え．

(i) $$\begin{bmatrix} 3 & 1 & 2 \\ 4 & -2 & 3 \\ -3 & 5 & 0 \end{bmatrix}\begin{bmatrix} 4 \\ 6 \\ -1 \end{bmatrix}$$

(ii) $$\begin{bmatrix} 2 & 3 & -1 \\ 4 & 0 & 3 \end{bmatrix}\begin{bmatrix} 4 & 3 \\ 1 & -5 \\ 2 & 8 \end{bmatrix}$$

2　つぎの行列の 2 乗，3 乗，4 乗を計算せよ．

(i) $$\begin{bmatrix} 0 & 0 & 1 \\ 0 & 1 & 0 \\ 1 & 0 & 0 \end{bmatrix}$$　(ii) $$\begin{bmatrix} 0 & 1 & 0 & 0 \\ 0 & 0 & 1 & 0 \\ 0 & 0 & 0 & 1 \\ 0 & 0 & 0 & 0 \end{bmatrix}$$

3　正方行列 A の対角要素の和を $\mathrm{Tr}A$ と書くとき

(i)　$\mathrm{Tr}(A+B)=\mathrm{Tr}A+\mathrm{Tr}B$

(ii)　$\mathrm{Tr}(cA)=c\mathrm{Tr}A$

(iii)　$\mathrm{Tr}(AB)=\mathrm{Tr}(BA)$

を証明せよ．ただし c は実数で，B も A と同じ型の正方行列とする．

4　二つの n 次の（上）三角行列の和や積は，やはり n 次の三角行列であることを示せ．

5

$$\begin{bmatrix} 1/\sqrt{3} & 1/\sqrt{2} & \boxed{} \\ 1/\sqrt{3} & \boxed{} & \boxed{} \\ \boxed{} & \boxed{} & \boxed{} \end{bmatrix}$$

が直交行列であるように $\boxed{}$ の中を埋めよ．［答えは一通りとは限らない．］

6 つぎの行列式を計算せよ．

(i) $\begin{vmatrix} 4 & -1 & 3 \\ 5 & 3 & 6 \\ 1 & 1 & 2 \end{vmatrix}$ (ii) $\begin{vmatrix} 5 & 1 & -2 & 3 \\ 4 & 2 & 1 & 4 \\ -1 & 0 & 5 & -1 \\ 1 & -2 & -1 & 1 \end{vmatrix}$

7 つぎの連立一次方程式を解け．

(i) $\begin{cases} 3x-y+z=15 \\ x+3y+2z=5 \\ 2x-3y+z=16 \end{cases}$

(ii) $\begin{cases} -2x+3y-4z=-1 \\ 2x+4y-z=21 \\ 4x+3y+2z=29 \end{cases}$

8 つぎの行列の逆行列と行列式を計算せよ．

(i) $\begin{bmatrix} 2 & 1 & 3 \\ 4 & 5 & 4 \\ 3 & 1 & 5 \end{bmatrix}$ (ii) $\begin{bmatrix} 1 & 3 & -1 & -2 \\ 4 & 1 & 4 & -5 \\ 5 & 1 & 5 & -3 \\ 1 & 3 & -1 & -1 \end{bmatrix}$

第3章　二次形式と計量

1　双一次形式，内積，計量

1.1　双一次形式と合同変換

前章では n 次元列ベクトルの数値的な計算法を示した．本章ではふたたび一般のベクトル空間 V^n を考える．V^n で考える基底は必ずしも正規直交系ではない．したがって，内積は一般的なものでよい．内積 $(\boldsymbol{x}, \boldsymbol{y})$ とは，ベクトル（すなわち V^n の元）$\boldsymbol{x}, \boldsymbol{y}$ の実数値関数であって，つぎの（1），（2），（3）を満たすものであった（第1章5節参照）．

【内積の公理】

$$\left.\begin{array}{ll}
(1) & \text{線形性}\ (c_1\boldsymbol{x}_1+c_2\boldsymbol{x}_2, \boldsymbol{y})=c_1(\boldsymbol{x}_1, \boldsymbol{y})+c_2(\boldsymbol{x}_2, \boldsymbol{y}) \\
 & \qquad (\boldsymbol{x}, c_1\boldsymbol{y}_1+c_2\boldsymbol{y}_2)=c_1(\boldsymbol{x}, \boldsymbol{y}_1)+c_2(\boldsymbol{x}, \boldsymbol{y}_2) \\
(2) & \text{対称性}\ (\boldsymbol{x}, \boldsymbol{y})=(\boldsymbol{y}, \boldsymbol{x}) \\
(3) & \text{正値性}\ (\boldsymbol{x}, \boldsymbol{x})\geqq 0\quad \text{（等号は}\ \boldsymbol{x}=\boldsymbol{0}\ \text{のときにかぎる）}
\end{array}\right\} \tag{3.1}$$

ただし，c_1, c_2 は実数，$\boldsymbol{x}, \boldsymbol{x}_1, \cdots$ は任意のベクトルで

ある．

一般に二つのベクトル $\boldsymbol{x}, \boldsymbol{y}$ の関数 $f(\boldsymbol{x}, \boldsymbol{y})$ が上述の (1) の性質を満たしているとき，すなわち，$\boldsymbol{x}$ についても $\boldsymbol{y}$ についても線形で

$$\left.\begin{aligned} f(c_1\boldsymbol{x}_1+c_2\boldsymbol{x}_2, \boldsymbol{y}) &= c_1 f(\boldsymbol{x}_1, \boldsymbol{y})+c_2 f(\boldsymbol{x}_2, \boldsymbol{y}) \\ f(\boldsymbol{x}, c_1\boldsymbol{y}_1+c_2\boldsymbol{y}_2) &= c_1 f(\boldsymbol{x}, \boldsymbol{y}_1)+c_2 f(\boldsymbol{x}, \boldsymbol{y}_2) \end{aligned}\right\} \tag{3.2}$$

であるとき，関数 f を**双一次形式**という．さらに (2) の性質をもつとき，すなわち $\boldsymbol{x}$ と $\boldsymbol{y}$ について対称で

$$f(\boldsymbol{x}, \boldsymbol{y}) = f(\boldsymbol{y}, \boldsymbol{x}) \tag{3.3}$$

であるとき，双一次形式 $f(\boldsymbol{x}, \boldsymbol{y})$ は**対称**であるという．内積 $(\boldsymbol{x}, \boldsymbol{y})$ は対称な双一次形式である．

V^n に（必ずしも正規直交系ではない）基底 $\{\boldsymbol{e}_i\}$ をとり，双一次形式 $f(\boldsymbol{x}, \boldsymbol{y})$ をベクトル $\boldsymbol{x}, \boldsymbol{y}$ の成分を用いて表してみよう．ベクトル $\boldsymbol{x}, \boldsymbol{y}$ は基底 $\{\boldsymbol{e}_i\}$ によって

$$\left.\begin{aligned} \boldsymbol{x} &= x_1\boldsymbol{e}_1+x_2\boldsymbol{e}_2+\cdots+x_n\boldsymbol{e}_n \\ \boldsymbol{y} &= y_1\boldsymbol{e}_1+y_2\boldsymbol{e}_2+\cdots+y_n\boldsymbol{e}_n \end{aligned}\right\} \tag{3.4}$$

と一意的に表すことができる．$\{x_i\}$ と $\{y_i\}$ をそれぞれ $\boldsymbol{x}, \boldsymbol{y}$ の基底 $\{\boldsymbol{e}_i\}$ に関する成分とよんだ（第1章4節参照）．これを双一次形式 $f(\boldsymbol{x}, \boldsymbol{y})$ へ代入すると，式 (3.2) から

$$\begin{aligned} f(\boldsymbol{x}, \boldsymbol{y}) &= f\left(\sum_{i=1}^{n} x_i\boldsymbol{e}_i, \sum_{j=1}^{n} y_j\boldsymbol{e}_j\right) = \sum_{i=1}^{n} x_i f\left(\boldsymbol{e}_i, \sum_{j=1}^{n} y_j\boldsymbol{e}_j\right) \\ &= \sum_{i=1}^{n}\sum_{j=1}^{n} x_i y_j f(\boldsymbol{e}_i, \boldsymbol{e}_j) \end{aligned} \tag{3.5}$$

となる．したがって，基底ベクトルについての f の値 $f(\boldsymbol{e}_i, \boldsymbol{e}_j)$ $(i, j = 1, \cdots, n)$ を与えれば，$f(\boldsymbol{x}, \boldsymbol{y})$ を計算することができる．この値を

$$f_{ij} = f(\boldsymbol{e}_i, \boldsymbol{e}_j) \tag{3.6}$$

とおけば，任意のベクトル $\boldsymbol{x}, \boldsymbol{y}$ に対して式（3.5）は

$$f(\boldsymbol{x}, \boldsymbol{y}) = \sum_{i=1}^{n} \sum_{j=1}^{n} f_{ij} x_i y_j \tag{3.7}$$

と表せる．n^2 個の数の組 $\{f_{ij}\}$ を双一次形式 f の基底 $\{\boldsymbol{e}_i\}$ に関する**成分**という．

列ベクトル $\vec{x}, \vec{y}$ と行列 F を

$$\vec{x} = \begin{bmatrix} x_1 \\ \vdots \\ x_n \end{bmatrix}, \quad \vec{y} = \begin{bmatrix} y_1 \\ \vdots \\ y_n \end{bmatrix}, \quad F = \begin{bmatrix} f_{11} & \cdots & f_{1n} \\ & \cdots & \\ f_{n1} & \cdots & f_{nn} \end{bmatrix}$$

とおくと，式（3.7）は

$$f(\boldsymbol{x}, \boldsymbol{y}) = \vec{x}^{\,\mathrm{t}} F \vec{y} \tag{3.8}$$

と書くことができる．列ベクトル $\vec{x}, \vec{y}$ はそれぞれベクトル $\boldsymbol{x}, \boldsymbol{y}$ の基底 $\{\boldsymbol{e}_i\}$ に関する**成分列ベクトル**である．行列 F を双一次形式 f の基底 $\{\boldsymbol{e}_i\}$ に関する**成分行列**という．したがって，双一次形式もやはり行列を用いて表現することができる．双一次形式 f が対称であれば

$$f(\boldsymbol{e}_i, \boldsymbol{e}_j) = f(\boldsymbol{e}_j, \boldsymbol{e}_i), \qquad f_{ij} = f_{ji}$$

であるから，対応する成分行列 F は対称行列である．

$$F^{\mathrm{t}} = F \tag{3.9}$$

逆に成分行列 F が対称行列であれば式（3.7）によって

$f(\boldsymbol{x}, \boldsymbol{y}) = f(\boldsymbol{y}, \boldsymbol{x})$，すなわち双一次形式 f が対称であることがわかる．したがって，双一次形式が対称である条件は，成分行列が対称行列になることである．

【問】 式 (3.7) から，$f_{ij} = f_{ji}$ のとき $f(\boldsymbol{x}, \boldsymbol{y}) = f(\boldsymbol{y}, \boldsymbol{x})$ であることを示せ．

とくに内積の場合を考えよう．

$$g_{ij} = (\boldsymbol{e}_i, \boldsymbol{e}_j) \tag{3.10}$$

とおく．これを成分とする行列を

$$G = \begin{bmatrix} g_{11} & \cdots & g_{1n} \\ & \cdots & \\ & \cdots & \\ g_{n1} & \cdots & g_{nn} \end{bmatrix} \tag{3.11}$$

とおけば，内積は

$$(\boldsymbol{x}, \boldsymbol{y}) = \vec{x}^{\mathrm{t}} G \vec{y} \tag{3.12}$$

である（第1章5節参照）．とくに，基底が正規直交系である場合には，$g_{ij} = \delta_{ij}$，すなわち，行列 G は単位行列 I に等しくなる．このときは

$$(\boldsymbol{x}, \boldsymbol{y}) = \vec{x}^{\mathrm{t}} I \vec{y} = \vec{x}^{\mathrm{t}} \vec{y} = \vec{x} \cdot \vec{y}$$

である．内積 $(\boldsymbol{x}, \boldsymbol{y})$ は対称であるから，行列 G は対称行列である．内積はベクトルのノルムや角度をはかる基本である．行列 G を基底 $\{\boldsymbol{e}_i\}$ に関する**計量行列**または**グラム行列**という．

V^n に別の基底 $\{\boldsymbol{e}_i{}'\}$ をとってみる．このとき，ベクト

ルの成分列ベクトルと双一次形式の成分行列がどのように表されるかをみてみよう．まず，ベクトル $\boldsymbol{x}$ の成分列ベクトルから考える．新しい基底に関するベクトル $\boldsymbol{x}$ の成分を $\{x_i'\}$ とすると

$$\boldsymbol{x} = x_1'\boldsymbol{e}_1' + \cdots + x_n'\boldsymbol{e}_n' \tag{3.13}$$

であった．ところで，各基底ベクトル $\boldsymbol{e}_i'$ は V^n のベクトルであるから，$\{\boldsymbol{e}_i\}$ の線形結合として表すことができる．それを

$$\boldsymbol{e}_j' = \sum_{i=1}^{n} p_{ij}\boldsymbol{e}_i \tag{3.14}$$

とする．（添字の順序に注意．）式（3.13）から

$$\boldsymbol{x} = \sum_{j=1}^{n} x_j'\boldsymbol{e}_j' = \sum_{j=1}^{n} x_j' \sum_{i=1}^{n} p_{ij}\boldsymbol{e}_i = \sum_{i=1}^{n}\left(\sum_{j=1}^{n} p_{ij}x_j'\right)\boldsymbol{e}_i \tag{3.15}$$

となるが，式（3.4）と比較すると

$$x_i = \sum_{j=1}^{n} p_{ij}x_j' \tag{3.16}$$

であることがわかる．

ここでまた，n^2 個の数の組 $\{p_{ij}\}$ を要素とする行列を

$$P = \begin{bmatrix} p_{11} & \cdots & p_{1n} \\ & \cdots & \\ & \cdots & \\ p_{n1} & \cdots & p_{nn} \end{bmatrix}$$

としよう．（$\boldsymbol{e}_j'$ を $\boldsymbol{e}_i$ の線形結合で表した成分が，第 j 列

に‘縦に’並んでいることに注意しよう.）式（3.16）は

$$\vec{x} = P\vec{x}' \tag{3.17}$$

と表すことができる．基底を定めればベクトルの成分は一意的に決まるから，基底$\{\boldsymbol{e}_i\}$に関する任意の成分列ベクトル$\vec{x}$に対し，新しい基底$\{\boldsymbol{e}_j{}'\}$に関する成分列ベクトル$\vec{x}'$が一意的に定まる．これはPが正則行列であることを意味する．したがって，逆行列P^{-1}が存在するから，これを式（3.17）の左から掛けると

$$\vec{x}' = P^{-1}\vec{x} \tag{3.18}$$

になる．すなわち，古い基底$\{\boldsymbol{e}_i\}$を式（3.14）のような新しい基底$\{\boldsymbol{e}_i{}'\}$にとりかえると，ベクトル$\boldsymbol{x}$の古い基底に関する成分列ベクトル$\vec{x}$に対して新しい基底に関する成分列ベクトル$\vec{x}'$は式（3.18）で与えられるのである．行列Pを基底$\{\boldsymbol{e}_i\}$から基底$\{\boldsymbol{e}_j{}'\}$への**変換行列**という．これはつねに正則行列である．（第1章4節の$\{r_{ij}\}$はP^{-1}の要素になっている.）

つぎに，式（3.14）で与えられる新しい基底$\{\boldsymbol{e}_j{}'\}$に関する双一次形式$f(\boldsymbol{x}, \boldsymbol{y})$の成分を調べよう．式（3.6）から

$$\begin{aligned} f_{ij}{}' &= f(\boldsymbol{e}_i{}', \boldsymbol{e}_j{}') \\ &= f\left(\sum_{k=1}^{n} p_{ki}\boldsymbol{e}_k, \sum_{l=1}^{n} p_{lj}\boldsymbol{e}_l\right) \\ &= \sum_{k=1}^{n}\sum_{l=1}^{n} p_{ki}p_{lj} f(\boldsymbol{e}_k, \boldsymbol{e}_l) \end{aligned}$$

$$= \sum_{k=1}^{n} \sum_{l=1}^{n} p_{ki} f_{kl} p_{lj}$$

となる．これを行列で表せば

$$F' = P^{\mathrm{t}} F P \tag{3.19}$$

であることがわかる．これが，基底をとりかえたときに双一次形式の成分がどのように変わるかを示す規則である．式（3.19）を行列 F の変換行列 P による**合同変換**という．内積についても同様であって，新しい基底のもとでの計量行列 G' は，つぎのように与えられる．

$$G' = P^{\mathrm{t}} G P \tag{3.20}$$

以上のことを整理するとつぎのようになる．ある基底 $\{\boldsymbol{e}_i\}$ に関するベクトルを $\boldsymbol{x}, \boldsymbol{y}$ とし，その成分列ベクトルと双一次形式 $f(\boldsymbol{x}, \boldsymbol{y})$ の成分行列とをそれぞれ $\vec{x}, \vec{y}, F$ とすると，$f(\boldsymbol{x}, \boldsymbol{y})$ の値は式（3.8）によって $\vec{x}^{\mathrm{t}} F \vec{y}$ である．別の基底 $\{\boldsymbol{e}_j{}'\}$ に関する $\boldsymbol{x}, \boldsymbol{y}, f(\boldsymbol{x}, \boldsymbol{y})$ の成分表示を $\vec{x}', \vec{y}', F'$ とすれば，これらのあいだには

$$\vec{x}' = P^{-1}\vec{x}, \qquad \vec{y}\,' = P^{-1}\vec{y}, \qquad F' = P^{\mathrm{t}} F P$$

の関係がある．また

$$\begin{aligned} \vec{x}'^{\mathrm{t}} F' \vec{y}' &= (P^{-1}\vec{x})^{\mathrm{t}} (P^{\mathrm{t}} F P)(P^{-1}\vec{y}) \\ &= \vec{x}^{\mathrm{t}} P^{-1\mathrm{t}} P^{\mathrm{t}} F P P^{-1} \vec{y} \quad (\text{［定理 2-4］の（4）}) \\ &= \vec{x}^{\mathrm{t}} (P P^{-1})^{\mathrm{t}} F (P P^{-1}) \vec{y} \quad (\text{［定理 2-4］の（4）}) \\ &= \vec{x}^{\mathrm{t}} F \vec{y} \end{aligned}$$

であり，双一次形式 $f(\boldsymbol{x}, \boldsymbol{y})$ の値はどの基底に関する成分を用いても同じであることを確かめることができる．つぎ

に，これらの関係を図式的に示そう．

$$基底：\{\boldsymbol{e}_i\} \xrightarrow{P} \left\{\boldsymbol{e}_j{}' = \sum_{i=1}^{n} p_{ij}\boldsymbol{e}_i\right\}$$

$$\boldsymbol{x}\text{の成分：}\quad \vec{x} \longrightarrow \vec{x}' = P^{-1}\vec{x}$$

$$\boldsymbol{y}\text{の成分：}\quad \vec{y} \longrightarrow \vec{y}' = P^{-1}\vec{y}$$

$$\boldsymbol{f}\text{の成分：}\quad F \longrightarrow F' = P^{\mathrm{t}}FP \quad（合同変換）$$

$$f(\boldsymbol{x}, \boldsymbol{y}) = \vec{x}^{\,\mathrm{t}}F\vec{y} = \vec{x}'^{\mathrm{t}}F'\vec{y}'$$

【問】 式（3.19）において F が対称行列なら F' も対称行列であることを示せ．

［ヒント：第2章1節1.4項の［定理2-4］の（4）．］

1.2　内積と正規直交基底

第1章で述べたように，$\mathbf{0}$ でないベクトル $\boldsymbol{x}, \boldsymbol{y}$ が

$$(\boldsymbol{x}, \boldsymbol{y}) = 0$$

を満たすとき，ベクトル $\boldsymbol{x}$ と $\boldsymbol{y}$ とは直交するという．また，ベクトル $\boldsymbol{x}$ のノルム $\|\boldsymbol{x}\|$ を

$$\|\boldsymbol{x}\| = \sqrt{(\boldsymbol{x}, \boldsymbol{x})} \tag{3.21}$$

で定義する．ノルムに関するつぎの定理は重要である*.

* 一般に，［定理3-1］の（1），（2），（4）を満たすものを‘ノルム’ということがある．式（3.21）で定義したものは，ノルムの一例である．［練習問題3］の問題1参照.

【定理 3-1】

(1)　$\|\boldsymbol{x}\| \geqq 0$　（等号は $\boldsymbol{x}=\mathbf{0}$ のときにかぎる）

(2)　$\|c\boldsymbol{x}\| = |c|\,\|\boldsymbol{x}\|$　(3. 22)

(3)　$|(\boldsymbol{x}, \boldsymbol{y})| \leqq \|\boldsymbol{x}\|\,\|\boldsymbol{y}\|$　（シュワルツの不等式）

(4)　$\|\boldsymbol{x}+\boldsymbol{y}\| \leqq \|\boldsymbol{x}\|+\|\boldsymbol{y}\|$　（三角不等式）

[証明]　(1), (2) は定義から明らかである. (3) を証明するために $\boldsymbol{x}, \boldsymbol{y}$ を $\mathbf{0}$ でないベクトルとして, ベクトル $\boldsymbol{x}-t\boldsymbol{y}$ のノルムの 2 乗

$$h(t) = \|\boldsymbol{x}-t\boldsymbol{y}\|^2$$

を考えよう. これは t の二次式であり, つねに正または 0 である. 展開して

$$\begin{aligned} h(t) &= (\boldsymbol{x}-t\boldsymbol{y}, \boldsymbol{x}-t\boldsymbol{y}) \\ &= (\boldsymbol{x}, \boldsymbol{x})-2t(\boldsymbol{x}, \boldsymbol{y})+t^2(\boldsymbol{y}, \boldsymbol{y}) \\ &= \|\boldsymbol{y}\|^2\,t^2-2(\boldsymbol{x}, \boldsymbol{y})t+\|\boldsymbol{x}\|^2 \end{aligned}$$

である. t^2 の係数は正であるから, この二次式が負にならない条件は, $h(t)=0$ が実根をもたないか重根をもつ, すなわち, 判別式が負または 0 になることである (図 3-1). したがって

$$(\boldsymbol{x}, \boldsymbol{y})^2-\|\boldsymbol{x}\|^2\,\|\boldsymbol{y}\|^2 \leqq 0$$

すなわち

$$|(\boldsymbol{x}, \boldsymbol{y})| \leqq \|\boldsymbol{x}\|\,\|\boldsymbol{y}\|$$

が成立していることがわかる. 等号が成り立つのは, $h(t)=0$ になるような t が存在する場合である. これは,

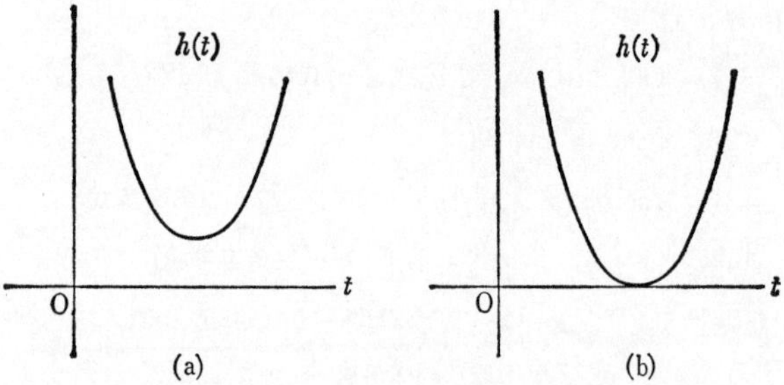

図 3-1　二次式の符号と根との関係

$h(t)$ は t の二次式であり，t^2 の係数は正とする．すべての t で $h(t) \geqq 0$ となる条件は，$h(t)=0$ が(a)実根をもたないか，(b)重根をもつことである．すなわち，判別式が負または 0 となることである．

$\boldsymbol{x} = t\boldsymbol{y}$ になる t が存在するときであり，$\boldsymbol{x}$ と $\boldsymbol{y}$ とが‘比例’している場合である．また，ベクトル $\boldsymbol{x}, \boldsymbol{y}$ は $\mathbf{0}$ でないとしたが，どちらかが $\mathbf{0}$ であれば上式の等号が成立する．

(4) はつぎのように証明できる．

$$\begin{aligned}\|\boldsymbol{x}+\boldsymbol{y}\|^2 &= (\boldsymbol{x}+\boldsymbol{y}, \boldsymbol{x}+\boldsymbol{y}) \\ &= (\boldsymbol{x}, \boldsymbol{x})+2(\boldsymbol{x}, \boldsymbol{y})+(\boldsymbol{y}, \boldsymbol{y}) \\ &\leqq \|\boldsymbol{x}\|^2+2\|\boldsymbol{x}\|\|\boldsymbol{y}\|+\|\boldsymbol{y}\|^2 \quad \text{((3) を用いた.)} \\ &= (\|\boldsymbol{x}\|+\|\boldsymbol{y}\|)^2\end{aligned}$$

すなわち

$$\|\boldsymbol{x}+\boldsymbol{y}\| \leqq \|\boldsymbol{x}\|+\|\boldsymbol{y}\|$$

であり，等号は，(3) と同じくベクトル $\boldsymbol{x}$ と $\boldsymbol{y}$ とが‘比例’している場合である．

【注意】 (3) のシュワルツの不等式から，ベクトル $\boldsymbol{x}, \boldsymbol{y}$ が $\boldsymbol{0}$ でないときには

$$\left|\frac{(\boldsymbol{x}, \boldsymbol{y})}{\|\boldsymbol{x}\|\,\|\boldsymbol{y}\|}\right| \leqq 1$$

になることがわかる．したがって

$$\frac{(\boldsymbol{x}, \boldsymbol{y})}{\|\boldsymbol{x}\|\,\|\boldsymbol{y}\|} = \cos\theta \quad \text{または} \quad (\boldsymbol{x}, \boldsymbol{y}) = \|\boldsymbol{x}\|\,\|\boldsymbol{y}\|\cos\theta$$

によって，一般のベクトル空間で，二つのベクトル $\boldsymbol{x}$ と $\boldsymbol{y}$ とのなす角 θ を定義しても差しつかえないことがわかる．こうすると，シュワルツの不等式の等号が成立するのは $\cos\theta = \pm 1$，すなわち $\theta = 0°, 180°$ の場合であり，このとき

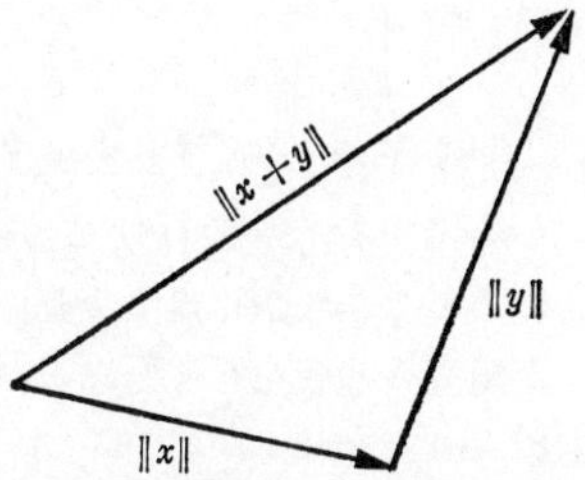

図 3-2 三角不等式

三角不等式 $\|\boldsymbol{x}+\boldsymbol{y}\| \leqq \|\boldsymbol{x}\|+\|\boldsymbol{y}\|$ は，三角形の 1 辺は他の 2 辺の長さの和よりも長くないことを表している．

ベクトル $\boldsymbol{x}$ と $\boldsymbol{y}$ とが‘比例’することも理解しやすい.

また,(4)を三角不等式とよぶ理由は,図3-2のような矢印ベクトルの場合を考えてみるとわかるように,‘三角形の1辺は他の2辺の長さの和よりも長くない’ことを表しているからである.等号が成立するのは,$\boldsymbol{x}, \boldsymbol{y}$ が‘比例’する場合,すなわち2辺が同一直線上にあって三角形がつぶれる場合であることもわかる.

基底 $\{\boldsymbol{e}_i\}$ の各ベクトルのノルムが1で,それらがたがいに直交するとき,すなわち

$$(\boldsymbol{e}_i, \boldsymbol{e}_j) = \delta_{ij}$$

を満たすとき,この基底を**正規直交基底**とよんだ(第1章5節参照).このとき式(3.11)からわかるように計量行列 G は単位行列 I に等しい.

$$G = \begin{bmatrix} 1 & & \\ & \ddots & \\ & & 1 \end{bmatrix}$$

計量行列 G は,基底のとり方を変えれば合同変換(3.20)によって変化する.計量行列 G がちょうど単位行列になるようにとった基底が正規直交基底であるということができる.正規直交基底をとった場合に,成分列ベクトルを用いて内積を書くと

$$(\boldsymbol{x}, \boldsymbol{y}) = \vec{x}^{\,\mathrm{t}}\vec{y} \left(= \sum_{i=1}^{n} x_i y_i \right)$$

になり, n 次元ユークリッド空間 $\boldsymbol{E}^n$ の内積と同じ形になる（第1章1節参照）. 正規直交基底を用いると, このように表現が簡単になる.

【例 3-1】 区間 $[-\pi, \pi]$ で定義された t の関数で

$$f(t) = \frac{1}{2}a_0 + a_1 \cos t + a_2 \cos 2t + \cdots + a_n \cos nt$$

$$+ b_1 \sin t + b_2 \sin 2t + \cdots + b_n \sin nt \qquad (3.23)$$

と表されるものの全体を $\mathscr{F}_n$ とする. これは $1, \cos t, \cos 2t, \cdots, \cos nt, \sin t, \sin 2t, \cdots, \sin nt$ の $2n+1$ 個 の関数の線形結合で表される関数の全体であり, スカラー倍に対しても和に対しても閉じているからベクトル空間をつくる. $1, \cos t, \cdots, \cos nt, \sin t, \cdots, \sin nt$ は線形独立であり, $\mathscr{F}_n$ は $2n+1$ 次元ベクトル空間である. $\mathscr{F}_n$ の元 $f(t), g(t)$ に対して内積を

$$(f(t), g(t)) = \frac{1}{\pi}\int_{-\pi}^{\pi} f(t)g(t)\mathrm{d}t \qquad (3.24)$$

で定義する. $\mathscr{F}_n$ の基底 $\{\boldsymbol{e}_0, \boldsymbol{e}_1, \boldsymbol{e}_2, \cdots, \boldsymbol{e}_{2n}\}$ として

$$\boldsymbol{e}_0 = \frac{1}{\sqrt{2}}, \quad \boldsymbol{e}_1 = \cos t, \quad \boldsymbol{e}_2 = \sin t, \quad \cdots$$

$$\cdots, \boldsymbol{e}_{2n-1} = \cos nt, \quad \boldsymbol{e}_{2n} = \sin nt$$

をとると, これは正規直交基底である. なぜなら

$$\|\boldsymbol{e}_0\|^2 = \frac{1}{\pi}\int_{-\pi}^{\pi}\left(\frac{1}{\sqrt{2}}\right)^2 \mathrm{d}t = 1$$

であり, $m = 1, 2, \cdots, n$ に対して

$$\frac{1}{\pi}\int_{-\pi}^{\pi}\frac{1}{\sqrt{2}}\cos mt\mathrm{d}t=\frac{1}{\sqrt{2}\pi m}\Big[\sin mt\Big]_{-\pi}^{\pi}=0$$

$$\frac{1}{\pi}\int_{-\pi}^{\pi}\frac{1}{\sqrt{2}}\sin mt\mathrm{d}t=\frac{1}{\sqrt{2}\pi m}\Big[-\cos mt\Big]_{-\pi}^{\pi}=0$$

であるから

$$(\boldsymbol{e}_0,\boldsymbol{e}_k)=0\qquad(k=1,2,\cdots,2n)$$

が成り立つ．また

$$\frac{1}{\pi}\int_{-\pi}^{\pi}\cos^2 mt\mathrm{d}t=\frac{1}{2\pi}\int_{-\pi}^{\pi}(1+\cos 2mt)\mathrm{d}t$$

$$=\frac{1}{2\pi}\Big[t+\frac{1}{2m}\sin 2mt\Big]_{-\pi}^{\pi}=1$$

$$\frac{1}{\pi}\int_{-\pi}^{\pi}\sin^2 mt\mathrm{d}t=\frac{1}{2\pi}\int_{-\pi}^{\pi}(1-\cos 2mt)\mathrm{d}t$$

$$=\frac{1}{2\pi}\Big[t-\frac{1}{2m}\sin 2mt\Big]_{-\pi}^{\pi}=1$$

であるから

$$\|\boldsymbol{e}_k\|^2=1\qquad(k=1,2,\cdots,2n)$$

であり，さらに，$l\neq m$ のときも同様にして計算すれば

$$\frac{1}{\pi}\int_{-\pi}^{\pi}\cos lt\cos mt\mathrm{d}t=0$$

$$\frac{1}{\pi}\int_{-\pi}^{\pi}\sin lt\sin mt\mathrm{d}t=0$$

$$\frac{1}{\pi}\int_{-\pi}^{\pi}\cos lt\sin mt\mathrm{d}t=0$$

であり

$$(\boldsymbol{e}_k,\boldsymbol{e}_j)=0\qquad(k\neq j)$$

であることがわかる．以上をまとめると

$$(\boldsymbol{e}_i, \boldsymbol{e}_j) = \delta_{ij} \qquad (i, j = 0, 1, 2, \cdots, 2n) \tag{3.25}$$

が得られる．

この正規直交基底を用いれば $\mathscr{F}_n$ の元 $f(t)$ を式 (3.23) のように表したときの係数 a_k, b_k を簡単に求めることができる．式 (3.23) は

$$f(t) = \frac{1}{\sqrt{2}} a_0 \boldsymbol{e}_0 + a_1 \boldsymbol{e}_1 + b_1 \boldsymbol{e}_2 + \cdots + a_n \boldsymbol{e}_{2n-1} + b_n \boldsymbol{e}_{2n}$$

と書くことができ，これと $\boldsymbol{e}_0, \boldsymbol{e}_1, \cdots, \boldsymbol{e}_{2n}$ の内積をとれば，式 (3.25) によって

$$\frac{1}{\sqrt{2}} a_0 = (f(t), \boldsymbol{e}_0) = \frac{1}{\sqrt{2}\pi} \int_{-\pi}^{\pi} f(t) \mathrm{d}t$$

$$a_1 = (f(t), \boldsymbol{e}_1) = \frac{1}{\pi} \int_{-\pi}^{\pi} f(t) \cos t \mathrm{d}t$$

$$b_1 = (f(t), \boldsymbol{e}_2) = \frac{1}{\pi} \int_{-\pi}^{\pi} f(t) \sin t \mathrm{d}t$$

$$\cdots\cdots$$

であるから，まとめて

$$a_k = \frac{1}{\pi} \int_{-\pi}^{\pi} f(t) \cos kt \mathrm{d}t \qquad (k = 0, 1, \cdots, n)$$

$$b_k = \frac{1}{\pi} \int_{-\pi}^{\pi} f(t) \sin kt \mathrm{d}t \qquad (k = 1, 2, \cdots, n)$$

であることがわかる*.

1.3 シュミットの直交化

基底$\{\boldsymbol{e}_i\}$が正規直交基底ではないとき，これをもとにして正規直交基底$\{\boldsymbol{e}_j'\}$をつくる方法にはいろいろある．その方法の一つにシュミットの直交化がある．これは$\boldsymbol{e}_1'$から順に求めていく方法である．

(1) $\boldsymbol{e}_1'=\boldsymbol{e}_1/\|\boldsymbol{e}_1\|$とすると，$\boldsymbol{e}_1'$はノルム1のベクトルである．

(2) $\boldsymbol{e}_2'$を$\boldsymbol{e}_1'$と$\boldsymbol{e}_2$からつくる．

$$\boldsymbol{e}_2' = c_1\boldsymbol{e}_1' + c_2\boldsymbol{e}_2$$

とおき，c_1, c_2をうまく選んで$\boldsymbol{e}_2'$が$\boldsymbol{e}_1'$と直交するようにする．$\boldsymbol{e}_1'$との内積をとると，$(\boldsymbol{e}_2', \boldsymbol{e}_1')=0$でなければならないから

$$c_1(\boldsymbol{e}_1', \boldsymbol{e}_1') + c_2(\boldsymbol{e}_2, \boldsymbol{e}_1') = 0$$

である．すなわち

$$c_1 = -c_2(\boldsymbol{e}_2, \boldsymbol{e}_1')$$

したがって

$$\boldsymbol{e}_2' = c_2\{\boldsymbol{e}_2 - (\boldsymbol{e}_2, \boldsymbol{e}_1')\boldsymbol{e}_1'\}$$

になる．ここで，$(\boldsymbol{e}_2', \boldsymbol{e}_2')=1$になるように$c_2$を

$$c_2 = \frac{1}{\|\boldsymbol{e}_2 - (\boldsymbol{e}_2, \boldsymbol{e}_1')\boldsymbol{e}_1'\|}$$

と定める．

---

* 式(3.23)で$n\to\infty$の場合がフーリエ級数である．

(3) 以下，同様にして $\boldsymbol{e}_3{}', \boldsymbol{e}_4{}', \cdots$ を求めていく．この手順を“帰納的な考え方”を用いてきちんと書こう．いま $\boldsymbol{e}_1{}', \cdots, \boldsymbol{e}_k{}'$ までの k 個の正規直交ベクトルがすでに得られていたとして，$\boldsymbol{e}_{k+1}{}'$ を求める手順を示す．$\boldsymbol{e}_{k+1}{}'$ を $\boldsymbol{e}_1{}', \cdots, \boldsymbol{e}_k{}'$ および $\boldsymbol{e}_{k+1}$ の線形結合によってつくり

$$\boldsymbol{e}_{k+1}{}' = c_1\boldsymbol{e}_1{}' + c_2\boldsymbol{e}_2{}' + \cdots + c_k\boldsymbol{e}_k{}' + c_{k+1}\boldsymbol{e}_{k+1}$$

とおく．これは $\boldsymbol{e}_1{}', \cdots, \boldsymbol{e}_k{}'$ と直交していなければならない．そこで，$\boldsymbol{e}_1{}', \cdots, \boldsymbol{e}_k{}'$ との内積をとって 0 とおくと，$\boldsymbol{e}_1{}', \cdots, \boldsymbol{e}_k{}'$ は正規直交であるから

$$(\boldsymbol{e}_{k+1}{}', \boldsymbol{e}_1{}') = c_1 + c_{k+1}(\boldsymbol{e}_{k+1}, \boldsymbol{e}_1{}') = 0$$
$$(\boldsymbol{e}_{k+1}{}', \boldsymbol{e}_2{}') = c_2 + c_{k+1}(\boldsymbol{e}_{k+1}, \boldsymbol{e}_2{}') = 0$$
$$\cdots\cdots$$
$$(\boldsymbol{e}_{k+1}{}', \boldsymbol{e}_k{}') = c_k + c_{k+1}(\boldsymbol{e}_{k+1}, \boldsymbol{e}_k{}') = 0$$

となる．これから

$$\boldsymbol{e}_{k+1}{}' = c_{k+1}\left\{\boldsymbol{e}_{k+1} - \sum_{i=1}^{k}(\boldsymbol{e}_{k+1}, \boldsymbol{e}_i{}')\boldsymbol{e}_i{}'\right\} \tag{3.26}$$

が得られる．ここで c_{k+1} を $\|\boldsymbol{e}_{k+1}{}'\| = 1$ になるように

$$c_{k+1} = \frac{1}{\left\|\boldsymbol{e}_{k+1} - \sum_{i=1}^{k}(\boldsymbol{e}_{k+1}, \boldsymbol{e}_i{}')\boldsymbol{e}_i{}'\right\|}$$

と定めればよい*.

* $\boldsymbol{e}_1, \cdots, \boldsymbol{e}_{k+1}$ は線形独立であるから，$\boldsymbol{e}_{k+1}$ を $\boldsymbol{e}_1, \cdots, \boldsymbol{e}_k$ の線形結合で表すことはできない．$\boldsymbol{e}_1{}', \cdots, \boldsymbol{e}_k{}'$ は $\boldsymbol{e}_1, \cdots, \boldsymbol{e}_k$ の線形結合であるから，$\boldsymbol{e}_{k+1}$ を $\boldsymbol{e}_1{}', \cdots, \boldsymbol{e}_k{}'$ の線形結合で表すこともでき

以上の操作をつぎつぎと行えば，正規直交基底 $\{\boldsymbol{e}_i'\}$ をつくることができる．

【例 3-2】 二次元ユークリッド平面に，図 3-3 に示すような二つのベクトル

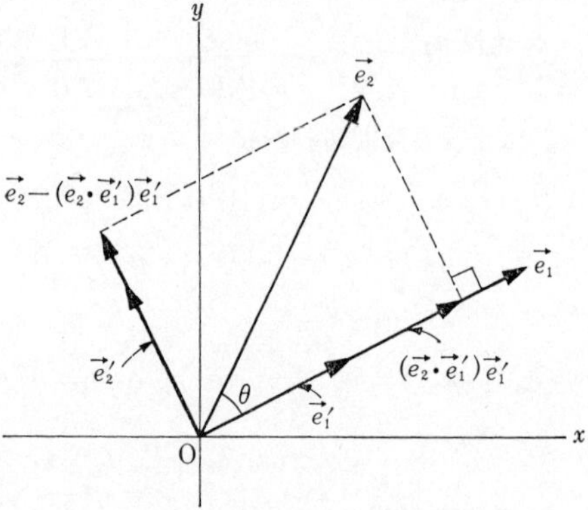

図 3-3 正規直交基底のつくり方

$\vec{e}_1, \vec{e}_2$ からシュミットの直交化により正規直交基底をつくるには，まずベクトル $\vec{e}_1$ をその長さ $|\vec{e}_1|$ で割り，単位ベクトル $\vec{e}_1{}'$ をつくる．ベクトル $\vec{e}_2$ の終点からベクトル $\vec{e}_1$ におろした垂線の足はベクトル $(\vec{e}_2\cdot\vec{e}_1{}')\vec{e}_1{}'$ の終点である．これをベクトル $\vec{e}_2$ から引き，単位長さにしたものがベクトル $\vec{e}_2{}'$ である．

ない．したがって，式 (3.26) の { } の中が 0 になることはない．

$$\vec{e}_1 = \begin{bmatrix} 2 \\ 1 \end{bmatrix}, \qquad \vec{e}_2 = \begin{bmatrix} 1 \\ 2 \end{bmatrix}$$

が与えられたとしよう．$\{\vec{e}_1, \vec{e}_2\}$ は明らかに正規直交基底ではない．まず

$$|\vec{e}_1| = \sqrt{2^2+1} = \sqrt{5}$$

であるから，長さを 1 に規格化して

$$\vec{e}_1{}' = \frac{1}{\sqrt{5}} \begin{bmatrix} 2 \\ 1 \end{bmatrix}$$

とする．これはベクトル $\vec{e}_1$ と同じ方向の単位の長さのベクトル（単位ベクトル）である．$\|\vec{e}_1{}'\| = 1$ だから，ベクトル $\vec{e}_2$ の終点をベクトル $\vec{e}_1{}'$ 方向の直線に正射影した点の原点からの距離は，図 3-3 からわかるように

$$\vec{e}_2 \cdot \vec{e}_1{}' = \frac{1}{\sqrt{5}} [1, 2] \begin{bmatrix} 2 \\ 1 \end{bmatrix} = \frac{4}{\sqrt{5}}$$

である．この分を引いたベクトル

$$\vec{e}_2 - (\vec{e}_2 \cdot \vec{e}_1{}')\vec{e}_1{}' = \frac{3}{5} \begin{bmatrix} -1 \\ 2 \end{bmatrix}$$

はベクトル $\vec{e}_1{}'$ に直交する．これを長さ 1 に規格化して

$$\vec{e}_2{}' = \frac{1}{\sqrt{5}} \begin{bmatrix} -1 \\ 2 \end{bmatrix}$$

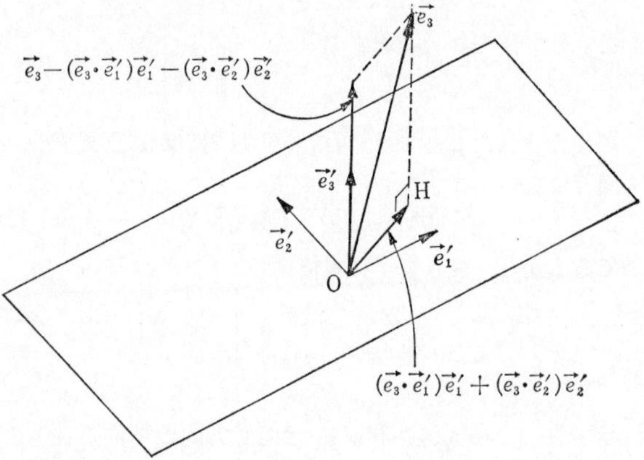

図3-4　シュミットの直交化

ベクトル $\vec{e}_1{}', \vec{e}_2{}'$ はすでに求まった正規直交系とする．ベクトル $\vec{e}_3$ の終点をベクトル $\vec{e}_1{}', \vec{e}_2{}'$ のつくる平面へ正射影した点をHとする．ベクトル $\vec{e}_3$ から面内成分 $\overrightarrow{\mathrm{OH}}$ を引けば，この面に垂直なベクトルが求まる．これを単位ベクトルに直したものがベクトル $\vec{e}_3{}'$ である．

が得られる．

n 次元ユークリッド空間の場合には，さらにベクトル $\vec{e}_3$ を用いて，このベクトルからベクトル $\vec{e}_1{}', \vec{e}_2{}'$ のつくる平面へ正射影した成分を引いて，直交するベクトル $\vec{e}_3{}'$ を求める（図3-4）．式（3.26）はベクトル $\boldsymbol{e}_{k+1}$ をベクトル $\boldsymbol{e}_1{}', \boldsymbol{e}_2{}', \cdots, \boldsymbol{e}_n{}'$ のつくる空間へ正射影した成分を引く操作を表している．

この手続きを進めるのがシュミットの直交化である．

【例 3-3】 区間 $[-1,1]$ で定義される n 次以下の多項式の集合 P_n を考える．［例 1-17］で考えたように，多項式 $f(t), g(t)$ の内積を

$$(f(t), g(t)) = \int_{-1}^{1} f(t)g(t)\mathrm{d}t$$

で定義する．基底として $\boldsymbol{e}_0 = 1, \boldsymbol{e}_1 = t, \boldsymbol{e}_2 = t^2, \cdots, \boldsymbol{e}_n = t^n$ をとると，［例 1-17］で調べたように，これは正規直交基底ではない．なぜなら，計量行列は

$$G = \begin{bmatrix} 2 & 0 & \frac{2}{3} & & \cdots & \\ 0 & \frac{2}{3} & 0 & & \cdots & \\ \frac{2}{3} & 0 & \frac{2}{5} & & \cdots & \\ & & & \ddots & & \\ & \cdots & & & \frac{2}{2n-1} & 0 \\ & \cdots & & & 0 & \frac{2}{2n+1} \end{bmatrix}$$

になるからである．そこで，シュミットの直交化を行って正規直交基底を求めてみよう．

$$\boldsymbol{e}_0{}' = \boldsymbol{e}_0 / \|\boldsymbol{e}_0\| = 1 \Big/ \sqrt{\int_{-1}^{1} 1^2 \mathrm{d}t} = \frac{1}{\sqrt{2}}$$

$$\boldsymbol{e}_1{}' = c_1\{\boldsymbol{e}_1 - (\boldsymbol{e}_0{}', \boldsymbol{e}_1)\boldsymbol{e}_0{}'\}$$

$$= c_1\left\{t - \left(\int_{-1}^{1} \frac{1}{\sqrt{2}} t\mathrm{d}t\right) \frac{1}{\sqrt{2}}\right\} = c_1 t$$

$$\|\boldsymbol{e}_1{}'\|^2 = c_1{}^2 \int_{-1}^{1} t^2 \mathrm{d}t = \frac{2}{3} c_1{}^2$$

であるから，$c_1 = \sqrt{3}/\sqrt{2}$ とする．

$$\boldsymbol{e}_1{}' = \sqrt{\frac{3}{2}} t$$

$$\begin{aligned}
\boldsymbol{e}_2{}' &= c_2\{\boldsymbol{e}_2 - (\boldsymbol{e}_0{}', \boldsymbol{e}_2)\boldsymbol{e}_0{}' - (\boldsymbol{e}_1{}', \boldsymbol{e}_2)\boldsymbol{e}_1{}'\} \\
&= c_2\left\{t^2 - \left(\int_{-1}^{1} \frac{1}{\sqrt{2}} t^2 \mathrm{d}t\right) \frac{1}{\sqrt{2}}\right. \\
&\qquad \left. - \left(\int_{-1}^{1} \sqrt{\frac{3}{2}} t t^2 \mathrm{d}t\right) \sqrt{\frac{3}{2}} t\right\} \\
&= c_2 \left(t^2 - \frac{1}{3}\right)
\end{aligned}$$

である．$\|\boldsymbol{e}_2{}'\| = 1$ を満たすように c_2 を求めると

$$c_2 = \frac{3}{2}\sqrt{\frac{5}{2}}$$

となる．以下，同様にして $\boldsymbol{e}_3{}', \boldsymbol{e}_4{}', \cdots, \boldsymbol{e}_n{}'$ を求めることができる．

$$P_k(t) = \sqrt{\frac{2}{2k+1}} \boldsymbol{e}_k{}' \qquad (k = 0, 1, \cdots, n)$$

とおいた多項式 $P_0(t), P_1(t), \cdots, P_n(t)$ をルジャンドルの多項式という．

$$P_0(t)=1,\quad P_1(t)=t,\quad P_2(t)=\frac{3}{2}t^2-\frac{1}{2},$$
$$P_3(t)=\frac{5}{2}t^3-\frac{3}{2}t,\quad \cdots\cdots$$

である．k が奇数のとき，$P_k(t)$ は奇関数，k が偶数のとき偶関数になっている．また，$\boldsymbol{e}_0', \boldsymbol{e}_1', \cdots, \boldsymbol{e}_n'$ が正規直交系であるから

$$\int_{-1}^{1} P_i(t)P_j(t)\mathrm{d}t=0 \qquad (i\neq j)$$
$$\int_{-1}^{1} P_k(t)^2\mathrm{d}t=\frac{2}{2k+1}$$

になっている．

1.4 直交変換

$\boldsymbol{P}$ を n 次元ベクトル空間 V^n から V^n 自身への線形写像とし，ベクトル $\boldsymbol{x}$ の写像 $\boldsymbol{P}$ による像をベクトル $\boldsymbol{y}$ とする．すなわち

$$\boldsymbol{y}=\boldsymbol{Px}$$

写像 $\boldsymbol{P}$ によってベクトルのノルムがどのように変わるか，また二つのベクトルのあいだの角がどのように変わるかを調べてみよう．基底ベクトル $\boldsymbol{e}_1, \cdots, \boldsymbol{e}_n$ を選んで，この基底ベクトルの写像 $\boldsymbol{P}$ による像をこの基底の線形結合

$$\boldsymbol{Pe}_j=\sum_{i=1}^{n} p_{ij}\boldsymbol{e}_i \tag{3.27}$$

で表したときの係数 $\{p_{ij}\}$（添字の順序に注意）を行列の形で

$$P = \begin{bmatrix} p_{11} & \cdots & p_{1n} \\ & \cdots & \\ & \cdots & \\ p_{n1} & \cdots & p_{nn} \end{bmatrix}$$

と書いたものが線形写像 $\boldsymbol{P}$ の基底 $\{\boldsymbol{e}_1, \cdots, \boldsymbol{e}_n\}$ に関する成分行列であった（第2章1節1.1項参照）．そして，ベクトル $\boldsymbol{x}, \boldsymbol{y}$ のこの基底に関する成分列ベクトルを $\vec{x}, \vec{y}$ とするとき

$$\vec{y} = P\vec{x}$$

である．

$\boldsymbol{x}, \boldsymbol{y}$ を任意のベクトルとし，$\boldsymbol{x}$ と $\boldsymbol{y}$ との内積がベクトル $\boldsymbol{Px}$ と $\boldsymbol{Py}$ との内積に等しい，すなわち

$$(\boldsymbol{Px}, \boldsymbol{Py}) = (\boldsymbol{x}, \boldsymbol{y}) \tag{3.28}$$

となるとき，写像 $\boldsymbol{P}$ を**直交変換**という．直交変換では写像によって内積が変わらない．このとき，とくに $\boldsymbol{x} = \boldsymbol{y}$ とすると

$$\|\boldsymbol{Px}\| = \|\boldsymbol{x}\| \tag{3.29}$$

となる．すなわち，直交変換 $\boldsymbol{P}$ はベクトルのノルムを変えない写像でもある．逆に，任意のベクトル $\boldsymbol{x}$ に対して式（3.29）が成立すれば，式（3.28）も成立する．（証明は第2章2節2.2項と同じ.）

いま，正規直交基底を用いて，式（3.28）を成分列ベクトルと成分行列とで表すと

$$(P\vec{x})^{t}(P\vec{y}) = \vec{x}\cdot\vec{y} = \vec{x}^{\,t} I \vec{y}$$

になるが，［定理 2-4］の（4）から

$$(P\vec{x})^{\mathrm{t}}(P\vec{y}) = \vec{x}^{\,\mathrm{t}} P^{\mathrm{t}} P \vec{y}$$

である．$\vec{x}, \vec{y}$ は任意であるから

$$P^{\mathrm{t}} P = I$$

が成立する．すなわち，直交変換 $\boldsymbol{P}$ の正規直交基底による成分行列は，第 2 章で定義した直交行列である．

つぎに，式（3.28）を一般の基底を用いて成分で書いてみよう．内積は式（3.12）であるから

$$(P\vec{x})^{\mathrm{t}} G (P\vec{y}) = \vec{x}^{\,\mathrm{t}} G \vec{y}$$

であるが，左辺は

$$(P\vec{x})^{\mathrm{t}} G (P\vec{y}) = \vec{x}^{\,\mathrm{t}} (P^{\mathrm{t}} G P) \vec{y}$$

であるから

$$P^{\mathrm{t}} G P = G \tag{3.30}$$

が成立する．式（3.30）を満たすような行列 P を計量 G を不変に保つ行列という．すなわち，直交変換 $\boldsymbol{P}$ の，G を計量とする基底による成分行列 P は G を不変に保つ．とくに，正規直交基底の場合には，G は単位行列 I になるから $P^{\mathrm{t}} P = I$ が成立し，P は直交行列である．

基底 $\{\boldsymbol{e}_j\}$ の各ベクトルを直交変換 $\boldsymbol{P}$ によって変換し

$$\boldsymbol{e}_j{}' = \boldsymbol{P}\boldsymbol{e}_j = \sum_{i=1}^{n} p_{ij} \boldsymbol{e}_i \qquad (j = 1, 2, \cdots, n) \tag{3.31}$$

とする．このとき，ベクトル $\boldsymbol{e}_j$ と $\boldsymbol{e}_j{}'$ とのノルムは等しく，ベクトル $\boldsymbol{e}_i$ と $\boldsymbol{e}_j$ の内積はベクトル $\boldsymbol{e}_i{}'$ と $\boldsymbol{e}_j{}'$ との内積に等しい．

$$(\boldsymbol{e}_i, \boldsymbol{e}_j) = (\boldsymbol{e}_i{}', \boldsymbol{e}_j{}')$$

したがって，$\{\boldsymbol{e}_i\}$ が正規直交基底ならば，$\{\boldsymbol{e}_j'\}$ も正規直交基底になる．$\{\boldsymbol{e}_i\}$ の代わりに，$\{\boldsymbol{e}_j'\}$ を新しい基底に選んでみよう（$\boldsymbol{e}_1', \cdots, \boldsymbol{e}_n'$ は線形独立になっている）．このとき，式（3.31）は写像 $\boldsymbol{P}$ の基底 $\{\boldsymbol{e}_i\}$ に関する成分行列 P が基底の変換の行列になっていることを示している．このとき式（3.30）の左辺は，新しい基底を用いて計算した計量行列である．すなわち，直交変換とは計量行列が変化しないような基底の変換である．したがって，直交変換は正規直交基底を正規直交基底に変換する．

【例 3-4】［例 3-1］で考えた三角関数の集合 $\mathscr{F}_n$ を考える．その元の一つ $f(t)$ を変数 t の方向に θ だけ平行移動する写像を $\boldsymbol{T}_\theta$ とする．

$$\boldsymbol{T}_\theta f(t) = f(t-\theta)$$

式（3.23）の形の関数に写像 $\boldsymbol{T}_\theta$ を作用させてみよう．三角関数の加法定理を用いて展開すると，$f(t-\theta)$ はふたたび式（3.23）の形の関数になるから，これも $\mathscr{F}_n$ の元である．したがって，写像 $\boldsymbol{T}_\theta$ は $\mathscr{F}_n$ から $\mathscr{F}_n$ への線形写像である．ところで，$\mathscr{F}_n$ の元はすべて周期 2π の周期関数であるから，式（3.24）の内積をとると

$$\begin{aligned}(\boldsymbol{T}_\theta f(t), \boldsymbol{T}_\theta g(t)) &= \frac{1}{\pi}\int_{-\pi}^{\pi} f(t-\theta)g(t-\theta)\mathrm{d}t \\ &= \frac{1}{\pi}\int_{-\pi}^{\pi} f(t)g(t)\mathrm{d}t \\ &= (f(t), g(t))\end{aligned}$$

である．ゆえに，$\boldsymbol{T}_\theta$ は内積を変えない線形写像であり，直交変換である．この写像の成分行列を求めてみよう．例として $n=1$ とする．基底として正規直交基底

$$\boldsymbol{e}_0 = \frac{1}{\sqrt{2}}, \quad \boldsymbol{e}_1 = \cos t, \quad \boldsymbol{e}_2 = \sin t$$

をとる．

$$\begin{aligned}
\boldsymbol{T}_\theta \boldsymbol{e}_0 &= \frac{1}{\sqrt{2}} = \boldsymbol{e}_0 \\
\boldsymbol{T}_\theta \boldsymbol{e}_1 &= \cos(t-\theta) = \cos t \cos\theta + \sin t \sin\theta \\
&= \cos\theta \boldsymbol{e}_1 + \sin\theta \boldsymbol{e}_2 \\
\boldsymbol{T}_\theta \boldsymbol{e}_2 &= \sin(t-\theta) = \sin t \cos\theta - \cos t \sin\theta \\
&= -\sin\theta \boldsymbol{e}_1 + \cos\theta \boldsymbol{e}_2
\end{aligned}$$

である．成分行列を T_θ とすれば

$$T_\theta = \begin{bmatrix} 1 & 0 & 0 \\ 0 & \cos\theta & -\sin\theta \\ 0 & \sin\theta & \cos\theta \end{bmatrix} \tag{3.32}$$

となる．これは三次元ユークリッド空間 $\boldsymbol{E}^3$ の y-z 平面内における角度 θ の回転を表す直交行列と一致する（第2章2節2.1項参照）．また，基底として式（3.31）の代わりに，$\boldsymbol{T}_\theta \boldsymbol{e}_0, \boldsymbol{T}_\theta \boldsymbol{e}_1, \boldsymbol{T}_\theta \boldsymbol{e}_2$ にあたる

$$\boldsymbol{e}_0{}' = \frac{1}{\sqrt{2}}, \quad \boldsymbol{e}_1{}' = \cos(t-\theta), \quad \boldsymbol{e}_2{}' = \sin(t-\theta)$$

を基底に選ぶこともできる．これもやはり正規直交基底

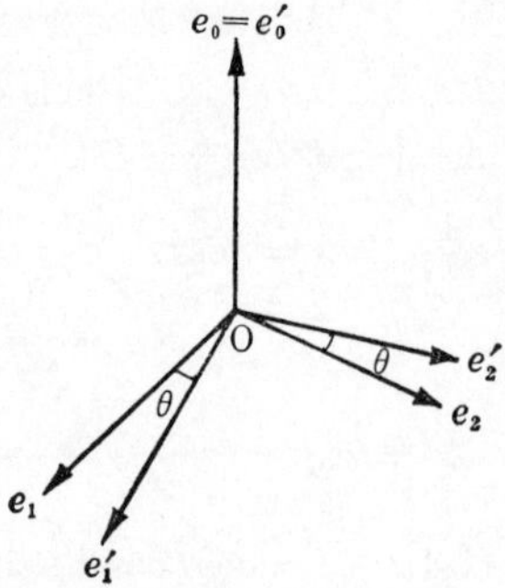

図 3-5　正規直交基底の回転

$\boldsymbol{e}_0, \boldsymbol{e}_1, \boldsymbol{e}_2$ を正規直交基底とし，ベクトル $\boldsymbol{e}_1, \boldsymbol{e}_2$ のつくる面内で図のように角度 θ だけ回転したものを $\boldsymbol{e}_0', \boldsymbol{e}_1', \boldsymbol{e}_2'$ とする．これを新しい基底とすれば，これも正規直交基底であり，基底の変換行列は式 (3.32) の直交行列となる．

であり，基底の変換行列が式 (3.32) の T_θ である．仮に $\boldsymbol{e}_0, \boldsymbol{e}_1, \boldsymbol{e}_2$ を三次元ユークリッド空間 $\boldsymbol{E}^3$ のベクトルとみなせば，ベクトル $\boldsymbol{e}_1, \boldsymbol{e}_2$ のつくる平面内で，ベクトル $\boldsymbol{e}_0$ を軸として，$\boldsymbol{e}_0$ 方向に右ねじの進むように全体を角度 θ だけ回転したものがベクトル $\boldsymbol{e}_0', \boldsymbol{e}_1', \boldsymbol{e}_2'$ である（図 3-5）．このように，一般のベクトル空間の元も，それがあたかも n 次元ユークリッド空間の元であるかのように想像すれば，ベクトルどうしの関係が理解しやすくなる．

2 二次形式の固有値問題

2.1 正値二次形式と正値対称行列

対称な双一次形式 $f(\boldsymbol{x}, \boldsymbol{y})$ が与えられたときに $\boldsymbol{y}=\boldsymbol{x}$ とおくと $\boldsymbol{x}$ の関数 $f(\boldsymbol{x}, \boldsymbol{x})$ が得られる．これを**二次形式**という．そして

$$f(\boldsymbol{x}, \boldsymbol{x}) \geqq 0 \qquad (\text{等号は } \boldsymbol{x}=\boldsymbol{0} \text{ にかぎる}) \tag{3.33}$$

を満たす二次形式を**正値二次形式**または**正の定符号をもつ二次形式**という．内積 $(\boldsymbol{x}, \boldsymbol{x})$ $(=\|\boldsymbol{x}\|^2)$ も正値二次形式である．正値二次形式は物理や工学の分野でしばしば現れる．ベクトル $\boldsymbol{x}$ がある物理系を表しているとき，各種のエネルギーは正値二次形式になっていることが多い．

式 (3.33) をある基底に関する成分で表すと

$$\vec{x}^{\mathrm{t}} F \vec{x} \geqq 0 \qquad (\text{等号は } \vec{x}=\vec{0} \text{ にかぎる}) \tag{3.34}$$

という形になる．このとき F は対称行列であり，式 (3.34) を満たす対称行列を**正値対称行列**または**正の定符号をもつ対称行列**という．内積 $(\boldsymbol{x}, \boldsymbol{x})$ は正値二次形式であるから，計量行列 G も正値対称行列である．とくに，単位行列 I も正値対称行列である．

なお，式 (3.33) の代わりに，単に

$$f(\boldsymbol{x}, \boldsymbol{x}) \geqq 0$$

だけを満たす二次形式，すなわち $\boldsymbol{x} \neq \boldsymbol{0}$ でも $f(\boldsymbol{x}, \boldsymbol{x})$ が 0 になることがあってもよいような二次形式を**非負値二次形式**または**正の半定符号をもつ二次形式**といい，対応する行列を**非負値対称行列**または**正の半定符号をもつ対称行列**という．

【例 3-5】

$$C=\begin{bmatrix} c_1 & & & \\ & c_2 & & \\ & & \ddots & \\ & & & c_n \end{bmatrix}$$

は，$c_1 \geqq 0, \cdots, c_n \geqq 0$ のとき非負値対称行列である．なぜなら

$$\vec{x}^{\,\mathrm{t}} C \vec{x} = c_1 {x_1}^2 + c_2 {x_2}^2 + \cdots + c_n {x_n}^2 \geqq 0$$

が常に成立するからである．とくに，$c_1>0, c_2>0, \cdots, c_n>0$ ならば，上式が0になるのは $x_1=x_2=\cdots=x_n=0$ の場合にかぎる．したがって，このときには C は正値対称行列である．

【例 3-6】　A を任意の行列とするとき $A^{\mathrm{t}}A$ は非負値対称行列である．なぜなら

$$\vec{x}^{\,\mathrm{t}}(A^{\mathrm{t}}A)\vec{x} = (A\vec{x})^{\mathrm{t}}(A\vec{x}) = |A\vec{x}|^2 \geqq 0$$

であるからである．等号は $A\vec{x}=\vec{0}$ の場合にだけ成り立つが，A が正則な正方行列であるときには，これは $\vec{x}=\vec{0}$ を意味し，このとき $A^{\mathrm{t}}A$ は正値対称行列である．

2.2　二次形式の直交行列による対角化

二次形式 $f(\boldsymbol{x}, \boldsymbol{x})$ の成分行列は，基底を変えれば合同変換

$$F' = P^{\mathrm{t}} F P \tag{3.35}$$

によって行列 F から行列 F' へ変化する．P は基底の変

換行列である．二次形式 $f(\boldsymbol{x}, \boldsymbol{x})$ の値はどの基底に関する成分を用いて表しても同じであるから，行列 F' がなるべく簡単な形になるような基底を用いて表すのが望ましい．どのような基底を用いれば成分行列が簡単な形になるかを考えよう．これは対称行列 F に対してどのような変換行列 P を選べば行列 F' が簡単な行列になるかという問題と同じである．最も簡単な形は対角行列であるから，行列 F' が対角行列になるような基底があるかどうかを考えてみよう．このような基底を求めることを二次形式 f の**対角化**という．

簡単のために，行列 F をある正規直交基底に関する成分行列とし，変換する基底として正規直交基底だけを考えることにする．前節で示したように，正規直交基底から別の正規直交基底へ基底を変換する行列 P は直交行列である．そこで，適当な直交行列 P によって F を合同変換して対角行列にする問題を考えればよい．

二次形式 f の成分行列が対角行列になるような正規直交基底が存在したとする．この基底に関する成分行列が対角行列

$$F' = \begin{bmatrix} \lambda_1 & & & \\ & \lambda_2 & & \\ & & \ddots & \\ & & & \lambda_n \end{bmatrix} \tag{3.36}$$

であったとすれば，このときの基底を用いて二次形式 f

は

$$f(\boldsymbol{x}, \boldsymbol{x}) = \vec{x}'^{\mathrm{t}} F' \vec{x}' = \sum_{i=1}^{n} \lambda_i ({x_i}')^2$$

のように簡単な形で表される．ただし，$\{{x_i}'\}$ は，ベクトル $\boldsymbol{x}$ のこのときの基底による成分である．

そのような基底を $\{\boldsymbol{p}_1, \boldsymbol{p}_2, \cdots, \boldsymbol{p}_n\}$ としよう．このとき成分行列が式（3. 36）になるということから

$$f(\boldsymbol{p}_i, \boldsymbol{p}_i) = \lambda_i \qquad (i = 1, 2, \cdots, n) \tag{3.37}$$

$$f(\boldsymbol{p}_i, \boldsymbol{p}_j) = 0 \qquad (i \neq j) \tag{3.38}$$

と表すことができる．この関係式を，もとの正規直交基底 $\{\boldsymbol{e}_i\}$ を用いて書こう．ベクトル $\boldsymbol{p}_j$ は，基底 $\{\boldsymbol{e}_i\}$ を用いれば

$$\boldsymbol{p}_j = \sum_{i=1}^{n} p_{ij} \boldsymbol{e}_i$$

と表せる．$\boldsymbol{p}_j$ の成分列ベクトルを $\vec{p}_j$ とすると，これは上式の係数を縦に並べたものだから

$$\vec{p}_1 = \begin{bmatrix} p_{11} \\ p_{21} \\ \vdots \\ p_{n1} \end{bmatrix}, \quad \vec{p}_2 = \begin{bmatrix} p_{12} \\ p_{22} \\ \vdots \\ p_{n2} \end{bmatrix}, \quad \cdots, \quad \vec{p}_n = \begin{bmatrix} p_{1n} \\ p_{2n} \\ \vdots \\ p_{nn} \end{bmatrix}$$

となる．そして，この n 個の成分列ベクトル $\vec{p}_1, \cdots, \vec{p}_n$ を並べた行列

$$P = [\vec{p}_1, \vec{p}_2, \cdots, \vec{p}_n] = \begin{bmatrix} p_{11} & \cdots & p_{1n} \\ & \cdots & \\ & \cdots & \\ p_{n1} & \cdots & p_{nn} \end{bmatrix}$$

をつくれば，これが基底 $\{\boldsymbol{e}_i\}$ から基底 $\{\boldsymbol{p}_j\}$ への基底変換の行列である．

この成分列ベクトルを用いると，式 (3.37)，(3.38) は

$$\vec{p}_i{}^{\mathrm{t}} F \vec{p}_i = \lambda_i \qquad (i = 1, 2, \cdots, n) \tag{3.39}$$

$$\vec{p}_i{}^{\mathrm{t}} F \vec{p}_j = 0 \qquad (i \neq j) \tag{3.40}$$

と書くことができる．一方，基底 $\{\boldsymbol{p}_i\}$ が正規直交基底であるということは

$$\vec{p}_i{}^{\mathrm{t}} \vec{p}_i = 1 \qquad (i = 1, 2, \cdots, n) \tag{3.41}$$

$$\vec{p}_i{}^{\mathrm{t}} \vec{p}_j = 0 \qquad (i \neq j) \tag{3.42}$$

と表すことができる．したがって，与えられた対称行列 F に対し，式 (3.39)～(3.42) を満たす列ベクトル $\vec{p}_1, \vec{p}_2, \cdots, \vec{p}_n$ をみつければよいことになる．

いま，行列 F を列ベクトルの空間から自分自身への線形写像と考え，列ベクトル $\vec{p}_i$ の行列 F による像 $F\vec{p}_i$ が何になるかを考えてみよう．$F\vec{p}_i$ を基底 $\{\vec{p}_1, \vec{p}_2, \cdots, \vec{p}_n\}$ の線形結合で

$$F\vec{p}_i = c_1\vec{p}_1 + c_2\vec{p}_2 + \cdots + c_n\vec{p}_n$$

のように書き，この式の両辺に $\vec{p}_j{}^{\mathrm{t}}$ $(j=1,2,\cdots,n)$ を左側から掛けると，式（3. 41），（3. 42）から

$$\vec{p}_j{}^{\mathrm{t}} F \vec{p}_i = c_j \vec{p}_j{}^{\mathrm{t}} \vec{p}_j = c_j$$

であり，式（3. 39），（3. 40）から

$$c_i = \lambda_i$$

$$c_j = 0 \qquad (j \neq i)$$

であることがわかる．したがって，二次形式 f を対角化する基底 $\{\boldsymbol{p}_i\}$ のもとの基底 $\{\boldsymbol{e}_i\}$ に関する成分列ベクトルは

$$F\vec{p}_i = \lambda_i \vec{p}_i$$

を満たさなければならない．すなわち，列ベクトル $\vec{p}_i$ を行列 F で写像したとき，その方向は変わらないで，大きさが λ_i 倍になる．このような方向のことを行列 F の**固有方向**という．このときの倍率 λ_i を行列 F の**固有値**，列ベクトル $\vec{p}_i$ を固有値 λ_i に対応する行列 F の**固有列ベクトル**という．そして，ベクトル $\boldsymbol{p}_j$ を二次形式 $f(\boldsymbol{x},\boldsymbol{x})$ の**固有ベクトル**という．二次形式 f を対角化するには，その成分行列 F の n 個の固有列ベクトル $\vec{p}_1, \vec{p}_2, \cdots, \vec{p}_n$ を求めればよい．その成分を要素とする行列 P が基底の変換行列である．このとき，変換された行列 F' は行列 F の変換行列 P による合同変換であり，その対角要素に固有値 $\lambda_1, \lambda_2, \cdots, \lambda_n$ が並ぶ．

行列 F の固有値と固有列ベクトルを求めるためには

$$F\vec{p} = \lambda\vec{p} \tag{3. 43}$$

すなわち

$$(\lambda I - F)\vec{p} = \vec{0} \tag{3. 44}$$

という方程式を解けばよい．この方程式を満たす $(\lambda, \vec{p})$ の組（ただし，$\vec{p} \neq \vec{0}$ とする）が固有値とそれに対応する固有列ベクトルである．ところで，行列 $\lambda I - F$ が正則であるならば，逆行列 $(\lambda I - F)^{-1}$ が存在するから，両辺に $(\lambda I - F)^{-1}$ を掛けると $\vec{p} = \vec{0}$ になる．したがって，$\vec{0}$ でない解 $\vec{p}$ が得られるためには，$\lambda I - F$ が正則行列ではないような λ の値を選ばなければならない．$\lambda I - F$ が正則でないのは，行列式

$$\phi(\lambda) = |\lambda I - F| \tag{3. 45}$$

が0になるときである（第2章3節3. 4項参照）．$\phi(\lambda)$ は λ の n 次の多項式であり，これを行列 F の**固有多項式**という．また

$$\phi(\lambda) = 0 \tag{3. 46}$$

を**固有方程式**という．固有方程式は一般に n 個の根 λ_1, $\lambda_2, \cdots, \lambda_n$ をもつ．これが F の固有値である．

列ベクトル $\vec{p}$ が式（3. 43）を満たせば列ベクトル $c\vec{p}$ も式（3. 43）を満たすから，定数 c を適当に選んで固有ベクトル $\vec{p}$ の長さを1にすることができる．そこで，式（3. 46）の固有方程式を解いて n 個の固有値 $\lambda_1, \lambda_2, \cdots, \lambda_n$ を定め，各固有値 λ_i $(i = 1, \cdots, n)$ に対して長さ1の固有列ベクトル $\vec{p}_1, \vec{p}_2, \cdots, \vec{p}_n$ を求める．もし，n 個の固有値 $\lambda_1, \lambda_2, \cdots, \lambda_n$ が相異なれば，これら n 個の固有列ベクトルはたがいに直交している．したがって，これらを成

分列ベクトルとする固有ベクトル $\boldsymbol{p}_1, \boldsymbol{p}_2, \cdots, \boldsymbol{p}_n$ もたがいに直交している．これをつぎの定理で示そう．

【定理 3-2】 二次形式 $f(\boldsymbol{x}, \boldsymbol{x})$ のある正規直交基底に関する成分行列を F とし，固有方程式

$$|\lambda I - F| = 0$$

が n 個の相異なる根 $\lambda_1, \lambda_2, \cdots, \lambda_n$ をもつとき，各固有値 λ_i に対して

$$F\vec{p}_i = \lambda_i \vec{p}_i \quad \text{または} \quad (\lambda_i I - F)\vec{p}_i = \vec{0}$$

を満たす列ベクトル $\vec{p}_i$ を成分とする固有ベクトル $\boldsymbol{p}_i$ を選んで，$\boldsymbol{p}_1, \boldsymbol{p}_2, \cdots, \boldsymbol{p}_n$ が正規直交系

$$(\boldsymbol{p}_i, \boldsymbol{p}_j) = \delta_{ij} \qquad (i, j = 1, \cdots, n)$$

になるようにすることができる．この $\{\boldsymbol{p}_i\}$ を基底に選んだとき，二次形式 $f(\boldsymbol{x}, \boldsymbol{x})$ の成分行列は，対応する固有値を対角要素とする対角行列

$$\varLambda = \begin{bmatrix} \lambda_1 & & \\ & \ddots & \\ & & \lambda_n \end{bmatrix}$$

である．

[証明] 固有値 λ_i のおのおのに対して

$$(\lambda_i I - F)\vec{p}_i = \vec{0}$$

を満たす $\vec{0}$ でない解 $\vec{p}_i$ が少なくとも一つ存在する．なぜなら，行列 $\lambda_i I - F$ の各列の要素を成分とする列ベクトルを $\vec{r}_1, \vec{r}_2, \cdots, \vec{r}_n$ とすると，行列 $\lambda_i I - F$ の行列式が 0

であるから，$\vec{r}_1, \vec{r}_2, \cdots, \vec{r}_n$ は線形独立ではない（第2章3節3.4項参照）．したがって，すべて同時には0でない定数 $c_1, c_2, \cdots, c_n$ があって

$$c_1\vec{r}_1 + c_2\vec{r}_2 + \cdots + c_n\vec{r}_n = \vec{0}$$

を満たす．これは書きかえると

$$[\vec{r}_1, \vec{r}_2, \cdots, \vec{r}_n]\begin{bmatrix} c_1 \\ c_2 \\ \vdots \\ c_n \end{bmatrix} = \vec{0} \quad \text{または} \quad (\lambda_i I - F)\vec{c} = \vec{0}$$

であり，$\vec{c} = [c_i]$ は $\vec{0}$ でない解である．

つぎに，$i \neq j$ の解 $\vec{p}_i$ と $\vec{p}_j$ について考えよう．

$$F\vec{p}_i = \lambda_i\vec{p}_i, \quad F\vec{p}_j = \lambda_j\vec{p}_j$$

であるが，この第一式に ${\vec{p}_j}^{\mathrm{t}}$ を，第二式に ${\vec{p}_i}^{\mathrm{t}}$ をそれぞれ左側から掛けると

$$\vec{p}_j{}^{\mathrm{t}}F\vec{p}_i = \lambda_i\vec{p}_j{}^{\mathrm{t}}\vec{p}_i, \quad \vec{p}_i{}^{\mathrm{t}}F\vec{p}_j = \lambda_j\vec{p}_i{}^{\mathrm{t}}\vec{p}_j \tag{3.47}$$

が得られる．F は対称行列であるから

$$\vec{p}_j{}^{\mathrm{t}}F\vec{p}_i = \vec{p}_i{}^{\mathrm{t}}F\vec{p}_j$$

であり，式（3.47）の左辺どうしは等しい．また

$$\vec{p}_j{}^{\mathrm{t}}\vec{p}_i = \vec{p}_i{}^{\mathrm{t}}\vec{p}_j = \vec{p}_i \cdot \vec{p}_j$$

である．これから式（3.47）の右辺どうしを等しくおくと

$$(\lambda_i - \lambda_j)\vec{p}_i \cdot \vec{p}_j = 0$$

が得られる．$\lambda_i \neq \lambda_j$ であるから

$$\vec{p}_i \cdot \vec{p}_j = 0$$

である．正規直交系で考えているから，これは，相異なる固有値に対する固有ベクトルはたがいに直交すること，すなわち固有ベクトル $\boldsymbol{p}_i$ と $\boldsymbol{p}_j$ が

$$(\boldsymbol{p}_i, \boldsymbol{p}_j) = 0$$

を満たすことを意味する．固有ベクトルは何倍しても固有ベクトルであるから，ノルムが 1，すなわち

$$\|\boldsymbol{p}_i\|^2 = \vec{p}_i{}^{\mathrm{t}}\vec{p}_j = |\vec{p}_i|^2 = 1$$

のものをとることができる．したがって，このように選んだ $\{\boldsymbol{p}_1, \boldsymbol{p}_2, \cdots, \boldsymbol{p}_n\}$ は正規直交基底をなし

$$\mathrm{P} = [\vec{p}_1, \vec{p}_2, \cdots, \vec{p}_n]$$

は直交行列である．

また，このとき式 (3.47) によって

$$f(\boldsymbol{p}_i, \boldsymbol{p}_j) = \lambda_i \delta_{ij} \qquad (3.48)$$

であることがわかる．したがって，$\{\boldsymbol{p}_1, \boldsymbol{p}_2, \cdots, \boldsymbol{p}_n\}$ を基底とするときの f の成分行列は行列 F の固有値 λ_1, $\lambda_2, \cdots, \lambda_n$ を対角要素とする対角行列になっている．

上の定理を行列と列ベクトルについて述べると，つぎのようになる．

【定理 3-3】　対称行列 F の固有方程式

$$|\lambda I - F| = 0$$

が n 個の相異なる根 $\lambda_1, \lambda_2, \cdots, \lambda_n$ をもつとき，各固有値 λ_i に対して

$$F\vec{p}_i = \lambda_i \vec{p}_i \quad \text{または} \quad (\lambda_i I - F)\vec{p}_i = \vec{0}$$

を満たす固有列ベクトル $\vec{p}_i$ を選んで

$$\vec{p}_i \cdot \vec{p}_j = \delta_{ij}$$

になるようにすることができる．この固有列ベクトルの成分を要素とする行列

$$P = [\vec{p}_1, \vec{p}_2, \cdots, \vec{p}_n]$$

は直交行列であり，行列 F は対角行列に合同変換される．

$$P^{\mathrm{t}} P = I, \qquad P^{\mathrm{t}} F P = \begin{bmatrix} \lambda_1 & & & \\ & \lambda_2 & & \\ & & \ddots & \\ & & & \lambda_n \end{bmatrix}$$

【注意】 固有多項式 $\phi(\lambda) = 0$ が重根をもつ場合には，多少の工夫がいる．λ_1 が m 重根であるとすると，方程式

$$(\lambda_1 I - F)\vec{p} = \vec{0}$$

を満たす $\vec{p}$ として，m 個の線形独立なベクトル $\vec{p}_1, \vec{p}_2, \cdots, \vec{p}_m$ が得られる．とくに，$\vec{p}_1, \vec{p}_2, \cdots, \vec{p}_m$ がたがいに直交し，しかもそれぞれの長さが 1 であるようにとることができる．これについては後に述べる．

二次形式の固有値と固有ベクトルの性質を少し詳しく調べておこう．固有値 λ_i は n 次方程式 $\phi(\lambda) = 0$ の根であるから，一般には複素数になるかもしれない．ところが，以下の定理で示すように，実は，固有値はすべて実数になる．

【定理 3-4】 二次形式 f の固有値はすべて実数であり，各

固有値に対して実数を成分とする固有列ベクトルが求まる．とくに，正値二次形式の固有値はすべて正である．

[証明] λ を固有多項式の根の一つとする．n 次の代数方程式は一般には n 個の複素数の根をもつから，これは複素数であるかもしれない．したがって，$\vec{p}$ を定める方程式

$$(\lambda I - F)\vec{p} = \vec{0} \tag{3.49}$$

は複素数係数の方程式かもしれないし，解 $\vec{p}$ の成分も複素数であるかもしれない．そこで $\vec{p}$ を実数部分 $\vec{p}_1$ と虚数部分 $\vec{p}_2$ に分けて

$$\vec{p} = \vec{p}_1 + i\vec{p}_2 \tag{3.50}$$

とおく．$\vec{p}_1, \vec{p}_2$ は実数列ベクトルである．$\vec{p}$ の複素共役ベクトルを

$$\vec{p}^{\,*} = \vec{p}_1 - i\vec{p}_2 \tag{3.51}$$

とおく．まず

$$\begin{aligned}\vec{p}^{\,*\mathrm{t}}\vec{p} = \vec{p}^{\,*}\cdot\vec{p} &= (\vec{p}_1 - i\vec{p}_2)\cdot(\vec{p}_1 + i\vec{p}_2)\\ &= \vec{p}_1\cdot\vec{p}_1 + \vec{p}_2\cdot\vec{p}_2 + i(\vec{p}_1\cdot\vec{p}_2 - \vec{p}_2\cdot\vec{p}_1)\end{aligned}$$

に注目すると

$$\vec{p}_1\cdot\vec{p}_2 = \vec{p}_2\cdot\vec{p}_1$$

であるから，$\vec{p} \neq \vec{0}$ の場合は

$$\vec{p}^{\,*\mathrm{t}}\vec{p} = |\vec{p}_1|^2 + |\vec{p}_2|^2 > 0 \tag{3.52}$$

である．同様にして

$$\begin{aligned}\vec{p}^{\,*\mathrm{t}}F\vec{p} &= (\vec{p}_1{}^{\mathrm{t}} - i\vec{p}_2{}^{\mathrm{t}})F(\vec{p}_1 + i\vec{p}_2)\\ &= \vec{p}_1{}^{\mathrm{t}}F\vec{p}_1 + \vec{p}_2{}^{\mathrm{t}}F\vec{p}_2 + i(\vec{p}_1{}^{\mathrm{t}}F\vec{p}_2 - \vec{p}_2{}^{\mathrm{t}}F\vec{p}_1)\end{aligned}$$

であるが，F は対称行列であるから

$$\vec{p}_1{}^{\mathrm{t}} F \vec{p}_2 = \vec{p}_2{}^{\mathrm{t}} F \vec{p}_1$$

が成立し

$$\vec{p}^{*\mathrm{t}} F \vec{p} = \vec{p}_1{}^{\mathrm{t}} F \vec{p}_1 + \vec{p}_2{}^{\mathrm{t}} F \vec{p}_2$$

になり，これは実数である．とくに，f が正値二次形式，すなわち F が正値対称行列のときは，$\vec{p} \neq \vec{0}$ なら右辺は正であるから

$$\vec{p}^{*\mathrm{t}} F \vec{p} > 0 \tag{3. 53}$$

である．式（3. 49）の左から $\vec{p}^{*\mathrm{t}}$ を掛けると

$$\vec{p}^{*\mathrm{t}}(\lambda I - F)\vec{p} = 0$$

$$\lambda \vec{p}^{*\mathrm{t}} \vec{p} = \vec{p}^{*\mathrm{t}} F \vec{p}$$

$$\lambda = \frac{\vec{p}^{*\mathrm{t}} F \vec{p}}{\vec{p}^{*\mathrm{t}} \vec{p}} \tag{3. 54}$$

になる．すなわち，すべての固有値は実数である．そうすると，式（3. 49）は実数係数の連立一次方程式であるから，実数を成分とする解 $\vec{p}$ が存在する．とくに，f が正値二次形式の場合は式（3. 52），（3. 53），（3. 54）から $\lambda > 0$ である．

【注意】 対称行列 F が与えられたとき，F の対角要素の和を**トレース**，**対角和**，**固有和**，**跡**（せき）などといい，$\mathrm{Tr}F$ で表す．すなわち

$$\mathrm{Tr}F = \sum_{i=1}^{n} F_{ii}$$

である．P を任意の直交行列としよう．

$$F' = P^{\mathrm{t}} F P$$

を行列 F の直交行列 P による合同変換とすると

$$\begin{aligned}\mathrm{Tr}F' &= \sum_{i=1}^{n} F'_{ii} \\ &= \sum_{i=1}^{n}\sum_{j=1}^{n}\sum_{k=1}^{n}(P_{ji}F_{jk}P_{ki})\end{aligned}$$

であり，和の順序を入れかえて，P が直交行列であることを考慮すると

$$\begin{aligned}\mathrm{Tr}F' &= \sum_{j=1}^{n}\sum_{k=1}^{n}\left(\sum_{i=1}^{n} P_{ki}P_{ji}\right)F_{jk} = \sum_{j=1}^{n}\sum_{k=1}^{n}\delta_{kj}F_{jk} \\ &= \sum_{k=1}^{n} F_{kk} = \mathrm{Tr}F\end{aligned}$$

が得られる．したがって，行列 F のトレースは直交行列による合同変換によって変化しない．このことを，“トレースは直交行列による合同変換に関する**不変量**である”という．とくに，行列 F を対角化する直交行列を P とし，行列 F の n 個の固有値を $\lambda_1, \cdots, \lambda_n$ とすると，F' は対角行列で，$\mathrm{Tr}F'$ は固有値の和に等しくなる．したがって，一般に行列 F のトレースは

$$\mathrm{Tr}F = \sum_{i=1}^{n} \lambda_i$$

である．

つぎに，行列 F の行列式を計算してみよう．直交行列 P の行列式 $|P|$ の値は ± 1 であるから（式（2.48）参照）

$$|F'| = |P^{\mathrm{t}}FP| = |P|^2\,|F| = |F|$$

である．したがって，F の行列式は F の直交行列による合同変換によって変化しない．すなわち，行列式も直交行列による合同変換に関する不変量である．とくに，行列 F' が対角行列の場合を考えれば，$|F'|$ は固有値の積になるから

$$|F| = \prod_{i=1}^{n} \lambda_i$$

である．

【例 3-7】　対称行列

$$F = \begin{bmatrix} 2 & 1 \\ 1 & 2 \end{bmatrix} \tag{3.55}$$

を直交行列 P による合同変換を行って対角化する．まず

$$\begin{aligned} \lambda I - F &= \lambda \begin{bmatrix} 1 & 0 \\ 0 & 1 \end{bmatrix} - \begin{bmatrix} 2 & 1 \\ 1 & 2 \end{bmatrix} \\ &= \begin{bmatrix} \lambda-2 & -1 \\ -1 & \lambda-2 \end{bmatrix} \end{aligned}$$

の行列式を計算して固有多項式を求めると

$$\begin{aligned} \phi(\lambda) = |\lambda I - F| &= (\lambda-2)^2 - 1 = \lambda^2 - 4\lambda + 3 \\ &= (\lambda-3)(\lambda-1) \end{aligned}$$

になる．行列 F の固有値 λ_1, λ_2 は固有多項式 $\phi(\lambda)=0$ の根であるから

$$\lambda_1 = 3, \quad \lambda_2 = 1$$

である．$\lambda_1 = 3$ に対応する固有列ベクトルを求めるには，$\vec{p} = [X, Y]^{\mathrm{t}}$ とおき

$$(\lambda_1 I - F)\vec{p} = \begin{bmatrix} 1 & -1 \\ -1 & 1 \end{bmatrix} \begin{bmatrix} X \\ Y \end{bmatrix} = \begin{bmatrix} 0 \\ 0 \end{bmatrix}$$

を解けばよい．この方程式は

$$-X+Y=0$$

であり，長さを１にするように $X^2+Y^2=1$ を満たす解をとれば $X=Y=\dfrac{1}{\sqrt{2}}$ となって

$$\vec{p}_1=\frac{1}{\sqrt{2}}\begin{bmatrix}1\\1\end{bmatrix}$$

が得られる．同様に，$\lambda_2=1$ に対応する固有列ベクトルは

$$[\lambda_2 I-F]\vec{p}=\begin{bmatrix}-1&-1\\-1&-1\end{bmatrix}\begin{bmatrix}X\\Y\end{bmatrix}=\begin{bmatrix}0\\0\end{bmatrix}$$

すなわち

$$X+Y=0$$

であり，長さが１すなわち $X^2+Y^2=1$ になるように解くと $-X=Y=\dfrac{1}{\sqrt{2}}$ となって

$$\vec{p}_2=\frac{1}{\sqrt{2}}\begin{bmatrix}-1\\1\end{bmatrix}$$

が得られる．これから，F を対角化する直交行列は

$$P=[\vec{p}_1,\vec{p}_2]=\frac{1}{\sqrt{2}}\begin{bmatrix}1&-1\\1&1\end{bmatrix}\tag{3.56}$$

であることがわかる．［定理3-3］から，これは直交行

列である．実際に計算してみると

$$P^{\mathrm{t}}P = \frac{1}{\sqrt{2}}\begin{bmatrix} 1 & 1 \\ -1 & 1 \end{bmatrix}\frac{1}{\sqrt{2}}\begin{bmatrix} 1 & -1 \\ 1 & 1 \end{bmatrix} = \begin{bmatrix} 1 & 0 \\ 0 & 1 \end{bmatrix}$$

になっている．この行列 P を用いて行列 F を合同変換すれば

$$F' = P^{\mathrm{t}}FP = \frac{1}{\sqrt{2}}\begin{bmatrix} 1 & 1 \\ -1 & 1 \end{bmatrix}\begin{bmatrix} 2 & 1 \\ 1 & 2 \end{bmatrix}\frac{1}{\sqrt{2}}\begin{bmatrix} 1 & -1 \\ 1 & 1 \end{bmatrix} = \begin{bmatrix} 3 & 0 \\ 0 & 1 \end{bmatrix} \tag{3.57}$$

になっていることが確かめられる．したがって，［定理 3-3］に述べたことがすべて成立しているのがわかる．

【例 3-8】 $\boldsymbol{x}$ をある二次元ベクトル空間 V^2 の元とし，この空間の正規直交基底を $\{\boldsymbol{e}_1, \boldsymbol{e}_2\}$ とする．ベクトル $\boldsymbol{x}$ の基底 $\{\boldsymbol{e}_1, \boldsymbol{e}_2\}$ に関する成分を x_1, x_2 とする．二次形式 $f(\boldsymbol{x}, \boldsymbol{x})$ がベクトル $\boldsymbol{x}$ の成分 x_1, x_2 を用いて

$$f(\boldsymbol{x}, \boldsymbol{x}) = 2{x_1}^2 + 2x_1x_2 + 2{x_2}^2 \tag{3.58}$$

と表されているものとする．行列を用いて書けば

$$f(\boldsymbol{x}, \boldsymbol{x}) = \vec{x}^{\mathrm{t}}\begin{bmatrix} 2 & 1 \\ 1 & 2 \end{bmatrix}\vec{x}$$

であり，二次形式 f のこの基底に関する成分行列は［例 3-7］の式（3.55）の行列 F と同じである．上の例で求めた式（3.56）の P による基底の変換を行ってみよう．式（3.56）によって新しい基底は（式（3.14）参照）

$$\boldsymbol{e}_1{}' = \frac{1}{\sqrt{2}}(\boldsymbol{e}_1+\boldsymbol{e}_2), \qquad \boldsymbol{e}_2{}' = \frac{1}{\sqrt{2}}(-\boldsymbol{e}_1+\boldsymbol{e}_2)$$

である．これも正規直交基底である．これは P が直交行列であることからも明らかであるが，実際に計算しても

$$\begin{aligned}(\boldsymbol{e}_1{}', \boldsymbol{e}_1{}') &= \left(\frac{1}{\sqrt{2}}(\boldsymbol{e}_1+\boldsymbol{e}_2), \frac{1}{\sqrt{2}}(\boldsymbol{e}_1+\boldsymbol{e}_2)\right)\\ &= \frac{1}{2}(\boldsymbol{e}_1, \boldsymbol{e}_1)+(\boldsymbol{e}_1, \boldsymbol{e}_2)+\frac{1}{2}(\boldsymbol{e}_2, \boldsymbol{e}_2) = 1\end{aligned}$$

$$\begin{aligned}(\boldsymbol{e}_2{}', \boldsymbol{e}_2{}') &= \left(\frac{1}{\sqrt{2}}(-\boldsymbol{e}_1+\boldsymbol{e}_2), \frac{1}{\sqrt{2}}(-\boldsymbol{e}_1+\boldsymbol{e}_2)\right)\\ &= \frac{1}{2}(\boldsymbol{e}_1, \boldsymbol{e}_1)-(\boldsymbol{e}_1, \boldsymbol{e}_2)+\frac{1}{2}(\boldsymbol{e}_2, \boldsymbol{e}_2) = 1\end{aligned}$$

$$\begin{aligned}(\boldsymbol{e}_1{}', \boldsymbol{e}_2{}') &= \left(\frac{1}{\sqrt{2}}(\boldsymbol{e}_1+\boldsymbol{e}_2), \frac{1}{\sqrt{2}}(-\boldsymbol{e}_1+\boldsymbol{e}_2)\right)\\ &= -\frac{1}{2}(\boldsymbol{e}_1, \boldsymbol{e}_1)+\frac{1}{2}(\boldsymbol{e}_2, \boldsymbol{e}_2) = 0\end{aligned}$$

になっている．

ベクトル $\boldsymbol{x}$ の新しい基底 $\{\boldsymbol{e}_1{}', \boldsymbol{e}_2{}'\}$ に関する成分を $x_1{}', x_2{}'$ とすれば（式（3.17）参照）

$$\begin{bmatrix} x_1 \\ x_2 \end{bmatrix} = P\begin{bmatrix} x_1{}' \\ x_2{}' \end{bmatrix} = \frac{1}{\sqrt{2}}\begin{bmatrix} 1 & -1 \\ 1 & 1 \end{bmatrix}\begin{bmatrix} x_1{}' \\ x_2{}' \end{bmatrix}$$

$$= \begin{bmatrix} (x_1{}' - x_2{}')/\sqrt{2} \\ (x_1{}' + x_2{}')/\sqrt{2} \end{bmatrix} \qquad (3.59)$$

である．これを式（3.58）に代入すると

$$f(\boldsymbol{x}, \boldsymbol{x}) = 2\left(\frac{x_1{}' - x_2{}'}{\sqrt{2}}\right)^2 + 2\left(\frac{x_1{}' - x_2{}'}{\sqrt{2}}\right)\left(\frac{x_1{}' + x_2{}'}{\sqrt{2}}\right) + 2\left(\frac{x_1{}' + x_2{}'}{\sqrt{2}}\right)^2$$

$$= 3x_1{}'^2 + x_2{}'^2 = \vec{x}'^{\mathrm{t}}\begin{bmatrix} 3 & 0 \\ 0 & 1 \end{bmatrix}\vec{x}' \qquad (3.60)$$

であり，二次形式 f の基底 $\{\boldsymbol{e}_1{}', \boldsymbol{e}_2{}'\}$ に関する成分行列が式（3.57）の対角行列になっている．したがって，［定理 3-2］に述べたことがすべて成立しているのがわかる．

2.3　二次曲線の主軸変換

x 軸，y 軸を座標軸とする二次元平面上で

$$ax^2 + 2hxy + by^2 + fx + gy + c = 0 \qquad (3.61)$$

の形の方程式を満たす点 (x, y) の集合を一般に**二次曲線**という．まず，つぎの例を考えてみよう．

【例 3-9】　x-y 平面上で方程式

$$x^2+xy+y^2=\frac{1}{2} \tag{3.62}$$

を満足する点 (x, y) の軌跡を考えよう．

$$x^2+xy+y^2=[x, y]\begin{bmatrix} 1 & \frac{1}{2} \\ \frac{1}{2} & 1 \end{bmatrix}\begin{bmatrix} x \\ y \end{bmatrix}$$

であるから

$$\vec{x}=\begin{bmatrix} x \\ y \end{bmatrix}, \quad F=\begin{bmatrix} 2 & 1 \\ 1 & 2 \end{bmatrix}$$

とおくと，式（3.62）は

$$\vec{x}^{\,\mathrm{t}}F\vec{x}=1 \tag{3.63}$$

と表される．この行列 F は［例 3-7］［例 3-8］の行列 F と同じである．そこで式（3.56）で求めた変換行列 P によって座標軸を回転してみよう．すなわち，新しい基底として

$$\vec{e}_1{}'=\frac{1}{\sqrt{2}}(\vec{e}_1+\vec{e}_2), \quad \vec{e}_2{}'=\frac{1}{\sqrt{2}}(-\vec{e}_1+\vec{e}_2)$$

をとる．これは座標軸を 45° 回転したことに相当する（図 3-6）．もとの座標で (x, y) によって表されていた点の，この新しい基底に関する成分を x', y' とおくと，式（3.59）によって

$$\begin{bmatrix} x \\ y \end{bmatrix} = P\begin{bmatrix} x' \\ y' \end{bmatrix} = \frac{1}{\sqrt{2}}\begin{bmatrix} 1 & -1 \\ 1 & 1 \end{bmatrix}\begin{bmatrix} x' \\ y' \end{bmatrix} = \begin{bmatrix} (x'-y')/\sqrt{2} \\ (x'+y')/\sqrt{2} \end{bmatrix} \tag{3.64}$$

であり，これを式 (3.62) に代入すると

$$\left(\frac{x'-y'}{\sqrt{2}}\right)^2+\left(\frac{x'-y'}{\sqrt{2}}\right)\left(\frac{x'+y'}{\sqrt{2}}\right)+\left(\frac{x'+y'}{\sqrt{2}}\right)^2=\frac{1}{2}$$

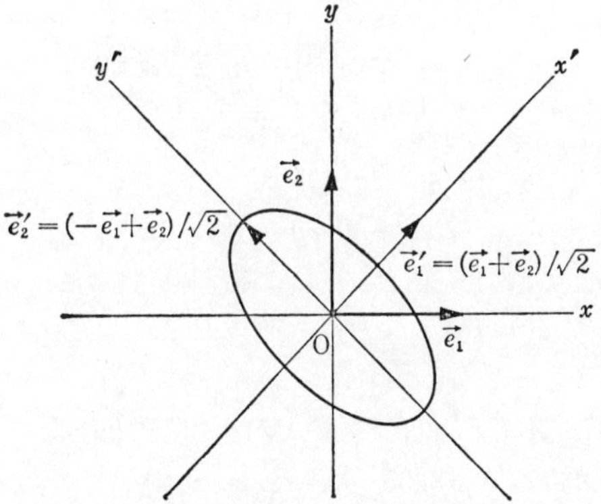

図 3-6　座標軸の 45° 回転

x, y 軸を 45° 回転した x', y' 軸をとる．新しい基底を $\vec{e}_1{}', \vec{e}_2{}'$ とする．この新しい座標系に関して式 (3.62) で表される曲線はだ円の標準形となり，長軸，短軸の半径がそれぞれ $1, 1/\sqrt{3}$ となる．

であり，整理すると

$$3x'^2+y'^2=1$$

が得られる．これが座標 (x', y') で表した曲線の方程式であり，長軸の半径が1，短軸の半径が $1/\sqrt{3}$ のだ円である．$\vec{e_1}', \vec{e_2}'$ がそれぞれ短軸，長軸の方向を示している．

上の例で述べたことは，一般に

$$\vec{x}^{\,\mathrm{t}}F\vec{x}=1 \tag{3.65}$$

を満たす二次曲線にあてはまる．F は対称行列であり

$$F=\begin{bmatrix} a & h \\ h & b \end{bmatrix}, \quad \vec{x}=\begin{bmatrix} x \\ y \end{bmatrix}$$

とおくと，式（3.65）は

$$ax^2+2hxy+cy^2=1 \tag{3.66}$$

になる．これに直交行列 P による座標変換

$$\vec{x}=P\vec{x}' \quad \text{または} \quad \vec{x}'=P^{-1}\vec{x} \tag{3.67}$$

を行うと

$$\vec{x}^{\,\mathrm{t}}F\vec{x}=(P\vec{x}')^{\mathrm{t}}F(P\vec{x})=\vec{x}'^{\mathrm{t}}P^{\mathrm{t}}FP\vec{x}'$$

であるから，式（3.65）は

$$\vec{x}'^{\mathrm{t}}(P^{\mathrm{t}}FP)\vec{x}'=1 \tag{3.68}$$

になる．上の例では，$P^{\mathrm{t}}FP$ が対角行列になるように直交行列 P を選んでいる．［定理3-3］から，そのような直交行列 P は行列 F の固有列ベクトル $\vec{p}_1, \vec{p}_2$ の成分を並べて要素とした行列 $P=[\vec{p}_1, \vec{p}_2]$ である．このとき

$$P^{\mathrm{t}}FP = \Lambda \tag{3.69}$$

であり，Λ は行列 F の固有列ベクトル $\vec{p}_1, \vec{p}_2$ に対する固有値 λ, μ を対角要素とする対角行列である．また，式 (3.68) は

$$\lambda x'^2 + \mu y'^2 = 1 \tag{3.70}$$

になる．これが，式 (3.66) の曲線の新しい座標 (x', y') における方程式である．これは λ, μ の符号によって，いろいろな形を描く．

(1)　$\lambda > 0, \mu > 0$ の場合（$\lambda < \mu$ とする）

これは，長軸の半径が $1/\sqrt{\lambda}$，短軸の半径が $1/\sqrt{\mu}$ のだ円であり，x' 軸が長軸，y' 軸が短軸方向を表す（図3-7）．すなわち，行列 F の二つの固有ベクトルがそれぞれ

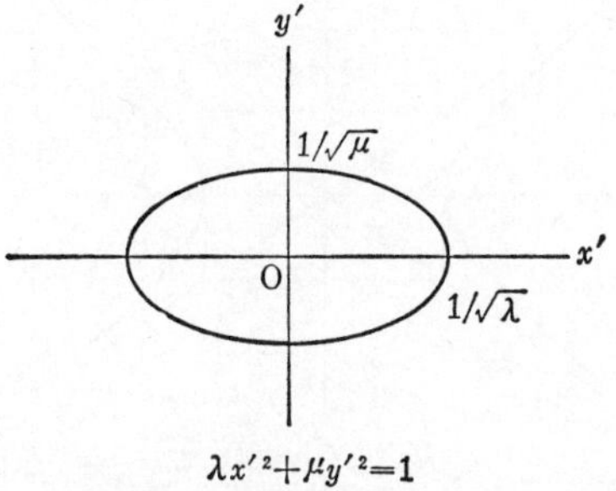

図 3-7　式 (3.70) の描く曲線（$0 < \lambda < \mu$ の場合）

長軸，短軸がそれぞれ x' 軸，y' 軸方向で，長軸，短軸の半径がそれぞれ $1/\sqrt{\lambda}, 1/\sqrt{\mu}$ のだ円を表している．

れ長軸および短軸方向を表す．この意味で，二次形式の固有ベクトルの方向を**主軸方向**といい，主軸方向を座標軸とする座標軸の回転を**主軸変換**という．また，$\lambda=\mu$ の場合は，半径 $1/\sqrt{\lambda}$ の円が得られる．この場合は二つの固有値が等しく，固有ベクトルが一意的には決められない（円には主軸方向がない）．したがって，たがいに直交する座標軸をどのようにとってもよい．

(2)　$\lambda>0, \mu<0$ の場合

この場合には

$$y' = \pm\sqrt{\frac{\lambda}{-\mu}}x'$$

を2本の漸近線とする双曲線が得られる（図3-8）．やは

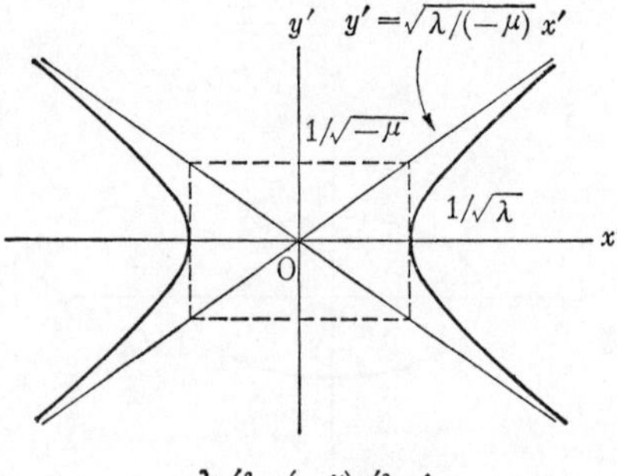

図3-8　式（3.70）の描く曲線（$\mu<0<\lambda$ の場合）

x 切片が $\pm1/\sqrt{\lambda}$ の双曲線を表す．漸近線の傾きは $\pm\sqrt{\lambda/(-\mu)}$ である．

り，x' 軸，y' 軸を**主軸**という．

(3) $\lambda > 0, \mu = 0$ の場合

この場合，方程式は

$$\lambda x'^2 = 1$$

となるから，y' 軸に平行な 2 本の直線

$$x' = \pm\sqrt{\frac{1}{\lambda}}$$

が得られる．

(4) $\lambda \leqq 0, \mu \leqq 0$ の場合

式 (3.70) を満足する点は存在しない．

一般の二次曲線 (3.61) の場合には

$$F = \begin{bmatrix} a & h \\ h & b \end{bmatrix}, \qquad \vec{k} = \begin{bmatrix} f \\ g \end{bmatrix}, \qquad \vec{x} = \begin{bmatrix} x \\ y \end{bmatrix}$$

とおくと

$$\vec{x}^{\,\mathrm{t}} F \vec{x} + \vec{k}^{\mathrm{t}} \vec{x} + c = 0 \tag{3.71}$$

と書くことができる．二次曲線を調べるには，まず座標軸を回転して（主軸変換），行列 F を対角形にする直交変換，すなわち F の固有ベクトルの方向を座標軸にとる．こうすると，方程式は

$$\vec{x}'^{\mathrm{t}} \Lambda \vec{x}' + \vec{k}'^{\mathrm{t}} \vec{x}' + c = 0 \tag{3.72}$$

の形になる．ただし Λ は対角行列である．P を座標軸を回転する直交変換とすると

$$\vec{x}' = P^{-1} \vec{x}$$

は新しい座標軸による点の座標を表すベクトルであり，また $\vec{k}$ は

$$\vec{k}' = \begin{bmatrix} f' \\ g' \end{bmatrix} = P^{-1}\vec{k}$$

となる．行列 F の固有値を λ, μ とすると，方程式 (3.72) は

$$\lambda x'^2 + \mu y'^2 + f'x' + g'y' + c = 0 \qquad (3.73)$$

になる．$\lambda \neq 0, \mu \neq 0$ の場合には

$$\lambda\left(x' + \frac{f'}{2\lambda}\right)^2 + \mu\left(y' + \frac{g'}{2\mu}\right)^2 + \left(c - \frac{f'^2}{4\lambda} - \frac{g'^2}{4\mu}\right) = 0 \qquad (3.74)$$

のように変形することができる．したがって，x' 軸および y' 軸をそれぞれさらに $-f'/(2\lambda)$ および $-g'/(2\mu)$ だけ平行移動して新しい座標 (x'', y'') をとれば，座標の変換は

$$x'' = x' + \frac{f'}{2\lambda}, \quad y'' = y' + \frac{g'}{2\mu}$$

であり，式 (3.74) は

$$\lambda x''^2 + \mu y''^2 + c'' = 0 \qquad (3.75)$$

になる．ただし，$c'' = c - f'^2/(4\lambda) - g'^2/(4\mu)$ である．$c'' \neq 0$ ならば，両辺を $-c''$ で割ることによって，この式は

$$\lambda' x''^2 + \mu' y''^2 = 1$$

の形になる．この形の式は，すでに調べたように，λ', μ'

の正負によって，だ円（円），双曲線，または空集合になる．$c''=0$ の場合は，λ' と μ' とが異符号ならば原点を通る2直線，同符号ならば原点だけである．

固有値の一つが0，たとえば $\mu=0$ の場合には，x' 軸についての平行移動をさらに行って

$$\lambda x'^2+g'y'+c'=0, \quad c'=c-\frac{g'^2}{4\lambda}$$

の形にすることができる．これは放物線，または y' 軸に平行な2直線になる．

このようにして，式（3.71）の2次の項のつくる行列 F の固有値をまず調べ，固有ベクトルの方向に座標軸を回転し（主軸変換），つぎに可能ならば平行移動を行って，二次曲線の方程式を標準的な形に直すことができる．

【注意】　三次元空間においても

$$\vec{x}=\begin{bmatrix} x \\ y \\ z \end{bmatrix}$$

とし，F を対称行列として

$$\vec{x}^{\mathrm{t}}F\vec{x}+\vec{k}^{\mathrm{t}}\vec{x}+c=0$$

を満たす点 $\vec{x}$ の集合を考えることができる．これを**二次曲面**という．この場合も，行列 F の固有ベクトルの方向に座標軸をとる主軸変換を行うことができる．この際，F の三つの固有値 λ, μ, ν が0でなければ，さらに平行移動を行って，方程式を

$$\lambda x'^2+\mu y'^2+\nu z'^2=c'$$

の形にすることができる．これは，λ, μ, ν および c' の符号に応じてだ円体，双曲面，空集合などになる．また，固有値

の一つまたは二つが0になるときは，放物面，二平面などになる．

このような方針で，n 次元ユークリッド空間においても，二次式の満たす点の集合である**二次超曲面**を同様に調べることができる．

2.4 二次形式の固有値と固有ベクトル

これまでは二次形式 $f(\boldsymbol{x}, \boldsymbol{x})$ の成分行列 F を，直交行列 P による合同変換によって対角化する方法を調べた．すなわち，正規直交基底 $\{\boldsymbol{e}_i\}$ に関する二次形式 f の成分行列を F とするとき，直交変換を用いて二次形式 f の成分行列が対角行列で表されるような新しい正規直交基底 $\{\boldsymbol{e}_j{}'\}$ を求めた．このとき，対角行列の対角成分が行列 F の固有値であり，新しい基底ベクトルが固有ベクトルであった．固有ベクトルの方向を新しい座標軸にとる変換を**主軸変換**ともいい，二次曲面なども，座標系をこのように変換すると，標準形に表すことができる．

この問題をもう少し一般化して，固有値と固有ベクトルの性質を調べておこう．正規直交基底とはかぎらないある基底 $\{\boldsymbol{e}_i\}$ が与えられていて，二次形式 f のこの基底に関する成分行列が F であったとしよう．また，この基底に関する計量行列が G であったとする．基底を $\{\boldsymbol{e}_j{}'\}$ に変えることにし，基底変換の行列を P とする（P は直交行列とはかぎらない）．行列 F と G は，新しい基底ではそれぞれ

$$F' = P^{\mathrm{t}}FP, \qquad G' = P^{\mathrm{t}}GP$$

に変わる．とくに，$\{\boldsymbol{e}_j{}'\}$ が正規直交基底であれば，計量行列 G' は単位行列 I に等しくなる．そこで，二次形式 f の成分行列 F を対角行列にするような正規直交基底を求める問題を考えることにする．これは対称行列 F と正値対称行列 G が与えられたときに，G を単位行列に変換し，同時に F を対角行列に変換する合同変換の行列 P を求める問題と言い換えることができる．

物理学や工学の多くの問題では，二つの二次形式が現れて，一方を対角化し，かつ同時に他方を単位行列にする必要が生じる．このような基底を**規準基底**とよぶことがある．どのようなときにこういう問題が現れるかについては，つぎの 2.5 項で物理学の問題を扱うときに示す．

二次形式 f の成分行列 F を対角行列に，計量行列 G を単位行列に変換する基底を求めるために，前項までの結果を用いて，

(1)　まず，基底 $\{\boldsymbol{e}_i\}$ を正規直交基底 $\{\boldsymbol{e}_j{}'\}$ に変換し(たとえば，シュミットの直交化を行う)，

(2)　つぎに，正規直交基底 $\{\boldsymbol{e}_j{}'\}$ に関する成分表現を用いて二次形式 $f(\boldsymbol{x}, \boldsymbol{x})$ の固有ベクトル $\boldsymbol{p}_1, \boldsymbol{p}_2, \cdots, \boldsymbol{p}_n$ を求める．

固有ベクトル $\boldsymbol{p}_1, \boldsymbol{p}_2, \cdots, \boldsymbol{p}_n$ を新しい基底にとれば，これは正規直交基底に選べるから計量行列 G は単位行列 I になり，二次形式 $f(\boldsymbol{x}, \boldsymbol{x})$ の成分行列は対応する固有値 $\lambda_1, \lambda_2, \cdots, \lambda_n$ が対角要素に順に並んだ対角行列 Λ として

表される．

ここで，$\boldsymbol{p}_1, \boldsymbol{p}_2, \cdots, \boldsymbol{p}_n$ を直接に求めることを考える．まず基底 $\{\boldsymbol{e}_i\}$ が，たとえばシュミットの直交化などによって正規直交基底 $\{\boldsymbol{e}_j{}'\}$ に変換できたとして，その変換行列を Q とする．基底 $\{\boldsymbol{e}_j{}'\}$ に関する二次形式 $f(\boldsymbol{x}, \boldsymbol{x})$ の成分行列を F' とする．計量行列は I であり，合同変換によって

$$F' = Q^{\mathrm{t}}FQ, \quad I = Q^{\mathrm{t}}GQ \tag{3.76}$$

と表される．つぎに基底 $\{\boldsymbol{e}_j{}'\}$ に関して，前項までに考えた固有値問題

$$F'\vec{p}\,' = \lambda\vec{p}\,' \quad \text{または} \quad (\lambda I - F')\vec{p}\,' = \vec{0} \tag{3.77}$$

を考えよう．ここで，$\vec{p}\,'$ は固有値 λ に対する固有ベクトル $\boldsymbol{p}$ の基底 $\{\boldsymbol{e}_j{}'\}$ に関する成分列ベクトルである．式（3.77）の I, F' を式（3.76）を用いて書きかえれば

$$(\lambda Q^{\mathrm{t}}GQ - Q^{\mathrm{t}}FQ)\vec{p}\,' = \vec{0}$$

すなわち

$$Q^{\mathrm{t}}(\lambda G - F)Q\vec{p}\,' = \vec{0} \tag{3.78}$$

になる．ここで $\vec{p} = Q\vec{p}\,'$ とおけば，これは固有ベクトル $\boldsymbol{p}$ の基底 $\{\boldsymbol{e}_i\}$ に関する成分列ベクトルである．また変換行列 Q は正則行列であるから，その転置行列 Q^{t} も正則行列 $(|Q| = |Q^{\mathrm{t}}| \neq 0)$ である．したがって，両辺の左から $(Q^{\mathrm{t}})^{-1}$ を掛けることができる．その結果

$$(\lambda G - F)\vec{p} = \vec{0} \quad \text{または} \quad F\vec{p} = \lambda G\vec{p} \tag{3.79}$$

が得られる．これを満たす $\lambda, \vec{p}$ の組を n 個求め，それを $\lambda_1, \lambda_2, \cdots, \lambda_n$，および $\vec{p}_1, \vec{p}_2, \cdots, \vec{p}_n$ とすれば，$\vec{p}_1, \vec{p}_2, \cdots,$

$\vec{p}_n$ は固有ベクトル $\boldsymbol{p}_1, \boldsymbol{p}_2, \cdots, \boldsymbol{p}_n$ の $\{\boldsymbol{e}_i\}$ に関する成分列ベクトルである．すなわち式（3. 79）を考えれば，与えられた基底 $\{\boldsymbol{e}_i\}$ を正規直交基底 $\{\boldsymbol{e}_i{}'\}$ に変換する変換行列 Q を考える必要のないことがわかる．式（3. 79）を満たす $\lambda, \vec{p}$ の組の求め方は，前節までの方法と同様でよい．すなわち，式（3. 79）が $\vec{p} \neq \vec{0}$ という解をもつ条件は

$$\phi(\lambda) = |\lambda G - F| \tag{3.80}$$

とおくとき

$$\phi(\lambda) = 0 \tag{3.81}$$

である．式（3. 80）を計量行列 G に対する行列 F の**固有多項式**，（3. 81）を計量行列 G に対する行列 F の**固有方程式**という．固有方程式（3. 81）の根として n 個の相異なる固有値 $\lambda_1, \lambda_2, \cdots, \lambda_n$ が定まったとき，式（3. 79）を満たす対応する列ベクトル $\vec{p}_1, \vec{p}_2, \cdots, \vec{p}_n$ が定数倍を除いて定まる．これも行列 F の計量行列 G に関する**固有列ベクトル**とよぶ．$\|\boldsymbol{p}\| = 1$ とするためには

$$\|\boldsymbol{p}\|^2 = (\boldsymbol{p}, \boldsymbol{p}) = \vec{p}^{\,\mathrm{t}} G \vec{p}$$

によって，列ベクトル $\vec{p}_1, \vec{p}_2, \cdots, \vec{p}_n$ それぞれを

$$\vec{p}_i{}^{\mathrm{t}} G \vec{p}_i = 1 \qquad (i = 1, \cdots, n) \tag{3.82}$$

になるように選べばよい．二つの固有ベクトル $\boldsymbol{p}_i$ と $\boldsymbol{p}_j$ $(i \neq j)$ がたがいに直交し

$$(\boldsymbol{p}_i, \boldsymbol{p}_j) = \vec{p}_i{}^{\mathrm{t}} G \vec{p}_j = 0 \tag{3.83}$$

になることも前と同様に証明できる（つぎの［注意］参照）．また，固有値が実数になることも同様である．

この列ベクトルの成分を要素として順に並べた行列

$P=[\vec{p}_1, \vec{p}_2, \cdots, \vec{p}_n]$ が求める変換行列であるから

$$P^{\mathrm{t}}FP=\begin{bmatrix} \lambda_1 & & & \\ & \lambda_2 & & \\ & & \ddots & \\ & & & \lambda_n \end{bmatrix}$$

$$P^{\mathrm{t}}GP=I \tag{3.84}$$

となる.

【注意】 二次形式 f の固有値と固有ベクトルは, どの基底を用いて計算しても同じである. たとえば, ある基底 $\{\boldsymbol{e}_i\}$ を用いて式 (3.80) の固有多項式をつくったとする. 別の基底 $\{\tilde{\boldsymbol{e}}_j\}$ を

$$\tilde{\boldsymbol{e}}_j=\sum_{i=1}^{n} q_{ij}\boldsymbol{e}_i \tag{3.85}$$

とする. ここに $Q=[q_{ij}]$ は基底変換の行列である. この基底を用いると, 行列 F, G はそれぞれ

$$\tilde{F}=Q^{\mathrm{t}}FQ, \qquad \tilde{G}=Q^{\mathrm{t}}GQ \tag{3.86}$$

に変換される. この基底に関する二次形式 f の固有方程式 $|\lambda\tilde{G}-\tilde{F}|=0$ は

$$\begin{aligned} |\lambda\tilde{G}-\tilde{F}| &= |\lambda Q^{\mathrm{t}}GQ-Q^{\mathrm{t}}FQ|=|Q^{\mathrm{t}}(\lambda G-F)Q| \\ &= |Q||\lambda G-F||Q|=0 \end{aligned}$$

になる. $|Q|\neq 0$ であるから, どちらの基底に関する成分で計算しても固有値は同じである. 固有値 λ に対する固有ベクトルは式 (3.79) の解 $\vec{p}$ を成分とするベクトルであるが, 式 (3.79) の左から Q^{t} を掛けると

$$Q^{\mathrm{t}}(\lambda G-F)\vec{p}=\vec{0}$$

$$(\lambda Q^{\mathrm{t}}GQ - Q^{\mathrm{t}}FQ)Q^{-1}\vec{p} = \vec{0}$$

$$\therefore \quad (\lambda\tilde{G} - \tilde{F})\vec{\tilde{p}} = \vec{0}$$

になる．すなわち，別の基底 $\{\tilde{\boldsymbol{e}}_j\}$ で成分ベクトル $\vec{\tilde{p}} = Q^{-1}\vec{p}$ を求める問題になるが，基底 $\{\boldsymbol{e}_i\}$ に関して成分列ベクトル $\vec{p}$ をもつベクトルも，基底 $\{\tilde{\boldsymbol{e}}_j\}$ に関して $\vec{\tilde{p}}$ を成分列ベクトルにもつベクトルも同一であるから（第3章1節1.1項参照），どちらの基底に関して固有ベクトルを計算してもよい．

以上によって，一般の基底の場合の［定理 3-2］と［定理 3-3］はつぎのようになる．

【定理 3-5】 二次形式 $f(\boldsymbol{x}, \boldsymbol{x})$ のある基底に関する成分行列を F とし，その基底の計量行列を G とする．固有方程式

$$|\lambda G - F| = 0$$

は n 個の相異なる根 $\lambda_1, \lambda_2, \cdots, \lambda_n$ をもつものとする．このとき，各固有値 λ_i に対して

$$F\vec{p}_i = \lambda_i G\vec{p}_i \quad \text{または} \quad (\lambda_i G - F)\vec{p}_i = \vec{0}$$

を満たす列ベクトル $\vec{p}_i$ を成分にもつ固有ベクトル $\boldsymbol{p}_i$ を選んで，$\boldsymbol{p}_1, \boldsymbol{p}_2, \cdots, \boldsymbol{p}_n$ が正規直交系

$$(\boldsymbol{p}_i, \boldsymbol{p}_j) = \delta_{ij} \qquad (i, j = 1, \cdots, n)$$

になるようにすることができる．これを基底に選んだとき，二次形式 $f(\boldsymbol{x}, \boldsymbol{x})$ の成分行列は，対応する固有値が対角要素に並んだ対角行列

$$\Lambda = \begin{bmatrix} \lambda_1 & & & \\ & \lambda_2 & & \\ & & \ddots & \\ & & & \lambda_n \end{bmatrix}$$

である.

【定理 3-6】 対称行列 F の計量行列 G に関する固有方程式

$$|\lambda G - F| = 0$$

は n 個の相異なる根 $\lambda_1, \lambda_2, \cdots, \lambda_n$ をもつものとする．このとき，各 λ_i に対して

$$F\vec{p}_i = \lambda_i G\vec{p}_i \quad \text{または} \quad (\lambda_i G - F)\vec{p}_i = \vec{0}$$

を満たす固有列ベクトル $\vec{p}_i$ を選んで

$$\vec{p}_i{}^{\mathrm{t}} G\vec{p}_j = \delta_{ij}$$

が成り立つようにすることができる．この固有列ベクトルの成分を要素として並べた行列

$$P = [\vec{p}_1, \vec{p}_2, \cdots, \vec{p}_n]$$

によって，行列 F は，つぎのように対角行列に合同変換される.

$$P^{\mathrm{t}}GP = I, \qquad P^{\mathrm{t}}FP = \begin{bmatrix} \lambda_1 & & & \\ & \lambda_2 & & \\ & & \ddots & \\ & & & \lambda_n \end{bmatrix}$$

［定理 3-4］はそのまま成立する．

【例 3-10】 計量行列が

$$G=\begin{bmatrix} 2 & 1 \\ 1 & 5 \end{bmatrix}$$

であるような基底 $\{\mathbf{e}_i\}$ で表した二次形式 f の行列が

$$F=\begin{bmatrix} 4 & -1 \\ -1 & 7 \end{bmatrix}$$

であったとする．G を単位行列に，F を対角行列にする変換行列 P を求めよう．

固有多項式は

$$\phi(\lambda)=|\lambda G-F|=\begin{vmatrix} 2\lambda-4 & \lambda+1 \\ \lambda+1 & 5\lambda-7 \end{vmatrix}$$

$$=(2\lambda-4)(5\lambda-7)-(\lambda+1)^2=9(\lambda-3)(\lambda-1)$$

であるから，固有方程式

$$\phi(\lambda)=0$$

を解いて固有値を求めると $\lambda=3,1$ である．固有列ベクトルは

$$(\lambda G-F)\vec{p}=\vec{0}$$

から求める．$\vec{p}=[X,Y]^{\mathrm{t}}$ とおくと，$\lambda=3$ のときは

$$\begin{bmatrix} 2 & 4 \\ 4 & 8 \end{bmatrix}\begin{bmatrix} X \\ Y \end{bmatrix} = \begin{bmatrix} 0 \\ 0 \end{bmatrix}$$

であるから

$$X + 2Y = 0$$

そこで，$X = -2Y$ とおけば

$$\vec{p} = Y\begin{bmatrix} -2 \\ 1 \end{bmatrix}$$

$$\vec{p}^{\,\mathrm{t}} G \vec{p} = Y^2 [-2, 1] \begin{bmatrix} 2 & 1 \\ 1 & 5 \end{bmatrix}\begin{bmatrix} -2 \\ 1 \end{bmatrix} = 9Y^2$$

であるから，$Y = 1/3$ とおいて

$$\vec{p} = \frac{1}{3}\begin{bmatrix} -2 \\ 1 \end{bmatrix}$$

が得られる．同様に，$\lambda = 1$ のときは

$$\begin{bmatrix} -2 & 2 \\ 2 & -2 \end{bmatrix}\begin{bmatrix} X \\ Y \end{bmatrix} = \begin{bmatrix} 0 \\ 0 \end{bmatrix}$$

$$-X + Y = 0$$

そこで

$$\vec{p} = Y\begin{bmatrix} 1 \\ 1 \end{bmatrix}$$

とおくと

$$\vec{p}^{\,\mathrm{t}} G \vec{p} = Y^2 [1, 1] \begin{bmatrix} 2 & 1 \\ 1 & 5 \end{bmatrix} \begin{bmatrix} 1 \\ 1 \end{bmatrix} = 9Y^2$$

であるから，$Y = 1/3$ として

$$\vec{p} = \frac{1}{3} \begin{bmatrix} 1 \\ 1 \end{bmatrix}$$

が得られる．これらを並べて，求める変換行列

$$P = \frac{1}{3} \begin{bmatrix} -2 & 1 \\ 1 & 1 \end{bmatrix}$$

が得られる．実際に計算してみると

$$P^{\mathrm{t}} G P = \frac{1}{3} \begin{bmatrix} -2 & 1 \\ 1 & 1 \end{bmatrix} \begin{bmatrix} 2 & 1 \\ 1 & 5 \end{bmatrix} \frac{1}{3} \begin{bmatrix} -2 & 1 \\ 1 & 1 \end{bmatrix}$$

$$= \begin{bmatrix} 1 & 0 \\ 0 & 1 \end{bmatrix}$$

$$P^{\mathrm{t}} F P = \frac{1}{3} \begin{bmatrix} -2 & 1 \\ 1 & 1 \end{bmatrix} \begin{bmatrix} 4 & -1 \\ -1 & 7 \end{bmatrix} \frac{1}{3} \begin{bmatrix} -2 & 1 \\ 1 & 1 \end{bmatrix}$$

$$= \begin{bmatrix} 3 & 0 \\ 0 & 1 \end{bmatrix}$$

になっている．したがって，P が求める行列である．

【注意】 これまで，固有方程式の n 個の根はすべて相異なると仮定した．しかし，このうちの何個かが重根になることも起こりうる．このような場合には，固有値は**縮退**または**退化**しているという．とくに，固有値 λ_i が固有方程式の m 重根であるとき，固有値 λ_i は m 重に縮退または退化しているという．固有値が縮退しているときは，計算手順が多少複雑になり，数値計算上で注意をしなければならないが，この場合にも，これまでに述べてきたように，行列 F を対角行列にし，同時に行列 G を単位行列にすることができる．

いま固有値 λ_i が m 重根であったとしよう．このとき，固有値 λ_i に対応する固有列ベクトルを決める方程式

$$(\lambda_i G - F)\vec{p} = \vec{0}$$

は m 個の独立な解 $\vec{p}_1, \vec{p}_2, \cdots, \vec{p}_m$ をもつことがわかる．しかも，$\vec{p}_1, \vec{p}_2, \cdots, \vec{p}_m$ の線形結合はすべてこの方程式の解である．これらを成分列ベクトルとする固有ベクトルは，すべて他の固有値 λ_j に対応する固有ベクトルと直交していることが示せる．したがって，これらの解からたとえばシュミットの直交化によって m 個の直交するベクトルを選び出すことにすれば，全体で n 個の正規直交ベクトルが得られる．固有値 $\lambda_1, \lambda_2, \cdots, \lambda_n$ がすべて異なる場合は，正規直交系をなす固有ベクトル $\{\boldsymbol{e}_j'\}$ は，符号を除いて一意的に定まる．しかし，固有値 λ_i が m 重根の場合，λ_i に属する固有ベクトルのとり方は一意的ではない．$\boldsymbol{e}_1', \boldsymbol{e}_2', \cdots, \boldsymbol{e}_m'$ を固有値 λ_i に属する正規直交固有ベクトルの組としたとき，この m 個のベクトルのつくる m 次元空間の中で，これらを直交変換したものはすべて，正規直交固有ベクトルである．

例として，$n=2$ の場合を考える．

$$F = 2I, \qquad G = I$$

とすると

$$|\lambda G-F|=\begin{vmatrix}\lambda-2 & 0\\ 0 & \lambda-2\end{vmatrix}=(\lambda-2)^2=0$$

であるから，$\lambda=2$ が固有方程式の二重根である．このとき

$$2G-F=\begin{bmatrix}0 & 0\\ 0 & 0\end{bmatrix}$$

であるから，任意の列ベクトル $\vec{p}$ が固有値 2 に対応する固有列ベクトルになる．とくに

$$\vec{p}_1=\begin{bmatrix}1\\ 0\end{bmatrix},\qquad \vec{p}_2=\begin{bmatrix}0\\ 1\end{bmatrix}$$

を正規直交基底にとることができる．しかし，これらを回転して，他の正規直交基底をとることも可能である．

2.5 力学系における固有値問題

基底変換によって二次形式を簡単な形に変換する問題をこれまでに扱ってきた．ここでは，物理学に関係のある例題を用いて，二次形式の固有値問題がどのように役に立つかを調べておこう．

力学系では，運動エネルギーやポテンシャルエネルギーが変数の二次形式で表され，これを用いて運動方程式が書かれることが多い．二つの例をあげよう．

【例 3-11】 図 3-9 のようなばねで結ばれた質点系の振動を考える．この系の状態をベクトル $\boldsymbol{x}$ で表すと，これは［例 1-7］の図 1-14 のように基底をとって $\vec{x}=$

$\begin{bmatrix} x_1 \\ x_2 \end{bmatrix}$ と成分で表現することができる．時刻 t での運動エネルギーは

$$\begin{aligned} T &= \frac{1}{2}m_1\dot{x}_1{}^2 + \frac{1}{2}m_2\dot{x}_2{}^2 \\ &= \frac{1}{2}[\dot{x}_1,\ \dot{x}_2]\begin{bmatrix} m_1 & 0 \\ 0 & m_2 \end{bmatrix}\begin{bmatrix} \dot{x}_1 \\ \dot{x}_2 \end{bmatrix} \end{aligned} \tag{3.87}$$

であるから，これは $\boldsymbol{x}$ の二次形式である．ただし，ドットは $\boldsymbol{x}$ の時間微分を表す ($\dot{x} = \mathrm{d}x/\mathrm{d}t$)．ばねに貯えられたポテンシャルエネルギーは，ばね定数をそれぞれ k_1, k_2 とすれば，第一のばねは x_1 だけ，第二のばねは $x_2 - x_1$ だけ引き伸ばされているから

$$\begin{aligned} U &= \frac{1}{2}k_1 x_1{}^2 + \frac{1}{2}k_2(x_2 - x_1)^2 \\ &= \frac{1}{2}(k_1 + k_2)x_1{}^2 - k_2 x_1 x_2 + \frac{1}{2}k_2 x_2{}^2 \end{aligned}$$

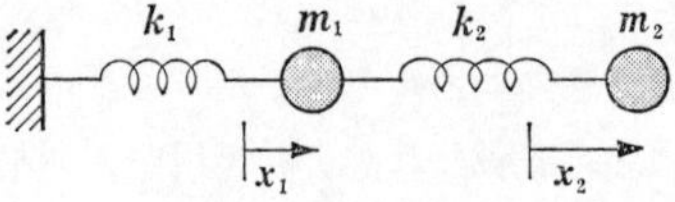

図3-9　ばね系の振動

質量 m_1, m_2 のおもりがばね定数 k_1, k_2 のばねによって直列に結ばれている．おもりの位置を平衡の位置から右にはかって，それぞれ x_1, x_2 とする．すると第一のばねは x_1 だけ，第二のばねは $x_2 - x_1$ だけ引き伸ばされていることになる．

$$= \frac{1}{2}[x_1,\ x_2]\begin{bmatrix} k_1+k_2 & -k_2 \\ -k_2 & k_2 \end{bmatrix}\begin{bmatrix} x_1 \\ x_2 \end{bmatrix} \qquad (3.88)$$

である．これも $\boldsymbol{x}$ の二次形式である．運動方程式は

（質量）×（加速度）＝（働く力）

であるから，摩擦がなければ

$$m_1\ddot{x}_1 = -k_1x_1 + k_2(x_2 - x_1)$$

$$m_2\ddot{x}_2 = -k_2(x_2 - x_1)$$

と書かれる．整理して

$$m_1\ddot{x}_1 + (k_1+k_2)x_1 - k_2x_2 = 0$$

$$m_2\ddot{x}_2 - k_2x_1 + k_1x_2 = 0$$

であり，行列の形で表せば

$$\begin{bmatrix} m_1 & 0 \\ 0 & m_2 \end{bmatrix}\begin{bmatrix} \ddot{x}_1 \\ \ddot{x}_2 \end{bmatrix} + \begin{bmatrix} k_1+k_2 & -k_2 \\ -k_2 & k_1 \end{bmatrix}\begin{bmatrix} x_1 \\ x_2 \end{bmatrix} = \begin{bmatrix} 0 \\ 0 \end{bmatrix} \qquad (3.89)$$

と書かれる．この問題では，二つの対称行列

$$M = \begin{bmatrix} m_1 & 0 \\ 0 & m_2 \end{bmatrix}, \qquad K = \begin{bmatrix} k_1+k_2 & -k_2 \\ -k_2 & k_1 \end{bmatrix}$$

が式（3.87），（3.88）のエネルギーの式に現れたが，それがそのまま運動方程式（3.89）にも現れている．

【例 3-12】 図 3-10 のような電気回路を考える．インダクタンス L のコイルに貯えられる磁気エネルギーは $(1/2)\times L\times(\text{電流})^2$ である．左端と右端のコンデンサーにたまる電荷をそれぞれ q_1, q_2 とすると，コイルに流れる電流 i_1, i_2 は，$i_1=\dot{q}_1, i_2=\dot{q}_2$ であるから，図のコイルの磁気エネルギーは二次形式

$$
\begin{aligned}
T &= \frac{1}{2}L_1\dot{q}_1{}^2+\frac{1}{2}L_2\dot{q}_2{}^2 \\
&= \frac{1}{2}[\dot{q}_1, \dot{q}_2]\begin{bmatrix} L_1 & 0 \\ 0 & L_2 \end{bmatrix}\begin{bmatrix} \dot{q}_1 \\ \dot{q}_2 \end{bmatrix} \qquad (3.90)
\end{aligned}
$$

で表される．容量 C のコンデンサーの静電エネルギーは $(1/2)\times(\text{電荷})^2/C$ であるから，回路の三つのコンデンサーに貯えられる静電エネルギーは，二次形式

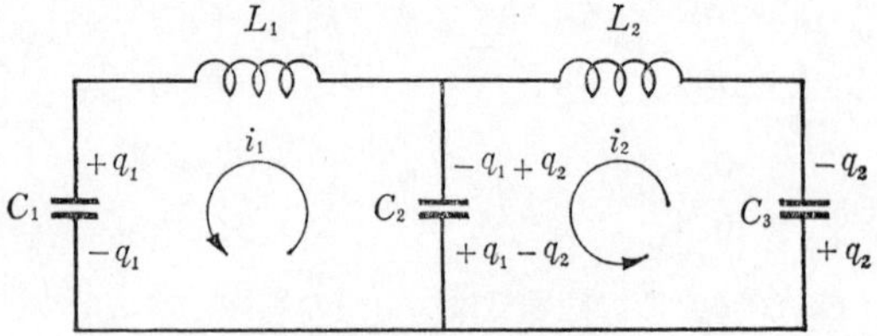

図 3-10 電気振動回路

コイルのインダクタンスをそれぞれ L_1, L_2 とする．コンデンサーの容量をそれぞれ C_1, C_2, C_3 とする．C_1, C_3 の電荷を図のようにおけば C_2 の電荷はきまる．電流 i_1, i_2 は電荷 q_1, q_2 が増加する方向を正とする．

$$U=\frac{1}{2}\frac{{q_1}^2}{C_1}+\frac{1}{2}\frac{(q_1-q_2)^2}{C_2}+\frac{1}{2}\frac{{q_2}^2}{C_3}$$
$$=\frac{1}{2}\left(\frac{1}{C_1}+\frac{1}{C_2}\right){q_1}^2-\frac{1}{C_2}q_1q_2$$
$$+\frac{1}{2}\left(\frac{1}{C_2}+\frac{1}{C_3}\right){q_2}^2$$
$$=\frac{1}{2}[q_1,\ q_2]\begin{bmatrix}\frac{1}{C_1}+\frac{1}{C_2} & -\frac{1}{C_2}\\ -\frac{1}{C_2} & \frac{1}{C_2}+\frac{1}{C_3}\end{bmatrix}\begin{bmatrix}q_1\\ q_2\end{bmatrix} \tag{3.91}$$

である．電流や電荷の時間変化を記述する回路の方程式は，**キルヒホッフの電圧則**によって，各閉路を一巡する起電力の和が0になるというものである．コイルの電圧とコンデンサーの電圧を加えて

$$\frac{q_1}{C_1}+L_1\dot{i}_1+\frac{q_1-q_2}{C_2}=0$$
$$\frac{q_2-q_1}{C_2}+L_2\dot{i}_2+\frac{q_2}{C_3}=0$$

である．整理すれば

$$L_1\ddot{q}_1+\left(\frac{1}{C_1}+\frac{1}{C_2}\right)q_1-\frac{1}{C_2}q_2=0$$
$$L_2\ddot{q}_2-\frac{1}{C_2}q_1+\left(\frac{1}{C_2}+\frac{1}{C_3}\right)q_2=0$$

になり，行列の形に書いて

$$\begin{bmatrix} L_1 & 0 \\ 0 & L_2 \end{bmatrix} \begin{bmatrix} \ddot{q}_1 \\ \ddot{q}_2 \end{bmatrix} + \begin{bmatrix} \dfrac{1}{C_1}+\dfrac{1}{C_2} & -\dfrac{1}{C_2} \\ -\dfrac{1}{C_2} & \dfrac{1}{C_2}+\dfrac{1}{C_3} \end{bmatrix} \begin{bmatrix} q_1 \\ q_2 \end{bmatrix} = \begin{bmatrix} 0 \\ 0 \end{bmatrix} \tag{3.92}$$

になる．ここでも，二つの対称行列

$$M = \begin{bmatrix} L_1 & 0 \\ 0 & L_2 \end{bmatrix},$$
$$K = \begin{bmatrix} \dfrac{1}{C_1}+\dfrac{1}{C_2} & -\dfrac{1}{C_2} \\ -\dfrac{1}{C_2} & \dfrac{1}{C_2}+\dfrac{1}{C_3} \end{bmatrix}$$

が式（3.90），（3.91）のエネルギーの式に現れたが，それがそのまま回路の方程式（3.92）にも現れている．

上の二つの例からつぎのことがわかる．力学系，あるいは電気回路の状態が変数 $x_1, x_2, \cdots, x_n$ で指定されていて，運動エネルギー（あるいは磁気エネルギー）がこれらを成分とする成分列ベクトル $\vec{x}$ の時間微分 $\dot{\vec{x}}$ の二次形式

$$T=\frac{1}{2}[\dot{x}_1,\cdots,\dot{x}_n]\begin{bmatrix} m_{11} & \cdots & m_{1n} \\ & \cdots & \\ & \cdots & \\ m_{n1} & \cdots & m_{nn} \end{bmatrix}\begin{bmatrix} \dot{x}_1 \\ \vdots \\ \dot{x}_n \end{bmatrix}$$

$$=\frac{1}{2}\dot{\vec{x}}^{\mathrm{t}}M\dot{\vec{x}} \qquad (M^{\mathrm{t}}=M) \tag{3.93}$$

と表され，ポテンシャルエネルギー（静電エネルギー）が $\vec{x}$ の二次形式

$$U=\frac{1}{2}[x_1,\cdots,x_n]\begin{bmatrix} k_{11} & \cdots & k_{1n} \\ & \cdots & \\ & \cdots & \\ k_{n1} & \cdots & k_{nn} \end{bmatrix}\begin{bmatrix} x_1 \\ \vdots \\ x_n \end{bmatrix}$$

$$=\frac{1}{2}\vec{x}^{\mathrm{t}}K\vec{x} \qquad (K^{\mathrm{t}}=K) \tag{3.94}$$

で表されているものとする．変数の数 n のことを系の**自由度**という．力学系の場合には，行列 M, K をそれぞれ**質量行列**（あるいは**慣性行列**），**剛性行列**とよぶ．エネルギーは負になることがないから，M, K は正値対称行列であるのが普通である．このとき，系の方程式は，摩擦あるいは電気抵抗がなければ，式（3.93），（3.94）の行列 M, K を用いて

$$\begin{bmatrix} m_{11} & \cdots & m_{1n} \\ & \cdots & \\ & \cdots & \\ m_{n1} & \cdots & m_{nn} \end{bmatrix} \begin{bmatrix} \ddot{x}_1 \\ \vdots \\ \ddot{x}_n \end{bmatrix} + \begin{bmatrix} k_{11} & \cdots & k_{1n} \\ & \cdots & \\ & \cdots & \\ k_{n1} & \cdots & k_{nn} \end{bmatrix} \begin{bmatrix} x_1 \\ \vdots \\ x_n \end{bmatrix} = \begin{bmatrix} 0 \\ \vdots \\ 0 \end{bmatrix}$$

あるいは

$$M\ddot{\vec{x}} + K\vec{x} = \vec{0} \tag{3.95}$$

と表すことができる.

ところで，ばねで結ばれた質点系や電気回路では，一般に同じ状態 $\boldsymbol{x}$ を表すのにいろいろな基底のとり方がある．それぞれの基底に関しては別々の成分表現が得られる．第3章1節1.1項にまとめたように，現在の基底を $\{\boldsymbol{e}_i\}$，状態 $\boldsymbol{x}$ のこの基底に関する成分列ベクトルを $\vec{x}$ とし，基底の変換行列を P とすれば，新しい基底は

$$\boldsymbol{e}_j{}' = \sum_{i=1}^{n} p_{ij}\boldsymbol{e}_i \tag{3.96}$$

であり，この新しい基底に関するベクトル $\boldsymbol{x}$ の新しい成分列ベクトルを $\vec{x}'$ とすれば

$$\vec{x} = P\vec{x}' \tag{3.97}$$

である．したがって，新しい基底に関して運動エネルギー T，ポテンシャルエネルギー U は，

$$T = \frac{1}{2}(P\dot{\vec{x}}')^{\mathrm{t}} M (P\dot{\vec{x}}') = \frac{1}{2}\dot{\vec{x}}'^{\mathrm{t}}(P^{\mathrm{t}} M P)\dot{\vec{x}}'$$

$$U = \frac{1}{2}(P\vec{x}')^{\mathrm{t}} K (P\vec{x}') = \frac{1}{2}\vec{x}'^{\mathrm{t}}(P^{\mathrm{t}} K P)\vec{x}'$$

のように表される．そこで，$P^{\mathrm{t}}KP$ が対角行列に，かつ同時に $P^{\mathrm{t}}MP$ が単位行列に合同変換されるような変換行列 P を選ぼう．これには行列 M を計量とする行列 K の固有値と固有列ベクトルを計算すればよい．固有方程式は

$$\phi(\lambda) = |\lambda M - K| = 0 \tag{3.98}$$

である．行列 K は正値対称行列であるから，その固有値はすべて正である．そこで固有値を $\lambda = {\omega_1}^2, {\omega_2}^2, \cdots, {\omega_n}^2$ とする．固有列ベクトルは

$$({\omega_i}^2 M - K)\vec{p}_i = \vec{0} \qquad (i = 1, \cdots, n) \tag{3.99}$$

を解いて，その長さを

$$\vec{p}_i{}^{\mathrm{t}} M \vec{p}_i = 1 \qquad (i = 1, \cdots, n) \tag{3.100}$$

になるように定める．こうして得られた $\vec{p}_1, \vec{p}_2, \cdots, \vec{p}_n$ を並べた行列を $P = [\vec{p}_1, \vec{p}_2, \cdots, \vec{p}_n]$ とすればよい．このとき

$$P^{\mathrm{t}}KP = \begin{bmatrix} {\omega_1}^2 & & \\ & \ddots & \\ & & {\omega_n}^2 \end{bmatrix}, \quad P^{\mathrm{t}}MP = \begin{bmatrix} 1 & & \\ & \ddots & \\ & & 1 \end{bmatrix}$$

になっている．すなわち，運動エネルギーとポテンシャルエネルギーは

$$T = \frac{1}{2}\dot{\vec{x}}'^{\mathrm{t}}\begin{bmatrix} 1 & & \\ & \ddots & \\ & & 1 \end{bmatrix}\dot{\vec{x}}'$$

$$= \frac{1}{2}\{\dot{x}_1{}'^2 + \dot{x}_2{}'^2 + \cdots + \dot{x}_n{}'^2\} \qquad (3.101)$$

$$U = \frac{1}{2}\vec{x}'^{\mathrm{t}}\begin{bmatrix} \omega_1{}^2 & & \\ & \ddots & \\ & & \omega_n{}^2 \end{bmatrix}\vec{x}'$$

$$= \frac{1}{2}\{(\omega_1 x_1{}')^2 + (\omega_2 x_2{}')^2 + \cdots + (\omega_n x_n{}')^2\} \qquad (3.102)$$

と表すことができる．したがって，運動方程式は

$$\begin{bmatrix} 1 & & \\ & \ddots & \\ & & 1 \end{bmatrix}\begin{bmatrix} \ddot{x}_1{}' \\ \vdots \\ \ddot{x}_n{}' \end{bmatrix} + \begin{bmatrix} \omega_1{}^2 & & \\ & \ddots & \\ & & \omega_n{}^2 \end{bmatrix}\begin{bmatrix} x_1{}' \\ \vdots \\ x_n{}' \end{bmatrix}$$

$$= \begin{bmatrix} 0 \\ \vdots \\ 0 \end{bmatrix} \qquad (3.103)$$

になる．これは各 $x_k{}'$ ごとに別々の方程式であり

$$\ddot{x}_k{}' + \omega_1{}^2 x_k{}' = 0 \qquad (k = 1, \cdots, n) \qquad (3.104)$$

である．この微分方程式を解くと，解は

$$x_k{}' = c_k \sin(\omega_k t + \theta_k) \qquad (3.105)$$

と表される．定数 c_k, θ_k は初期値 $x_k{}'(0), \dot{x}_k{}'(0)$ によって決まる．もとの変数 x_k で表すには，これを式（3.97）へ

代入すればよい*．このように，運動エネルギー T の行列 M を計量行列と考えてこれを単位行列に，ポテンシャルエネルギー U の行列 K を対角行列にするような基底を用いれば，状態 $\boldsymbol{x}$ の成分列ベクトル $\vec{x}'$ を用いて簡単な方程式が得られる．変数 $x_1', \cdots, x_n'$ を力学系の**規準座標**とよび，基底 $\{\boldsymbol{e}_i'\}$ を**規準基底**または**モード**とよぶ．

【問】 式（3.105）を微分して式（3.104）へ代入し，（3.105）が微分方程式（3.104）の解であることを確かめよ．

【例 3-13】 ［例 3-11］のばね系の運動方程式（3.89）を解いてみよう．例として

$$m_1 = 2,\ m_2 = 1,\ k_1 = 2,\ k_2 = 1$$

とする．行列 M, K は式（3.87），（3.88）によって

$$M = \begin{bmatrix} 2 & 0 \\ 0 & 1 \end{bmatrix}, \qquad K = \begin{bmatrix} 3 & -1 \\ -1 & 1 \end{bmatrix}$$

である．式（3.98）の固有多項式は

* 複素数を用いれば，式（3.105）は新しい複素定数 c_k を選んで

$$x_k{}' = c_k e^{i\omega_k t}$$

と表すことができる．i は虚数単位であり，この式の実数部分だけが意味をもつものと考える．式（3.97）へ代入すれば

$$\vec{x} = c_1 \vec{p}_1 e^{i\omega_1 t} + \cdots + c_n \vec{p}_n e^{i\omega_n t}$$

と表される．

$$\phi(\lambda)=\begin{vmatrix}2\lambda-3 & 1\\ 1 & \lambda-1\end{vmatrix}$$
$$=2\lambda^2-5\lambda+2=(2\lambda-1)(\lambda-2)$$

であるから，固有値は

$$\lambda=\frac{1}{2},2$$

になる．$\vec{p}=[X,Y]^{\mathrm{t}}$ とおくと，$\lambda=1/2$ のとき固有列ベクトルは，式（3.99）から

$$\begin{bmatrix}-2 & 1\\ 1 & -1/2\end{bmatrix}\begin{bmatrix}X\\ Y\end{bmatrix}=\begin{bmatrix}0\\ 0\end{bmatrix}$$

であり

$$-2X+Y=0$$

したがって

$$\vec{p}_1=X\begin{bmatrix}1\\ 2\end{bmatrix}$$

式（3.100）によって

$$\vec{p}_1{}^{\mathrm{t}}M\vec{p}_1=X^2[1,2]\begin{bmatrix}2 & 0\\ 0 & 1\end{bmatrix}\begin{bmatrix}1\\ 2\end{bmatrix}=6X^2=1$$

であるから，$X=1/\sqrt{6}$ として

$$\vec{p}_1 = \frac{1}{\sqrt{6}} \begin{bmatrix} 1 \\ 2 \end{bmatrix}$$

が得られる．同様に $\lambda = 2$ のときは式（3. 99）から

$$\begin{bmatrix} 1 & 1 \\ 1 & 1 \end{bmatrix} \begin{bmatrix} X \\ Y \end{bmatrix} = \begin{bmatrix} 0 \\ 0 \end{bmatrix}$$

であるから

$$X + Y = 0$$

すなわち

$$\vec{p}_2 = X \begin{bmatrix} 1 \\ -1 \end{bmatrix}$$

$$\vec{p}_2{}^{\mathrm{t}} M \vec{p}_2 = X^2 [1, -1] \begin{bmatrix} 2 & 0 \\ 0 & 1 \end{bmatrix} \begin{bmatrix} 1 \\ -1 \end{bmatrix} = 3X^2 = 1$$

であるから，$X = 1/\sqrt{3}$ として

$$\vec{p}_2 = \frac{1}{\sqrt{3}} \begin{bmatrix} 1 \\ -1 \end{bmatrix}$$

が得られる．こうして求める変換行列は

$$P = \begin{bmatrix} 1/\sqrt{6} & 1/\sqrt{3} \\ 2/\sqrt{6} & -1/\sqrt{3} \end{bmatrix}$$

となる．すなわち，新しい基底 $\{\boldsymbol{e}_1{}', \boldsymbol{e}_2{}'\}$ は式（3. 96）によって

$$\left.\begin{aligned} \boldsymbol{e}_1{}' &= \frac{1}{\sqrt{6}}\boldsymbol{e}_1 + \frac{2}{\sqrt{6}}\boldsymbol{e}_2 \\ \boldsymbol{e}_2{}' &= \frac{1}{\sqrt{3}}\boldsymbol{e}_1 - \frac{1}{\sqrt{3}}\boldsymbol{e}_2 \end{aligned}\right\} \tag{3.106}$$

であり，それぞれ図3-11のような状態を表している．これが規準基底（モード）であり，$\boldsymbol{e}_1{}'$ は二つのばねが同方向に伸び，$\boldsymbol{e}_2{}'$ ではばねの伸びが逆方向になっている．

任意の状態 $\boldsymbol{x}$ はこの二つの線形結合で

$$\boldsymbol{x} = x_1{}'\boldsymbol{e}_1{}' + x_2{}'\boldsymbol{e}_2{}' \tag{3.107}$$

と表される．もとの変数 x_1, x_2 との関係は式（3.97）から

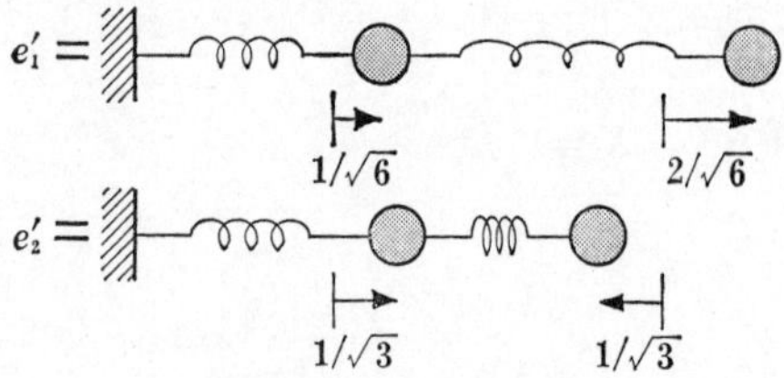

図3-11　ばね系の振動

$m_1 = 2, m_2 = 1, k_1 = 2, k_2 = 1$ のときの規準基底（モード）の一つはばねの伸びが同方向であり，もう一つは伸びが逆方向になっている．

$$\left.\begin{aligned} x_1 &= \frac{1}{\sqrt{6}}x_1{}' + \frac{1}{\sqrt{3}}x_2{}' \\ x_2 &= \frac{2}{\sqrt{6}}x_1{}' - \frac{1}{\sqrt{3}}x_2{}' \end{aligned}\right\} \tag{3. 108}$$

である．規準座標 $x_1{}', x_2{}'$ を用いると運動エネルギー T とポテンシャルエネルギー U は式（3. 101），（3. 102）によって

$$T = \frac{1}{2}\{(\dot{x}_1{}')^2 + (\dot{x}_2{}')^2\}$$

$$U = \frac{1}{2}\left\{\frac{1}{2}(x_1{}')^2 + 2(x_2{}')^2\right\}$$

になり，式（3. 104）の運動方程式は

$$\ddot{x}_1{}' + \frac{1}{2}x_1{}' = 0$$

$$\ddot{x}_2{}' + 2x_2{}' = 0$$

になる．解は

$$x_1{}' = c_1 \sin\left(\frac{\sqrt{2}}{2}t + \theta_1\right), \quad x_2{}' = c_2 \sin\left(\sqrt{2}t + \theta_2\right) \tag{3. 109}$$

である．ただし，$c_1, c_2, \theta_1, \theta_2$ は初期値から決まる定数である．もとの変数 x_1, x_2 で表すには，これを式（3. 108）へ代入すればよい．この解の物理的な意味を考えてみよう．式（3. 109）から $x_1{}', x_2{}'$ はそれぞれ別々の振動数の単振動をしている．式（3. 107）から，けっきょく全体は 2 種類の振動の和であり，図 3-11 の $\boldsymbol{e}_1{}'$ のような振動の比をもつ同方向への振動と，$\boldsymbol{e}_2{}'$ の

ような振幅の比をもつ逆方向への振動とが重ね合わされたものである．

【例 3-14】 ［例 3-12］の電気回路を考えよう．例として

$$L_1 = 1,\ L_2 = 4,\ c_1 = 1,\ c_2 = 1,\ c_3 = \frac{1}{4}$$

としよう．磁気エネルギーの行列 M と静電エネルギーの行列 K は

$$M = \begin{bmatrix} 1 & 0 \\ 0 & 4 \end{bmatrix}, \qquad K = \begin{bmatrix} 2 & -1 \\ -1 & 5 \end{bmatrix}$$

になる．固有多項式は

$$\phi(\lambda) = \begin{vmatrix} \lambda-2 & 1 \\ 1 & 4\lambda-5 \end{vmatrix} = 4\lambda^2 - 13\lambda + 9$$
$$= (\lambda-1)(4\lambda-9)$$

であるから固有値は $\lambda = 1, 9/4$ になる．前の例と同様に固有列ベクトル $\vec{p}_1, \vec{p}_2$ を求めると

$$\vec{p}_1 = \frac{1}{\sqrt{5}} \begin{bmatrix} 1 \\ 1 \end{bmatrix}, \qquad \vec{p}_2 = \frac{1}{2\sqrt{5}} \begin{bmatrix} 4 \\ -1 \end{bmatrix}$$

になる．求める変換行列は

$$P = \begin{bmatrix} 1/\sqrt{5} & 2/\sqrt{5} \\ 1/\sqrt{5} & -1/2\sqrt{5} \end{bmatrix}$$

である．規準基底は

$$e_1{}' = \frac{1}{\sqrt{5}}(e_1+e_2), \qquad e_2{}' = \frac{1}{2\sqrt{5}}(4e_1-e_2)$$

であり，図 3-12 のように $e_1{}'$ は同方向への電流の流れ，$e_2{}'$ は逆方向への流れを表している．この基底に関する新しい成分 $q_1{}', q_2{}'$ ともとの基底に関する成分 q_1, q_2 との関係は

$$q_1 = \frac{1}{\sqrt{5}}(q_1{}'+2q_2{}'), \quad q_2 = \frac{1}{2\sqrt{5}}(2q_1{}'-q_2{}')$$

である．回路の方程式は

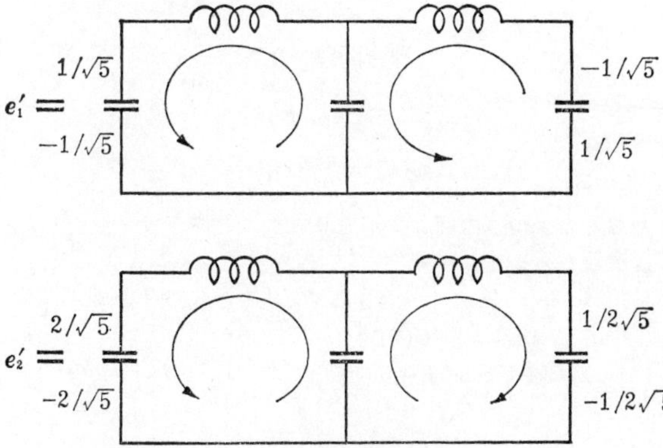

図 3-12　電気振動回路

$L_1=1, L_2=4, C_1=1, C_2=1, C_3=1/4$ とすると規準基底（モード）の一つは電流の向きが同方向であり，もう一つは互いに逆方向になっている．矢印は正の電荷が増加する方向を示している．

$$\ddot{q}_1{}' + q_1{}' = 0, \quad \ddot{q}_2{}' + \frac{9}{4} q_2{}' = 0$$

であり，解は

$$q_1{}' = c_1 \sin(t+\theta_1), \quad q_2{}' = c_2 \sin\left(\frac{3}{2}t+\theta_2\right)$$

である．ただし，$c_1, c_2, \theta_1, \theta_2$ は初期状態から決まる定数である．この場合にも，図 3-12 の $\boldsymbol{e}_1{}'$ のような同方向の振動と，$\boldsymbol{e}_2{}'$ のような逆方向の振動とを重ね合わせたものになっている．

練習問題 3

1 列ベクトル $\vec{x} = [x_i]$ に対し

$$w(\vec{x}) = \sum_{i=1}^{n} |x_i|$$

とおくと，つぎの関係式が成り立つことを示せ．ただし，c は実数である．

（i） $w(\vec{x}) \geqq 0$ （等号は $\vec{x} = \vec{0}$ のときに限る．）

（ii） $w(c\vec{x}) = |c|\, w(\vec{x})$

（iii） $\vec{x} + \vec{y} \leqq w(\vec{x}) + w(\vec{y})$

また

$$w(\vec{x}) = \max_i |x_i|$$

と定義すれば，（i），（ii），（iii）は成り立つか．

2 二次の対称行列 F について

$$|F| \leqq \frac{1}{4}(\mathrm{Tr}F)^2$$

であることを示せ．［ヒント：固有多項式が，$\lambda^2-(\mathrm{Tr}F)\lambda+|F|$ となることをまず示せ．］

3 つぎの行列を直交行列により，対角行列に合同変換せよ．

（i） $\begin{bmatrix} 6 & 2 \\ 2 & 3 \end{bmatrix}$　（ii） $\begin{bmatrix} 1 & 2 \\ 2 & 1 \end{bmatrix}$

4 固有値がすべて正の対称行列 F は正値対称行列であることを証明せよ．［ヒント：行列 F のつくる二次形式はどの基底を用いて計算しても同じであるから，とくに固有ベクトルを基底に用いればどうなるか．］

5 行列 F が正値対称行列のとき

（i） $\mathrm{Tr}F>0$　（ii） $|F|>0$

（iii） 対角要素はすべて正　（iv） すべての要素の和は正

であることを示せ．［ヒント：（i），（ii）は固有値との関係を考えよ．（iii），（iv）は $[1,0,\cdots,0]^{\mathrm{t}}$, $[1,1,\cdots,1]^{\mathrm{t}}$ などを用いた二次形式を考えよ．］

6 つぎの二次曲線はどんな図形を表すか．

（i） $5x^2+4xy+2y^2=1$　（ii） $x^2+4xy-2y^2=1$

7 つぎの行列 G を単位行列に，F を対角行列に合同変換する変換行列 P を求めよ．

（i） $G=\begin{bmatrix} 2 & 3 \\ 3 & 5 \end{bmatrix}$,　$F=\begin{bmatrix} 3 & 5 \\ 5 & 9 \end{bmatrix}$

（ii） $G=\begin{bmatrix} 5 & 8 \\ 8 & 13 \end{bmatrix}$,　$F=\begin{bmatrix} 14 & 22 \\ 22 & 35 \end{bmatrix}$

第4章　ベクトル空間の線形写像

1　線形写像の標準形

1.1　線形写像と相似変換

n 次元ベクトル空間 V^n から m 次元ベクトル空間 V^m への線形写像 $\boldsymbol{A}: V^n \to V^m$ を考えよう．V^n に基底 $\{\boldsymbol{e}_1, \boldsymbol{e}_2, \cdots, \boldsymbol{e}_n\}$ を，V^m に基底 $\{\tilde{\boldsymbol{e}}_1, \tilde{\boldsymbol{e}}_2, \cdots, \tilde{\boldsymbol{e}}_m\}$ を導入しよう．V^n の基底ベクトル $\boldsymbol{e}_j$ の線形写像 $\boldsymbol{A}$ による像 $\boldsymbol{A}\boldsymbol{e}_j$ は V^m の元である．これを V^m の基底 $\{\tilde{\boldsymbol{e}}_i\}$ の線形結合で表したとき

$$\boldsymbol{A}\boldsymbol{e}_j = \sum_{i=1}^{m} a_{ij}\tilde{\boldsymbol{e}}_i \qquad (j = 1, \cdots, n) \tag{4.1}$$

であったとする．（添字の順序に注意．）このとき，a_{ij} を要素とする $m \times n$ 行列

$$A = \begin{bmatrix} a_{11} & \cdots & a_{1n} \\ & \cdots & \\ & \cdots & \\ a_{m1} & \cdots & a_{mn} \end{bmatrix} \tag{4.2}$$

が線形写像 $\boldsymbol{A}$ の基底 $\{\boldsymbol{e}_j\}, \{\tilde{\boldsymbol{e}}_i\}$ に関する成分行列である

(第1章6節，第2章1節1.1項参照).

ベクトル $\boldsymbol{x}$ を V^n の元とし，$\boldsymbol{x}$ の線形写像 $\boldsymbol{A}$ による像を $\boldsymbol{y}$ とする．すなわち

$$\boldsymbol{y} = \boldsymbol{A}\boldsymbol{x} \tag{4.3}$$

である．$\boldsymbol{x}, \boldsymbol{y}$ をそれぞれ基底 $\{\boldsymbol{e}_j\}, \{\tilde{\boldsymbol{e}}_i\}$ の線形結合で

$$\boldsymbol{x} = \sum_{j=1}^{n} x_j \boldsymbol{e}_j, \quad \boldsymbol{y} = \sum_{i=1}^{m} y_i \tilde{\boldsymbol{e}}_i \tag{4.4}$$

と表したとき，これらの係数を成分とする列ベクトル $\vec{x} = [x_i], \vec{y} = [y_i]$ がベクトル $\boldsymbol{x}, \boldsymbol{y}$ のそれぞれの基底に関する成分列ベクトルである（第1章4節参照）．これを用いると，式（4.1），（4.3）によって

$$\boldsymbol{y} = \boldsymbol{A}\left(\sum_{j=1}^{n} x_j \boldsymbol{e}_j\right) = \sum_{j=1}^{n} x_j (\boldsymbol{A}\boldsymbol{e}_j)$$
$$= \sum_{j=1}^{n} x_j \sum_{i=1}^{m} a_{ij} \tilde{\boldsymbol{e}}_i = \sum_{i=1}^{m} \left(\sum_{j=1}^{n} a_{ij} x_j\right) \tilde{\boldsymbol{e}}_i$$

になる．これを式（4.4）の第二式と比較すれば

$$y_i = \sum_{j=1}^{n} a_{ij} x_j \tag{4.5}$$

と表される．これは，$A = [a_{ij}]$ としてベクトルと行列の演算を用いて

$$\vec{y} = A\vec{x} \tag{4.6}$$

と表すことができる（第2章1節1.1項参照）．すなわち，線形写像 $\boldsymbol{A}$ を両方の空間の基底を用いて成分行列 A で表せば，式（4.3）の関係が式（4.6）のように成分行列と成分列ベクトルの積で表される．

【例 4-1】　三次元ベクトル空間 V^3 の基底を $\{\boldsymbol{e}_1, \boldsymbol{e}_2, \boldsymbol{e}_3\}$ とする．V^3 から同じ V^3 への線形写像 $\boldsymbol{A}$ による $\boldsymbol{e}_1$, $\boldsymbol{e}_2$, $\boldsymbol{e}_3$ の写像が

$$\left.\begin{aligned} \boldsymbol{A}\boldsymbol{e}_1 &= 3\boldsymbol{e}_1 + 2\boldsymbol{e}_2 - 5\boldsymbol{e}_3 \\ \boldsymbol{A}\boldsymbol{e}_2 &= 4\boldsymbol{e}_1 + \boldsymbol{e}_2 + 2\boldsymbol{e}_3 \\ \boldsymbol{A}\boldsymbol{e}_3 &= -\boldsymbol{e}_1 - 3\boldsymbol{e}_2 + 6\boldsymbol{e}_3 \end{aligned}\right\} \tag{4.7}$$

であったとする．このとき，$\boldsymbol{A}$ のこの基底に関する成分行列は

$$A = \begin{bmatrix} 3 & 4 & -1 \\ 2 & 1 & -3 \\ -5 & 2 & 6 \end{bmatrix} \tag{4.8}$$

である．（式（4.1）と（4.2）の関係から行と列の並び方に注意しよう．式（4.7）の右辺の係数が式（4.8）の各列に縦に並んでいる．）

【例 4-2】　恒等写像 $\boldsymbol{I}$ の成分行列は任意の基底 $\{\boldsymbol{e}_1, \boldsymbol{e}_2, \cdots, \boldsymbol{e}_n\}$ に関して単位行列 I である．

$$\begin{aligned} \boldsymbol{I}\boldsymbol{e}_1 &= \boldsymbol{e}_1 \\ \boldsymbol{I}\boldsymbol{e}_2 &= \quad\boldsymbol{e}_2 \\ &\vdots \qquad \ddots \\ \boldsymbol{I}\boldsymbol{e}_n &= \qquad\qquad \boldsymbol{e}_n \end{aligned} \qquad I = \begin{bmatrix} 1 & & & \\ & 1 & & \\ & & \ddots & \\ & & & 1 \end{bmatrix}$$

【例 4-3】　V^n から V^n への線形写像 $\boldsymbol{A}$ に対して

$$\boldsymbol{A}\boldsymbol{e}_1 = \lambda_1\boldsymbol{e}_1,\ \boldsymbol{A}\boldsymbol{e}_2 = \lambda_2\boldsymbol{e}_2,\ \cdots,\ \boldsymbol{A}\boldsymbol{e}_n = \lambda_n\boldsymbol{e}_n$$

になるように V^n の基底 $\{\boldsymbol{e}_1, \boldsymbol{e}_2, \cdots, \boldsymbol{e}_n\}$ をうまく選んだとする．このとき $\boldsymbol{e}_1, \boldsymbol{e}_2, \cdots, \boldsymbol{e}_n$ をそれぞれ線形写像 $\boldsymbol{A}$ の**固有値** $\lambda_1, \lambda_2, \cdots, \lambda_n$ に対する**固有ベクトル**とよぶ（後述）．線形写像 $\boldsymbol{A}$ のこの基底に関する成分行列 A は，定義によって対角行列

$$A = \begin{bmatrix} \lambda_1 & & & \\ & \lambda_2 & & \\ & & \ddots & \\ & & & \lambda_n \end{bmatrix}$$

となる．

【例 4-4】 ふたたび電気回路を考えよう．図 4-1 に示すように，①, ②, ⋯, ⑥ の 6 本の枝が，[1], [2], [3], [4] の四つの節点でつながっている．ここで，枝に電流が勝手に流れている電流配置の状態を考える．（キルヒホッフの電流保存則を満たしていなくてもよいとする．電流の過不足は，外部から節点を通して供給されるものとする．）二つの電流配置の状態の和は，各枝ごとに電流の和をとって得られるものとすると，この和もまた電流配置の状態になる．電流配置の状態の c 倍は，各枝の電流をすべて c 倍して得られるものとすると，これも電流配置の状態である．したがって，電流配置の状態の全体はベクトル空間をなす．とくに，枝①に矢印の向きに大きさ 1 の電流が流れ，他の枝には電流が流れていない状態を $\boldsymbol{e}_1$ と書こう．同様にして，枝ⓙだけに

大きさ1の電流が流れている状態を $\boldsymbol{e}_j$ とする．このとき，$\boldsymbol{e}_1, \boldsymbol{e}_2, \cdots, \boldsymbol{e}_6$ は線形独立である．また，枝①に x_1，枝②に $x_2, \cdots$，枝⑥に x_6 の電流が流れている一般の電流配置の状態は

$$\boldsymbol{x} = \sum_{i=1}^{6} x_i \boldsymbol{e}_i$$

と書くことができるから，この $\{\boldsymbol{e}_i\}$ は基底をなす．すなわち，電流配置の状態は六次元ベクトル空間である．これを‘枝電流空間’とよび，B^6 と書こう（B は

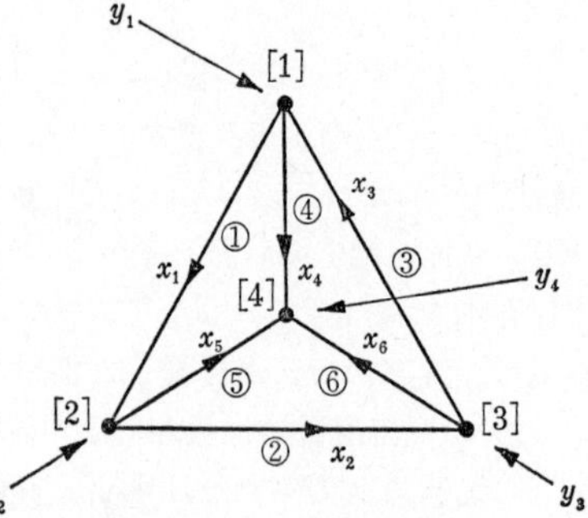

図 4-1　6本の枝のある回路

節点 [1], [2], [3], [4] に流れ込む電流を，それぞれ y_1, y_2, y_3, y_4 とする．枝①〜⑥に勝手に電流 $x_1 \sim x_6$ を与えれば，電流の過不足をなくすための流入量 $y_1 \sim y_4$ が定まる（流れ出す場合は負の量で表す）．これは枝電流空間 B^6 から節点電流空間 N^4 への線形写像である．

枝 branch の意味).

つぎに回路の四つの節点に注目しよう. 節点を通して外部から電流の出入りがあるものとし, 外部からの電流の出入りの状態を考える. 節点 $[i]$ だけに大きさ 1 の電流が外部から流れ込んでいる状態を $\tilde{\boldsymbol{e}}_i$ としよう $(i=1, 2, 3, 4)$. 節点 $[1], [2], [3], [4]$ にそれぞれ大きさ y_1, y_2, y_3, y_4 の電流が外部から流れ込んでいる状態 $\boldsymbol{y}$ は

$$\boldsymbol{y} = \sum_{i=1}^{4} y_i \tilde{\boldsymbol{e}}_i$$

のように線形結合で表すことができる (電流が外へ出ていくときは, y_i が負の値をとる). このような電流の外部からの流入流出の状態の全体は, 明らかに四次元ベクトル空間をつくる. これを '節点電流空間' とよび, N^4 と書こう (N は節点 node を意味する). 状態 $\tilde{\boldsymbol{e}}_1, \tilde{\boldsymbol{e}}_2, \tilde{\boldsymbol{e}}_3, \tilde{\boldsymbol{e}}_4$ は線形独立であって節点電流空間 N^4 の基底をなす. 状態 $\boldsymbol{y}$ をこの基底を用いて成分で表現すると, N^4 の成分列ベクトル $\vec{y} = [y_i]$ が得られる.

いま, 枝電流空間 B^6 の状態 $\boldsymbol{x}$ が与えられたとしよう. このような電流がキルヒホッフの電流 (保存) 則に矛盾することなく流れるには, 外部から節点を通じて必要な電流が流入したり, 余分な電流が流出したりしなければならない. たとえば, 枝①, ④および③を流れる電流 x_1, x_4 および x_3 が与えられれば, これらの枝から節点 [1] へ $x_3 - x_1 - x_4$ の電流が集まるから, これだけ

の電流が節点［1］から外へ流出しなければならない．

したがって

$$y_1 = -(x_3 - x_1 - x_4)$$

である．このようにして，枝に電流の流れている状態 $\boldsymbol{x}$ を一つ決めると，これを実現するための各節点での電流の出入り状態 $\boldsymbol{y}$ が一つ決まる．これは B^6 から N^4 への写像であるから，これを

$$\boldsymbol{A} : B^6 \longrightarrow N^4$$

と書こう．枝電流の状態 $\boldsymbol{x}$ に対して $\boldsymbol{y} = \boldsymbol{A}\boldsymbol{x}$ が節点に出入りする電流の状態である．この写像は線形である．すなわち，枝電流空間で二つの状態 $\boldsymbol{x}_1$ と $\boldsymbol{x}_2$ を重ね合わせてできる電流の状態 $\boldsymbol{x}_1 + \boldsymbol{x}_2$ を考えれば，外部から節点へ出入りする電流の状態も重ね合わさった状態 $\boldsymbol{A}\boldsymbol{x}_1 + \boldsymbol{A}\boldsymbol{x}_2$ になり

$$\boldsymbol{A}(\boldsymbol{x}_1 + \boldsymbol{x}_2) = \boldsymbol{A}\boldsymbol{x}_1 + \boldsymbol{A}\boldsymbol{x}_2$$

が成り立つからである．同様に

$$\boldsymbol{A}(c\boldsymbol{x}) = c\boldsymbol{A}\boldsymbol{x}$$

も確かめられる．

基底 $\{\boldsymbol{e}_j\}, \{\tilde{\boldsymbol{e}}_i\}$ を用いて，線形写像 $\boldsymbol{A}$ を成分行列で表してみよう．まず，基底ベクトル $\boldsymbol{e}_1$ の状態を考えると，この電流は枝①の始点である端点［1］から入り，枝①の終点である端点［2］から出ているから

$$\boldsymbol{A}\boldsymbol{e}_1 = \tilde{\boldsymbol{e}}_1 - \tilde{\boldsymbol{e}}_2$$

である．同様に，枝②の始点は節点［2］で，終点は節点［3］であるから

$$\boldsymbol{A}\boldsymbol{e}_2 = \tilde{\boldsymbol{e}}_2 - \tilde{\boldsymbol{e}}_3$$

である．このようにして

$$\left.\begin{array}{l} \boldsymbol{A}\boldsymbol{e}_1 = \tilde{\boldsymbol{e}}_1 - \tilde{\boldsymbol{e}}_2 \\ \boldsymbol{A}\boldsymbol{e}_2 = \tilde{\boldsymbol{e}}_2 - \tilde{\boldsymbol{e}}_3 \\ \boldsymbol{A}\boldsymbol{e}_3 = -\tilde{\boldsymbol{e}}_1 + \tilde{\boldsymbol{e}}_3 \\ \boldsymbol{A}\boldsymbol{e}_4 = \tilde{\boldsymbol{e}}_1 - \tilde{\boldsymbol{e}}_4 \\ \boldsymbol{A}\boldsymbol{e}_5 = \tilde{\boldsymbol{e}}_2 - \tilde{\boldsymbol{e}}_4 \\ \boldsymbol{A}\boldsymbol{e}_6 = \tilde{\boldsymbol{e}}_3 - \tilde{\boldsymbol{e}}_4 \end{array}\right\} \tag{4.9}$$

が得られる．

これから，線形写像 $\boldsymbol{A}$ の成分行列は

$$A = \begin{bmatrix} 1 & 0 & -1 & 1 & 0 & 0 \\ -1 & 1 & 0 & 0 & 1 & 0 \\ 0 & -1 & 1 & 0 & 0 & 1 \\ 0 & 0 & 0 & -1 & -1 & -1 \end{bmatrix} \tag{4.10}$$

であることがわかる．（式（4. 1）と（4. 2）の関係に注意しよう．式（4. 9）の各式の係数が式（4. 10）では縦に並ぶ．）

よく注意してみると，行列 A の成分 a_{ij} は，節点［i］が枝ⓙの始点であるときに 1，終点であるときに -1，節点［i］と枝ⓙとがつながっていないときは 0 であることがわかる．これは電気回路のグラフのつながり方だけで決まる．さらに，枝電流の成分列ベクトル $\vec{x}$ が与えられれば，節点の電流の成分列ベクトル $\vec{y}$ が

$$\vec{y} = A\vec{x}$$

で与えられる．これを具体的に書くと

$$\begin{bmatrix} y_1 \\ y_2 \\ y_3 \\ y_4 \end{bmatrix} = \begin{bmatrix} 1 & 0 & -1 & 1 & 0 & 0 \\ -1 & 1 & 0 & 0 & 1 & 0 \\ 0 & -1 & 1 & 0 & 0 & 1 \\ 0 & 0 & 0 & -1 & -1 & -1 \end{bmatrix} \begin{bmatrix} x_1 \\ x_2 \\ x_3 \\ x_4 \\ x_5 \\ x_6 \end{bmatrix}$$

$$= \begin{bmatrix} x_1 - x_3 + x_4 \\ -x_1 + x_2 + x_5 \\ -x_2 + x_3 + x_6 \\ -x_4 - x_5 - x_6 \end{bmatrix}$$

である．

V^n, V^m の基底として $\{\boldsymbol{e}_j\}, \{\tilde{\boldsymbol{e}}_i\}$ とは別のものをとれば，同じベクトル $\boldsymbol{x}$ でも成分列ベクトルが異なり，また同じ線形写像 $\boldsymbol{A}$ でも成分行列が異なって表される．いま，$\{\boldsymbol{e}_j{}'\}, \{\tilde{\boldsymbol{e}}_i{}'\}$ をそれぞれ V^n, V^m の別の新しい基底としよう．これらの基底ベクトルはそれぞれ V^n, V^m のベクトルであるから，古い基底 $\{\boldsymbol{e}_j\}, \{\tilde{\boldsymbol{e}}_i\}$ の線形結合として表される．それを

$$\boldsymbol{e}_j{}' = \sum_{i=1}^{n} p_{ij}\boldsymbol{e}_i, \quad \tilde{\boldsymbol{e}}_j{}' = \sum_{i=1}^{m} q_{ij}\tilde{\boldsymbol{e}}_i \tag{4.11}$$

とする．（添字の順序に注意．）p_{ij}, q_{ij} を成分にもつ行列

$$P = \begin{bmatrix} p_{11} & \cdots & p_{1n} \\ & \cdots & \\ & \cdots & \\ p_{n1} & \cdots & p_{nn} \end{bmatrix}, \quad Q = \begin{bmatrix} q_{11} & \cdots & q_{1m} \\ & \cdots & \\ & \cdots & \\ q_{m1} & \cdots & q_{mm} \end{bmatrix} \tag{4.12}$$

がそれぞれの基底の**変換行列**である．（第1章4節の $\{r_{ij}\}$ は P^{-1} あるいは Q^{-1} の要素になっている．）

$\boldsymbol{x}$ を V^n のベクトル，$\boldsymbol{y}$ を V^m のベクトルとするとき，ベクトル $\boldsymbol{x}, \boldsymbol{y}$ の新しい基底 $\{\boldsymbol{e}_i{}'\}, \{\tilde{\boldsymbol{e}}_i{}'\}$ に関する成分は，基底による線形結合

$$\boldsymbol{x} = \sum_{j=1}^{n} x_j{}'\boldsymbol{e}_j{}', \quad \boldsymbol{y} = \sum_{j=1}^{m} y_j{}'\tilde{\boldsymbol{e}}_j{}' \tag{4.13}$$

の係数である．式 (4.11) を代入すると

$$\boldsymbol{x} = \sum_{j=1}^{n} x_j{}' \left(\sum_{i=1}^{n} p_{ij}\boldsymbol{e}_i \right) = \sum_{i=1}^{n} \left(\sum_{j=1}^{n} p_{ij}x_j{}' \right) \boldsymbol{e}_i$$
$$\boldsymbol{y} = \sum_{j=1}^{m} y_j{}' \left(\sum_{i=1}^{m} q_{ij}\tilde{\boldsymbol{e}}_i \right) = \sum_{i=1}^{m} \left(\sum_{j=1}^{m} q_{ij}y_j{}' \right) \tilde{\boldsymbol{e}}_i$$

であるから，式 (4.4) と比較すると

$$x_i = \sum_{j=1}^{n} p_{ij}x_j{}', \quad y_i = \sum_{j=1}^{m} q_{ij}y_j{}' \tag{4.14}$$

になる．これを成分行列と成分列ベクトルの積で表すと

$$\vec{x} = P\vec{x}', \quad \vec{y} = Q\vec{y}' \tag{4.15}$$

になっている．一般に基底の変換行列 P, Q は必ず正則行列であるから，P^{-1}, Q^{-1} をそれぞれ左から掛けて

$$\vec{x}' = P^{-1}x, \quad \vec{y}\,' = Q^{-1}\vec{y} \tag{4.16}$$

とも書くことができる．これが新しい基底に関する成分列ベクトルである．

一方，線形写像 $\boldsymbol{A}$ の新しい基底 $\{\boldsymbol{e}_j{}'\}, \{\tilde{\boldsymbol{e}}_i{}'\}$ に関する成分行列は

$$\boldsymbol{A}\boldsymbol{e}_j{}' = \sum_{i=1}^{m} a_{ij}{}'\tilde{\boldsymbol{e}}_i{}' \tag{4.17}$$

となるような行列 $A' = [a_{ij}{}']$ である．（添字の順序に注意.）式（4.11）を代入すると

$$\begin{aligned}
\text{左辺} &= \boldsymbol{A}\sum_{k=1}^{n} p_{kj}\boldsymbol{e}_k = \sum_{k=1}^{n} p_{kj}\boldsymbol{A}\boldsymbol{e}_k \\
&= \sum_{k=1}^{n} p_{kj}\sum_{i=1}^{m} a_{ik}\tilde{\boldsymbol{e}}_i = \sum_{i=1}^{m}\left(\sum_{k=1}^{n} a_{ik}p_{kj}\right)\tilde{\boldsymbol{e}}_i \\
\text{右辺} &= \sum_{k=1}^{m} a_{kj}{}'\tilde{\boldsymbol{e}}_k{}' = \sum_{k=1}^{m} a_{kj}{}'\sum_{i=1}^{m} q_{ik}\tilde{\boldsymbol{e}}_i \\
&= \sum_{i=1}^{m}\left(\sum_{k=1}^{m} q_{ik}a_{kj}{}'\right)\tilde{\boldsymbol{e}}_i
\end{aligned}$$

である．両辺を比較すると

$$\sum_{k=1}^{n} a_{ik}p_{kj} = \sum_{k=1}^{m} q_{ik}a_{kj}{}'$$

であることがわかる．これを行列の積で表せば

$$AP = QA' \tag{4.18}$$

である．両辺の左から逆行列 Q^{-1} を掛けると

$$A' = Q^{-1}AP \tag{4.19}$$

になる．これが線形写像 $\boldsymbol{A}$ の新しい基底に関する成分行列であり，行列 A も A' も同じ線形写像を表している．

ところで，もし式（4.3），すなわち式（4.6）が成立していれば，式（4.15）を代入して

$$Q\vec{y}' = AP\vec{x}' \quad \text{すなわち} \quad \vec{y}' = Q^{-1}AP\vec{x}'$$

であり，やはり

$$\vec{y}' = A'\vec{x}' \tag{4.20}$$

が成立していることがわかる．すなわち，ベクトルと線形写像の関係としての式（4.3）が成り立てば，基底を変換したときに成分列ベクトルおよび成分行列は式（4.16）および（4.19）によって変化するが，やはり，式（4.20）のように表すことができるのである．

以上のことを図式的にまとめると，つぎのようになる．

$$\begin{array}{rl}
V^n \text{ の基底}: \{\boldsymbol{e}_i\} & \xrightarrow{P} \left\{\boldsymbol{e}_j{}' = \sum_{i=1}^{n} p_{ij}\boldsymbol{e}_i\right\} \\
V^m \text{ の基底}: \{\tilde{\boldsymbol{e}}_i\} & \xrightarrow{Q} \left\{\tilde{\boldsymbol{e}}_j{}' = \sum_{i=1}^{m} q_{ij}\boldsymbol{e}_i\right\} \\
\boldsymbol{x} \text{ の成分}: \vec{x} & \longrightarrow \vec{x}' = P^{-1}\vec{x} \\
\boldsymbol{y} \text{ の成分}: \vec{y} & \longrightarrow \vec{y}' = Q^{-1}\vec{y} \\
\boldsymbol{A} \text{ の成分}: A & \longrightarrow A' = Q^{-1}AP \\
\boldsymbol{y} = \boldsymbol{A}\boldsymbol{x}: \vec{y} = A\vec{x} & \longrightarrow \vec{y}' = A'\vec{x}'
\end{array}$$

これまでは，ベクトル空間 V^n から V^m への線形写像 $\boldsymbol{A}$ を考えてきた．V^n と V^m がまったく同じ空間 $V^n = V^m$ である場合，すなわち線形写像 $\boldsymbol{A}$ が V^n から自分自身への線形写像である場合を扱ってみよう．このとき，$m=n$ であり，空間の基底としては $\{\boldsymbol{e}_i\}$ だけを考えればよい．V^n の基底ベクトル $\boldsymbol{e}_j$ のおのおのに線形写像 $\boldsymbol{A}$ を

ほどこすと，これはまた V^n の元になっているから，基底 $\{\boldsymbol{e}_i\}$ の線形結合

$$\boldsymbol{A}\boldsymbol{e}_j=\sum_{j=1}^{n}a_{ij}\boldsymbol{e}_i \qquad (j=1,\cdots,n) \tag{4.21}$$

で表すことができる．この a_{ij} を要素とする正方行列 $A=[a_{ij}]$ が線形写像 $\boldsymbol{A}$ の基底 $\{\boldsymbol{e}_i\}$ に関する成分行列である．V^n に新しい基底 $\{\boldsymbol{e}_j{}'\}$ をとり，古い基底 $\{\boldsymbol{e}_i\}$ との関係が

$$\boldsymbol{e}_j{}'=\sum_{i=1}^{n}p_{ij}\boldsymbol{e}_i \qquad (j=1,\cdots,n) \tag{4.22}$$

であるとしよう．p_{ij} を要素とする正則行列

$$P=\begin{bmatrix} p_{11} & \cdots & p_{1n} \\ & \cdots & \\ & \cdots & \\ p_{n1} & \cdots & p_{nn} \end{bmatrix}$$

が基底の変換行列である．今度の場合は $V^m=V^n$ であるから，新しい基底に関する $\boldsymbol{A}$ の成分行列は，式 (4.19) で $P=Q$ とおけばわかるように

$$A'=P^{-1}AP \tag{4.23}$$

である．これを，変換行列 P に関する成分行列 A の**相似変換**という．行列 A, A' は異なった基底に関して同じ線形写像を表す成分行列であり，相似変換で結ばれている．以上のことを図式的に表すと，つぎのようになる．

$$\begin{array}{lll} \text{基底}:\{\boldsymbol{e}_i\} & \xrightarrow{P} & \{\boldsymbol{e}_j{}'\} = \sum\limits_{i=1}^{n} p_{ij}\boldsymbol{e}_i \\ \boldsymbol{x}\text{の成分}:\vec{x} & \longrightarrow & \vec{x}' = P^{-1}\vec{x} \\ \boldsymbol{y}\text{の成分}:\vec{y} & \longrightarrow & \vec{y}' = P^{-1}\vec{y} \\ \boldsymbol{A}\text{の成分}:A & \longrightarrow & A' = P^{-1}AP \quad \text{（相似変換）} \\ \boldsymbol{y} = \boldsymbol{A}\boldsymbol{x}:\vec{y} = A\vec{x} & \longrightarrow & \vec{y}' = A'\vec{x}' \end{array}$$

1.2　固有値，固有ベクトル，および行列の対角化

この項では，V^n から V^n 自身への線形写像 $\boldsymbol{A}$ を考え，基底をうまく選んで $\boldsymbol{A}$ の成分行列を対角行列にすることができるかどうかという問題，また，そのためにはどのような基底を選べばよいかという問題を考えよう．

線形写像 $\boldsymbol{A}$ で写像しても方向が変わらないような $\boldsymbol{0}$ でないベクトルがあったとしよう．このベクトルを $\boldsymbol{p}$ とすると，ある λ に対して

$$\boldsymbol{A}\boldsymbol{p} = \lambda\boldsymbol{p} \tag{4.24}$$

または

$$(\lambda\boldsymbol{I} - \boldsymbol{A})\boldsymbol{p} = \boldsymbol{0} \tag{4.25}$$

が満たされる．このときの λ を線形写像 $\boldsymbol{A}$ の**固有値**，$\boldsymbol{p}$ を固有値 λ に属する線形写像 $\boldsymbol{A}$ の**固有ベクトル**という．線形写像 $\boldsymbol{A}$ は，固有ベクトルに対しては，方向を変えないで大きさだけを固有値倍（λ 倍）にする．

固有値と固有ベクトルを求めよう．いま，適当な基底 $\{\boldsymbol{e}_i\}$ が与えられ，この基底に関する線形写像 $\boldsymbol{A}$ の成分行列が A であったとする．このとき，固有値 λ と固有ベク

トル $\boldsymbol{p}$ との関係式（4. 24）は，成分を用いて

$$A\vec{p} = \lambda\vec{p} \tag{4. 26}$$

または

$$(\lambda I - A)\vec{p} = \vec{0} \tag{4. 27}$$

と書かれる．これは，列ベクトル $\vec{p}$ の成分 $p_1, p_2, \cdots, p_n$ に関する連立一次方程式である．この方程式に $\vec{p} \neq \vec{0}$ であるような解が存在するための必要十分条件は，係数行列の行列式が 0 になること，すなわち

$$|\lambda I - A| = 0 \tag{4. 28}$$

になることであった．上式を満たす λ が線形写像 $\boldsymbol{A}$ の固有値である．ここで

$$\phi(\lambda) = |\lambda I - A| \tag{4. 29}$$

とおけば，これは λ の n 次の多項式になる．これを線形写像 $\boldsymbol{A}$ の**固有多項式**という．また，固有値 λ は方程式

$$\phi(\lambda) = 0 \tag{4. 30}$$

の根であるが，この方程式を線形写像 $\boldsymbol{A}$ の**固有方程式**という．

【注意】 固有多項式および固有方程式は，線形写像 $\boldsymbol{A}$ に対して定まっており，基底のとり方にはよらない．なぜなら，別の基底 $\{\boldsymbol{e}_i{}'\}$ をとって，基底の変換行列を P とすれば，線形写像 $\boldsymbol{A}$ の新しい基底に関する成分行列 A' は相似変換によって $A' = P^{-1}AP$ になるが，これから固有多項式をつくると

$$\begin{aligned}|\lambda I - A'| &= |\lambda I - P^{-1}AP| = |P^{-1}(\lambda I - A)P| \\ &= |P^{-1}||\lambda I - A||P| = |P|^{-1}|P||\lambda I - A| = |\lambda I - A|\end{aligned}$$

であるから，どちらの成分行列を用いても固有多項式は同じ

になる．このことを，“固有多項式は相似変換に不変である”という．この意味で，式（4.29）を

$$\phi(\lambda) = |\lambda \boldsymbol{I} - \boldsymbol{A}|$$

と書くこともできる．

さて，固有方程式（4.30）の n 個の根を $\lambda_1, \lambda_2, \cdots, \lambda_n$ とする．いま，簡単のために，固有方程式（4.30）は n 個の相異なる根 $\lambda_1, \cdots, \lambda_n$ をもつものとしよう．すなわち，固有方程式には重根がないものとしよう．

まずはじめに，n 個の固有ベクトルは線形独立であることを示そう．このために，$\boldsymbol{p}_1, \boldsymbol{p}_2, \cdots, \boldsymbol{p}_n$ は線形独立ではないと仮定してみる．このとき k 個の $\boldsymbol{p}_1, \boldsymbol{p}_2, \cdots, \boldsymbol{p}_k$ は線形独立であるが，$k+1$ 番目の $\boldsymbol{p}_{k+1}$ は $\boldsymbol{p}_1, \cdots, \boldsymbol{p}_k$ の線形結合で書けるものとする．$k=n$ なら $\boldsymbol{p}_1, \cdots, \boldsymbol{p}_n$ は線形独立であったということになるから，$k<n$ とする．このとき

$$\boldsymbol{p}_{k+1} = c_1\boldsymbol{p}_1 + c_2\boldsymbol{p}_2 + \cdots + c_k\boldsymbol{p}_k \tag{4.31}$$

と書くことができる．$c_1, c_2, \cdots, c_k$ はすべてが同時に 0 ではない実数である．この両辺に線形写像 $\boldsymbol{A}$ をほどこすと，式（4.24）から

$$\lambda_{k+1}\boldsymbol{p}_{k+1} = c_1\lambda_1\boldsymbol{p}_1 + c_2\lambda_2\boldsymbol{p}_2 + \cdots + c_k\lambda_k\boldsymbol{p}_k$$

が得られる．一方，式（4.31）の両辺を λ_{k+1} 倍すれば

$$\lambda_{k+1}\boldsymbol{p}_{k+1} = c_1\lambda_{k+1}\boldsymbol{p}_1 + \cdots + c_k\lambda_{k+1}\boldsymbol{p}_k$$

であるから，これらの式の両辺をそれぞれ引き算すると

$$\boldsymbol{0} = c_1(\lambda_1 - \lambda_{k+1})\boldsymbol{p}_1 + \cdots + c_k(\lambda_k - \lambda_{k+1})\boldsymbol{p}_k$$

が得られる．ところで，固有値はすべて異なると仮定したから，$c_k(\lambda_k-\lambda_{k+1})$ はすべてが同時に0ではない．これによって，$\boldsymbol{p}_1, \boldsymbol{p}_2, \cdots, \boldsymbol{p}_k$ が線形独立ではないことになり，仮定に矛盾する．これは，$\boldsymbol{p}_{k+1}$ が $\boldsymbol{p}_1, \boldsymbol{p}_2, \cdots, \boldsymbol{p}_k$ に線形従属である（$k<n$ である）と仮定したために起こったことであり，けっきょく $k=n$ であって $\boldsymbol{p}_1, \boldsymbol{p}_2, \cdots, \boldsymbol{p}_n$ は線形独立である．

【注意】 さらに，相異なる固有値 $\lambda_1, \cdots, \lambda_n$ に属する固有ベクトルは，大きさを除いて一意的に定まることに注意しておこう．

このことを示すにはつぎのようにすればよい．いま，固有値 λ_1 に二つの異なった方向の（線形独立な）固有ベクトル $\boldsymbol{p}_1, \boldsymbol{p}_1'$ が属していたとする．すなわち

$$A\boldsymbol{p}_1=\lambda_1\boldsymbol{p}_1$$

$$A\boldsymbol{p}_1'=\lambda_1\boldsymbol{p}_1'$$

が成立し，c を任意の実数として，$\boldsymbol{p}_1$ と $\boldsymbol{p}_1'$ の線形結合 $\boldsymbol{p}_1''=\boldsymbol{p}_1'-c\boldsymbol{p}_1$ は，$\boldsymbol{0}$ でないベクトルであるとする．

$$A(\boldsymbol{p}_1'-c\boldsymbol{p}_1)=\lambda_1(\boldsymbol{p}_1'-c\boldsymbol{p}_1)$$

であるから，$\boldsymbol{p}''$ は固有値 λ_1 に属する固有ベクトルである．さて，$\boldsymbol{p}_1, \boldsymbol{p}_2, \cdots, \boldsymbol{p}_n$ は n 個の線形独立なベクトルであるから，$\boldsymbol{p}_1'$ をこれらの線形結合で

$$\boldsymbol{p}_1'=c_1\boldsymbol{p}_1+c_2\boldsymbol{p}_2+\cdots+c_n\boldsymbol{p}_n$$

のように表すことができる．ところが，ここでさきの c を c_1 に等しくとれば，これは

$$\boldsymbol{p}_1''=\boldsymbol{p}_1'-c_1\boldsymbol{p}_1=c_2\boldsymbol{p}_2+\cdots+c_n\boldsymbol{p}_n$$

であるから，固有値 λ_1 に属する固有ベクトル $\boldsymbol{p}_1''$ が他の固有ベクトル $\boldsymbol{p}_2, \cdots, \boldsymbol{p}_n$ の線形結合で書けたことになり，n 個の固有ベクトルが線形独立であるというさきの結果と矛盾

する．これは，固有値 λ_1 に二つの異なった方向の固有ベクトル $\boldsymbol{p}_1, \boldsymbol{p}_1'$ が属すると仮定したことから生じたものである．すなわち，一つの固有値には固有ベクトルが（定数倍を除いて）ただ一つ属する．固有値 λ_1 が重根である場合は，その固有値に対する固有ベクトルが複数存在することになる．

線形写像 $\boldsymbol{A}$ に対して，その n 個の固有ベクトル $\{\boldsymbol{p}_1, \boldsymbol{p}_2, \cdots, \boldsymbol{p}_n\}$ を基底に選べば

$$\begin{aligned} \boldsymbol{A}\boldsymbol{p}_1 &= \lambda_1 \boldsymbol{p}_1 \\ \boldsymbol{A}\boldsymbol{p}_2 &= \quad \lambda_2 \boldsymbol{p}_2 \\ &\vdots \quad \ddots \\ \boldsymbol{A}\boldsymbol{p}_n &= \qquad \lambda_n \boldsymbol{p}_n \end{aligned} \tag{4.32}$$

である．したがって，この基底に関する線形写像 $\boldsymbol{A}$ の成分行列は，成分行列の定義から，対角行列

$$A' = \begin{bmatrix} \lambda_1 & & & \\ & \lambda_2 & & \\ & & \ddots & \\ & & & \lambda_n \end{bmatrix} \tag{4.33}$$

になる（［例 4-3］参照）．

線形写像 $\boldsymbol{A}$ がある基底 $\{\boldsymbol{e}_i\}$ に関する成分行列 A で与えられているとしよう．このとき，線形写像 $\boldsymbol{A}$ の固有ベクトル $\boldsymbol{p}_1, \boldsymbol{p}_2, \cdots, \boldsymbol{p}_n$ を基底 $\{\boldsymbol{e}_i\}$ に関する成分列ベクトルで書いたとき

$$\vec{p}_1 = \begin{bmatrix} p_{11} \\ \vdots \\ p_{n1} \end{bmatrix}, \quad \cdots, \quad \vec{p}_n = \begin{bmatrix} p_{1n} \\ \vdots \\ p_{nn} \end{bmatrix} \tag{4.34}$$

であったとする．列ベクトル $\vec{p}_1, \cdots, \vec{p}_n$ を成分行列 A の**固有列ベクトル**という．これを用いると各固有ベクトルは

$$\boldsymbol{p}_j = \sum_{i=1}^{n} p_{ij}\boldsymbol{e}_i \tag{4.35}$$

のように書くことができる．これをみると固有ベクトル $\boldsymbol{p}_1, \boldsymbol{p}_2, \cdots, \boldsymbol{p}_n$ を新しい基底に選ぶことは，変換行列 $P=[p_{ij}]$ によって基底を $\{\boldsymbol{e}_j\}$ から $\{\boldsymbol{p}_i\}$ へ変換することであることがわかる．したがって，固有ベクトル $\boldsymbol{p}_1, \cdots, \boldsymbol{p}_n$ を基底に選ぶための基底の変換行列 $P=[p_{ij}]$ は n 個の列ベクトル $\vec{p}_1, \vec{p}_2, \cdots, \vec{p}_n$ の成分を要素として並べた行列

$$P = [\vec{p}_1, \vec{p}_2, \cdots, \vec{p}_n] = \begin{bmatrix} p_{11} & \cdots & p_{1n} \\ & \cdots & \\ & \cdots & \\ p_{n1} & \cdots & p_{nn} \end{bmatrix}$$

である．固有ベクトル $\boldsymbol{p}_1, \boldsymbol{p}_2, \cdots, \boldsymbol{p}_n$ を基底とするときの線形写像 $\boldsymbol{A}$ の成分行列は，相似変換されて $P^{-1}AP$ になる．一方，それは対角行列（4.33）であるから，この P を用いて A は

$$P^{-1}AP = \begin{bmatrix} \lambda_1 & & & \\ & \lambda_2 & & \\ & & \ddots & \\ & & & \lambda_n \end{bmatrix} \tag{4.36}$$

と対角行列に相似変換されることがわかる.

以上の本節の結果を定理の形でまとめておこう.

【定理 4-1】　V^n の線形写像 $\boldsymbol{A}$ の固有方程式

$$\phi(\lambda) = |\lambda I - A| = 0$$

が相異なる n 個の根 $\lambda_1, \lambda_2, \cdots, \lambda_n$ をもつものとする. 行列 A は線形写像 $\boldsymbol{A}$ のある基底に関する成分行列である. このとき, 各固有値 λ_i に対して

$$\boldsymbol{A}\boldsymbol{p}_i = \lambda_i \boldsymbol{p}_i \qquad (i = 1, \cdots, n)$$

を満たす固有ベクトル $\boldsymbol{p}_1, \boldsymbol{p}_2, \cdots, \boldsymbol{p}_n$ が定数倍を除いて一意的に定まり, それらは線形独立である. これらの固有ベクトル $\boldsymbol{p}_1, \boldsymbol{p}_2, \cdots, \boldsymbol{p}_n$ を基底に選べば, 線形写像 $\boldsymbol{A}$ のこの基底に関する成分行列は, 対応する固有値が対角要素に並んだ対角行列

$$\Lambda = \begin{bmatrix} \lambda_1 & & & \\ & \lambda_2 & & \\ & & \ddots & \\ & & & \lambda_n \end{bmatrix}$$

になる.

これを成分行列と成分列ベクトルを用いて表すと，つぎのようになる．

【定理 4-2】　n 次正方行列 A の固有方程式

$$\phi(\lambda) = |\lambda I - A| = 0$$

が相異なる n 個の根 $\lambda_1, \lambda_2, \cdots, \lambda_n$ をもつものとする．このとき，各固有値 λ_i に対して

$$A\vec{p}_i = \lambda\vec{p}_i \qquad (i = 1, \cdots, n)$$

を満たす固有列ベクトル $\vec{p}_1, \vec{p}_2, \cdots, \vec{p}_n$ が定数倍を除いて一意的に定まり，それらは線形独立である．これらの成分を要素として並べた行列を

$$P = [\vec{p}_1, \vec{p}_2, \cdots, \vec{p}_n]$$

とすれば，行列 A は相似変換されて対角行列

$$P^{-1}AP = \begin{bmatrix} \lambda_1 & & & \\ & \lambda_2 & & \\ & & \ddots & \\ & & & \lambda_n \end{bmatrix}$$

になる．

【例 4-5】　二次元ユークリッド空間 $\boldsymbol{E}^2$ の

$$A = \begin{bmatrix} 5/4 & -\sqrt{3}/4 \\ -\sqrt{3}/4 & 7/4 \end{bmatrix}$$

で表される線形写像 $\boldsymbol{A}$ を考えよう．この写像 $\boldsymbol{A}$ は図 4-2 に示すように，ベクトル $\vec{e}_1=[1,0]^{\mathrm{t}}$ をベクトル $A\vec{e}_1=[5/4,-\sqrt{3}/4]^{\mathrm{t}}$ に，またベクトル $\vec{e}_2=[0,1]^{\mathrm{t}}$ をベクトル $[-\sqrt{3}/4,7/4]^{\mathrm{t}}$ に変換する．したがって，$\vec{e}_1,\vec{e}_2$ を 2 辺とする正方形内部のベクトルを，$A\vec{e}_1$，$A\vec{e}_2$ を 2 辺とする平行四辺形内部のベクトルに写像する．この写像 $\boldsymbol{A}$ をもっとよく理解するために，写像 $\boldsymbol{A}$ の固有値，固有ベクトルを求め，A を対角化してみよう．写像 A の固有方程式は

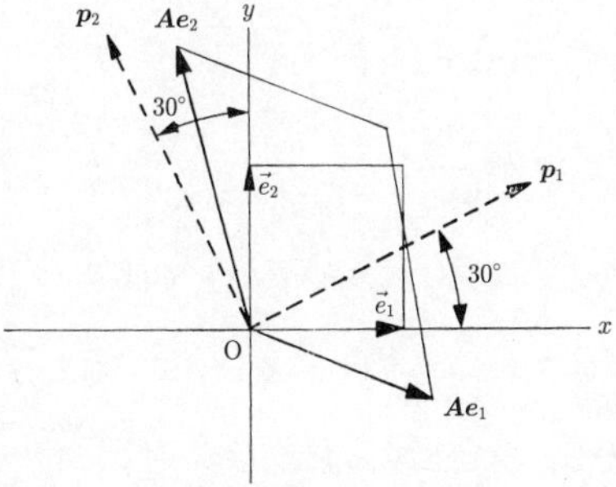

図 4-2　正方形を平行四辺形に変換する写像

この写像 $\boldsymbol{A}$ は $\boldsymbol{p}_1$ 方向のベクトルはそのままで，$\boldsymbol{p}_2$ 方向のベクトルの長さを 2 倍に引き伸ばす．つまり，$\boldsymbol{p}_2$ 方向に引っぱって長さを倍にする写像である．

$$\phi(\lambda) = \begin{vmatrix} \lambda - 5/4 & \sqrt{3}/4 \\ \sqrt{3}/4 & \lambda - 7/4 \end{vmatrix} = \lambda^2 - 3\lambda + 2$$

$$= (\lambda-1)(\lambda-2) = 0$$

であるから，固有値は

$$\lambda_1 = 1, \qquad \lambda_2 = 2$$

の二つである．対応する固有ベクトルを求めよう．$\vec{p} = [X, Y]^{\mathrm{t}}$ とおくと

$$\begin{bmatrix} \lambda - 5/4 & \sqrt{3}/4 \\ \sqrt{3}/4 & \lambda - 7/4 \end{bmatrix} \begin{bmatrix} X \\ Y \end{bmatrix} = \begin{bmatrix} 0 \\ 0 \end{bmatrix}$$

から，固有値 λ に対応する固有ベクトルが求められる．

$\lambda_1 = 1$ に対しては

$$\frac{1}{4}X = \frac{\sqrt{3}}{4}Y, \quad X : Y = \sqrt{3} : 1$$

であるから，たとえば

$$\vec{p}_1 = [\sqrt{3}, 1]^{\mathrm{t}}$$

は解である．同様に $\lambda_2 = 2$ に対しては

$$\frac{3}{4}X = -\frac{\sqrt{3}}{4}Y, \quad X : Y = -1 : \sqrt{3}$$

であるから，解として，たとえば

$$\vec{p}_2 = [-1, \sqrt{3}]^{\mathrm{t}}$$

が得られる．

固有ベクトル $\vec{p}_1, \vec{p}_2$ は，それぞれ図 4-2 に示すように，それぞれ $\vec{e}_1$ 軸から 30°, $\vec{e}_2$ 軸から 30° 離れた方向

のベクトルである．写像 $\boldsymbol{A}$ は，$\vec{p}_1$ 方向のベクトルは 1 倍，つまりそのままにして，$\vec{p}_2$ 方向のベクトルを 2 倍に伸ばす．したがって，写像 $\boldsymbol{A}$ は固有ベクトル $\vec{p}_1, \vec{p}_2$ を 2 辺とする正方形を，$\vec{p}_2$ 方向を 2 倍にした長方形に変える．

$$
\begin{aligned}
P = [\vec{p}_1, \vec{p}_2] &= \begin{bmatrix} \sqrt{3} & -1 \\ 1 & \sqrt{3} \end{bmatrix} \\
&= 2\begin{bmatrix} \cos 30^\circ & -\sin 30^\circ \\ \sin 30^\circ & \cos 30^\circ \end{bmatrix}
\end{aligned}
$$

であるから，基底 $\{\vec{e}_1, \vec{e}_2\}$ を基底 $\{\vec{p}_1, \vec{p}_2\}$ に変える変換は，実は基底ベクトル $\vec{e}_1, \vec{e}_2$ のそれぞれを 30° 回転して 2 倍にする変換になっている．そして，写像 $\boldsymbol{A}$ の成分行列は

$$
A' = P^{-1}AP = \begin{bmatrix} 1 & 0 \\ 0 & 2 \end{bmatrix}
$$

という簡単な形になる．一般の列ベクトル $\vec{x}$ に対して，これを

$$
\vec{x} = x_1{}'\vec{p}_1 + x_2{}'\vec{p}_2
$$

のように，固有ベクトル $\vec{p}_1, \vec{p}_2$ の線形結合で表せば，写像 $\boldsymbol{A}$ をほどこすと

$$
\begin{aligned}
A\vec{x} &= x_1{}'(A\vec{p}_1) + x_2{}'(A\vec{p}_2) \\
&= x_1{}'\vec{p}_1 + 2x_2{}'\vec{p}_2
\end{aligned}
$$

のように，各固有ベクトル $\vec{p}_i$ の成分 x_i' を固有値倍，すなわち λ_i 倍することになる．

【例 4-6】 線形変換の固有値は，一般に実数になるとはかぎらない．たとえば，二次元ユークリッド空間のベクトルを 30° 回転する変換

$$A=\begin{bmatrix}\cos 30^\circ & -\sin 30^\circ \\ \sin 30^\circ & \cos 30^\circ\end{bmatrix}=\begin{bmatrix}\sqrt{3}/2 & -1/2 \\ 1/2 & \sqrt{3}/2\end{bmatrix}$$

を考えよう．変換 A は，どのベクトルも 30° 回転するから，方向を変えないベクトルはないはずである．すなわち

$$A\vec{p}=\lambda\vec{p}$$

を満たすベクトルは，実数の範囲で探してもみつからない．事実，固有方程式を計算すると

$$\phi(\lambda)=|\lambda I-A|=\begin{vmatrix}\lambda-\sqrt{3}/2 & 1/2 \\ -1/2 & \lambda-\sqrt{3}/2\end{vmatrix}$$

$$=\lambda^2-\sqrt{3}\lambda+1=0$$

これから，複素数の固有値

$$\lambda_1=\frac{\sqrt{3}+i}{2},\quad \lambda_2=\frac{\sqrt{3}-i}{2}$$

が得られる．また，固有ベクトルも，たとえば

$$\vec{p}_1=\begin{bmatrix}1 \\ -i\end{bmatrix},\quad \vec{p}_2=\begin{bmatrix}1 \\ i\end{bmatrix}$$

と複素数になる．行列 A は，複素行列 $P=[\vec{p}_1,\vec{p}_2]$ を用いて

$$A'=P^{-1}AP=\begin{bmatrix}\frac{\sqrt{3}+i}{2} & 0\\ 0 & \frac{\sqrt{3}-i}{2}\end{bmatrix}$$

のように対角化できる．

複素数の固有値，固有ベクトルの意味は，つぎの節である程度明らかになるように，回転に関係している．

【例 4-7】

$$A=\begin{bmatrix}6 & -1 & -2\\ 4 & 1 & -2\\ 5 & -1 & -1\end{bmatrix}$$

を対角行列に相似変換しよう．固有多項式は

$$\begin{aligned}\phi(\lambda)&=|\lambda I-A|\\ &=\begin{vmatrix}\lambda-6 & 1 & 2\\ -4 & \lambda-1 & 2\\ -5 & 1 & \lambda+1\end{vmatrix}=(\lambda-1)(\lambda-2)(\lambda-3)\end{aligned}$$

したがって，固有値は $1, 2, 3$ である．固有値 λ に対する固有列ベクトル $\vec{p}$ は，$\vec{p}=[X, Y, Z]^{\mathrm{t}}$ とおいて

$$\begin{bmatrix}\lambda-6 & 1 & 2\\ -4 & \lambda-1 & 2\\ -5 & 1 & \lambda+1\end{bmatrix}\begin{bmatrix}X\\ Y\\ Z\end{bmatrix}=\begin{bmatrix}0\\ 0\\ 0\end{bmatrix}$$

から求められる．$\lambda=1$ のとき，上式は

$$\begin{bmatrix} -5 & 1 & 2 \\ -4 & 0 & 2 \\ -5 & 1 & 2 \end{bmatrix}\begin{bmatrix} X \\ Y \\ Z \end{bmatrix} = \begin{bmatrix} 0 \\ 0 \\ 0 \end{bmatrix}$$

である．これは二つの方程式

$$-5X + Y + 2Z = 0$$
$$-4X \quad\quad + 2Z = 0$$

を意味するから（係数行列の第 1 行と第 3 行は同じであることに注意），第二式から $Z = 2X$，第一式から $Y = 5X - 2Z = X$ が得られる．したがって

$$X : Y : Z = 1 : 1 : 2$$

である．そこで，たとえば

$$\vec{p}_1 = [1, 1, 2]^{\mathrm{t}}$$

とすれば解である．（規格化する必要はない．）$\lambda=2$ のときは

$$\begin{bmatrix} -4 & 1 & 2 \\ -4 & 1 & 2 \\ -5 & 1 & 3 \end{bmatrix}\begin{bmatrix} X \\ Y \\ Z \end{bmatrix} = \begin{bmatrix} 0 \\ 0 \\ 0 \end{bmatrix}$$

であり，これは二つの方程式

$$-4X + Y + 2Z = 0$$
$$-5X + Y + 3Z = 0$$

を意味する．たとえば，Z を定数とみなして解くと，$X=Z$，　$Y=2Z$，すなわち

$$X:Y:Z=1:2:1$$

になる．そこで

$$\vec{p}_2=[1,2,1]^{\mathrm{t}}$$

としよう．$\lambda=3$ のときは

$$\begin{bmatrix} -3 & 1 & 2 \\ -4 & 2 & 2 \\ -5 & 1 & 4 \end{bmatrix}\begin{bmatrix} X \\ Y \\ Z \end{bmatrix}=\begin{bmatrix} 0 \\ 0 \\ 0 \end{bmatrix}$$

であり，これは三つの方程式

$$-3X+\ Y+2Z=0$$

$$-4X+2Y+2Z=0$$

$$-5X+\ Y+4Z=0$$

を表すが，係数行列の行列式が0であるから，係数行列の三つの行は線形従属である．したがって，上の三つの式は独立ではなく任意の二つだけを考えればよい．(実際，(第三式)＝3×(第一式)−(第二式)となっている．）たとえば，第一式と第二式で Z を定数とみなして解けば $X=Z$，　$Y=Z$，すなわち

$$X:Y:Z=1:1:1$$

である．これは当然，第三式をも満たしている．そこで

$$\vec{p}_3=[1,1,1]^{\mathrm{t}}$$

としよう．変換行列はこれらの固有列ベクトル $\vec{p}_1,\vec{p}_2,$

$\vec{p}_3$ を並べた

$$P = \begin{bmatrix} 1 & 1 & 1 \\ 1 & 2 & 1 \\ 2 & 1 & 1 \end{bmatrix}$$

である．これを用いれば

$$P^{-1}AP = \begin{bmatrix} 1 & & \\ & 2 & \\ & & 3 \end{bmatrix}$$

になる．実際に確かめてみると

$$P^{-1} = \begin{bmatrix} -1 & 0 & 1 \\ -1 & 1 & 0 \\ 3 & -1 & -1 \end{bmatrix}$$

であるから

$$P^{-1}AP = \begin{bmatrix} -1 & 0 & 1 \\ -1 & 1 & 0 \\ 3 & -1 & -1 \end{bmatrix} \begin{bmatrix} 6 & -1 & -2 \\ 4 & 1 & -2 \\ 5 & -1 & -1 \end{bmatrix} \begin{bmatrix} 1 & 1 & 1 \\ 1 & 2 & 1 \\ 2 & 1 & 1 \end{bmatrix}$$

$$= \begin{bmatrix} 1 & 0 & 0 \\ 0 & 2 & 0 \\ 0 & 0 & 3 \end{bmatrix}$$

になっている．

【例 4-8】　上の例の行列 A の N 乗を計算しよう．A^N

を上の例の変換行列 P で相似変換すると

$$
\begin{aligned}
P^{-1}A^NP &= P^{-1}\underbrace{AA\cdots A}_{N\text{ 個}}P^{-1} \\
&= (P^{-1}AP)(P^{-1}AP)\cdots(P^{-1}AP) \\
&= (P^{-1}AP)^N \\
&= \begin{bmatrix} 1 & & \\ & 2 & \\ & & 3 \end{bmatrix}^N = \begin{bmatrix} 1 & & \\ & 2^N & \\ & & 3^N \end{bmatrix}
\end{aligned}
$$

上式の左から P，右から P^{-1} を掛けると

$$
\begin{aligned}
A^N &= P\begin{bmatrix} 1 & & \\ & 2^N & \\ & & 3^N \end{bmatrix}P^{-1} \\
&= \begin{bmatrix} 1 & 1 & 1 \\ 1 & 2 & 1 \\ 2 & 1 & 1 \end{bmatrix}\begin{bmatrix} 1 & & \\ & 2^N & \\ & & 3^N \end{bmatrix}\begin{bmatrix} -1 & 0 & 1 \\ -1 & 1 & 0 \\ 3 & -1 & -1 \end{bmatrix} \\
&= \begin{bmatrix} -1-2^N+3^{N+1} & 2^N-3^N & 1-3^N \\ -1-2^{N+1}+3^{N+1} & 2^{N+1}-3^N & 1-3^N \\ -2-2^N+3^{N+1} & 2^N-3^N & 2-3^N \end{bmatrix}
\end{aligned}
$$

になる．

【注意】　前章では二次形式 f の行列 F を対角化する問題を扱い，本章では線形写像 $\boldsymbol{A}$ の行列 A を対角化する問題を扱った．どちらも，適当な基底をとることで，行列を対角化で

きること，その際，n 個の固有ベクトルを新しい基底とすればよく，対角化した行列の対角要素には固有値が並ぶことなど，共通の点が多い．しかし，この二つの行列の対角化には大きな相違がある．すなわち，基底を変えたときの行列の変換が，二次形式の場合には合同変換

$$F \longrightarrow F' = P^{\mathrm{t}} F P$$

によって行われ，線形写像の場合には相似変換

$$A \longrightarrow A' = P^{-1} A P$$

によって行われる．

二次形式の場合は，固有ベクトルの成分列ベクトル $\vec{p}$ が

$$F\vec{p} = \lambda G \vec{p}$$

によって定められる．G は計量行列である．固有値 λ を定める固有方程式は

$$|\lambda G - F| = 0$$

であった．固有値は常に実数であり，固有ベクトルはたがいに直交するために，行列 F を対角化する基底として正規直交基底が得られる．

線形写像の場合は，固有ベクトルの成分列ベクトル $\vec{p}$ と固有値 λ はそれぞれ

$$A\vec{p} = \lambda \vec{p}, \quad |\lambda I - A| = 0$$

によって定められる．そして，固有値は一般に複素数である．このために，複素数を成分とする固有ベクトルが得られることもありうる．また，固有ベクトルはたがいに直交するとはかぎらないし，得られた基底も正規直交基底とはかぎらない．二次形式の場合には固有値 λ が m 重根の場合でも固有値 λ に属する m 個の線形独立の固有ベクトルをとることができた．線形写像の場合には，m 重根の固有値 λ に対して必ずしも m 個の線形独立な固有ベクトルが存在するとはかぎらない．この場合には，どのような基底を選んでも行列

A を対角行列に変換することはできないが，後に述べるように，固有値ごとに対角線上の区画をなす形（ジョルダンの標準形）に変換することができる．しかし，m 個の線形独立な固有ベクトルをとることができる場合には，つぎの例のように，対角化が可能である．

【例 4-9】

$$A = \begin{bmatrix} 4 & -1 & -1 \\ 3 & 0 & -1 \\ 3 & -1 & 0 \end{bmatrix}$$

とする．固有多項式は

$$\phi(\lambda) = \begin{vmatrix} \lambda-4 & 1 & 1 \\ -3 & \lambda & 1 \\ -3 & 1 & \lambda \end{vmatrix} = (\lambda-1)^2(\lambda-2)$$

であり，固有値は1（二重根）と2である．［例 4-7］と同様にして $\lambda=1$ に対する固有列ベクトルを考えると

$$\begin{bmatrix} -3 & 1 & 1 \\ -3 & 1 & 1 \\ -3 & 1 & 1 \end{bmatrix}\begin{bmatrix} X \\ Y \\ Z \end{bmatrix} = \begin{bmatrix} 0 \\ 0 \\ 0 \end{bmatrix}$$

となり，これはただ一つの方程式

$$-3X+Y+Z=0$$

を意味する．これには無数の解があるが，たとえば

$$\vec{p}_1 = [1, 1, 2]^{\mathrm{t}}, \quad \vec{p}_2 = [1, 2, 1]^{\mathrm{t}}$$

とすれば，これらはともに解であり，$\vec{p}_1$ と $\vec{p}_2$ は線形独立である．$\lambda = 2$ のときは

$$\begin{bmatrix} -2 & 1 & 1 \\ -3 & 2 & 1 \\ -3 & 1 & 2 \end{bmatrix} \begin{bmatrix} X \\ Y \\ Z \end{bmatrix} = \begin{bmatrix} 0 \\ 0 \\ 0 \end{bmatrix}$$

から

$$\begin{aligned} -2X + \ \ Y + \ \ Z &= 0 \\ -3X + 2Y + \ \ Z &= 0 \\ -3X + \ \ Y + 2Z &= 0 \end{aligned}$$

であるが，第一式，第二式で Z を定数とみなして解くと $X = Z$,　$Y = Z$，すなわち

$$X : Y : Z = 1 : 1 : 1$$

である．そこで

$$\vec{p}_3 = [1, 1, 1]^{\mathrm{t}}$$

とおく．$\vec{p}_1, \vec{p}_2, \vec{p}_3$ を並べた

$$P = \begin{bmatrix} 1 & 1 & 1 \\ 1 & 2 & 1 \\ 2 & 1 & 1 \end{bmatrix}$$

が変換行列であり

$$P^{-1}AP=\begin{bmatrix}1 & & \\ & 1 & \\ & & 2\end{bmatrix}$$

になる．実際に確かめてみると

$$P^{-1}=\begin{bmatrix}-1 & 0 & 1\\ -1 & 1 & 0\\ 3 & -1 & -1\end{bmatrix}$$

であり

$$P^{-1}AP=\begin{bmatrix}-1 & 0 & 1\\ -1 & 1 & 0\\ 3 & -1 & -1\end{bmatrix}\begin{bmatrix}4 & -1 & -1\\ 3 & 0 & -1\\ 3 & -1 & 0\end{bmatrix}\begin{bmatrix}1 & 1 & 1\\ 1 & 2 & 1\\ 2 & 1 & 1\end{bmatrix}$$
$$=\begin{bmatrix}1 & 0 & 0\\ 0 & 1 & 0\\ 0 & 0 & 2\end{bmatrix}$$

になっている．

【注意】 すでに注意したように，線形写像 $\boldsymbol{A}$ の固有多項式

$$\phi(\lambda)=|\lambda I-A|=\begin{vmatrix}\lambda-a_{11} & -a_{12} & \cdots & -a_{1n}\\ -a_{21} & \lambda-a_{22} & & -a_{2n}\\ \vdots & & \ddots & \vdots\\ -a_{n1} & \cdots -a_{n2} & \cdots & \lambda-a_{nn}\end{vmatrix} \quad (4.37)$$

は，A としてどんな基底に関する成分行列を用いても同じで

ある．すなわち，$\phi(\lambda)$ は相似変換に不変であり，任意の正則行列で基底を変換して，行列 A を $P^{-1}AP$ でおきかえても $\phi(\lambda)$ は変化しない（式（4.30）の後の［注意］参照）．上の固有多項式を計算した結果

$$\phi(\lambda) = \lambda^n + a_1\lambda^{n-1} + a_2\lambda^{n-2} + \cdots + a_{n-1}\lambda + a_n$$

になったとしよう．係数の $a_1, a_2, \cdots, a_n$ は行列 A の要素から計算することができる．しかし，$\phi(\lambda)$ は相似変換に対して不変であるから，この $a_1, a_2, \cdots, a_n$ は行列 A の代わりに行列 $P^{-1}AP$ を用いて計算しても同じ数値を与える．このことを，$a_1, a_2, \cdots, a_n$ は行列 $\boldsymbol{A}$ の相似変換に不変な**スカラー量**，あるいは単に行列 $\boldsymbol{A}$ の**不変量**であるという．実は，行列 $\boldsymbol{A}$ のすべての不変量は $a_1, a_2, \cdots, a_n$ の組み合わせによって，得られることが知られている．ここで，a_1 について考えてみる．これは式（4.37）の行列式の計算で λ^{n-1} の項の係数であるから，行列式の計算法からわかるように

$$a_1 = -a_{11} - a_{22} - a_{33} - \cdots - a_{nn} = -\mathrm{Tr}A$$

である．行列 A の対角要素の和を行列 A の**トレース（対角和，固有和，跡）**といい

$$\mathrm{Tr}A = a_{11} + a_{22} + \cdots + a_{nn}$$

と書く（［定理 3-4］の後の［注意］参照）．$\mathrm{Tr}A$ は行列 A の不変量であり

$$\mathrm{Tr}(P^{-1}AP) = \mathrm{Tr}A \tag{4.38}$$

である．これは直接に要素を計算しても確かめられる．また，a_n は $\phi(\lambda)$ で $\lambda=0$ とおいて得られるから，式（4.37）で $\lambda=0$ とおくと

$$a_n = |-A| = (-1)^n\,|A|$$

になる．したがって，行列式 $|A|$ も行列 A の不変量である．すなわち

$$|P^{-1}AP| = |A| \tag{4.39}$$

である．これらの不変性を意識して，$\mathrm{Tr}\boldsymbol{A}, |\boldsymbol{A}|, \phi(\lambda) = |\lambda\boldsymbol{I}-\boldsymbol{A}|$ などと書き，それぞれ線形写像 $\boldsymbol{A}$ のトレース，行列式，固有多項式などとよぶこともある．また，$\phi(\lambda)$ を書きかえて

$$\phi(\lambda) = \lambda^n - c_1\lambda^{n-1} + c_2\lambda^{n-2} - \cdots + (-1)^n c_n \qquad (4.40)$$

とおけば，$c_1 = \mathrm{Tr}A, c_n = |A|$ であり，$c_2, \cdots, c_{n-1}$ は行列 A の要素の複雑な式である．そして，重複を許した n 個の固有値を $\lambda_1, \cdots, \lambda_n$ とすると

$$\phi(\lambda) = (\lambda-\lambda_1)(\lambda-\lambda_2)\cdots(\lambda-\lambda_n)$$

であるから，式（4.40）と比較すれば不変量 $c_1, c_2, \cdots, c_n$ は固有値 $\lambda_1, \lambda_2, \cdots, \lambda_n$ の基本対称式とよぶものになっていることがわかる．とくに

$$c_1 = \mathrm{Tr}A = \sum_{i=1}^{n} \lambda_i, \quad c_n = |A| = \lambda_1\lambda_2\cdots\lambda_n$$

である．

2 線形写像と状態方程式

2.1 線形状態方程式

V^n から自分自身への線形写像 $\boldsymbol{A}$ を，一つのベクトル $\boldsymbol{x}_0$ に何回も続けてほどこしてみよう．基底を用いると，n 次正方行列 A を成分行列として，成分列ベクトル $\vec{x}_0$ に A を続けて掛けることになる．単位時間に 1 回ずつ A を掛けるものとし，A を k 回掛けて得られる時刻 k の列ベクトルを

$$\vec{x}_k = A^k \vec{x}_0 \qquad (4.41)$$

とする．つぎの時刻 $k+1$ の列ベクトル $\vec{x}_{k+1}$ は

$$\vec{x}_{k+1} = A\vec{x}_k \tag{4.42}$$

と書ける．$\vec{x}$ の時刻0での値 $\vec{x}_0$ から，この式を用いて $\vec{x}_1, \vec{x}_2, \cdots$ と順に $\vec{x}_k$ $(k = 1, 2, 3, \cdots)$ が決まる．このような形の方程式を離散時間の**線形状態方程式**または**線形差分方程式**という．物理学や工学では，列ベクトル $\vec{x}$ が何らかの対象物の物理的な状態を表していて，状態が一定時間ごとに線形写像によって変わっていくような場合がよく現れるのである．

【例 4-10】 ［例 1-20］に示した二つの容器の中身を混合する操作を考えよう．容器 S_1, S_2 の中身の量をそれぞれ p_1, p_2 とすると，これらの容器の中身の状態をベクトル

$$\vec{p} = [p_1, p_2]^{\mathrm{t}} \tag{4.43}$$

で表すことができる．1回の混合では容器 S_1 からその中身の量の 1/2 をとり，容器 S_2 からその中身の量の 1/3 をとって，これをそれぞれ別の容器へ入れて交換するのであるから，混合後の状態は

$$\begin{bmatrix} \frac{1}{2}p_1 + \frac{1}{3}p_2 \\ \frac{1}{2}p_1 + \frac{2}{3}p_2 \end{bmatrix} \tag{4.44}$$

になる．すなわち

$$P = \begin{bmatrix} \frac{1}{2} & \frac{1}{3} \\ \frac{1}{2} & \frac{2}{3} \end{bmatrix} \tag{4.45}$$

とおけば，これは1回の混合の操作を表す行列であり，k回混合した後の状態を$\vec{p}_k$，$k+1$回混合した後の状態を$\vec{p}_{k+1}$とすると，このあいだの関係は式（4.44）によって

$$\vec{p}_{k+1} = P\vec{p}_k \tag{4.46}$$

と書くことができる．たとえば，最初（時刻を0とし，単位時間に1回混合を行うと考えてもよい）に$\vec{p}_0$で表される状態にあったとき，上に述べた混合をつぎつぎと行うと，両方の容器の中身がしだいに混じっていく．式（4.46）がその変化を記述する線形状態方程式である．

あるいは［例1-20］の脚注で述べたように，式（4.43）で$p_1 \geqq 0, p_2 \geqq 0, p_1 + p_2 = 1$のときは，$p_1, p_2$を‘確率’と考えることもできる．すなわち，あるものの状態がS_1である確率がp_1，S_2である確率がp_2であると考えるのである．このとき，状態S_1にあったものが，つぎの時刻に状態S_1のままである確率が1/2，状態S_2になる確率が1/2であり，状態S_2にあったものが，つぎの時刻に状態S_1になる確率が1/3，状態S_2のままである確率が2/3である．式（4.45）のPが**遷移確率行列**であり，式（4.46）がS_1, S_2にある確率が毎回どのように変化するかを表す線形状態方程式である．このときの式（4.46）の方程式を**状態遷移方程式**とよぶ*.

* 式（4.46）のような状態遷移方程式をもつものを（**離散**）**マルコフ過程**とよぶ.

【例 4-11】 ［例 1-21］でとりあげた電気回路を考えよう（図 4-3）．左側の入力端子対にかける電圧を E_1，上側から流れ込む電流を I_1 とし，右側の出力端子対にかかる電圧を E_2，上側から流れ出す電流を I_2 とすれば，対応

$$\begin{bmatrix} E_1 \\ I_1 \end{bmatrix} \longrightarrow \begin{bmatrix} E_2 \\ I_2 \end{bmatrix}$$

は線形写像であり，その関係は式（1. 47）で与えられる．したがって

$$\vec{v}_1 = \begin{bmatrix} E_1 \\ I_1 \end{bmatrix}, \quad \vec{v}_2 = \begin{bmatrix} E_2 \\ I_2 \end{bmatrix},$$

$$F = \begin{bmatrix} 1 & -R_1 \\ -\dfrac{1}{R_2} & \dfrac{R_1 + R_2}{R_2} \end{bmatrix}$$

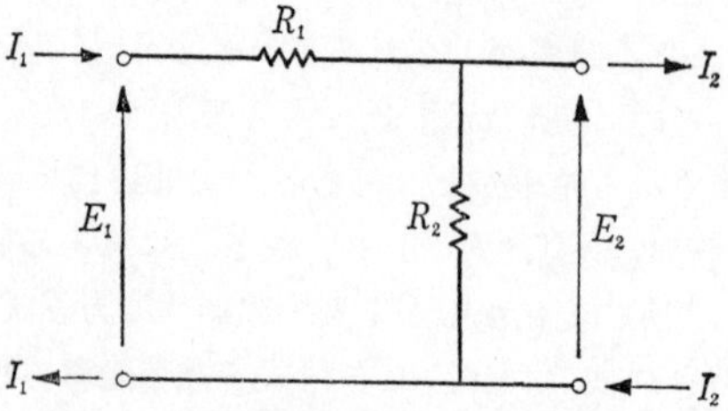

図 4-3　電気回路での電流・電圧の対応

左側の入力端子の電圧，電流を E_1, I_1，右側の出力端子の電圧，電流を E_2, I_2 とすればその対応は線形写像である．

とおけば，つぎのように表される．

$$\vec{v}_2 = F\vec{v}_1 \tag{4.47}$$

つぎに，図 4-4 のようにこの同じ回路をつぎつぎとつないだはしご形回路を考えよう．左から k 番目の端子対にかかる電圧を E_k，流れる電流を I_k として

$$v_k = \begin{bmatrix} E_k \\ I_k \end{bmatrix}$$

とおけば，式 (4.47) からわかるように

$$\vec{v}_{k+1} = F\vec{v}_k$$

である．これが，回路の電圧，電流が右側にいくに従ってどのように変化するかを表す線形状態方程式である．

状態方程式において，固有値と固有ベクトルの役割をつぎのように考えることができる．行列 A の固有列ベク

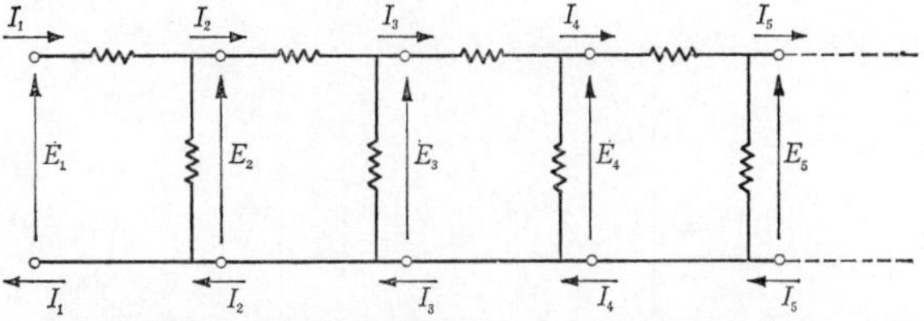

図 4-4　図 4-3 の回路をつないだはしご形回路
回路の電圧，電流が，右側にいくに従ってどのように変化していくかは，線形状態方程式で表される．

トルを $\vec{p}_1, \vec{p}_2, \cdots, \vec{p}_n$ として，これを基底に選ぼう．（たとえば，行列 A の固有値 λ_i がすべて異なればこれはいつも可能である．）$\vec{p}_1, \cdots, \vec{p}_n$ の成分を要素として並べた行列が P であり，行列

$$A' = P^{-1}AP = \begin{bmatrix} \lambda_1 & & & \\ & \lambda_2 & & \\ & & \ddots & \\ & & & \lambda_n \end{bmatrix} = \Lambda \qquad (4.48)$$

は対角行列である．このとき，状態を表すベクトル $\vec{x}_k$ は

$$\vec{x}_k{}' = P^{-1}\vec{x}_k \qquad (4.49)$$

と変数変換される．状態方程式 (4.42) に $\vec{x}_k = P\vec{x}_k{}'$ を代入すると

$$P\vec{x}_{k+1}{}' = AP\vec{x}_k{}' \quad \text{ゆえに} \quad \vec{x}_{k+1}{}' = P^{-1}AP\vec{x}_k{}' = \Lambda\vec{x}_k{}' \qquad (4.50)$$

であるから，その解は

$$\vec{x}_k{}' = \Lambda^k\vec{x}_0{}' \qquad (4.51)$$

である．Λ は対角行列であるから

$$\Lambda^k = \begin{bmatrix} \lambda_1{}^k & & & \\ & \lambda_2{}^k & & \\ & & \ddots & \\ & & & \lambda_n{}^k \end{bmatrix} \qquad (4.52)$$

である．したがって，式 (4.51) を成分ごとに書けば，解は

$$x_i'(k)=\lambda_i{}^k x_i'(0) \qquad (i=1,\cdots,n) \tag{4.53}$$

と表せる．$x_i'(k)$ は $\vec{x}_k'$ の第 i 成分である．もとの基底にもどすと，式（4.49）から

$$\vec{x}_k=P\begin{bmatrix}\lambda_1{}^k & & & \\ & \lambda_2{}^k & & \\ & & \ddots & \\ & & & \lambda_n{}^k\end{bmatrix}P^{-1}\vec{x}_0 \tag{4.54}$$

が得られる（これは式（4.41）の A^k を［例 4-8］の方法で計算したことに等しい）．

さて，初期状態を表す列ベクトル $\vec{x}_0$ を固有列ベクトル $\vec{p}_1,\cdots,\vec{p}_n$ の線形結合で

$$\vec{x}_0=c_1'\vec{p}_1+c_2'\vec{p}_2+\cdots+c_n'\vec{p}_n \tag{4.55}$$

と表したとする．係数 c_i を初期状態 $\vec{x}_0$ の $\vec{p}_i$ 成分とよぼう．

$$A\vec{p}_i=\lambda_i\vec{p}_i \tag{4.56}$$

であるから，式（4.55）の両辺に A を掛けると

$$A\vec{x}_0=c_1'\lambda_1\vec{p}_1+c_2'\lambda_2\vec{p}_2+\cdots+c_n'\lambda_n\vec{p}_n \tag{4.57}$$

になる．すなわち，初期状態 $\vec{x}_0$ を行列 A で写像すると，初期状態 $\vec{x}_0$ の各 $\vec{p}_i$ 成分が固有値 λ_i 倍になる．この式に続けて行列 A を掛ければ

$$\begin{aligned}\vec{x}_k&=A^k\vec{x}_0\\&=c_1'\lambda_1{}^k\vec{p}_1+c_2'\lambda_2{}^k\vec{p}_2+\cdots+c_n'\lambda_n{}^k\vec{p}_n\end{aligned} \tag{4.58}$$

になる．したがって，固有値，固有ベクトルがわかれば，

初期状態 $\vec{x}_0$ の各 $\vec{p}_i$ 成分を求めることによって状態 $\vec{x}_k$ を求めることができる．（固有値 $\lambda_1, \cdots, \lambda_n$ は複素数になるかもしれない．しかし，そのときは係数 $c_1', \cdots, c_n'$ も一般に複素数であり，固有列ベクトル $\vec{p}_1, \cdots, \vec{p}_n$ も複素数を成分とする列ベクトルである．そして，式（4.58）の両辺が全体として実数になっていればよいのである．）

とくに，すべての固有値 $\lambda_1, \cdots, \lambda_n$ の絶対値が1より小さければ

$$\lim_{k\to\infty} {\lambda_i}^k = 0 \tag{4.59}$$

であるから，式（4.58）の各係数の大きさは k の増大とともに小さくなり，ベクトル $\vec{x}_k$ は $\vec{0}$ に収束する．このとき，状態方程式（4.42）は**安定**であるという．逆に，固有値 $\lambda_1, \cdots, \lambda_n$ のうち一つでも絶対値が1より大きいものがあれば，ベクトル $\vec{x}_k$ の長さは k の増大とともに無限大に発散する．このとき，状態方程式は**不安定**であるという*.

【例 4-12】 連立方程式

* 安定である条件は，行列 A の固有多項式 $\phi(\lambda)$ のすべての零点が複素平面上の原点を中心とする単位円内にあることであるといいかえることもできる．

$$a_{11}x_1 + a_{12}x_2 + \cdots + a_{1n}x_n = b_1$$

$$\cdots \qquad \cdots$$

$$\cdots \qquad \cdots$$

$$a_{n1}x_1 + a_{n2}x_2 + \cdots + a_{nn}x_n = b_n$$

を考える．ただし，$a_{11} \neq 0, a_{22} \neq 0, \cdots, a_{nn} \neq 0$ とする．第一式，第二式，…，第 n 式をそれぞれ $x_1, x_2, \cdots, x_n$ について解く．

$$x_1 = \frac{1}{a_{11}}(b_1 - a_{12}x_2 - \cdots - a_{1n}x_n)$$

$$\cdots \qquad \cdots$$

$$\cdots \qquad \cdots$$

$$x_n = \frac{1}{a_{nn}}(b_n - a_{n1}x_1 - \cdots - a_{nn-1}x_{n-1})$$

そこで，まず $x_1, x_2, \cdots, x_n$ に勝手な数値を与え，それを $x_1(0), \cdots, x_n(0)$ とする．上式の右辺の $x_1, \cdots, x_n$ をこれとおきかえると，左辺として新しい $x_1, x_2, \cdots, x_n$ が得られる．こうして得られた値を $x_1(1), x_2(1), \cdots, x_n(1)$ とする．これをまた右辺の $x_1, \cdots, x_n$ に代入すると，左辺として新しい $x_1(2), x_2(2), \cdots, x_n(2)$ が得られる．これを繰り返せばしだいに真の解が得られると期待してよい場合もあろう（この方法を**ヤコビの反復法**という）．この手順をベクトルと行列を用いて書くと

$$\vec{x}_{k+1}=\tilde{\vec{b}}+\tilde{A}\vec{x}_k \qquad \tilde{\vec{b}}=\begin{bmatrix} b_1/a_{11} \\ \vdots \\ b_n/a_{nn} \end{bmatrix}, \ \vec{x}_k=\begin{bmatrix} x_1(k) \\ \vdots \\ x_n(k) \end{bmatrix}$$

$$\tilde{A}=\begin{bmatrix} 0 & -a_{12}/a_{11} & -a_{13}/a_{11} & \cdots & -a_{1n}/a_{11} \\ -a_{21}/a_{22} & 0 & -a_{23}/a_{22} & \cdots & -a_{2n}/a_{22} \\ & \cdots & & \cdots & \\ & \cdots & & \cdots & \\ -a_{n1}/a_{nn} & -a_{n2}/a_{nn} & -a_{n3}/a_{nn} & \cdots & 0 \end{bmatrix}$$

になる．連立方程式の真の解を $\vec{x}^*$ とし，k 回目の反復で得られる近似解 $\vec{x}_k$ と真の解 $\vec{x}^*$ の差を $\vec{\varepsilon}_k$，すなわち $\vec{\varepsilon}_k=\vec{x}_k-\vec{x}^*$ とすると

$$\vec{x}_k=\vec{x}^*+\vec{\varepsilon}_k, \quad \vec{x}_{k+1}=\vec{x}^*+\vec{\varepsilon}_{k+1}$$

であり，これを上式に代入して

$$\vec{x}^*+\vec{\varepsilon}_{k+1}=\tilde{\vec{b}}+\tilde{A}(\vec{x}^*+\vec{\varepsilon}_k)$$

が得られる．真の解は $\vec{x}^*=\tilde{\vec{b}}+\tilde{A}\vec{x}^*$ を満たすから，上式から

$$\vec{\varepsilon}_{k+1}=\tilde{A}\vec{\varepsilon}_k$$

となる．これは反復に伴って近似解の誤差 $\vec{\varepsilon}_k$ がどのように変化していくかを示す線形状態方程式である．$\vec{\varepsilon}_k=\tilde{A}^k\vec{\varepsilon}_0$ であり，$\tilde{A}$ の固有値を $\lambda_1, \lambda_2, \cdots, \lambda_n$ とすると，式 (4.58) によって，すべての固有値 $\lambda_1, \lambda_2, \cdots, \lambda_n$ の絶対値が 1 より小さいときに k を増やせば $\vec{\varepsilon}_k$ は $\vec{0}$ に収束する．すなわち $\vec{x}_k$ は真の解 $\vec{x}^*$ に収束する．し

たがって，ここで述べた反復法によって真の解が求まる条件は，行列 $\tilde{A}$ の固有多項式

$$\phi(\lambda)=\begin{vmatrix} \lambda & a_{12}/a_{11} & a_{13}/a_{11} & \cdots & a_{1n}/a_{11} \\ a_{21}/a_{22} & \lambda & a_{23}/a_{22} & \cdots & a_{2n}/a_{22} \\ & \cdots & & \cdots & \\ & \cdots & & \cdots & \\ a_{n1}/a_{nn} & a_{n2}/a_{nn} & a_{n3}/a_{nn} & \cdots & \lambda \end{vmatrix}$$

の根の絶対値がすべて1より小さいことである．とくに，もとの方程式の係数行列のどの対角要素の絶対値 $|a_{ii}|$ も，その行の他の要素の絶対値の和 $\sum_{j\neq i}|a_{ij}|$ より大きければ（このような行列を**優対角行列**という），上の条件が満たされる．

いま，A の n 個の固有値 $\lambda_1, \lambda_2, \cdots, \lambda_n$ のうちで，絶対値が最大のものは λ_1 であるとしよう．すなわち

$$|\lambda_1|>|\lambda_i| \qquad (i=2,3,\cdots,n)$$

であるとする．このとき

$$A^k\vec{x}={\lambda_1}^k\left\{{x_1}'\vec{p}_1+{x_2}'\left(\frac{\lambda_2}{\lambda_1}\right)^k\vec{p}_2+\cdots+{x_n}'\left(\frac{\lambda_n}{\lambda_1}\right)^k\vec{p}_n\right\} \tag{4.60}$$

と書くことができるが，$|\lambda_i/\lambda_1|<1$ であるから，k が大きくなるにつれて

$$\lim_{k\to\infty}\left(\frac{\lambda_i}{\lambda_1}\right)^k=0 \qquad (i=2,3,\cdots,n) \tag{4.61}$$

である．したがって，$x_1{}' \neq 0$であれば，kが大きくなるにつれて

$$A^k \vec{x} \to (\lambda_1)^k x_1{}' \vec{p}_1 \tag{4.62}$$

すなわち，ベクトル$A^k\vec{x}$は，（大きさは別として）一般に，kを大きくすると絶対値最大の固有値に対応する固有ベクトルの方向にどんどん近づいていく*．このことを利用して，絶対値最大の固有値に対応する固有ベクトルを近似的に求めることができる．

【例 4-13】　［例 4-7］でとりあげた行列

$$A = \begin{bmatrix} 6 & -1 & -2 \\ 4 & 1 & -2 \\ 5 & -1 & -1 \end{bmatrix}$$

を考える．すでに調べたように固有値は1, 2, 3であり，それぞれに対する固有ベクトルは

$$\vec{p}_1 = \begin{bmatrix} 1 \\ 1 \\ 2 \end{bmatrix}, \quad \vec{p}_2 = \begin{bmatrix} 1 \\ 2 \\ 1 \end{bmatrix}, \quad \vec{p}_3 = \begin{bmatrix} 1 \\ 1 \\ 1 \end{bmatrix}$$

である．そこで

$$\vec{x} = [1, 0, 0]^{\mathrm{t}}$$

---

*　物理学や工学における実際に数値を扱う問題では，誤差の影響などを考慮すると，$x_1{}' = 0$が厳密に成立することはまず考えられない．‘一般に’というのはその意味である．

から始めて $A^k\vec{x}$ を計算してみよう．

$$A\vec{x} = \begin{bmatrix} 6 \\ 4 \\ 5 \end{bmatrix}, \quad A^2\vec{x} = \begin{bmatrix} 22 \\ 18 \\ 21 \end{bmatrix}, \quad A^3\vec{x} = \begin{bmatrix} 72 \\ 64 \\ 71 \end{bmatrix},$$

$$A^4\vec{x} = \begin{bmatrix} 226 \\ 210 \\ 225 \end{bmatrix}, \quad A^5\vec{x} = \begin{bmatrix} 696 \\ 664 \\ 695 \end{bmatrix}, \quad \cdots$$

である．成分の比は，四捨五入して小数点以下3桁まで求めるとそれぞれ

$$\begin{bmatrix} 1 \\ 0.667 \\ 0.833 \end{bmatrix}, \begin{bmatrix} 1 \\ 0.818 \\ 0.955 \end{bmatrix}, \begin{bmatrix} 1 \\ 0.889 \\ 0.986 \end{bmatrix}, \begin{bmatrix} 1 \\ 0.929 \\ 0.996 \end{bmatrix},$$

$$\begin{bmatrix} 1 \\ 0.954 \\ 0.999 \end{bmatrix}, \cdots$$

になる．しだいに固有ベクトル $\vec{p_3}$ の成分比に近づいていることがわかる．

【注意 1】 先に述べたように，一般にベクトル $A^k\vec{x}$ がしだいに絶対値最大の固有値の固有ベクトルの方向に近づいていくことは，固有ベクトルを近似的に数値計算するのに利用できる（**べき乗法**とよぶ）．しかし，それ以外にも物理学や工学で重要な現象に直接関係している．たとえば［例 4-10］を考えると，このことは，任意の初期状態から始めて P で表される混合操作を何度もほどこすと，最終的に絶対値最大の

固有値に対応する固有ベクトルの示す割合になることを示している．また，P を確率遷移行列と考えれば，任意の初期状態から十分時間がたったときに状態の確率分布がどのようであるかを知ることができる．また，［例 4-11］のはしご形回路でも十分右側での電圧，電流の振舞がわかることになる．

【注意 2】　複素数の固有値について簡単にふれておく．いま λ_1 が複素数であって，その絶対値が α，偏角が θ であるとする．このとき

$$\lambda_1 = \alpha e^{i\theta} \ (= \alpha\cos\theta + i\alpha\sin\theta)$$

と書くことができる．とくに θ が

$$\theta = \frac{2\pi}{m}$$

であるときは

$$\lambda_1{}^m = \alpha^m e^{im\theta} = \alpha^m e^{i2\pi} = \alpha^m$$

である．したがって

$$A^m\vec{p_1} = \lambda_1{}^m\vec{p_1} = \alpha^m\vec{p_1}$$

であるから，行列 A を m 回かけると固有ベクトル $\vec{p_1}$ は α^m 倍される．すなわち，行列 A は固有ベクトル $\vec{p_1}$ 方向のベクトルを，大きさを $\alpha = |\lambda_1|$ 倍するとともに，m 乗すればもとの方向にもどるように回転する．固有値 λ_1 の偏角 θ は，この回転の角度を表している．（厳密には，行列 A が実数行列のとき，λ_1 に対応する固有ベクトル $\vec{p_1}$ も複素数成分をもち，これを実数部分，虚数部分に分けて $\vec{p_1} = \vec{p_1}' + i\vec{p_1}''$ とすると，$A^k\vec{p_1}'$ と $A^k\vec{p_1}''$ は $\vec{p_1}'$ と $\vec{p_1}''$ のつくる平面を回転する．）

2.2　線形微分方程式

n 個の変数 $x_1, x_2, \cdots, x_n$ が線形連立微分方程式

$$\left.\begin{array}{l} \dfrac{\mathrm{d}x_1}{\mathrm{d}t} = a_{11}x_1 + a_{12}x_2 + \cdots + a_{1n}x_n \\ \qquad\qquad \cdots \qquad\qquad \cdots \\ \qquad\qquad \cdots \qquad\qquad \cdots \\ \dfrac{\mathrm{d}x_n}{\mathrm{d}t} = a_{n1}x_1 + a_{n2}x_2 + \cdots + a_{nn}x_n \end{array}\right\} \tag{4.63}$$

に従って，時間 t とともに変わるものとしよう．ここで，時間微分 $\mathrm{d}/\mathrm{d}t$ を・（ドット）で表し

$$\vec{x} = \begin{bmatrix} x_1 \\ \vdots \\ x_n \end{bmatrix}, \quad \dot{\vec{x}} = \begin{bmatrix} \dfrac{\mathrm{d}x_1}{\mathrm{d}t} \\ \vdots \\ \dfrac{\mathrm{d}x_n}{\mathrm{d}t} \end{bmatrix}, \quad A = \begin{bmatrix} a_{11} & \cdots & a_{1n} \\ & \cdots & \\ & \cdots & \\ a_{n1} & \cdots & a_{nn} \end{bmatrix}$$

とおくと，この方程式は列ベクトル $\vec{x}$ および n 次正方行列 A を用いて

$$\dot{\vec{x}} = A\vec{x} \tag{4.64}$$

のように表すことができる．

行列 A の固有値を $\lambda_1, \lambda_2, \cdots, \lambda_n$ とし，対応する固有列ベクトル $\vec{p}_1, \vec{p}_2, \cdots, \vec{p}_n$ を定めることができたとしよう．このとき，これらの固有列ベクトルを基底にとれば，基底変換の行列

$$P = [\vec{p}_1, \vec{p}_2, \cdots, \vec{p}_n]$$

を用いて行列 A が対角行列に相似変換される．

$$A' = P^{-1}AP = \begin{bmatrix} \lambda_1 & & & \\ & \lambda_2 & & \\ & & \ddots & \\ & & & \lambda_n \end{bmatrix} = \Lambda \quad (4.65)$$

一方，ベクトル $\vec{x}$ を基底 $\vec{p}_1, \vec{p}_2, \cdots, \vec{p}_n$ によって表した成分列ベクトルを $\vec{x}' = [x_i{}']$ とすれば，変数変換の関係式は

$$\begin{aligned} \vec{x} &= x_1{}'\vec{p}_1 + x_2{}'\vec{p}_2 + \cdots + x_n{}'\vec{p}_n \\ &= [\vec{p}_1, \vec{p}_2, \cdots, \vec{p}_n] \begin{bmatrix} x_1{}' \\ x_2{}' \\ \vdots \\ x_n{}' \end{bmatrix} = P\vec{x}' \end{aligned} \quad (4.66)$$

であることはすでに述べた（第4章1節1.1項）．列ベクトル $\vec{x}'$ の満たす微分方程式は

$$\dot{\vec{x}}' = P^{-1}\dot{\vec{x}} = P^{-1}A\vec{x} = P^{-1}AP\vec{x}' = \Lambda\vec{x}'$$

であるから

$$\dot{\vec{x}}' = \begin{bmatrix} \lambda_1 & & & \\ & \lambda_2 & & \\ & & \ddots & \\ & & & \lambda_n \end{bmatrix} \vec{x}' \quad (4.67)$$

になる．成分ごとに書くと

$$\dot{x}_1{}' = \lambda_1 x_1{}', \ \dot{x}_2{}' = \lambda_2 x_2{}', \ \cdots, \ \dot{x}_n{}' = \lambda_n x_n{}' \quad (4.68)$$

という各変数ごとに別々の n 個の方程式に分解される．この方程式の解は，$c_1, c_2, \cdots, c_n$ を n 個の任意定数として

$$x_1'(t) = c_1 e^{\lambda_1 t},\ x_2'(t) = c_2 e^{\lambda_2 t},\ \cdots,\ x_n'(t) = c_n e^{\lambda_n t} \tag{4.69}$$

と表される．したがって，もとの方程式の解は式（4.66）から

$$\vec{x} = P\vec{x}' = c_1 e^{\lambda_1 t}\vec{p}_1 + c_2 e^{\lambda_2 t}\vec{p}_2 + \cdots + c_n e^{\lambda_n t}\vec{p}_n \tag{4.70}$$

である．n 個の定数 $c_1, c_2, \cdots, c_n$ は初期条件から定まる．

固有値 $\lambda_1, \lambda_2, \cdots, \lambda_n$ の実数部分がすべて負であれば，各 $e^{\lambda_i t}$ は時間 t の増加とともに減少するから*，解は $\vec{0}$ に収束する．このとき，微分方程式（4.64）は**安定**であるという．逆に，実数部分が正の固有値が一つでもあれば，解は無限大に発散する．このとき，微分方程式（4.64）は**不安定**であるという**．

ところで，固有値 $\lambda_1, \lambda_2, \cdots, \lambda_n$ のうち，たとえば固有値 λ_1 が最大の実数部分をもつ固有値であったとすれば，式（4.70）から

$$\vec{x} = e^{\lambda_1 t}\{c_1\vec{p}_1 + c_2 e^{(\lambda_2-\lambda_1)t}\vec{p}_2 + \cdots + c_n e^{(\lambda_n-\lambda_1)t}\vec{p}_n\}$$

であり，$\lambda_2-\lambda_1, \cdots, \lambda_n-\lambda_1$，の実数部分は負であるから，$c_1 \neq 0$ ならば，時間 t が十分大きいときベクトル $\vec{x}$ は

---

* α が λ_1 の実数部分であるとき，すなわち $\lambda_1 = \alpha + i\omega$ とするとき，$e^{\lambda_1 t} = e^{(\alpha+i\omega)t} = e^{\alpha t}(\cos\omega t + i\sin\omega t)$ であることに注意．

** 安定である条件は，行列 A の固有多項式 $\phi(\lambda)$ のすべての零点が，複素平面上の左半面にあることであるともいいかえることができる．

$$\vec{x} \to c_1 e^{\lambda_1 t} \vec{p}_1 \tag{4.71}$$

すなわち，一般に実数部分が最大の固有値に対する固有ベクトルの方向に近づく．

【例 4-14】 図 4-5 のようなパイプでつながった二つのタンクから水が流れ出している場合を考えよう．タンク 1，タンク 2 の水面の高さをそれぞれ x_1, x_2 とする．それぞれのタンクから流れ出す水の量はそれぞれの水面の高さに比例するものとする．流出量がそれぞれ毎秒 ax_1, bx_2 であったとする．また，タンクをつなぐパイプを流れる水の毎秒の量はタンクの水面の高さの差に比例するものとする．それを図の方向に $c(x_1 - x_2)$ とする．タンク 1 で減る水の量は毎秒 $ax_1 + c(x_1 - x_2)$ であるから，底面積を S_1 とすれば，水面の高さの変化は

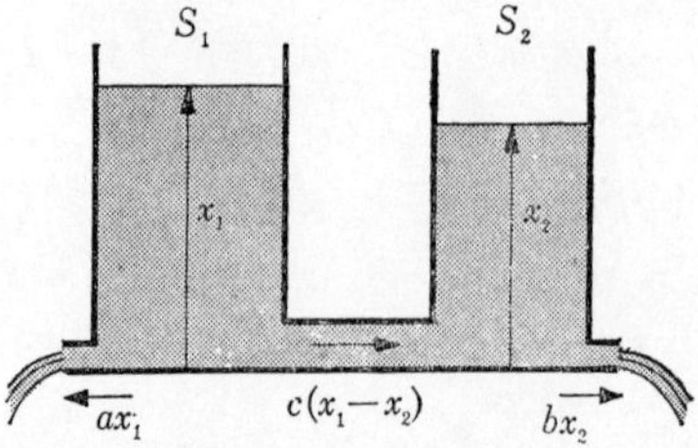

図 4-5　パイプでつながった二つのタンク

それぞれのタンクから外へ毎秒流出する水の量はそれぞれのタンクの水面の高さに比例し，パイプを毎秒流れる水の量は水面の高さの差に比例する．

$$\dot{x}_1 = -\frac{ax_1 + c(x_1 - x_2)}{S_1}$$

と表すことができる．同様にタンク 2 で減る水の量は毎秒 $bx_2 - c(x_1 - x_2)$ であり，底面積を S_2 とすると，水面の高さの変化は

$$\dot{x}_2 = -\frac{bx_2 - c(x_1 - x_2)}{S_2}$$

と表すことができる．これらをまとめて書けば

$$\begin{bmatrix} \dot{x}_1 \\ \dot{x}_2 \end{bmatrix} = \begin{bmatrix} -(a+c)/S_1 & c/S_1 \\ c/S_2 & -(b+c)/S_2 \end{bmatrix} \begin{bmatrix} x_1 \\ x_2 \end{bmatrix}$$

となる．例として，$S_1 = 1, S_2 = 1, a = 4, b = 1, c = 2$ の場合を考えよう．係数行列は

$$A = \begin{bmatrix} -6 & 2 \\ 2 & -3 \end{bmatrix}$$

である．行列 A の固有多項式は

$$\phi(\lambda) = \begin{vmatrix} \lambda+6 & -2 \\ -2 & \lambda+3 \end{vmatrix} = (\lambda+2)(\lambda+7)$$

であるから，固有値は $-2, -7$ である．これらの固有値に対する固有ベクトルを求めると

$$\vec{p}_1 = [1, 2]^{\mathrm{t}}, \quad \vec{p}_2 = [2, -1]^{\mathrm{t}}$$

となる．したがって，微分方程式の解は

$$\begin{bmatrix} x_1 \\ x_2 \end{bmatrix} = c_1 e^{-2t} \begin{bmatrix} 1 \\ 2 \end{bmatrix} + c_2 e^{-7t} \begin{bmatrix} 2 \\ -1 \end{bmatrix}$$

になる．c_1, c_2 は初期状態によって決まる定数である．固有値はともに負であるから，方程式は安定である．t が十分大きいときの水面の高さは

$$\begin{bmatrix} x_1 \\ x_2 \end{bmatrix} \approx c_1 e^{-2t} \begin{bmatrix} 1 \\ 2 \end{bmatrix}$$

であり，その比は $1:2$ に近づく．そして，$t \to \infty$ では $x_1 = 0, x_2 = 0$ になる．

【注意】 固有値 λ が複素数になる場合は，固有多項式 $\phi(\lambda) = |\lambda I - A|$ は実係数の多項式であるから，固有値 λ の共役複素数 λ^* もまた固有値である．そこで n 個の固有値 $\lambda_1, \lambda_2, \dots, \lambda_n$ のうち，たとえば λ_1 と λ_2 とがたがいに複素共役であるとして

$$\lambda_1 = \alpha + \omega i, \quad \lambda_2 = \alpha - \omega i \tag{4.72}$$

とおく．α, ω は実数である．固有値 λ_1 に対応する固有列ベクトルを $\vec{p}_1$ とすると

$$A\vec{p}_1 = \lambda_1 \vec{p}_1$$

であり，両辺の複素共役をとると

$$A\vec{p}_1{}^* = \lambda_2 \vec{p}_1{}^*$$

であるから，列ベクトル $\vec{p}_1{}^*$ は固有値 λ_2 に対応する固有列ベクトルである．これを $\vec{p}_2$ とする．そして，固有列ベクトル $\vec{p}_1, \vec{p}_2$ を実数部分と虚数部分に分けて

$$\vec{p}_1 = \vec{p}\,' + i\vec{p}\,'', \quad \vec{p}_2 = \vec{p}\,' - i\vec{p}\,'' \tag{4.73}$$

とおく．$\vec{p}\,', \vec{p}\,''$ は線形独立な実数列ベクトルである．（もし，

ベクトル $\vec{p}', \vec{p}''$ が線形従属なら，固有列ベクトル $\vec{p}_1, \vec{p}_2$ が線形従属になってしまう.）さて

$$A\vec{p}_1 = \lambda_1\vec{p}_1 = (\alpha+\omega i)(\vec{p}'+i\vec{p}'')$$
$$= (\alpha\vec{p}'-\omega\vec{p}'')+i(\omega\vec{p}'+\alpha\vec{p}'')$$

であるが，一方

$$A\vec{p}_1 = A(\vec{p}'+i\vec{p}'') = A\vec{p}'+iA\vec{p}''$$

であり，実数部分および虚数部分どうしを比較すると

$$A\vec{p}' = \alpha\vec{p}'-\omega\vec{p}'', \quad A\vec{p}'' = \omega\vec{p}'+\alpha\vec{p}''$$

になっている．そこで，固有列ベクトル $\vec{p}_1, \vec{p}_2, \vec{p}_3, \cdots, \vec{p}_n$ の代わりに，同じく線形独立な $\vec{p}', \vec{p}'', \vec{p}_3, \cdots, \vec{p}_n$ を基底に選んでみよう．この基底に関する成分行列 A'' は

$$\begin{aligned} A\vec{p}' &= \alpha\vec{p}'-\omega\vec{p}'' \\ A\vec{p}'' &= \omega\vec{p}'+\alpha\vec{p}'' \\ A\vec{p}_3 &= \qquad\qquad \lambda_3\vec{p}_3 \\ &\vdots \qquad\qquad\qquad \ddots \\ A\vec{p}_n &= \qquad\qquad\qquad\qquad \lambda_n\vec{p}_n \end{aligned}$$

であるから

$$A'' = \left[\begin{array}{cc|ccc} \alpha & \omega & & & \\ -\omega & \alpha & & & \\ \hline & & \lambda_3 & & \\ & & & \ddots & \\ & & & & \lambda_n \end{array}\right] \tag{4.74}$$

になる．列ベクトル $\vec{p}', \vec{p}'', \vec{p}_3, \cdots, \vec{p}_n$ の成分を要素として並べた行列 $P' = [\vec{p}', \vec{p}'', \vec{p}_3, \cdots, \vec{p}_n]$ が基底の変換行列であり，$A'' = P'^{-1}AP'$ となっている．

そこで，ベクトル $\vec{x}$ を新しい基底で表した成分列ベクトルを

$$\vec{x}'' = [x_i'']$$

とすれば

$$\vec{x}'' = x_1''\vec{p}' + x_2''\vec{p}'' + x_3''\vec{p}_3 + \cdots + x_n''\vec{p}_n = P'\vec{x}'' \quad (4.75)$$

であり，列ベクトル $\vec{x}''$ の満たす方程式は $\dot{\vec{x}}'' = A''\vec{x}''$，すなわち

$$\begin{aligned}
\dot{x}_1'' &= \alpha x_1'' + \omega x_2'' \\
\dot{x}_2'' &= -\omega x_1'' + \alpha x_2'' \\
\dot{x}_3'' &= \qquad\qquad \lambda_3 x_3'' \\
&\vdots \qquad\qquad\qquad \ddots \\
\dot{x}_n'' &= \qquad\qquad\qquad \lambda_n x_n''
\end{aligned}$$

である．これらの方程式の解は，微分方程式の教科書にあるように

$$\left.\begin{aligned}
x_1''(t) &= e^{\alpha t}(c_1 \cos\omega t + c_2 \sin\omega t) \\
x_2''(t) &= e^{\alpha t}(-c_1 \sin\omega t + c_2 \cos\omega t) \\
x_3''(t) &= c_3 e^{\lambda_3 t} \\
&\cdots \\
&\cdots \\
x_n''(t) &= c_n e^{\lambda_n t}
\end{aligned}\right\} \quad (4.76)$$

である．ただし，$c_1, c_2, \cdots, c_n$ は n 個の任意定数である．したがって，もとの方程式の解は式（4.75）から

$$\begin{aligned}
\vec{x}(t) &= e^{\alpha t}(c_1 \cos\omega t + c_2 \sin\omega t)\vec{p}' \\
&\quad + e^{\alpha t}(-c_1 \sin\omega t + c_2 \cos\omega t)\vec{p}'' \\
&\quad + c_3 e^{\lambda_3 t}\vec{p}_3 + \cdots + c_n e^{\lambda_n t}\vec{p}_n \\
&= c_1 e^{\alpha t}(\vec{p}' \cos\omega t - \vec{p}'' \sin\omega t) \\
&\quad + c_2 e^{\alpha t}(\vec{p}' \sin\omega t + \vec{p}'' \cos\omega t) \\
&\quad + c_3 e^{\lambda_3 t}\vec{p}_3 + \cdots + c_n e^{\lambda_n t}\vec{p}_n \qquad (4.77)
\end{aligned}$$

になる．固有値 λ_1, λ_2 以外にも固有値の共役複素数の組があ

ったときには，同様に二つの共役な固有ベクトルをまとめて扱うことができる．

上式右辺の最初の二つの項をみると，その大きさは $\alpha>0$ なら時間とともに増大し，$\alpha<0$ なら減少することがわかる．また，$e^{\alpha t}(\vec{p}'\cos\omega t-\vec{p}''\sin\omega t)$ と $e^{\alpha t}(\vec{p_1}'\sin\omega t+\vec{p}''\cos\omega t)$ は，ベクトル $\vec{p}'$ と $\vec{p}''$ のつくる二次元平面上を，大きさが $e^{\alpha t}$ 倍になりつつ角速度 ω で右回りに回転していく解を表すことがわかる（[例 1-22] 参照）．

すなわち，固有値 λ_1,λ_2 が 1 組の共役複素数である場合には，その絶対値 $|\lambda_1|=|\lambda_2|=\alpha$ は大きさの拡大率であり，その虚数部分 ω は対応する固有ベクトルの実数部分，虚数部分からなる平面を右回りに回転するときの回転速度である．

2.3 制御標準形

$$A_1=\begin{bmatrix} 0 & & \cdots & & -a_n \\ 1 & 0 & \cdots & & -a_{n-1} \\ & 1 & \ddots & & \vdots \\ \vdots & & \ddots & 0 & -a_2 \\ 0 & & & 1 & -a_1 \end{bmatrix},$$

$$A_2=\begin{bmatrix} 0 & 1 & & \cdots & 0 \\ & 0 & 1 & & \vdots \\ \vdots & \vdots & \ddots & \ddots & \\ & & & 0 & 1 \\ -a_n & -a_{n-1} & & -a_2 & -a_1 \end{bmatrix} \tag{4.78}$$

の形の行列を考えてみよう．これは $A_2={A_1}^{\mathrm{t}}$ を満たし，たがいに転置の関係にある．このような形の線形変換の行列は，いろいろな問題によく現れる．いままで，線形変換 $\boldsymbol{A}$（またはそれのある基底に関する成分行列 A）に対して，基底をうまく選んで，これを対角行列 Λ で表現する（対角行列 Λ に相似変換する）問題を扱ってきたが，線形変換 $\boldsymbol{A}$ の成分行列が上記のような形の行列になるように基底を選ぶことも重要である．この形の行列は，制御理論でよく使われ，**制御標準形**または**有理標準形**の基本になるものである．まず，上記の形の線形変換の例をあげよう．

数列 $x_1, x_2, x_3, \cdots, x_k, \cdots$ を考えよう．数列の第 k 項 x_k は，いつもこれに先立つ n 個の項 $x_{k-1}, x_{k-2}, \cdots, x_{k-n}$ の一次式で表されるものとし，これを

$$x_k = -a_1 x_{k-1} - a_2 x_{k-2} - \cdots - a_n x_{k-n} \tag{4.79}$$

または，移項して

$$x_k + a_1 x_{k-1} + a_2 x_{k-2} + \cdots + a_n x_{k-n} = 0$$

と書くことにする．これを n 階の**線形差分方程式**とよぶ．初期条件として，$x_0, x_{-1}, \cdots, x_{-n+1}$ が与えられれば，この式を用いて，$x_1, x_2, \cdots$ を順に計算することができる．すなわち，式（4.79）で順に $k=1, 2, 3, \cdots$ とおいて

$$\begin{aligned}
x_1 &= -a_1 x_0 - a_2 x_{-1} - \cdots - a_n x_{-n+1} \\
x_2 &= -a_1 x_1 - a_2 x_0 \ - \cdots - a_n x_{-n+2} \\
x_3 &= -a_1 x_2 - a_2 x_1 \ - \cdots - a_n x_{-n+3} \\
&\quad\cdots \qquad\qquad \cdots \\
&\quad\cdots \qquad\qquad \cdots
\end{aligned}$$

である.

x_k はそれに先立つ n 個の項 $x_{k-1}, \cdots, x_{k-n}$ で決まるから，この n 個の項をひとまとめにして列ベクトル

$$\vec{x}_{k-1} = [x_{k-n}, x_{k-n+1}, \cdots, x_{k-2}, x_{k-1}]^{\mathrm{t}} \tag{4.80}$$

で表すと，x_k は $\vec{x}_{k-1}$ に依存して決まる．ところで，列ベクトル

$$\vec{x}_k = [x_{k-n+1}, \cdots, x_{k-1}, x_k]^{\mathrm{t}}$$

のはじめの $n-1$ 個の成分は，$\vec{x}_{k-1}$ のあとの $n-1$ 個の成分を一つずつずらしたものであり，すでに $\vec{x}_{k-1}$ の中に含まれている．したがって，$\vec{x}_k$ を時間 k の**状態**とよぶことにすると，状態 $\vec{x}_k$ と状態 $\vec{x}_{k-1}$ の関係は行列とベクトルの形

$$\vec{x}_k = A\vec{x}_{k-1} \tag{4.81}$$

で表すことができ，これを成分で書けば

$$\begin{bmatrix} x_{k-n+1} \\ \vdots \\ x_{k-1} \\ x_k \end{bmatrix} = \begin{bmatrix} 0 & 1 & & \cdots & 0 \\ & 0 & 1 & & \vdots \\ \vdots & & \ddots & \ddots & \\ & & & 0 & 1 \\ -a_n & -a_{n-1} & \cdots & -a_2 & -a_1 \end{bmatrix} \begin{bmatrix} x_{k-n} \\ x_{k-n+1} \\ \vdots \\ x_{k-2} \\ x_{k-1} \end{bmatrix} \tag{4.82}$$

になっていることは簡単に確かめられる（実際に右辺の掛け算を実行してみるとすぐにわかる）．このときの行列 A は，式（4.78）の制御標準形になっている．したがって，式（4.42）のような一般のベクトルの線形差分方程式も，

基底をうまく選んで行列 A を制御標準形になおすことができるならば，式 (4.79) のような数列の差分方程式として扱うことができる．

【例 4-15】 図 4-6 に示すように，n 個の箱を横に一列に並べてベクトル $\vec{x}$ の成分をそれぞれの箱の中に入れる．1 単位の時刻が経過すると，箱の中の値が一つずつずれて右側の箱に入るものとする．いちばん左の箱の値は，図に示したように，i 番目の箱の値を $-a_i$ 倍して加えたものになるとする．すなわち，各箱を**レジスター**（数値を記憶しておく装置）と考えると，これはレジスターが一列につながった装置であり，その内容がつぎつぎと右に移動する．しかも，いちばん左側のレジスターへは，各レジスターの内容が定数倍されてもどってくる（**フィードバック**してくる）．このような装置を**フィードバック・シフトレジスター**とよぶ．

時刻 k にこのフィードバック・シフトレジスターに入っている数値を並べた列ベクトルを $\vec{x}_k$ とすれば，つぎの時刻のレジスターの内容 $\vec{x}_{k+1}$ は式 (4.82) と同じ方程式

$$\vec{x}_{k+1} = A\vec{x}_k$$

に従うことがわかる．このようにして数列 (4.79) をつくることができる．また逆に，一般のベクトルの線形差分方程式も，行列 A を式 (4.78) の形に変換できれば，このような装置によって実現することができる．

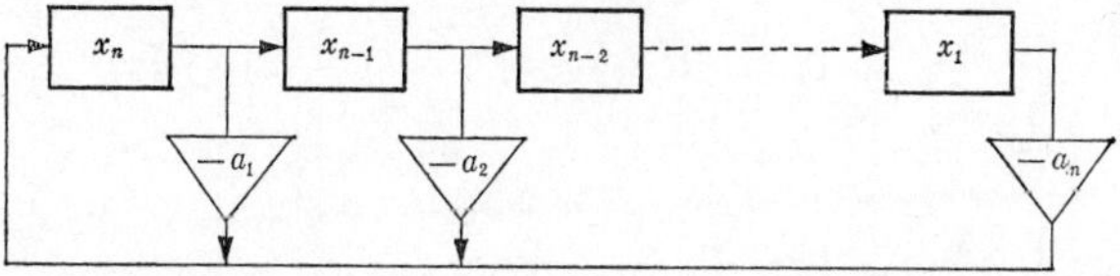

図 4-6 n 段のフィードバック・シフトレジスター

四角形は数値を記憶する記憶装置であり，三角形は数値を定数倍する増幅器である．各時刻ごとに数値が矢印に沿って別の記憶装置に移される．

微分方程式のときにも同じ議論をすることができる．時間に依存する変数 $x(t)$ が n 階の微分方程式

$$\frac{\mathrm{d}^n}{\mathrm{d}t^n}x+a_1\frac{\mathrm{d}^{n-1}}{\mathrm{d}t^{n-1}}x+\cdots+a_{n-1}\frac{\mathrm{d}}{\mathrm{d}t}x+a_nx=0 \quad (4.83)$$

に従うものとしよう．このとき

$$x_1=x,\quad x_2=\frac{\mathrm{d}}{\mathrm{d}t}x,\quad \cdots,\quad x_n=\frac{\mathrm{d}^{n-1}}{\mathrm{d}t^{n-1}}x \quad (4.84)$$

とおき，これを微分すると

$$\begin{aligned}
\dot{x}_1 &= x_2\\
\dot{x}_2 &= \quad x_3\\
&\vdots \qquad \ddots\\
&\vdots \qquad\quad \ddots\\
\dot{x}_{n-1} &= \qquad\quad x_n\\
\dot{x}_n &= -a_nx_1-a_{n-1}x_2-\cdots-a_1x_n
\end{aligned}$$

になっていることがわかる．行列を用いれば

$$\begin{bmatrix} \dot{x}_1 \\ \dot{x}_2 \\ \vdots \\ \\ \dot{x}_n \end{bmatrix} = \begin{bmatrix} 0 & 1 & & & \\ & 0 & 1 & & \\ \vdots & & \ddots & \ddots & \\ & & & 0 & 1 \\ -a_n & -a_{n-1} & \cdots & -a_2 & -a_1 \end{bmatrix} \begin{bmatrix} x_1 \\ x_2 \\ \vdots \\ \\ x_n \end{bmatrix} \tag{4.85}$$

と表すことができる．この係数行列を A とおき，ベクトル $\vec{x}=[x_1, x_2, \cdots, x_n]^{\mathrm{t}}$ を用いると

$$\frac{\mathrm{d}}{\mathrm{d}t}\vec{x} = A\vec{x} \tag{4.86}$$

という微分方程式になる．また逆に，式 (4.86) の形の連立線形微分方程式があって，係数行列 A を式 (4.78) の形に変換することができれば，これは式 (4.83) のような n 階の1変数の微分方程式になおすことができる．

もとにもどって

$$A_1 = \begin{bmatrix} 0 & & & & -a_n \\ 1 & 0 & & & -a_{n-1} \\ & 1 & \ddots & & \vdots \\ & & \ddots & 0 & -a_2 \\ & & & 1 & -a_1 \end{bmatrix}$$

$$A_2 = \begin{bmatrix} 0 & 1 & & & \\ & 0 & 1 & & \\ \vdots & & \ddots & \ddots & \\ & & & 0 & 1 \\ -a_n & -a_{n-1} & \cdots & -a_2 & -a_1 \end{bmatrix} \tag{4.87}$$

の形の行列の性質を調べよう．これら行列の固有多項式は

$$\phi(\lambda) = \lambda^n + a_1\lambda^{n-1} + \cdots + a_{n-1}\lambda + a_n \tag{4.88}$$

になることを示そう．行列 A_1 の固有多項式は

$$\phi(\lambda) = |\lambda I - A_1| = \begin{vmatrix} \lambda & & & & a_n \\ -1 & \lambda & & & a_{n-1} \\ & -1 & \ddots & & \vdots \\ & & \ddots & \lambda & a_2 \\ & & & -1 & \lambda + a_1 \end{vmatrix}$$

であるが，これを第 n 列に関して余因子展開（第 2 章 3 節 3.5 項参照）を行うと

$$\phi(\lambda) = (\lambda + a_1) \begin{vmatrix} \lambda & & & \\ -1 & \lambda & & \\ & -1 & \ddots & \\ & & \ddots & \\ & & -1 & \lambda \end{vmatrix}$$

$$-a_2\begin{vmatrix} \lambda & & & & \\ -1 & \ddots & & & \\ & \ddots & & & \\ & & -1 & \lambda & \\ & & & 0 & -1 \end{vmatrix}+\cdots$$

$$+(-1)^n a_n\begin{vmatrix} -1 & \lambda & & & \\ & -1 & \lambda & & \\ & & \ddots & \ddots & \\ & & & & \lambda \\ & & & & -1 \end{vmatrix}$$

$$=(\lambda+a_1)\lambda^{n-1}+a_2\lambda^{n-2}+\cdots+a_n$$

$$=\lambda^n+a_1\lambda^{n-1}+a_2\lambda^{n-2}+\cdots+a_n$$

になる（[例 2-11］参照）．行列 A_2 の固有多項式は

$$|\lambda I-A_2|=|\lambda I^{\mathrm{t}}-A_1{}^{\mathrm{t}}|=|(\lambda I-A_1)^{\mathrm{t}}|=|\lambda I-A_1|$$

であり，やはり同じである．（転置行列の行列式は，もとの行列の行列式に等しい（第2章3節3.3項参照）.）

つぎに，λ を一つの固有値とすると

$$\vec{p}_\lambda=[1,\lambda,\lambda^2,\cdots,\lambda^{n-1}]^{\mathrm{t}} \tag{4.89}$$

が行列 A_2 の固有値 λ に対する固有ベクトルであることを示そう．それには

$$A_2\vec{p}_\lambda=\lambda\vec{p}_\lambda \quad \text{または} \quad (\lambda I-A_2)\vec{p}_\lambda=\vec{0}$$

すなわち

$$\begin{bmatrix} \lambda & -1 & & & \\ & \lambda & -1 & & \\ & & \ddots & \ddots & \\ & & & \lambda & -1 \\ a_n & \cdots & & a_2 & \lambda+a_1 \end{bmatrix}\begin{bmatrix} 1 \\ \lambda \\ \vdots \\ \\ \lambda^{n-1} \end{bmatrix} = \begin{bmatrix} 0 \\ 0 \\ \vdots \\ \\ 0 \end{bmatrix} \tag{4.90}$$

であることを示せばよい．左辺の行列と列ベクトルとの積を計算すれば，最初から $n-1$ 番目までは 0 であることがすぐにわかる．最後の行からは

$$a_n + a_{n-1}\lambda + \cdots + (\lambda + a_1)\lambda^{n-1} = \phi(\lambda) = 0$$

が得られるから，式（4.90）が成立していることがわかる．

固有多項式 $\phi(\lambda)=0$ が n 個の相異なる根 $\lambda_1, \lambda_2, \cdots, \lambda_n$ をもてば，行列 A_2 を対角行列に変換する行列は

$$P = [\vec{p}_{\lambda_i}, \cdots, \vec{p}_{\lambda_n}] = \begin{bmatrix} 1 & 1 & \cdots & 1 \\ \lambda_1 & \lambda_2 & \cdots & \lambda_n \\ & \cdots & \cdots & \\ & \cdots & \cdots & \\ {\lambda_1}^{n-1} & {\lambda_2}^{n-1} & \cdots & {\lambda_n}^{n-1} \end{bmatrix} \tag{4.91}$$

である．この行列の行列式はヴァンデルモンドの行列式

$$|P| = \prod_{j>k} (\lambda_j - \lambda_k) \quad (\neq 0)$$

であることは前に調べた（［例 2-10］参照）．

【注意】 いままで A_2 の形の行列を扱ってきたが，A_1 の形の行列についても同じような議論をすることができる．いま，固有値 $\lambda_1, \lambda_2, \cdots, \lambda_n$ を対角要素に並べた対角行列を Λ とすると

$$P^{-1}A_2P=\Lambda$$

である．両辺の転置をとると，$A_2{}^{\mathrm{t}}=A_1$ であるから

$$P^{\mathrm{t}}A_1(P^{\mathrm{t}})^{-1}=\Lambda$$

である．したがって，行列 A_1 を対角行列に変換するには，$(P^{\mathrm{t}})^{-1}$ を変換行列とする基底変換を行えばよい．

ここで差分方程式（4.79）および微分方程式（4.83）の解を求めておこう．どちらの場合も，行列 A_2 を用いたベクトル表示，すなわち式（4.81）および（4.86）で書くことができる．行列 A_2 の固有方程式は

$$\phi(\lambda)=|\lambda I-A_2|=\lambda^n+a_1\lambda^{n-1}+\cdots+a_{n-1}\lambda+a_n$$

であり，もとの差分方程式または微分方程式と類似の形をしている*．固有多項式が相異なる固有値 $\lambda_1, \lambda_2, \cdots, \lambda_n$ をもつときには，固有値 λ_k に対応する固有ベクトルは

$$\vec{p}_k=[1, \lambda_k, \lambda_k{}^2, \cdots, \lambda_k{}^{n-1}]^{\mathrm{t}}$$

であった．したがって，差分方程式（4.81）の解は，$c_1{}'$, $c_2{}', \cdots, c_n{}'$ を任意定数として

$$\vec{x}_k=c_1{}'\lambda_1{}^k\vec{p}_1+c_2{}'\lambda_2{}^k\vec{p}_2+\cdots+c_n{}'\lambda_n{}^k\vec{p}_k$$

*　差分方程式の場合は $x_k=\lambda^k$，微分方程式の場合は $x(t)=e^{\lambda t}$ の形の解を仮定し，これを方程式（4.79）あるいは（4.83）に代入すれば，この固有方程式が直接に得られる．こうして得た解の線形結合としても，解（4.92），（4.93）が得られる．

と表される（この節の2.1項参照）．最後の成分（第n成分）だけを書き出すと

$$x_k = c_1'\lambda_1{}^{n-1}\lambda_1{}^k + \cdots + c_n'\lambda_n{}^{n-1}\lambda_n{}^k$$

であるから，改めて

$$c_i = c_i'\lambda_i{}^{n-1} \qquad (i = 1, \cdots, n)$$

とおけば，解

$$x_k = c_1\lambda_1{}^k + c_2\lambda_2{}^k + \cdots + c_n\lambda_n{}^k \tag{4.92}$$

が得られる．$c_1, c_2, \cdots, c_n$ は任意定数であり，初期値 x_0, $x_{-1}, \cdots, x_{-n+1}$ に応じて決まっている．

微分方程式（4.86）の場合には，解 $\vec{x}(t)$ は，$c_1, c_2, \cdots$, c_n を任意定数として

$$\vec{x}(t) = c_1 e^{\lambda_1 t}\vec{p}_1 + c_2 e^{\lambda_2 t}\vec{p}_2 + \cdots + c_n e^{\lambda_n t}\vec{p}_n$$

と表される（この節の2.2項参照）．この第一成分だけを書き下すと

$$x(t) = c_1 e^{\lambda_1 t} + c_2 e^{\lambda_2 t} + \cdots + c_n e^{\lambda_n t} \tag{4.93}$$

が一般解である．固有値が複素数の場合，たとえば，$\lambda_1 = \alpha + i\omega$ と $\lambda_2 = \alpha - i\omega$ が1組の共役複素数であれば，上式の第一項と第二項の和を

$$e^{\alpha t}(c_1' \cos \omega t + c_2' \sin \omega t)$$

のように書いてもよい（この節の2.2項の［注意］参照）．

【例4-16】 図4-7のように，質量mのおもりにばね定数kのばねとダッシュポットがついている装置を考えよう．ダッシュポットとは速度に比例する抵抗をうける

装置で，空気抵抗，摩擦抵抗などを象徴的に表したものである．比例定数を β とする．おもりにはたらく力は左向きに $kx+\beta\dot{x}$ であるから，運動方程式は

$$m\ddot{x} = -kx-\beta\dot{x}$$

すなわち

$$m\ddot{x}+\beta\dot{x}+kx = 0$$

である．固有方程式は

$$\phi(\lambda) = m\lambda^2+\beta\lambda+k$$

になる．$\phi(\lambda)=0$ が相異なる二つの実根をもつとき，すなわち

$$D = \beta^2-4mk > 0 \tag{4.94}$$

のときには，二つの根は $(-\beta\pm\sqrt{D})/2m$ であり，これはともに負である（確かめてみよう）．その2根を改めて $-\mu, -\nu$ とおけば，解は c_1, c_2 を任意の定数として

$$x(t) = c_1e^{-\mu t}+c_2e^{-\nu t} \tag{4.95}$$

と表すことができる．また $\phi(\lambda)=0$ が複素共役の根を

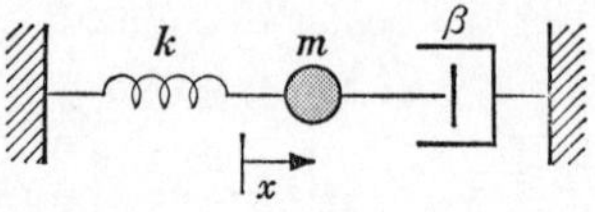

図4-7　ばねとおもりとダッシュポットの系

ばねの伸びが x のとき，ばね定数 k のばねの復元力が左向きに kx，係数 β のダッシュポットによる抵抗が右向きに $\beta\dot{x}$ はたらく．

もつとき，すなわち

$$D=\beta^2-4mk<0 \tag{4.96}$$

のときには，二つの根は $(-\beta\pm i\sqrt{-D})/2m$ である．ともに実数部分が負であるから，これを改めて $-\alpha\pm i\omega$ とおけば，解は c_1', c_2' を任意の定数として

$$x(t)=e^{-\alpha t}(c_1'\cos\omega t+c_2'\sin\omega t) \tag{4.97}$$

と表すことができる*．式（4.94）のときの解（4.95）はなだらかに減衰して0に近づく．式（4.96）のときの解（4.97）は減衰振動を表している（図 4-8）．

【注意】 以上の話は，固有値 $\lambda_1, \lambda_2, \cdots, \lambda_n$ がすべて相異なるときである．重根がある場合（縮退のある場合）については，［例 4-30］で述べる．

V^n から自分自身への線形写像 $\boldsymbol{A}$ が与えられたとき，基底を選んでその基底に関する成分行列を式（4.78）の形の標準形にすることはできるであろうか．この問題を本節の最後に扱おう．

$\boldsymbol{x}$ を V^n のあるベクトルとし，これに順に線形写像 $\boldsymbol{A}$ を作用させてベクトルの列

$$\boldsymbol{x},\ \boldsymbol{A}\boldsymbol{x},\ \boldsymbol{A}^2\boldsymbol{x},\ \boldsymbol{A}^3\boldsymbol{x},\ \cdots \tag{4.98}$$

をつくる．このとき，最初から k 個までが線形独立であり，$k+1$ 番目は最初の k 個のベクトルの線形結合で表す

---

* $D=0$ のときには，$-\mu$ をその重根とすると，解は任意の定数を c_1'', c_2'' として

$$x(t)=e^{-\mu t}(c_1''+c_2''t)$$

と表すことができる（臨界減衰）．

ことができるような自然数kがベクトル$\boldsymbol{x}$に対して決まる．線形独立なベクトルはn個以上は存在しないから，$k \leqq n$である．V^nのベクトルで，このようなkの値が最も大きくなるものを$\boldsymbol{x}_0$としよう．そして

$$\boldsymbol{e}_1 = \boldsymbol{x}_0, \ \boldsymbol{e}_2 = \boldsymbol{A}\boldsymbol{x}_0, \ \boldsymbol{e}_3 = \boldsymbol{A}^2\boldsymbol{x}_0, \ \cdots, \ \boldsymbol{e}_k = \boldsymbol{A}^{k-1}\boldsymbol{x}_0 \tag{4.99}$$

とおく．ベクトル$\boldsymbol{A}^k\boldsymbol{x}_0$はベクトル$\boldsymbol{e}_1, \boldsymbol{e}_2, \cdots, \boldsymbol{e}_k$の線形結合で表すことができるから，それを

$$\boldsymbol{A}^k\boldsymbol{x}_0 = c_1\boldsymbol{e}_1 + c_2\boldsymbol{e}_2 + \cdots + c_k\boldsymbol{e}_k$$

とおく．ベクトル$\boldsymbol{e}_1, \boldsymbol{e}_2, \cdots, \boldsymbol{e}_k$に線形写像$\boldsymbol{A}$を作用させると

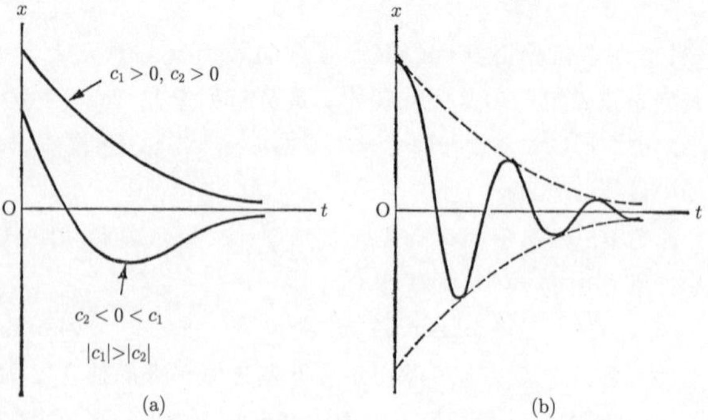

図4-8 図4-7のおもりの振動

二つの固有値が相異なる（負の）実根のときは，なだらかな減衰（a）であり，（負の実数部分をもつ）複素共役根の場合は減衰振動（b）となる．

$$\left.\begin{array}{l} \boldsymbol{A}\boldsymbol{e}_1 = \boldsymbol{e}_2 \\ \boldsymbol{A}\boldsymbol{e}_2 = \quad \boldsymbol{e}_3 \\ \vdots \qquad\qquad \ddots \\ \vdots \qquad\qquad\quad \ddots \\ \boldsymbol{A}\boldsymbol{e}_{k-1} = \qquad\quad \boldsymbol{e}_k \\ \boldsymbol{A}\boldsymbol{e}_k = c_1\boldsymbol{e}_1 + c_2\boldsymbol{e}_2 + \cdots + c_k\boldsymbol{e}_k \end{array}\right\} \tag{4.100}$$

が得られる．$k=n$ であるならば，この $\{\boldsymbol{e}_i\}$ を基底に選べば，この基底に関する線形写像 $\boldsymbol{A}$ の成分行列は式(4.78) の行列 A_1 の形になる．もし $k<n$ であるならば，さらに，ベクトル $\boldsymbol{e}_1, \boldsymbol{e}_2, \cdots, \boldsymbol{e}_k$ の線形結合では表すことのできないベクトル $\boldsymbol{x}_0{}'$ を選んで同様の操作を続け，得られたベクトルをベクトル $\boldsymbol{e}_1, \cdots, \boldsymbol{e}_k$ に加える．こうして最終的に，n 個のベクトルが基底として得られる．この基底を用いると，線形写像 $\boldsymbol{A}$ の成分行列は

$$A = \begin{bmatrix} \overbrace{A^{(1)}}^{k} & & & 0 \\ & A^{(2)} & & \\ & & \ddots & \\ 0 & & & A^{(r)} \end{bmatrix} \tag{4.101}$$

のように，いくつかの対角線上の区画に分かれる．第一の区画 $A^{(1)}$ は

$$A^{(1)} = \begin{bmatrix} 0 & & & & -a_1 \\ 1 & 0 & & & -a_2 \\ & 1 & \ddots & & \vdots \\ & & \ddots & 0 & \\ & & & 1 & -a_k \end{bmatrix}$$

のような標準形であり，第二以下の区画も同様の形をしている．これを線形写像 $\boldsymbol{A}$ の**制御標準形**または**有理標準形**という．

なお，別の基底を選んで，各区画 $A^{(i)}$ が式 (4.78) の A_2 のような形の標準形になるようにすることもできる．たとえば，$\boldsymbol{e}_1, \boldsymbol{e}_2, \cdots, \boldsymbol{e}_k$ の代わりに

$$\left.\begin{aligned} \boldsymbol{e}_1' &= \boldsymbol{e}_k + a_k\boldsymbol{e}_{k-1} + a_{k-1}\boldsymbol{e}_{k-2} + \cdots + a_2\boldsymbol{e}_1 \\ \boldsymbol{e}_2' &= \boldsymbol{e}_{k-1} + a_k\boldsymbol{e}_{k-2} + \cdots + a_3\boldsymbol{e}_1 \\ &\cdots \quad \cdots \\ &\cdots \quad \cdots \\ \boldsymbol{e}_{k-1}' &= \boldsymbol{e}_2 + a_k\boldsymbol{e}_1 \\ \boldsymbol{e}_k' &= \boldsymbol{e}_1 \end{aligned}\right\} \tag{4.102}$$

とおけば，第一の区画は A_2 の形の標準形になることが確かめられる．

3 線形写像と部分空間

3.1 線形部分空間

ベクトル空間 V の一部分，すなわち部分集合を考え，これを W としよう．集合 W それ自身がベクトル空間になっているとき，集合 W をベクトル空間 V の**線形部分空間**あるいは単に**部分空間**という．集合 W が部分空間である条件は，集合 W の任意の二つの元 $\boldsymbol{x}, \boldsymbol{y}$ と任意の実数 c に対して，和 $\boldsymbol{x}+\boldsymbol{y}$ も，スカラー倍 $c\boldsymbol{x}$ も集合 W に含まれていることである．これを記号で書くと

$$(1) \quad \boldsymbol{x}, \boldsymbol{y} \in W \longrightarrow \boldsymbol{x}+\boldsymbol{y} \in W$$

$$(2) \quad \boldsymbol{x} \in W \longrightarrow c\boldsymbol{x} \in W$$

である．この条件を組み合わせれば，部分空間 W の任意の元の線形結合も部分空間 W に含まれることがわかる．集合 W は線形結合に関して閉じたベクトル空間 V の部分集合である．また，$c=0$ とおくことによって (2) から $\boldsymbol{0} \in W$ であるから，線形部分空間は必ず $\boldsymbol{0}$ ベクトルを含んでいる．

【例 **4-17**】 三次元ユークリッド空間 $\boldsymbol{E}^3$ で，原点を通るある一つの直線上のベクトルの全体を W としよう（図 4-9）．この直線上の $\boldsymbol{0}$ でない一つのベクトルを $\boldsymbol{x}$ とすると，集合 W に属するベクトルはすべてベクトル $\boldsymbol{x}$ の定数倍であるから，$t\boldsymbol{x}$（t は実数）の形をしている．す

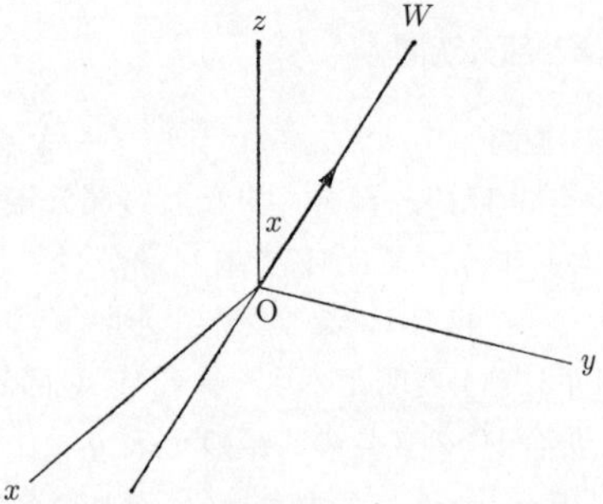

図 4-9 原点を通る一つの直線上にあるベクトルの集合 W
W は $\mathbf{0}$ でないあるベクトル $\boldsymbol{x}$ の定数倍であり，これは一次元ベクトル空間である．したがって，W は $\boldsymbol{E}^3$ の部分空間である．

なわち

$$W = \{t\boldsymbol{x} \mid -\infty < t < +\infty\}$$

明らかに，集合 W の二つの元 $t_1\boldsymbol{x}$ と $t_2\boldsymbol{x}$ の和は

$$t_1\boldsymbol{x} + t_2\boldsymbol{x} = (t_1 + t_2)\boldsymbol{x} \in W$$

であり

$$c(t\boldsymbol{x}) = (ct)\boldsymbol{x} \in W$$

であるから，集合 W は部分空間である．部分空間 W は一次元部分空間である．

また，原点を通る一つの平面の上のベクトルの全体を考え，これを W' としよう（図 4-10）．平面上に線形独立なベクトル $\boldsymbol{x}_1$ と $\boldsymbol{x}_2$ を選ぶことができる．平面上の

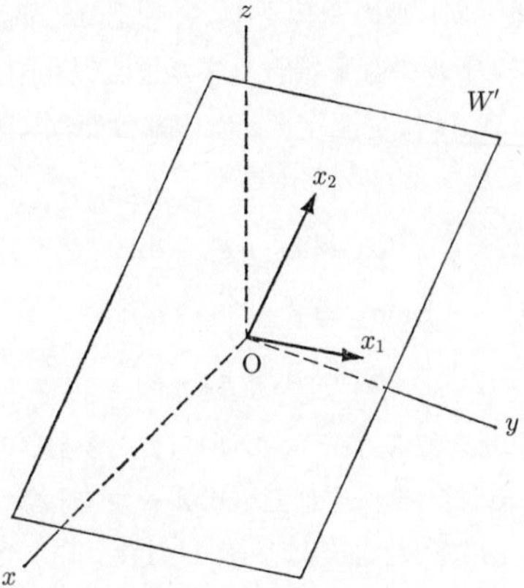

図 4-10 原点を通る一つの平面上にあるベクトルの集合 W'
W' はある二つの線形独立なベクトル $\boldsymbol{x}_1, \boldsymbol{x}_2$ の線形結合で表される．W' は二次元ベクトル空間であり $\boldsymbol{E}^3$ の部分空間である．

他の任意のベクトル $\boldsymbol{x} \in W'$ はすべて，適当な実数 c, d を用いて

$$\boldsymbol{x} = c\boldsymbol{x}_1 + d\boldsymbol{x}_2$$

の形に一意的に表すことができる．明らかに，集合 W' に属するベクトルの和も定数倍もこの形になっているから，集合 W' は二次元部分空間である．

【例 4-18】 ［例 4-4］で示した六次元枝電流空間 B^6 をふたたびとりあげてみよう．電流配置の状態のうちで，外部から電流の流入や流出がなく，それ自身でキルヒホッフの電流保存則を満たすものを考える．このような枝

電流状態ベクトルの全体を W としよう．電流保存則を満たすベクトルの線形結合もまた電流保存則を満たすから，集合 W は枝電流空間 B^6 の部分空間である．部分空間 W に属するベクトルとして

$$\boldsymbol{a}_1 = \boldsymbol{e}_1 + \boldsymbol{e}_5 - \boldsymbol{e}_4$$

$$\boldsymbol{a}_2 = \boldsymbol{e}_2 + \boldsymbol{e}_6 - \boldsymbol{e}_5$$

$$\boldsymbol{a}_3 = \boldsymbol{e}_3 + \boldsymbol{e}_4 - \boldsymbol{e}_6$$

の三つを考えてみよう．これらは，第1章の［例1-6］でみたように，それぞれ三つのループを還流している電流配置であり，たとえば，$\boldsymbol{a}_1$ は枝①，⑤，④をぐるぐる回る電流である．これらはすべてキルヒホッフの電流保存則を満たしている．また，$\boldsymbol{a}_1, \boldsymbol{a}_2, \boldsymbol{a}_3$ は線形独立であり，しかも，キルヒホッフの電流保存則を満たす電流配置図は，どれもこの三つの状態の線形結合で表される．したがって，これらは部分空間 W の基底であり，六次元枝電流空間 B^6 の三次元部分空間である．この部分空間 W は第1章の［例1-1］で扱ったベクトル空間そのものにほかならない．

一般に，ベクトル空間 V^n の部分空間 W を考え，その次元を m とすると，部分空間 W の中から最大 m 個の線形独立なベクトルの組 $\{\boldsymbol{a}_1, \boldsymbol{a}_2, \cdots, \boldsymbol{a}_m\}$ を選ぶことができ，これを部分空間 W の基底とすることができる（$m \leqq n$ である）．このとき，部分空間 W の任意の元は，ベク

トル $\boldsymbol{a}_1, \boldsymbol{a}_2, \cdots, \boldsymbol{a}_m$ の線形結合で表すことができる．部分空間 W の元を m 個の線形独立なベクトル $\boldsymbol{a}_1, \boldsymbol{a}_2, \cdots, \boldsymbol{a}_m$ の線形結合で表すことができるとき，部分空間 W はベクトル $\boldsymbol{a}_1, \boldsymbol{a}_2, \cdots, \boldsymbol{a}_m$ のつくる m 次元部分空間であるという．部分空間 W の中の線形独立なベクトルの選び方は一通りではないから，ベクトル $\boldsymbol{a}_1, \boldsymbol{a}_2, \cdots, \boldsymbol{a}_m$ の選び方はいろいろあることに注意しよう．[例 4-17] の部分空間 W は一つのベクトル $\boldsymbol{x}$ がつくっているし，部分空間 W' は二つのベクトル $\boldsymbol{x}_1$ と $\boldsymbol{x}_2$ がつくっている．また，[例 4-18] の部分空間 W は，三つの閉路を流れる電流配置の状態ベクトル $\boldsymbol{a}_1, \boldsymbol{a}_2, \boldsymbol{a}_3$ のつくる三次元部分空間である．

V^n の二つの部分空間 W と W' を考え，部分空間 W と W' の両方に共通に含まれるベクトルの集合を R としよう．すなわち

$$R = W \cap W' \tag{4.103}$$

とする．明らかに，集合 R の元の線形結合はまた，W にも W' にも含まれているから，それも集合 R の元である．したがって，集合 R も V の部分空間である．集合 R を部分空間 W と W' の**共通部分空間**という．

一方，部分空間 W と W' の和集合 $W \cup W'$ は線形部分空間ではない．なぜなら，部分空間 W の元 $\boldsymbol{x}$ と部分空間 W' の元 $\boldsymbol{x}'$ とをとってきたときに，和 $\boldsymbol{x}+\boldsymbol{x}'$ が部分空間 W にも部分空間 W' にも属さないことが起こるからである．部分空間 W と W' の両方を含む最小の次元の部分空間 S を部分空間 W, W' の**和空間**といい

$$S = W + W' \qquad (4.104)$$

と表す.

【例 4-19】 三次元ユークリッド空間 $\boldsymbol{E}^3$ の中に, 図 4-11 に示すような二つの部分空間（平面）W, W' を考える. 部分空間 W と W' の共通部分空間 $R = W \cap W'$ は

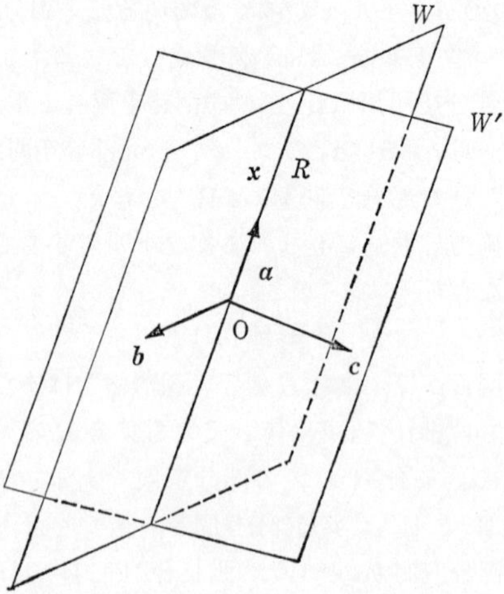

図 4-11　二次元部分空間 W, W' の共通部分空間 R

R は一次元部分空間である. 部分空間 R 上に $\boldsymbol{a}$, 部分空間 W 上に $\boldsymbol{b}$, 部分空間 W' 上に $\boldsymbol{c}$ をとり, $\{\boldsymbol{a}, \boldsymbol{b}\}, \{\boldsymbol{a}, \boldsymbol{c}\}$ がそれぞれ部分空間 W, W' の基底になるようにできる. このとき $\{\boldsymbol{a}, \boldsymbol{b}, \boldsymbol{c}\}$ は $\boldsymbol{E}^3$ の基底である.

直線である．一方，部分空間 W と W' の 2 枚の平面を集めた $W\cup W'$ は部分空間ではない．この場合，部分空間 W と W' の和空間は

$$\boldsymbol{E}^3 = W + W'$$

になる．

二つの部分空間 W, W' の次元をそれぞれ m, m' としよう．共通部分空間 $R = W\cap W'$ の中に最大 r 個の線形独立なベクトルが含まれているものとすると，部分空間 R は r 次元である．部分空間 R の線形独立なベクトルの組を $\boldsymbol{a}_1, \boldsymbol{a}_2, \cdots, \boldsymbol{a}_r$ としよう．このとき，部分空間 W から $m-r$ 個のベクトル $\boldsymbol{b}_{r+1}, \cdots, \boldsymbol{b}_m$ を選んで，m 個のベクトル

$$\{\boldsymbol{a}_1, \cdots, \boldsymbol{a}_r, \boldsymbol{b}_{r+1}, \cdots, \boldsymbol{b}_m\}$$

が部分空間 W の基底になるようにすることができる．また，部分空間 W' から $m'-r$ 個のベクトル $\boldsymbol{b}_{r+1}', \cdots, \boldsymbol{b}_{m'}'$ を選んで，m' 個のベクトル

$$\{\boldsymbol{a}_1, \cdots, \boldsymbol{a}_r, \boldsymbol{b}_{r+1}', \cdots, \boldsymbol{b}_{m'}'\}$$

が部分空間 W' の基底になるようにすることができる．このとき，部分空間 W, W' の和空間 $S = W + W'$ は $m+m'-r$ 個の線形独立のベクトル

$$\{\boldsymbol{a}_1, \cdots, \boldsymbol{a}_r, \boldsymbol{b}_{r+1}, \cdots, \boldsymbol{b}_m, \boldsymbol{b}_{r+1}', \cdots, \boldsymbol{b}_{m'}'\}$$

のつくる $m+m'-r$ 次元部分空間である．

【例 4-20】［例 4-19］の図 4-11 で，W, W' の共通部

分空間 $R=W\cap W'$ の上に一つのベクトル $\boldsymbol{a}$ をとると，これは部分空間 R の基底である．部分空間 W に属し，部分空間 R 上にないベクトル $\boldsymbol{b}$ をとると，$\{\boldsymbol{a}, \boldsymbol{b}\}$ が部分空間 W の基底になる．また部分空間 W' に属し，部分空間 R に属さないベクトル $\boldsymbol{c}$ をとると，$\{\boldsymbol{a}, \boldsymbol{c}\}$ が部分空間 W' の基底になる．そして，$\{\boldsymbol{a}, \boldsymbol{b}, \boldsymbol{c}\}$ が部分空間 W, W' の和空間 $\boldsymbol{E}^3=W+W'$ の基底になっている．

二つの部分空間 W と W' が $\boldsymbol{0}$ ベクトル以外に共通部分をもたないとき，すなわち

$$W\cap W'=\{\boldsymbol{0}\}$$

であるときを考えよう．このとき，和空間 $W+W'$ は，部分空間 W の次元 m と部分空間 W' の次元 m' の和 $m+m'$ を次元にもつ．さらに，$\{\boldsymbol{e}_1, \boldsymbol{e}_2, \cdots, \boldsymbol{e}_m\}$ を部分空間 W の基底とし，$\{\boldsymbol{e}_1{}', \boldsymbol{e}_2{}', \cdots, \boldsymbol{e}_{m'}{}'\}$ を部分空間 W' の基底とするとき，$m+m'$ 個のベクトル

$$\{\boldsymbol{e}_1, \boldsymbol{e}_2, \cdots, \boldsymbol{e}_m, \boldsymbol{e}_1{}', \boldsymbol{e}_2{}', \cdots, \boldsymbol{e}_{m'}{}'\}$$

は，和空間 $W+W'$ の基底になる．このように，部分空間 W と W' に $\boldsymbol{0}$ 以外に共通部分のない場合の和空間 $W+W'$ のことを，とくに部分空間 W と W' の**直和**といい，つぎのように表す．

$$S=W\oplus W' \tag{4.105}$$

部分空間 W と W' の直和 S に属する一つのベクトルを $\boldsymbol{x}$ としよう．ベクトル $\boldsymbol{x}$ は，基底 $\{\boldsymbol{e}_1, \cdots, \boldsymbol{e}_m, \boldsymbol{e}_1{}', \cdots,$

$\boldsymbol{e}_{m'}'\}$ の線形結合

$$\boldsymbol{x}=\sum_{i=1}^{m}x_i\boldsymbol{e}_i+\sum_{i=1}^{m'}x_i'\boldsymbol{e}_i'$$

によって一意的に表すことができる．右辺の第一項

$$\boldsymbol{x}_W=\sum_{i=1}^{m}x_i\boldsymbol{e}_i$$

は部分空間 W に属するベクトルであり，第二項

$$\boldsymbol{x}_{W'}=\sum_{i=1}^{m'}x_i'\boldsymbol{e}_i'$$

は部分空間 W' に属するベクトルである．したがって，直和 $S=W\oplus W'$ のベクトル $\boldsymbol{x}$ は部分空間 W に属するベクトル $\boldsymbol{x}_W$ と部分空間 W' に属するベクトル $\boldsymbol{x}_{W'}$ の和

$$\boldsymbol{x}=\boldsymbol{x}_W+\boldsymbol{x}_{W'}$$

の形に書くことができる．しかも，ベクトル $\boldsymbol{x}_W, \boldsymbol{x}_{W'}$ は基底 $\{\boldsymbol{e}_i\}, \{\boldsymbol{e}_i'\}$ の選び方によらないで，一意的に決まる．ベクトル $\boldsymbol{x}_W$ をベクトル $\boldsymbol{x}$ の **W 成分のベクトル**，ベクトル $\boldsymbol{x}_{W'}$ をベクトル $\boldsymbol{x}$ の **W' 成分のベクトル**という．

直和は，二つ以上の $\mathbf{0}$ ベクトル以外に共通部分をもたない部分空間に対しても定義することができる．$W_1, W_2, \cdots, W_m$ をたがいに $\mathbf{0}$ 以外に共通部分をもたない m 個の部分空間とするとき，これらすべてを含む最小次元のベクトル空間を S とするとき，S を部分空間 $W_1, \cdots, W_m$ の直和といい

$$S=W_1\oplus W_2\oplus\cdots\oplus W_m \tag{4.106}$$

で表す．部分空間 W_i の基底を $\{\boldsymbol{e}_j^{(i)}\}$ とするとき，これ

らの基底ベクトルのすべては線形独立であり，直和 S はこれらの基底ベクトルがつくる線形空間である．また，直和 S のベクトル $\boldsymbol{x}$ は，各部分空間 W_i に属するベクトル $\boldsymbol{x}_i$ を用いて

$$\boldsymbol{x} = \sum_{i=1}^{m} \boldsymbol{x}_i$$

の形に一意的に表すことができる．ベクトル $\boldsymbol{x}_i$ をベクトル $\boldsymbol{x}$ の W_i 成分のベクトルという．

【例 4-21】 二次元ユークリッド空間 $\boldsymbol{E}^2$ において，部分空間 W として x 軸上のベクトルのつくる部分空間，すなわち

$$\vec{e} = \begin{bmatrix} 1 \\ 0 \end{bmatrix}$$

のつくる一次元部分空間をとり，部分空間 W' として y 軸上のベクトルのつくる部分空間，すなわち

$$\vec{e}\,' = \begin{bmatrix} 0 \\ 1 \end{bmatrix}$$

のつくる一次元部分空間をとる（図 4-12）．明らかに

$$W \cap W' = \{\boldsymbol{0}\}$$

であり，しかもこの二つの部分空間の直和は

$$\boldsymbol{E}^2 = W \oplus W'$$

になる．直和 $\boldsymbol{E}^2$ の任意のベクトル

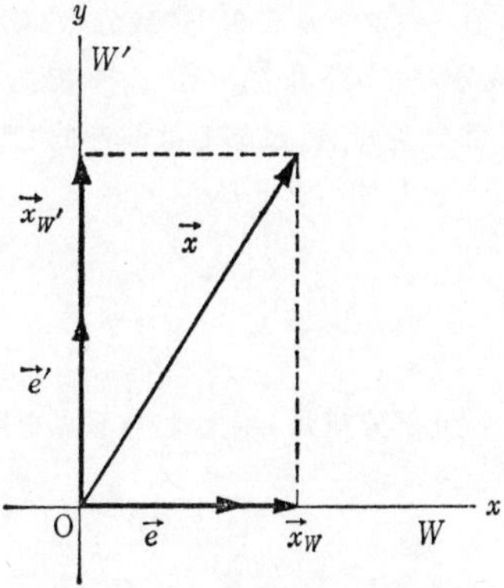

図 4-12 ベクトルの分解 (1)

ベクトル $\vec{e}$ のつくる部分空間を W, ベクトル $\vec{e}'$ のつくる部分空間を W' とする. 全空間 $\boldsymbol{E}^2$ は部分空間 W と W' の直和であり, 任意のベクトル $\vec{x}$ は W 成分のベクトル $\vec{x}_W$ と W' 成分のベクトル $\vec{x}_{W'}$ とに一意的に分解できる. ベクトル $\vec{x}$ の先端をそれぞれ部分空間 W', W に平行に移動すれば, ベクトル $\vec{x}_W, \vec{x}_{W'}$ が得られる.

$$\vec{x} = \begin{bmatrix} x_1 \\ x_2 \end{bmatrix}$$

は

$$\vec{x} = x_1 \begin{bmatrix} 1 \\ 0 \end{bmatrix} + x_2 \begin{bmatrix} 0 \\ 1 \end{bmatrix}$$

と分解できる．ベクトル $\vec{x}$ の W 成分のベクトル $\vec{x}_W$ が $x_1\vec{e}$, W' 成分のベクトル $\vec{x}_{W'}$ が $x_2\vec{e}'$ である．

つぎに，部分空間 W としては前と同じ x 軸を考え，部分空間 W'' としてベクトル

$$\vec{e}'' = \begin{bmatrix} 1 \\ 1 \end{bmatrix}$$

のつくる一次元部分空間，すなわち原点を通り傾き 45°

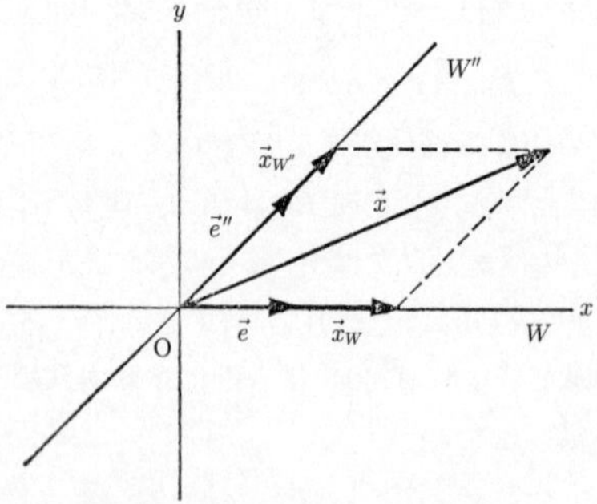

図 4-13　ベクトルの分解（2）
ベクトル $\vec{e}$ のつくる部分空間を W，ベクトル $\vec{e}''$ のつくる部分空間を W'' とする．全空間 $\boldsymbol{E}^2$ は部分空間 W, W'' の直和であり，任意のベクトル $\vec{x}$ は W 成分のベクトル $\vec{x}_W$ と W'' 成分のベクトル $\vec{x}_{W''}$ とに一意的に分解できる．ベクトル $\vec{x}$ の先端をそれぞれ部分空間 W'', W に平行に移動すればベクトル $\vec{x}_W, \vec{x}_{W''}$ が得られる．

の線を考えよう（図 4-13）．明らかに

$$W \cap W'' = \{\mathbf{0}\}$$

であり，部分空間 W, W'' の直和は

$$\boldsymbol{E}^2 = W \oplus W''$$

である．一般のベクトル $\vec{x}$ を W 成分のベクトルと W'' 成分のベクトルとに分解すると

$$\begin{aligned}\vec{x} = \begin{bmatrix} x_1 \\ x_2 \end{bmatrix} &= \begin{bmatrix} x_1 - x_2 \\ 0 \end{bmatrix} + \begin{bmatrix} x_2 \\ x_2 \end{bmatrix} \\ &= (x_1 - x_2)\vec{e} + x_2\vec{e}''\end{aligned}$$

になる．したがって，W 成分のベクトルは $(x_1 - x_2)\vec{e}$ であり，W'' 成分のベクトルは $x_2\vec{e}''$ である．W 成分のベクトルは図 4-13 に示すように，部分空間 W'' に平行にベクトル $\vec{x}$ の先端を移して部分空間 W に落としたものである．この操作を，ベクトル $\vec{x}$ の部分空間 W'' に沿っての部分空間 W への**射影**という．

3.2　線形写像の像空間と階数

ベクトル空間 V^n から V^m への線形写像 $\boldsymbol{A}$ が与えられたときに，V^n の元 $\boldsymbol{x}$ の像である V^m の元 $\boldsymbol{y}$ すなわち

$$\boldsymbol{y} = \boldsymbol{A}\boldsymbol{x} \tag{4.107}$$

と表すことのできるベクトル $\boldsymbol{y}$ の集合を考え，これを $\mathrm{Image}(\boldsymbol{A})$ と書く．$\mathrm{Image}(\boldsymbol{A})$ は V^m の部分集合であり，線形写像 $\boldsymbol{A}$ による V^n の像の集合

$$\mathrm{Image}(\boldsymbol{A}) = \{\boldsymbol{y} \mid \boldsymbol{y} = \boldsymbol{A}\boldsymbol{x}, \boldsymbol{x} \in V^n\} \tag{4.108}$$

である．

まず，集合 Image($\boldsymbol{A}$) は V^m の部分空間であることを示そう．ベクトル $\boldsymbol{y}_1$ と $\boldsymbol{y}_2$ を集合 Image($\boldsymbol{A}$) の元としよう．すると，V^n の元 $\boldsymbol{x}_1, \boldsymbol{x}_2$ があって

$$\boldsymbol{A}\boldsymbol{x}_1 = \boldsymbol{y}_1, \quad \boldsymbol{A}\boldsymbol{x}_2 = \boldsymbol{y}_2$$

を満たしている．このとき，明らかに

$$\boldsymbol{A}(c\boldsymbol{x}_1) = c(\boldsymbol{A}\boldsymbol{x}_1) = c\boldsymbol{y}_1$$

$$\boldsymbol{A}(\boldsymbol{x}_1 + \boldsymbol{x}_2) = \boldsymbol{A}\boldsymbol{x}_1 + \boldsymbol{A}\boldsymbol{x}_2 = \boldsymbol{y}_1 + \boldsymbol{y}_2$$

であるから，ベクトル $c\boldsymbol{y}_1, \boldsymbol{y}_1 + \boldsymbol{y}_2$ も集合 Image($\boldsymbol{A}$) の元である．すなわち，集合 Image($\boldsymbol{A}$) は V^m の部分空間である．部分空間 Image($\boldsymbol{A}$) を線形写像 $\boldsymbol{A}$ の像空間とよ

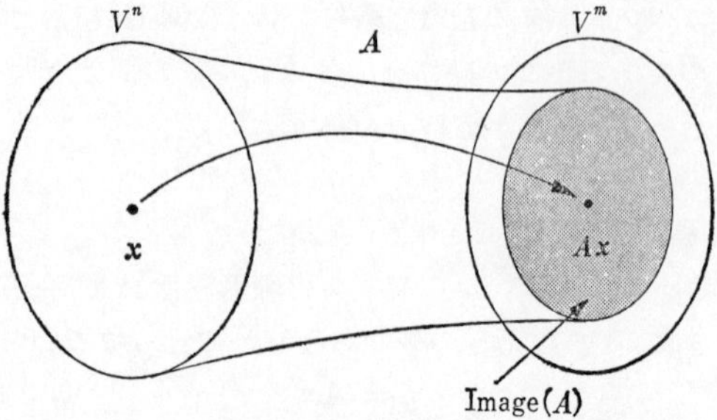

図 4-14　Image($\boldsymbol{A}$)

V^n のすべての元を写像 $\boldsymbol{A}$ で写像してできる集合が写像 $\boldsymbol{A}$ の像空間 Image($\boldsymbol{A}$) である．これは V^m の部分空間であり，その次元が写像 $\boldsymbol{A}$ の階数 rank$\boldsymbol{A}$ である．

ぶ．像空間 Image($\boldsymbol{A}$) の次元を写像 $\boldsymbol{A}$ の階数またはランクといい，rank$\boldsymbol{A}$ で表す（図 4-14）．

いま，V^n に基底 $\{\boldsymbol{e}_i\}$ をとろう．基底ベクトル $\boldsymbol{e}_i$ の線形写像 $\boldsymbol{A}$ による像を

$$\boldsymbol{a}_i = \boldsymbol{A}\boldsymbol{e}_i \qquad (i = 1, 2, \cdots, n) \tag{4.109}$$

とする．V^n の任意の元 $\boldsymbol{x}$ は基底 $\{\boldsymbol{e}_i\}$ の線形結合になっているから

$$\boldsymbol{x} = \sum_{i=1}^{n} x_i \boldsymbol{e}_i$$

とおくと

$$\boldsymbol{A}\boldsymbol{x} = \boldsymbol{A}\left(\sum_{i=1}^{n} x_i \boldsymbol{e}_i\right) = \sum_{i=1}^{n} x_i \boldsymbol{a}_i$$

であり，像 $\boldsymbol{A}\boldsymbol{x}$ は $\{\boldsymbol{a}_1, \boldsymbol{a}_2, \cdots, \boldsymbol{a}_n\}$ の線形結合で表される．これらすべての $\boldsymbol{a}_i$ が線形独立であるとはかぎらないが，像空間 Image($\boldsymbol{A}$) は $\{\boldsymbol{a}_1, \boldsymbol{a}_2, \cdots, \boldsymbol{a}_n\}$ のつくる部分空間に等しい．したがって，像空間 Image($\boldsymbol{A}$) の次元は，$\{\boldsymbol{a}_1, \boldsymbol{a}_2, \cdots, \boldsymbol{a}_n\}$ の中で線形独立なものの個数の最大値に等しい．

V^n の基底 $\{\boldsymbol{e}_j\}$，V^m の基底 $\{\tilde{\boldsymbol{e}}_i\}$ を固定し，これらの基底に関する線形写像 $\boldsymbol{A}$ の成分行列を $m \times n$ 行列

$$A = [a_{ij}] \qquad (i = 1, \cdots, m\,;\ j = 1, \cdots, n)$$

としよう．すなわち

$$\begin{aligned} \boldsymbol{A}\boldsymbol{e}_j &= \sum_{i=1}^{m} a_{ij} \tilde{\boldsymbol{e}}_i \\ &= a_{1j}\tilde{\boldsymbol{e}}_1 + a_{2j}\tilde{\boldsymbol{e}}_2 + \cdots + a_{mj}\tilde{\boldsymbol{e}}_m \qquad (j = 1, \cdots, n) \end{aligned}$$

とする（第4章1節1.1項参照）．したがって，基底ベクトル $\boldsymbol{e}_j$ の線形写像 $\boldsymbol{A}$ による像 $\boldsymbol{a}_j=\boldsymbol{A}\boldsymbol{e}_j$ の V^m における基底 $\{\tilde{\boldsymbol{e}}_i\}$ に関する成分列ベクトルは

$$\vec{a}_j=\begin{bmatrix} a_{1j} \\ a_{2j} \\ \vdots \\ a_{mj} \end{bmatrix}$$

になっている．これは線形写像 $\boldsymbol{A}$ の成分行列 A の第 j 列の要素を成分とするベクトルにほかならない．すなわち $\mathrm{rank}\boldsymbol{A}$ は，行列 A の n 個の列ベクトルのうちの線形独立なものの個数の最大値に等しい．これを行列 A の**階数**または**ランク**といい，$\mathrm{rank}A$ と表す．線形写像 $\boldsymbol{A}$ の階数，すなわち，行列 A の階数は，どの基底に関する成分行列 A を用いても同じである．

ここで，行列

$$A=\begin{bmatrix} a_{11} & \cdots & a_{1n} \\ a_{21} & \cdots & a_{2n} \\ & \cdots & \\ & \cdots & \\ a_{m1} & \cdots & a_{mn} \end{bmatrix}$$

が与えられたとき，行列 A の階数を具体的に求める方法を考えよう．$\mathrm{rank}A$ は行列 A の要素を成分とする n 個の列ベクトル $\vec{a}_1, \vec{a}_2, \cdots, \vec{a}_n$ のつくる部分空間の次元

にほかならない．この部分空間はもちろん列ベクトル $\vec{a}_1, \vec{a}_2, \cdots, \vec{a}_n$ の順序をかえても，また，どれか一つに0でない定数を掛けても変わらない．さらに，ある列ベクトルを，それに他の列ベクトルの何倍かを加えたものでおきかえてもよい．なぜなら，たとえば列ベクトル $\vec{a}_1$ を列ベクトル $\vec{a}_1 + c\vec{a}_2$ でおきかえても，$\{\vec{a}_1, \vec{a}_2\}$ のつくる部分空間と $\{\vec{a}_1 + c\vec{a}_2, \vec{a}_2\}$ のつくる部分空間は同じだからである．一方，行列 A の行を交換したり，ある行に0でない定数を掛けても，あるいはある行を他の行の定数倍を加えたものでおきかえても，行列 A の要素を成分とする列ベクトルの線形独立性，あるいは線形従属性に変化を与えることはない．たとえば

$$2\vec{a}_1 + 3\vec{a}_2 = 4\vec{a}_3 \tag{4.110}$$

であるとすれば，行列 A の行に上に述べた操作をほどこした後に得られる行列の第1列，第2列，第3列の要素を成分とする列ベクトルをそれぞれ $\vec{a}_1{}', \vec{a}_2{}', \vec{a}_3{}'$ とすれば，やはり

$$2\vec{a}_1{}' + 3\vec{a}_2{}' = 4\vec{a}_3{}' \tag{4.111}$$

の関係が成立している．これは，式（4.110）の両辺のある成分を同時に交換したり，ある成分に0でない定数を掛けたり，他の成分の定数倍を加えたりして式（4.111）に変形したことになっているからである．

以上から，行列 A に対して

（ i ）　行や列を交換する

（ii）　行や列に0でない定数を掛ける

(iii)　行や列に他の行や列の定数倍を加える

という操作を行っても，rank$A$ は変化しないことがわかる．(i)，(ii)，(iii) の操作を，行や列の掃き出しとよぶ．

つぎのような手順で変形を進めてみよう．

① 行列 A のすべての要素が 0 なら終わりとする．そうでなければ，行を交換したり列を交換したりして $a_{11} \neq 0$ であるようにする．

② 第 1 行（または第 1 列）を a_{11} で割る．これによって $(1, 1)$ 要素は 1 になる．この結果はつぎのようになっている．

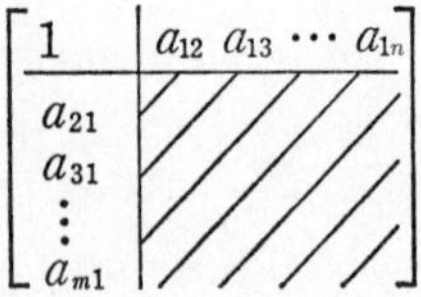

③ 第 k 列 $(k=2, 3, \cdots, n)$ から第 1 列の a_{1k} 倍を引き，第 j 行 $(j=2, 3, \cdots, m)$ から第 1 行の a_{j1} 倍を引く．この結果つぎのようになる．

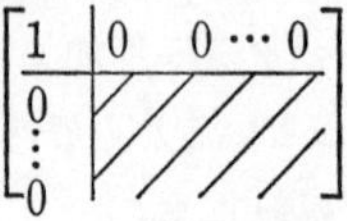

④ 斜線部分がすべて 0 なら終わりとする．そうでなければ，行を交換したり列を交換したりして $(2, 2)$ 要

素が0でないようにし，ふたたび上の②，③の手順を繰り返す．すると

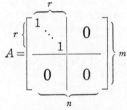

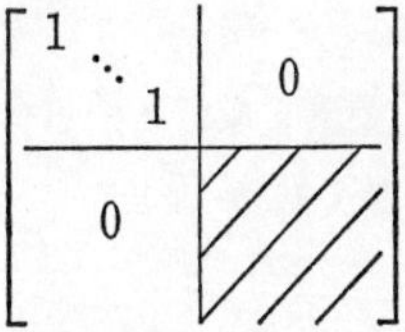

の形になる．斜線部分がすべて0なら終わりとする．そうでなければ，ふたたび上の①，②，③の手順を繰り返す．

この操作を行っていけば，もとの行列は最終的に

$$A=\underbrace{\left[\begin{array}{c|c} \overbrace{\begin{matrix}1 & & \\ & \ddots & \\ & & 1\end{matrix}}^{r} & 0 \\ \hline 0 & 0 \end{array}\right]}_{n}\begin{matrix}\}\,r \\ \\ \end{matrix}\quad \Big\}\,m$$

という形になる（$r=m$ または $r=n$ であるかもしれない）．この行列は最初の r 個の列（または行）だけが線形独立であるから，A の階数は r である．また，これから

$$r \leqq m, \quad r \leqq n$$

行列 A の列の要素を成分とするベクトルのうち線形独立なものの最大個数

$=$ 行列 A の行の要素を成分とするベクトルのうち線形独立なものの最大個数

$\leqq \min(m, n)$

ということもわかる．

【例 4-22】

$$A = \begin{bmatrix} 0 & 3 & 9 & 6 \\ 2 & 4 & 8 & 6 \\ 3 & 4 & 6 & 5 \end{bmatrix}$$

の階数を求めよう．3×4 行列であるから，階数は3以下である．

$$\begin{bmatrix} 0 & 3 & 9 & 6 \\ 2 & 4 & 8 & 6 \\ 3 & 4 & 6 & 5 \end{bmatrix} \xrightarrow{①} \begin{bmatrix} 2 & 4 & 8 & 6 \\ 0 & 3 & 9 & 6 \\ 3 & 4 & 6 & 5 \end{bmatrix} \xrightarrow{②} \begin{bmatrix} 1 & 2 & 4 & 3 \\ 0 & 3 & 9 & 6 \\ 3 & 4 & 6 & 5 \end{bmatrix}$$

$$\xrightarrow{③} \begin{bmatrix} 1 & 0 & 0 & 0 \\ 0 & 3 & 9 & 6 \\ 3 & -2 & -6 & -4 \end{bmatrix} \xrightarrow{④} \left[\begin{array}{c|ccc} 1 & 0 & 0 & 0 \\ \hline 0 & 3 & 9 & 6 \\ 0 & -2 & -6 & -4 \end{array}\right]$$

$$\xrightarrow{⑤} \left[\begin{array}{c|ccc} 1 & 0 & 0 & 0 \\ \hline 0 & 1 & 3 & 2 \\ 0 & -2 & -6 & -4 \end{array}\right] \xrightarrow{⑥} \left[\begin{array}{c|ccc} 1 & 0 & 0 & 0 \\ \hline 0 & 1 & 0 & 0 \\ 0 & -2 & 0 & 0 \end{array}\right]$$

$$\xrightarrow{⑦} \left[\begin{array}{cc|cc} 1 & 0 & 0 & 0 \\ 0 & 1 & 0 & 0 \\ \hline 0 & 0 & 0 & 0 \end{array}\right]$$

したがって，$\mathrm{rank}A = 2$ である．ただし，つぎのような操作を行った．

① 第1行と第2行を交換する．

② 第1行を2で割る．

③ 第1列を2倍，4倍，3倍して第2列，第3列，第4列からそれぞれ引く．

④ 第1行を3倍して第3行から引く．

⑤ 第2行を3で割る．

⑥ 第2列を3倍，2倍して第3列，第4列からそれぞれ引く．

⑦ 第2行を-2倍して第3行から引く．

3.3 線形写像の零空間と零度

ベクトル空間V^nからV^mへの線形写像$\boldsymbol{A}$によってV^mの$\boldsymbol{0}$ベクトルに写像されるようなV^nの元$\boldsymbol{x}$の集合を考えよう．この集合を$\mathrm{Ker}(\boldsymbol{A})$と書く．

$$\mathrm{Ker}(\boldsymbol{A}) = \{\boldsymbol{x} \mid \boldsymbol{A}\boldsymbol{x} = \boldsymbol{0}\} \tag{4.112}$$

二つのベクトル$\boldsymbol{x}_1$と$\boldsymbol{x}_2$がこの集合に属しているとす

ると，$\boldsymbol{A}\boldsymbol{x}_1=\mathbf{0}$ および $\boldsymbol{A}\boldsymbol{x}_2=\mathbf{0}$ であり

$$\boldsymbol{A}(c\boldsymbol{x}_1)=\mathbf{0}, \qquad \boldsymbol{A}(\boldsymbol{x}_1+\boldsymbol{x}_2)=\mathbf{0}$$

も成立するから，ベクトル $c\boldsymbol{x}_1$, $\boldsymbol{x}_1+\boldsymbol{x}_2$ も集合 $\mathrm{Ker}(\boldsymbol{A})$ に属する．したがって，この集合は V^n の部分空間である．集合 $\mathrm{Ker}(\boldsymbol{A})$ を線形写像 $\boldsymbol{A}$ の**零空間**または**核**（カーネル，kernel）という．また，零空間の次元を線形写像 $\boldsymbol{A}$ の**零度**といい，$\mathrm{null}\boldsymbol{A}$ で表す（図4-15）．

さて，線形写像 $\boldsymbol{A}$ の零空間 $\mathrm{Ker}(\boldsymbol{A})$ の次元を l とし，$\mathrm{Ker}(\boldsymbol{A})$ に属する l 個の線形独立なベクトル $\boldsymbol{e}_1{}'$, $\boldsymbol{e}_2{}'$, $\cdots$, $\boldsymbol{e}_l{}'$ をとると，これらを零空間 $\mathrm{Ker}(\boldsymbol{A})$ の基底にとることができて，零空間 $\mathrm{Ker}(\boldsymbol{A})$ の任意の元はこれらの線形結合で表すことができる．そして，V^n の元から $\mathrm{Ker}(\boldsymbol{A})$ に属さない $n-l$ 個の線形独立なベクトル $\boldsymbol{e}_1$, $\boldsymbol{e}_2$, $\cdots$, $\boldsymbol{e}_{n-l}$

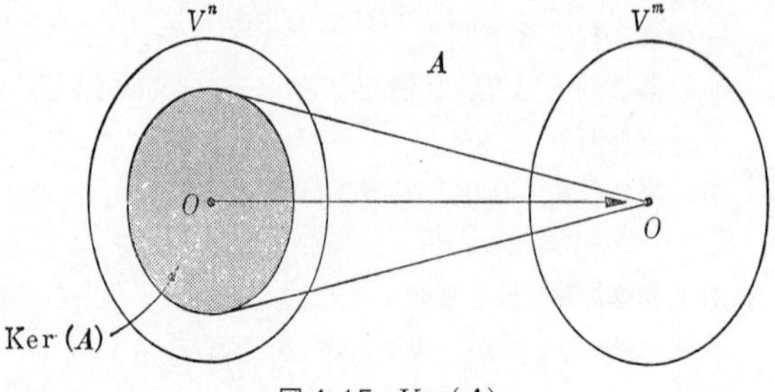

図4-15　$\mathrm{Ker}(\boldsymbol{A})$

線形写像 $\boldsymbol{A}$ で写像すると $\mathbf{0}$ になるような元の集合が線形写像 $\boldsymbol{A}$ の零空間 $\mathrm{Ker}(\boldsymbol{A})$ である．これは V^n の部分空間であり，その次元が線形写像 $\boldsymbol{A}$ の零度 $\mathrm{null}\boldsymbol{A}$ である．

をとり，これらをあわせて V^n の基底としよう．基底 $\{\boldsymbol{e}_1', \boldsymbol{e}_2', \cdots, \boldsymbol{e}_l', \boldsymbol{e}_1, \boldsymbol{e}_2, \cdots, \boldsymbol{e}_{n-l}\}$ のおのおのの基底ベクトルの線形写像 $\boldsymbol{A}$ による像は，それぞれ $\boldsymbol{0}, \boldsymbol{0}, \cdots, \boldsymbol{0}, \boldsymbol{A}\boldsymbol{e}_1, \boldsymbol{A}\boldsymbol{e}_2, \cdots, \boldsymbol{A}\boldsymbol{e}_{n-l}$ である．さきに調べたように，像空間 $\mathrm{Image}(\boldsymbol{A})$ の任意の元は，これらの線形結合であり，したがって，ベクトル $\boldsymbol{A}\boldsymbol{e}_1, \boldsymbol{A}\boldsymbol{e}_2, \cdots, \boldsymbol{A}\boldsymbol{e}_{n-l}$ の線形結合で表すことができる．ところで，この $n-l$ 個のベクトルは線形独立である．なぜなら，もしそうでないとして

$$c_1\boldsymbol{A}\boldsymbol{e}_1 + c_2\boldsymbol{A}\boldsymbol{e}_2 + \cdots + c_{n-l}\boldsymbol{A}\boldsymbol{e}_{n-l} = \boldsymbol{0}$$

とおき，$c_1 = c_2 = \cdots = c_{n-l} = 0$ ではないとすると

$$\boldsymbol{A}(c_1\boldsymbol{e}_1 + c_2\boldsymbol{e}_2 + \cdots + c_{n-l}\boldsymbol{e}_{n-l}) = \boldsymbol{0}$$

になるから

$$c_1\boldsymbol{e}_1 + c_2\boldsymbol{e}_2 + \cdots + c_{n-l}\boldsymbol{e}_{n-l} \in \mathrm{Ker}(\boldsymbol{A})$$

である．これは，零空間 $\mathrm{Ker}(\boldsymbol{A})$ の基底 $\{\boldsymbol{e}_1', \boldsymbol{e}_2', \cdots, \boldsymbol{e}_l'\}$ の線形結合で表すことができるから，ある定数 $c_1', c_2', \cdots, c_l'$ があって

$$c_1\boldsymbol{e}_1 + \cdots + c_{n-l}\boldsymbol{e}_{n-l} = c_1'\boldsymbol{e}_1' + \cdots + c_l'\boldsymbol{e}_l'$$

と書くことができることを意味する．ところが，これは $\{\boldsymbol{e}_1', \cdots, \boldsymbol{e}_l', \boldsymbol{e}_1, \cdots, \boldsymbol{e}_{n-l}\}$ が V^n の基底（したがって，線形独立）であることに反する．ゆえにベクトル $\boldsymbol{A}\boldsymbol{e}_1, \cdots, \boldsymbol{A}\boldsymbol{e}_{n-l}$ は線形独立であり，また像空間 $\mathrm{Image}(\boldsymbol{A})$ の基底にとることができる．したがって，像空間 $\mathrm{Image}(\boldsymbol{A})$ の次元は $n-l$ である．l は零空間 $\mathrm{Ker}(\boldsymbol{A})$ の次元であったから

$$\dim \mathrm{Image}(\boldsymbol{A}) + \dim \mathrm{Ker}(\boldsymbol{A}) = n \tag{4.113}$$

である．ただし $\dim V$ はベクトル空間 V の次元を表す．これを階数と零度で書けば

$$\mathrm{rank}\boldsymbol{A} + \mathrm{null}\boldsymbol{A} = n \tag{4.114}$$

になる．

【例 4-23】 ［例 4-4］［例 4-18］でとりあげた電気回路を考えよう．各枝に電流が流れている状態の全体は六次元枝電流空間 B^6 であり，各状態 $\boldsymbol{x}$ に対し，そのような状態を実現するために各節点から流入する電流の状態 $\boldsymbol{y}$ が定まるが，この対応の線形写像を

$$\boldsymbol{A} : B^6 \longrightarrow N^4$$

と書いた．N^4 は各節点から流入する電流の状態の全体からなる4次元の節点電流空間である．この線形写像 $\boldsymbol{A}$ の零空間 $\mathrm{Ker}(\boldsymbol{A})$ は，外部からの電流の流入がなく，キルヒホッフの電流保存則を満たす状態の全体からなる部分空間である．これは三次元空間であり，［例 4-18］でとりあげた三つのループをそれぞれ回る電流の状態 $\boldsymbol{a}_1, \boldsymbol{a}_2, \boldsymbol{a}_3$ を基底にとることができる．したがって，線形写像 $\boldsymbol{A}$ の零度 $\mathrm{null}\boldsymbol{A}$ は3であり，階数 $\mathrm{rank}\boldsymbol{A}$ は，式（4.114）から3である．これから，式（4.10）の成分行列 A の階数も3であることもわかる．

【注意】 線形写像 $\boldsymbol{A}$ が V^n から V^n 自身への線形写像である場合を考えよう．$\mathrm{Image}(\boldsymbol{A}) \neq V^n$，すなわち $\mathrm{rank}\boldsymbol{A} < n$ になる条件は，線形写像 $\boldsymbol{A}$ の成分行列 A の n 個の列ベクトル

が線形独立ではないことである．これは行列式 $|A|$ が 0 であることと同値である（[定理 2-6] 参照）．すなわち

$$\mathrm{Image}(\boldsymbol{A}) \neq V^n \quad \rightleftarrows \quad \mathrm{rank}A < n \quad \rightleftarrows \quad |A| = 0$$

である．線形写像 $\boldsymbol{A}$ の固有値を $\lambda_1, \lambda_2, \cdots, \lambda_n$ とすれば

$$|\boldsymbol{A}| = \lambda_1 \lambda_2 \cdots \lambda_n$$

である．（[例 4-9] の後の［注意］に示した．）したがって，上のことは固有値 $\lambda_1, \lambda_2, \cdots, \lambda_n$ のうちのいくつかが 0 であることと同値である．

3.4 逆　像

線形写像 $\boldsymbol{A}: V^n \longrightarrow V^m$ に対して，ベクトル $\boldsymbol{y} \in V^m$ が与えられたときに

$$\boldsymbol{Ax} = \boldsymbol{y} \qquad (4.115)$$

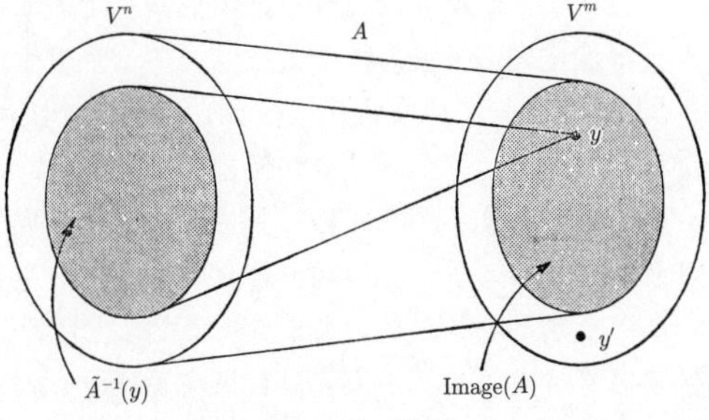

図 4-16　逆像

線形写像 $\boldsymbol{A}$ で写像するとベクトル $\boldsymbol{y}$ になるような元の集合がベクトル $\boldsymbol{y}$ の逆像 $\tilde{\boldsymbol{A}}^{-1}(\boldsymbol{y})$ である．線形写像 $\boldsymbol{A}$ の像空間 Image($\boldsymbol{A}$) に入っていないベクトル $\boldsymbol{y}'$ には逆像が存在しない．

を満たすベクトル $\boldsymbol{x} \in V^n$ は存在するであろうか，また，存在するとしたとき，それは一意的であるのか，あるいは多数あるのかという問題を考えてみよう．このようなベクトル $\boldsymbol{x}$ の集合のことを線形写像 $\boldsymbol{A}$ によるベクトル $\boldsymbol{y}$ の逆像といい

$$\tilde{\boldsymbol{A}}^{-1}(\boldsymbol{y}) = \{\boldsymbol{x} \mid \boldsymbol{A}\boldsymbol{x} = \boldsymbol{y}\} \tag{4.116}$$

と書く*．逆像 $\tilde{\boldsymbol{A}}^{-1}(\boldsymbol{0})$ が線形写像 $\boldsymbol{A}$ の零空間 $\mathrm{Ker}(\boldsymbol{A})$ である．

まず，逆像が存在しないのはどういう場合かを調べてみよう．ベクトル $\boldsymbol{y}$ が線形写像 $\boldsymbol{A}$ の像空間 $\mathrm{Image}(\boldsymbol{A})$ に入っていなければ，逆像 $\tilde{\boldsymbol{A}}^{-1}(\boldsymbol{y})$ が存在しないからこれは空集合になる．像空間 $\mathrm{Image}(\boldsymbol{A})$ は，$\{\boldsymbol{e}_i\}$ を V^n の基底とするとき，ベクトル $\boldsymbol{A}\boldsymbol{e}_1, \boldsymbol{A}\boldsymbol{e}_2, \cdots, \boldsymbol{A}\boldsymbol{e}_n$ のつくる空間であるから，ベクトル $\boldsymbol{y}$ はこれらの線形結合で表すことができれば像空間 $\mathrm{Image}(\boldsymbol{A})$ に入っているし，表すことができなければ入っていない（図 4-16）．基底を用いて行列の言葉でいえば，ベクトル $\boldsymbol{y}$ が像空間 $\mathrm{Image}(\boldsymbol{A})$ に入っているかどうかは，行列 A の n 個の列の要素を成分とするベクトル $\vec{a}_1, \vec{a}_2, \cdots, \vec{a}_n$ の線形結合で列ベクトル $\vec{y}$ を表すことができるかどうかで決まる．ただし，行列 A は線形写像 $\boldsymbol{A}$ の V^n, V^m のある基底に関する成分行列であり，列ベクトル $\vec{y}$ はベクトル $\boldsymbol{y}$ の V^m のその基底に関する成分列ベクトルである．いま，行列 A の最後に列ベク

* $\tilde{\boldsymbol{A}}^{-1}(\boldsymbol{y})$ は集合であるから，$\tilde{\boldsymbol{A}}^{-1}$ は $\boldsymbol{A}$ の逆写像というわけではない．

トル $\vec{y}$ をつけ加えた n 行 $n+1$ 列の行列

$$[A, \vec{y}] = \begin{bmatrix} a_{11} & \cdots & a_{1n} & y_1 \\ & \cdots\cdots & & \\ & \cdots\cdots & & \\ a_{m1} & \cdots & a_{mn} & y_m \end{bmatrix}$$

を考えよう．行列の階数は行列の列の要素を成分とするベクトルの線形独立な最大個数であるから，列ベクトル $\vec{y}$ を列ベクトル $\vec{a}_1, \vec{a}_2, \cdots, \vec{a}_n$ の線形結合で書くことができれば，行列 $[A, \vec{y}]$ と行列 A のどちらについても，列の要素を成分とするベクトルの線形独立な最大個数，すなわち階数は変わらないし，列ベクトル $\vec{y}$ を列ベクトル $\vec{a}_1, \vec{a}_2, \cdots, \vec{a}_n$ の線形結合で表すことができなければ，行列 $[A, \vec{y}]$ の階数は行列 A の階数より 1 だけ大きくなる．したがって，つぎの定理が得られる．

【定理 4-3】 ベクトル $\boldsymbol{y}$ の逆像が空集合でないための必要十分条件は

$$\mathrm{rank}[A, \vec{y}\,] = \mathrm{rank}A \qquad (4.117)$$

である．

【例 4-24】 ［例 4-4］，［例 4-18］の電気回路の例で，たとえば，各節点から流れ込む電流を表すベクトルとして

$$\vec{y} = [1\ 1\ 1\ 1]^{\mathrm{t}}$$

をとってみよう．行列

$$A = \begin{bmatrix} 1 & 0 & -1 & 1 & 0 & 0 \\ -1 & 1 & 0 & 0 & 1 & 0 \\ 0 & -1 & 1 & 0 & 0 & 1 \\ 0 & 0 & 0 & -1 & -1 & -1 \end{bmatrix}$$

は，どの列も $+1$ を1個，-1 を1個含んでいる．したがって，行列 A の要素を成分とする列ベクトルは成分の和が0になっているから，このような列ベクトルのどんな線形結合をつくっても，できる列ベクトルの成分の和は0になる．したがって，このような列ベクトルの線形結合では列ベクトル $\vec{y}$ を表すことはできない．すなわち，この列ベクトル $\vec{y}$ には逆像がない．物理的に考えてみると，この列ベクトル $\vec{y}$ の表す状態は四つの端子すべてから大きさ1の電流を流し込もうとしているのであるが，これは電流の保存則に矛盾するので，このような状態を実現することはできない．すなわち，この状態を受け入れる枝電流の状態はない．

つぎに，ベクトル $\boldsymbol{y}$ が像空間 $\mathrm{Image}(\boldsymbol{A})$ に入っているときに，ベクトル $\boldsymbol{y}$ の逆像はどのようなものになるかを考えよう．いま，ベクトル $\boldsymbol{y}$ の逆像の一つの元をベクトル $\boldsymbol{x}_1$ としよう．ベクトル $\boldsymbol{y}$ が像空間 $\mathrm{Image}(\boldsymbol{A})$ に入っていることから，このようなベクトル $\boldsymbol{x}_1$ は必ず存在する．ベクトル $\boldsymbol{x}_0$ を零空間 $\mathrm{Ker}(\boldsymbol{A})$ の任意の元とするとき，$\boldsymbol{A}\boldsymbol{x}_0 = \boldsymbol{0}$ であるから

$$\boldsymbol{A}(\boldsymbol{x}_0+\boldsymbol{x}_1)=\boldsymbol{A}\boldsymbol{x}_0+\boldsymbol{A}\boldsymbol{x}_1=\boldsymbol{y}$$

が成立し，ベクトル $\boldsymbol{x}_0+\boldsymbol{x}_1$ もベクトル $\boldsymbol{y}$ の逆像になっていることがわかる．今度は，ベクトル $\boldsymbol{x}_1{}'$ をベクトル $\boldsymbol{y}$ の逆像に入っている任意のベクトルとしよう．

$$\boldsymbol{A}(\boldsymbol{x}_1{}'-\boldsymbol{x}_1)=\boldsymbol{y}-\boldsymbol{y}=\boldsymbol{0}$$

であるから，$\boldsymbol{x}_0{}'=\boldsymbol{x}_1{}'-\boldsymbol{x}_1$ とおくとベクトル $\boldsymbol{x}_0{}'$ は零空間 $\mathrm{Ker}(\boldsymbol{A})$ に入っていることがわかる．すなわち，ある $\boldsymbol{x}_0{}'\in\mathrm{Ker}(\boldsymbol{A})$ が存在して

$$\boldsymbol{x}_1{}'=\boldsymbol{x}_1+\boldsymbol{x}_0{}'$$

になっている．

これから，ベクトル $\boldsymbol{y}$ の逆像はある逆像 $\boldsymbol{x}_1$（これにはどの逆像を選んでもよい）と零空間 $\mathrm{Ker}(\boldsymbol{A})$ のベクトルの和であることがわかる．

いま，零空間の次元，すなわち零度 $\mathrm{null}(\boldsymbol{A})$ を k，その基底を $\{\boldsymbol{e}_1, \boldsymbol{e}_2, \cdots, \boldsymbol{e}_k\}$ としよう．零空間 $\mathrm{Ker}(\boldsymbol{A})$ の要素は基底の線形結合で表すことができるから

$$\tilde{\boldsymbol{A}}^{-1}(\boldsymbol{y})=\left\{\boldsymbol{x}_1+\sum_{i=1}^{k}c_i\boldsymbol{e}_i\;\middle|\;c_1, c_2, \cdots, c_k\text{ は任意の実数}\right\}$$

と書くことができる．ベクトル $\boldsymbol{x}$ が n 次元ユークリッド空間 $\boldsymbol{E}^n$ のベクトルである場合を考えてみると，逆像 $\tilde{\boldsymbol{A}}^{-1}(\boldsymbol{y})$ は零空間 $\mathrm{Ker}(\boldsymbol{A})$ をちょうどベクトル $\boldsymbol{x}_1$ だけ平行移動したものになっている（図 4-17）．これは，$\boldsymbol{x}_1\neq 0$ のときは原点（$\boldsymbol{0}$ ベクトル）を含まないから，V^n の部分空間ではない．しかし，逆像 $\tilde{\boldsymbol{A}}^{-1}(\boldsymbol{y})$ は零空間 $\mathrm{Ker}(\boldsymbol{A})$ と同じ k 次元の広がりをもっている．図 4-18 は $\boldsymbol{E}^n$ から

$\boldsymbol{E}^n$ 自身への写像の場合の例である.

【例 4-25】

$$A = \begin{bmatrix} 1 & 0 & 1 & 1 \\ 2 & 1 & 1 & 3 \\ 1 & 1 & 0 & 2 \end{bmatrix}, \quad \vec{y} = \begin{bmatrix} 1 \\ 4 \\ 3 \end{bmatrix}$$

のとき, 連立一次方程式

$$A\vec{x} = \vec{y}$$

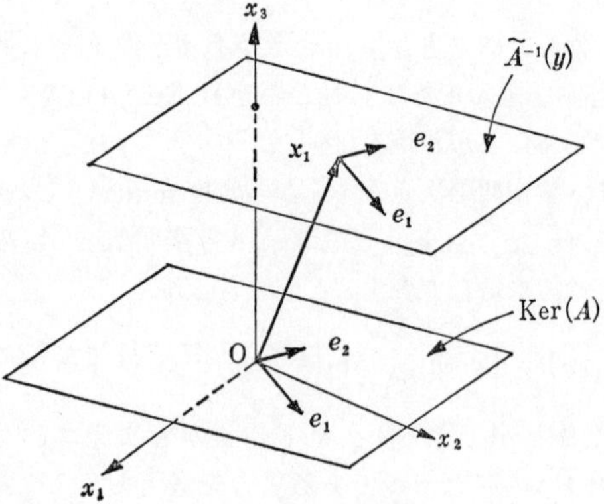

図 4-17 逆像と零空間

零空間 Ker($\boldsymbol{A}$) の基底を $\{\boldsymbol{e}_1, \boldsymbol{e}_2\}$ とする. ベクトル $\boldsymbol{x}_1$ を $\boldsymbol{A}\boldsymbol{x}_1 = \boldsymbol{y}$ となるあるベクトルとすれば, ベクトル $\boldsymbol{y}$ の逆像 $\tilde{\boldsymbol{A}}^{-1}(\boldsymbol{y})$ はベクトル $\boldsymbol{x}_1$ の終点を通り, $\{\boldsymbol{e}_1, \boldsymbol{e}_2\}$ のつくる平面である.

を満たす $\vec{x}$ をすべて求めてみよう．$\vec{x}=[x_1, x_2, x_3]^{\mathrm{t}}$ とおいて，成分ごとに書けば

$$\begin{cases} x_1 \quad\ \ + x_3 + \ x_4 = 1 & \cdots\cdots① \\ 2x_1 + x_2 + x_3 + 3x_4 = 4 & \cdots\cdots② \\ x_1 + x_2 \qquad + 2x_4 = 3 & \cdots\cdots③ \end{cases}$$

になる．第2章で行った掃き出しを適用すると

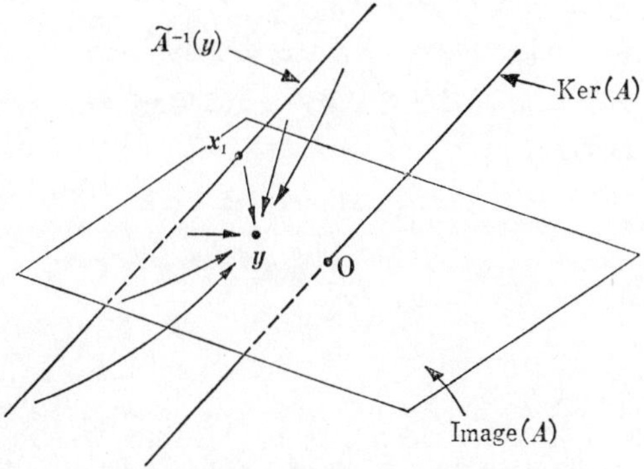

図 4-18　$\boldsymbol{E}^3$ から $\boldsymbol{E}^3$ 自身への写像

$\boldsymbol{E}^3$ から $\boldsymbol{E}^3$ 自身への線形写像 $\boldsymbol{A}$ の零空間 Ker$(\boldsymbol{A})$ が一次元であるとき，像空間 Image$(\boldsymbol{A})$ のベクトル $\boldsymbol{y}$ の逆像 $\tilde{\boldsymbol{A}}^{-1}(\boldsymbol{y})$ は零空間 Ker$(\boldsymbol{A})$ と平行な直線である．

$$\begin{array}{lll} ①/1 & x_1 \quad +x_3+x_4=1 & \cdots\cdots ④ \\ ②-2\times ① & x_2-x_3+x_4=2 & \cdots\cdots ⑤ \\ ③-1\times ① & x_2-x_3+x_4=2 & \cdots\cdots ⑥ \end{array}$$

$$\begin{array}{ll} ④ & x_1 \quad +x_3+x_4=1 \\ ⑤ & x_2-x_3+x_4=2 \\ ⑥-1\times ⑤ & 0=0 \end{array}$$

これから

$$x_1=1-x_3-x_4, \quad x_2=2+x_3-x_4$$

であり，x_3, x_4 は任意でよい．そこで $x_3=c_1$，$x_4=c_2$ とおけば

$$\begin{aligned} x_1 &= 1-c_1-c_2 \\ x_2 &= 2+c_1-c_2 \\ x_3 &= c_1 \\ x_4 &= c_2 \end{aligned}$$

あるいは

$$\vec{x}=\begin{bmatrix}1\\2\\0\\0\end{bmatrix}+c_1\begin{bmatrix}-1\\1\\1\\0\end{bmatrix}+c_2\begin{bmatrix}-1\\-1\\0\\1\end{bmatrix}$$

であり

$$\begin{bmatrix} -1 \\ 1 \\ 1 \\ 0 \end{bmatrix} \text{と} \begin{bmatrix} -1 \\ -1 \\ 0 \\ 1 \end{bmatrix}$$

を零空間 Ker($\boldsymbol{A}$) の基底にとることができる.

【例 4-26】　[例 4-4], [例 4-18] の電気回路の例で, 各節点から流入する電流を表す状態 $\boldsymbol{y}$ が [例 4-4] で述べた基底 $\{\boldsymbol{e}_1, \boldsymbol{e}_2, \boldsymbol{e}_3, \boldsymbol{e}_4\}$ に関する成分列ベクトル

$$\vec{y} = [1, 1, 1, -3]^{\mathrm{t}}$$

で表されるときの線形写像 $\boldsymbol{A}$ の逆像を求めてみよう. この状態 $\boldsymbol{y}$ は端子 [1], [2], [3] からそれぞれ大きさ 1 の電流を流し, 端子 [4] から 3 の電流を取り出す状態を表している. 線形写像 $\boldsymbol{A}$ の零空間 Ker($\boldsymbol{A}$) は節点からの電流の出入りがなく, キルヒホッフの電流（保存）則を満たす電流の状態の全体であり, 三つのループを流れる電流の状態 $\boldsymbol{a}_1, \boldsymbol{a}_2, \boldsymbol{a}_3$ を基底としてもつ三次元部分空間である（[例 4-23] 参照）. $\boldsymbol{y}$ の逆像を求めるには, 端子 [1], [2], [3] からそれぞれ枝④, ⑤, ⑥に沿って大きさ 1 の電流を流す状態 $\boldsymbol{x}_1$ を考えればよい（図 4-19）. [例 4-4] で用いた基底 $\{\boldsymbol{e}_1, \cdots, \boldsymbol{e}_6\}$ による成分列ベクトルで表せば

$$\vec{x}_1 = [0, 0, 0, 1, 1, 1]^{\mathrm{t}}$$

である. したがって, 逆像 $\tilde{\boldsymbol{A}}^{-1}(\boldsymbol{y})$ の任意の状態 $\boldsymbol{x}$ は

$$\boldsymbol{x} = \boldsymbol{x}_1 + c_1\boldsymbol{a}_1 + c_2\boldsymbol{a}_2 + c_3\boldsymbol{a}_3$$

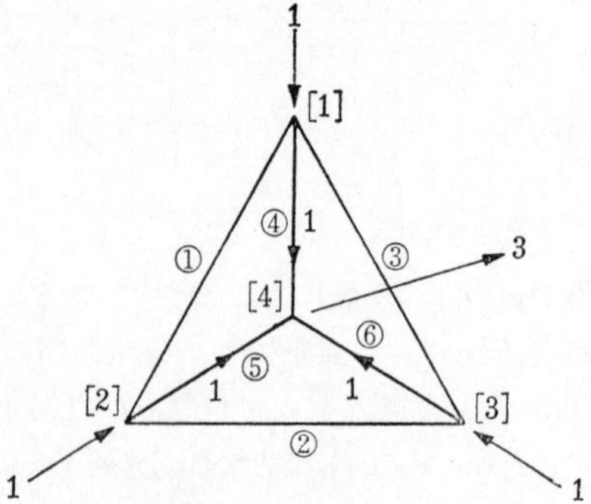

図4-19　電流状態の一例

節点 [1], [2], [3], [4] からの電流の流入量がそれぞれ 1, 1, 1, −3 であるような電流の状態の一つとして，たとえば枝④，⑤，⑥に矢印の向きに 1 だけ流れている状態 $\boldsymbol{x}_1$ が考えられる．他の状態は $\boldsymbol{x}_1$ に三つのループを回るループ電流を加えたものである．

で与えられる．基底 $\{\boldsymbol{e}_1, \cdots, \boldsymbol{e}_6\}$ に関する成分列ベクトルで表せば

$$\begin{bmatrix} x_1 \\ x_2 \\ x_3 \\ x_4 \\ x_5 \\ x_6 \end{bmatrix} = \begin{bmatrix} 0 \\ 0 \\ 0 \\ 1 \\ 1 \\ 1 \end{bmatrix} + c_1 \begin{bmatrix} 1 \\ 0 \\ 0 \\ -1 \\ 1 \\ 0 \end{bmatrix} + c_2 \begin{bmatrix} 0 \\ 1 \\ 0 \\ 0 \\ -1 \\ 1 \end{bmatrix} + c_3 \begin{bmatrix} 0 \\ 0 \\ 1 \\ 1 \\ 0 \\ -1 \end{bmatrix}$$

$$= \begin{bmatrix} c_1 \\ c_2 \\ c_3 \\ 1+c_3-c_1 \\ 1+c_1-c_2 \\ 1+c_2-c_3 \end{bmatrix}$$

である．ただし，c_1, c_2, c_3 はそれぞれ枝①，②，③を流れる電流である．

4 ジョルダンの標準形

4.1 線形写像の不変部分空間

ベクトル空間 V^n から V^n への線形写像 $\boldsymbol{A}$ が与えられたとし，W を V^n のある部分空間とする．線形写像 $\boldsymbol{A}$ による部分空間 W の像空間を

$$\boldsymbol{A}W = \{\boldsymbol{y} \mid \boldsymbol{y} = \boldsymbol{A}\boldsymbol{x}, \boldsymbol{x} \in W\}$$

とする．部分空間 W のどの元 $\boldsymbol{x}$ に対しても，線形写像 $\boldsymbol{A}$ による像 $\boldsymbol{A}\boldsymbol{x}$ がやはり部分空間 W の元になっているとき，部分空間 W を線形写像 $\boldsymbol{A}$ の**不変部分空間**という．部分空間 W が不変部分空間であることは

$$\boldsymbol{A}W \subset W$$

と書くことができる．

全空間 V^n はもちろん不変部分空間であるが，これ以外にも不変部分空間はいろいろある．線形写像 $\boldsymbol{A}$ の一つの

固有値λに対応する固有ベクトルの全体（と$\mathbf{0}$ベクトルを合わせたもの）をW_λとすると，これは部分空間である．なぜなら，ベクトル$\boldsymbol{x}_1, \boldsymbol{x}_2$がともに線形写像$\boldsymbol{A}$の固有値$\lambda$に対する固有ベクトルであるとすると

$$\boldsymbol{A}\boldsymbol{x}_1 = \lambda\boldsymbol{x}_1, \quad \boldsymbol{A}\boldsymbol{x}_2 = \lambda\boldsymbol{x}_2 \quad (\boldsymbol{x}_1, \boldsymbol{x}_2 \in W_\lambda)$$

であるが

$$\boldsymbol{A}(\boldsymbol{x}_1+\boldsymbol{x}_2) = \lambda(\boldsymbol{x}_1+\boldsymbol{x}_2), \quad \boldsymbol{A}(c\boldsymbol{x}_1) = \lambda(c\boldsymbol{x}_1)$$

であるから，和$\boldsymbol{x}_1+\boldsymbol{x}_2$，スカラー倍$c\boldsymbol{x}_1$も線形写像$\boldsymbol{A}$の固有値$\lambda$に対する固有ベクトルであり，$\boldsymbol{x}_1+\boldsymbol{x}_2 \in W_\lambda$，$c\boldsymbol{x}_1 \in W_\lambda$であるから集合$W_\lambda$は部分空間である．さらに，これは不変部分空間でもある．なぜなら$\boldsymbol{x} \in W_\lambda$のとき

$$\boldsymbol{A}(\boldsymbol{A}\boldsymbol{x}) = \lambda(\boldsymbol{A}\boldsymbol{x})$$

であるから，像$\boldsymbol{A}\boldsymbol{x}$も線形写像$\boldsymbol{A}$の固有値$\lambda$に対する固有ベクトルであり，$\boldsymbol{A}\boldsymbol{x} \in W_\lambda$になる．すなわち

$$\boldsymbol{A}W_\lambda \subset W_\lambda$$

であり，部分空間W_λは不変部分空間である．不変部分空間W_λを線形写像$\boldsymbol{A}$の固有値λに対する**固有ベクトル空間**という．

W_1, W_2を線形写像$\boldsymbol{A}$の不変部分空間とし，$W_1 \cap W_2 = \{\mathbf{0}\}$，すなわち，$\mathbf{0}$以外に共通部分をもたないとする．さらに，$V^n$の任意のベクトルをそれぞれ部分空間$W_1, W_2$に属するベクトルの和で書くことができる場合，すなわちV^nが部分空間W_1, W_2の直和

$$V^n = W_1 \oplus W_2$$

になる場合を考える．部分空間 W_1, W_2 の次元をそれぞれ l, m とすれば $l+m=n$ である．部分空間 W_1 から l 個の線形独立なベクトル $\boldsymbol{e}_1, \boldsymbol{e}_2, \cdots, \boldsymbol{e}_l$ をとり，部分空間 W_2 から m 個の線形独立なベクトル $\boldsymbol{e}_{l+1}, \boldsymbol{e}_{l+2}, \cdots, \boldsymbol{e}_n$ をとる．これらを合わせた n 個のベクトルは線形独立であるから，V^n の基底にとることができる．この基底に関する線形写像 $\boldsymbol{A}$ の成分行列 A を考えてみよう．不変部分空間 W_1 に属するベクトルは線形写像 $\boldsymbol{A}$ をほどこしても不変部分空間 W_1 に属するから像 $\boldsymbol{Ae}_1, \boldsymbol{Ae}_2, \cdots, \boldsymbol{Ae}_l$ は基底ベクトル $\boldsymbol{e}_1, \boldsymbol{e}_2, \cdots, \boldsymbol{e}_l$ だけの線形結合で書くことができる．同様に，像 $\boldsymbol{Ae}_{l+1}, \boldsymbol{Ae}_{l+2}, \cdots, \boldsymbol{Ae}_n$ は基底ベクトル $\boldsymbol{e}_{l+1}, \boldsymbol{e}_{l+2}, \cdots, \boldsymbol{e}_n$ だけの線形結合で書くことができる．それらを

$$
\begin{aligned}
\boldsymbol{Ae}_1 &= a_{11}\boldsymbol{e}_1 + a_{21}\boldsymbol{e}_2 + \cdots + a_{l1}\boldsymbol{e}_l \\
\boldsymbol{Ae}_2 &= a_{12}\boldsymbol{e}_1 + a_{22}\boldsymbol{e}_2 + \cdots + a_{l2}\boldsymbol{e}_l \\
&\cdots\cdots \\
&\cdots\cdots \\
\boldsymbol{Ae}_l &= a_{1l}\boldsymbol{e}_1 + a_{2l}\boldsymbol{e}_2 + \cdots + a_{ll}\boldsymbol{e}_l \\
\boldsymbol{Ae}_{l+1} &= \qquad\qquad a_{l+1\,l+1}\boldsymbol{e}_{l+1} + a_{l+2\,l+1}\boldsymbol{e}_{l+2} + \cdots + a_{n\,l+1}\boldsymbol{e}_n \\
&\cdots\cdots \\
&\cdots\cdots \\
\boldsymbol{Ae}_n &= \qquad\qquad a_{l+1\,n}\boldsymbol{e}_{l+1} + a_{l+2\,n}\boldsymbol{e}_{l+2} + \cdots + a_{nn}\boldsymbol{e}_n
\end{aligned}
$$

とする．このことは，成分行列 A の要素が

$$
A = \left[\begin{array}{ccc|ccc}
a_{11} & \cdots & a_{1l} & & & \\
 & \cdots & & & 0 & \\
 & \cdots & & & & \\
a_{l1} & \cdots & a_{ll} & & & \\
\hline
 & & & a_{l+1\ l+1} & \cdots & a_{l+1\ n} \\
 & 0 & & & \cdots & \\
 & & & & \cdots & \\
 & & & a_{n\ l+1} & \cdots & a_{nn}
\end{array}\right]
$$

の形にそれぞれ $l \times l$ および $m \times m$ の二つの正方形の区画に分かれることを表している．

同様に，V^n が r 個の不変部分空間 $W_1, W_2, \cdots, W_r$ の直和

$$V = W_1 \oplus W_2 \oplus \cdots \oplus W_r$$

で表すことができたとする．（これを V の**直和分解**という．）各不変部分空間 W_i の次元を m_i とすれば

$$\sum_{i=1}^{r} m_i = n$$

である．各不変部分空間 W_i からそれぞれ m_i 個の線形独立なベクトルをとり，それらを順に並べて，全体で V^n の基底をつくると，この基底に関する線形写像 $\boldsymbol{A}$ の成分行列は

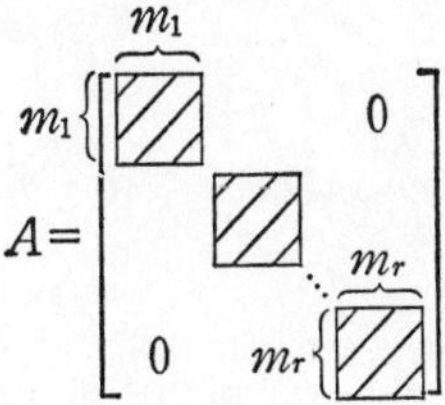

(4.118)

のように，各不変部分空間 W_i に対応した大きさ $m_i \times m_i$ の正方形の区画が対角線上に並び，その他の要素はすべて0の行列になる．

【例 4-27】 線形写像 $\boldsymbol{A}$ の n 個の固有値 $\lambda_1, \lambda_2, \cdots, \lambda_n$ がすべてたがいに異なっていたとしよう．このとき各固有値に対応して n 個の固有ベクトル $\boldsymbol{p}_1, \boldsymbol{p}_2, \cdots, \boldsymbol{p}_n$ をとることができる．W_i を固有ベクトル $\boldsymbol{p}_i$ のつくる一次元部分空間とすると，固有ベクトル $\boldsymbol{p}_1, \boldsymbol{p}_2, \cdots, \boldsymbol{p}_n$ は線形独立であるから

$$V^n = W_1 \oplus W_2 \oplus \cdots \oplus W_n$$

のように，V^n は n 個の一次元不変部分空間 W_1, $W_2, \cdots, W_n$ の直和になる．固有ベクトル $\boldsymbol{p}_1, \boldsymbol{p}_2, \cdots, \boldsymbol{p}_n$ を V^n の基底にとれば

$$\boldsymbol{A}\boldsymbol{p}_i = \lambda_i \boldsymbol{p}_i$$

であるから，成分行列 A は式（4.118）の特殊な場合として，1×1 の n 個の区画に分かれた

$$A = \begin{bmatrix} \lambda_1 & & & \\ & \lambda_2 & & \\ & & \ddots & \\ & & & \lambda_n \end{bmatrix} \tag{4.119}$$

という形になる．すなわち，成分行列 A は対角行列である．

固有値に重根がある場合には，必ずしも n 個の固有ベクトルがとれるとはかぎらない．（重根があっても，［例 4-9］のように n 個の固有ベクトルをとることができる場合もある．このときには，A を対角行列にすることができる．）

【例 4-28】 ［例 3-4］と同じ問題を考えよう．［例 3-1］で考えた三角関数の集合 $\mathscr{F}_n$ を考える．すなわち，区間 $[-\pi, \pi]$ で定義された t の関数で

$$f(t) = \frac{1}{2}a_0 + a_1 \cos t + a_2 \cos 2t + \cdots + a_n \cos nt$$
$$+ b_1 \sin t + b_2 \sin 2t + \cdots + b_n \sin nt$$

と表されるもの全体を考える．これは $2n+1$ 次元ベクトル空間をつくる．関数 $f(t)$ を θ だけ平行移動する線形写像を $\boldsymbol{T}_\theta$ とする．

$$\boldsymbol{T}_\theta f(t) = f(t-\theta)$$

［例 3-4］で調べたように，線形写像 $\boldsymbol{T}_\theta$ は式 (3.24) のように積分で定義された内積に関して直交変換である．$n=2$ の場合を考えて，基底を

$$e_0 = \frac{1}{\sqrt{2}},\ \ e_1 = \cos t,\ \ e_2 = \sin t,\ \ e_3 = \cos 2t,$$

$$e_4 = \sin 2t$$

とする．これらは正規直交基底である．これに T_θ を作用させると，つぎのようになる．

$$T_\theta e_0 = \frac{1}{\sqrt{2}} = e_0$$

$$T_\theta e_1 = \cos(t-\theta) = \cos t \cos\theta + \sin t \sin\theta$$

$$= \cos\theta e_1 + \sin\theta e_2$$

$$T_\theta e_2 = \sin(t-\theta) = \sin t \cos\theta - \cos t \sin\theta$$

$$= -\sin\theta e_1 + \cos\theta e_2$$

$$T_\theta e_3 = \cos 2(t-\theta) = \cos 2t \cos 2\theta + \sin 2t \sin 2\theta$$

$$= \cos 2\theta e_3 + \sin 2\theta e_4$$

$$T_\theta e_4 = \sin 2(t-\theta) = \sin 2t \cos 2\theta - \cot 2t \sin 2\theta$$

$$= -\sin 2\theta e_3 + \cos 2\theta e_4$$

すなわち，基底ベクトル e_0 のつくる一次元部分空間を W_0，基底ベクトル e_1, e_2 のつくる二次元部分空間を W_1，基底ベクトル e_3, e_4 のつくる二次元部分空間を W_2 とすれば

$$T_\theta W_1 \subset W_1,\quad T_\theta W_2 \subset W_2,\quad T_\theta W_3 \subset W_3$$

であり，これらはすべて線形写像 T_θ の不変部分空間である．とくに，基底ベクトル e_0 は線形写像 T_θ の固有値 1 に対する固有ベクトルである．そして，線形写像

$\boldsymbol{T}_\theta$ の基底 $\{\boldsymbol{e}_0, \boldsymbol{e}_1, \boldsymbol{e}_2, \boldsymbol{e}_3, \boldsymbol{e}_4\}$ に関する成分行列は

$$\boldsymbol{T}_\theta=\left[\begin{array}{c|cc|cc} 1 & & & & \\ \hline & \cos\theta & -\sin\theta & & \mathbf{0} \\ & \sin\theta & \cos\theta & & \\ \hline & & & \cos 2\theta & -\sin 2\theta \\ \mathbf{0} & & & \sin 2\theta & \cos 2\theta \end{array}\right]$$

になり，不変部分空間 W_0, W_1, W_2 に対応した区画に分解している．

［例 3-4］のように基底ベクトル $\boldsymbol{e}_0 \sim \boldsymbol{e}_4$ をあたかも五次元ユークリッド空間 $\boldsymbol{E}^5$ の基底ベクトルとみなせば，線形写像 $\boldsymbol{T}_\theta$ はベクトル $\boldsymbol{e}_0$ 方向には動かさないで，ベクトル $\boldsymbol{e}_1, \boldsymbol{e}_2$ のつくる二次元部分空間を角度 θ だけ回転し，ベクトル $\boldsymbol{e}_3, \boldsymbol{e}_4$ のつくる二次元部分空間を角度 2θ だけ回転することに対応している．したがって，不変部分空間 W_1, W_2, W_3 はそれぞれより小さい次元の不変部分空間を含んではいない．

4.2　ジョルダンの標準形

［例 4-27］で示したように，線形写像 $\boldsymbol{A}$ が n 個の線形独立な固有ベクトルをもてば，それらを基底にとることによって成分行列を対角行列で表すことができる．この対角行列は対応する固有値を対角要素として並べたものである．とくに，線形写像 $\boldsymbol{A}$ が n 個の相異なる固有値 $\lambda_1, \cdots, \lambda_n$ をもつときは，それぞれに対応した n 個の線形

独立な固有ベクトルが存在する（[定理 4-1] 参照）.

固有方程式が重根をもつときには，このことは必ずしも成立しないで，線形写像 $\boldsymbol{A}$ の成分行列を対角行列にできない場合が生じる．この場合には，基底をうまく選ぶことによって，各固有値に対応したいくつかの不変部分空間が存在し，成分行列を対角形の区画に分解することができる．これが**ジョルダンの標準形**である．このことを示そう．

いま，固有値 λ_1 が固有方程式の m_1 重根であったとしよう．固有値 λ_1 の固有ベクトルは $\boldsymbol{A}\boldsymbol{x} = \lambda_1\boldsymbol{x}$，すなわち

$$(\boldsymbol{A} - \lambda_1\boldsymbol{I})\boldsymbol{x} = \boldsymbol{0}$$

を満たすベクトル $\boldsymbol{x}$ である．このようなベクトル $\boldsymbol{x}$ で線形独立なものが m_1 個あればよいが，一般には m_1 個あるとはかぎらない．そこで，代わりに $\boldsymbol{A} - \lambda_1\boldsymbol{I}$ を何回か続けて作用すれば $\boldsymbol{0}$ ベクトルになるようなベクトル $\boldsymbol{x}$，すなわち，ある $k\,(\geqq 1)$ に対して

$$(\boldsymbol{A} - \lambda_1\boldsymbol{I})^k\boldsymbol{x} = \boldsymbol{0}$$

を満たすようなベクトル $\boldsymbol{x}$ の集合を考え，これを W_1 としよう．

$$W_1 = \{\boldsymbol{x} \mid \text{ある}\ k\,(\geqq 1)\ \text{に対して}\ (\boldsymbol{A} - \lambda_1\boldsymbol{I})^k\boldsymbol{x} = \boldsymbol{0}\}$$

集合 W_1 は明らかに部分空間である．さらに，固有値 λ_1 に属する固有ベクトルはすべて部分空間 W_1 に属している．

このようにして，相異なる固有値が $\lambda_1, \lambda_2, \cdots, \lambda_r$ の r 個の場合に，r 個の部分空間

$$W_i = \{\boldsymbol{x} \mid \text{ある } k\ (\geqq 1) \text{ に対して } (\boldsymbol{A} - \lambda_i \boldsymbol{I})^k \boldsymbol{x} = \boldsymbol{0}\} \tag{4.120}$$

をつくることができる．このとき，つぎの命題を証明することができる．(証明は省略する.)

【定理 4-4】 V^n の線形写像 $\boldsymbol{A}$ の相異なる固有値を $\lambda_1, \lambda_2, \cdots, \lambda_r$ とする．このとき

(1) 固有値 λ_i が m_i 重根の場合に，部分空間 W_i は線形写像 $\boldsymbol{A}$ の m_i 次元不変部分空間である．

$$\dim W_i = m_i$$

(2) 部分空間 $W_1, W_2, \cdots, W_r$ はどの二つも $\boldsymbol{0}$ ベクトル以外に共通部分を含まない．そして，V^n を

$$V^n = W_1 \oplus W_2 \oplus \cdots \oplus W_r$$

のように各部分空間 W_i の直和に分解することができる．

部分空間 W_i のベクトル $\boldsymbol{x}$ のことを，固有値 λ_i に対応する**一般固有ベクトル**とよび，部分空間 W_i を固有値 λ_i の**一般固有ベクトル空間**という．固有値 λ_i が m_i 重根であるならば，各部分空間 W_i から m_i 個の線形独立なベクトルをとることができる．V^n の基底として，このように各部分空間 W_i の線形独立なベクトルをとれば，線形写像 $\boldsymbol{A}$ の成分行列 A は

$$A=\begin{bmatrix} m_1\left\{\overbrace{\boxed{A_1}}^{m_1}\right. & & & 0 \\ & m_2\left\{\overbrace{\boxed{A_2}}^{m_2}\right. & & \\ & & \ddots & \\ 0 & & & m_r\left\{\overbrace{\boxed{A_r}}^{m_r}\right. \end{bmatrix} \tag{4.121}$$

のように，固有値 $\lambda_1, \lambda_2, \cdots, \lambda_r$ に対応した部分空間 $W_1, W_2, \cdots, W_r$ の区画に分かれる．部分空間 W_i に対応した区画 A_i は $m_i \times m_i$ 行列であり，区画 $A_1, A_2, \cdots, A_r$ 以外の要素はすべて 0 である．

それでは，区画 A_i はどのような形の行列になるのであろうか．これは，空間 W_i の基底のとり方に依存する．空間 W_i に属する一般固有ベクトル $\boldsymbol{x}$ は，適当な k に対して

$$(\boldsymbol{A}-\lambda_i \boldsymbol{I})^k \boldsymbol{x} = \boldsymbol{0} \tag{4.122}$$

を満たす．一般固有ベクトル $\boldsymbol{x}$ に対して $(\boldsymbol{A}-\lambda_i \boldsymbol{I})^{k-1}\boldsymbol{x} \neq \boldsymbol{0}$ であって，k ではじめて $(\boldsymbol{A}-\lambda_i \boldsymbol{I})^k \boldsymbol{x} = \boldsymbol{0}$ になるとき，k を一般固有ベクトル $\boldsymbol{x}$ の**指数**という．いま，指数が最大になる一般固有ベクトル $\boldsymbol{x}$ を空間 W_i の中から一つ選び，これを $\boldsymbol{e}_k^{(i)}$ とおいてみよう．k は一般固有ベクトル $\boldsymbol{x}$ の指数である．さらにベクトル $\boldsymbol{e}_k^{(i)}$ に線形写像 $(\boldsymbol{A}-\lambda_i \boldsymbol{I})$ をつぎつぎに作用させてできるベクトルを $\boldsymbol{e}_{k-1}^{(i)}, \boldsymbol{e}_{k-2}^{(i)}, \cdots, \boldsymbol{e}_1^{(i)}$ とする．すなわち

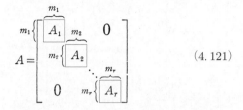

$$\left.\begin{aligned} \boldsymbol{e}_1^{(i)} &= (\boldsymbol{A}-\lambda_i\boldsymbol{I})^{k-1}\boldsymbol{e}_k^{(i)} \\ \boldsymbol{e}_2^{(i)} &= (\boldsymbol{A}-\lambda_i\boldsymbol{I})^{k-2}\boldsymbol{e}_k^{(i)} \\ &\cdots \\ &\cdots \\ \boldsymbol{e}_{k-1}^{(i)} &= (\boldsymbol{A}-\lambda_i\boldsymbol{I})\boldsymbol{e}_k^{(i)} \end{aligned}\right\} \tag{4.123}$$

とおくことにする．こうして，k 個のベクトル $\boldsymbol{e}_1^{(i)}, \boldsymbol{e}_2^{(i)}, \cdots, \boldsymbol{e}_k^{(i)}$ が得られる．これらは明らかにすべて空間 W_i に属する（$(\boldsymbol{A}-\lambda_i\boldsymbol{I})^j\boldsymbol{e}_j^{(i)}=\boldsymbol{0}$ である）．しかも線形独立であることが証明できる．さて，j 番目のベクトル $\boldsymbol{e}_j^{(i)}$ に線形写像 $\boldsymbol{A}-\lambda_i\boldsymbol{I}$ を作用させると，ベクトル $\boldsymbol{e}_{j-1}^{(i)}$ になるから

$$\boldsymbol{e}_{j-1}^{(i)} = (\boldsymbol{A}-\lambda_i\boldsymbol{I})\boldsymbol{e}_j^{(i)} \qquad (j=2,3,\cdots,k) \tag{4.124}$$

である．また，ベクトル $\boldsymbol{e}_1^{(i)}$ に線形写像 $\boldsymbol{A}-\lambda_i\boldsymbol{I}$ を作用させると $\boldsymbol{0}$ になる．すなわち

$$\boldsymbol{0} = (\boldsymbol{A}-\lambda_i\boldsymbol{I})\boldsymbol{e}_1^{(i)} \tag{4.125}$$

である．式 (4.124)，(4.125) を書き直すと

$$\left.\begin{aligned} \boldsymbol{A}\boldsymbol{e}_1^{(i)} &= \lambda_i\boldsymbol{e}_1^{(i)} \\ \boldsymbol{A}\boldsymbol{e}_2^{(i)} &= \lambda_i\boldsymbol{e}_2^{(i)}+\boldsymbol{e}_1^{(i)} \\ \boldsymbol{A}\boldsymbol{e}_3^{(i)} &= \lambda_i\boldsymbol{e}_3^{(i)}+\boldsymbol{e}_2^{(i)} \\ &\cdots \\ &\cdots \\ \boldsymbol{A}\boldsymbol{e}_k^{(i)} &= \lambda_i\boldsymbol{e}_k^{(i)}+\boldsymbol{e}_{k-1}^{(i)} \end{aligned}\right\} \tag{4.126}$$

のようになる．したがって，ベクトル $\boldsymbol{e}_1^{(i)}, \boldsymbol{e}_2^{(i)}, \cdots, \boldsymbol{e}_k^{(i)}$ のつくる部分空間は線形写像 $\boldsymbol{A}$ の不変部分空間である．これを $W_1^{(i)}$ としよう．もし，線形写像 $\boldsymbol{A}$ の固有

値 λ_i に対応する空間 W_i の内に $W_1^{(i)}$ 以外のベクトルがあれば，この中でまた指数のいちばん大きいベクトルを選び，いまの手続きを繰り返す．このようにすると，空間 W_i はこれらの不変部分空間の直和

$$W_i = W_1^{(i)} \oplus W_2^{(i)} \oplus \cdots \oplus W_k^{(i)} \tag{4.127}$$

で表すことができる．このとき，線形写像 $\boldsymbol{A}$ の成分行列を固有値 λ_i の一般ベクトル空間の直和に対応する区画に分解したときの区画 A_i は，各不変部分空間 $W_1^{(i)}$, $W_2^{(i)}, \cdots, W_l^{(i)}$ に対応してさらに分割できて

$$A_i = \begin{bmatrix} \boxed{A_1^{(i)}} & & 0 \\ & \ddots & \\ 0 & & \boxed{A_l^{(i)}} \end{bmatrix}$$

の形になる．区画 $A_1^{(i)}$ は，$\{\boldsymbol{e}_1^{(i)}, \boldsymbol{e}_2^{(i)}, \cdots, \boldsymbol{e}_k^{(i)}\}$ を不変部分空間 $W_1^{(i)}$ の基底にとれば，式（4.126）から明らかに

$$A_1^{(i)} = \overbrace{\begin{bmatrix} \lambda_i & 1 & & & \\ & \lambda_i & 1 & & \\ & & \ddots & \ddots & \\ & & & \ddots & 1 \\ & & & & \lambda_i \end{bmatrix}}^{k} \Bigg\} k \tag{4.128}$$

の形をしている．区画 $A_2^{(i)}, A_3^{(i)}, \cdots, A_l^{(i)}$ も同様である．このうちのいくつかは指数が 1，すなわち

$$A_j^{(i)} = [\lambda_i]$$

という 1×1 行列であるかもしれない．式（4.128）の形をジョルダン区画といい，ジョルダン区画が対角線上に並んだ行列 A をジョルダンの標準形という．とくに，すべてのジョルダン区画が 1×1 であるときには対角行列になるが，これもジョルダンの標準形の特殊な場合である．

【例 4-29】［例 1-19］でとりあげた，n 次以下の多項式からなる $n+1$ 次元ベクトル空間 P_n と，微分を表す線形写像 $\boldsymbol{D}$ を考えよう．すなわち

$$\boldsymbol{D}f(t) = f'(t)$$

とする．この線形写像 $\boldsymbol{D}$ の固有値と固有ベクトルを考えよう．

$$\boldsymbol{D}f(t) = \lambda f(t) \tag{4.129}$$

とすると，$f(t)$ が k 次多項式なら $\boldsymbol{D}f(t)$ は $k-1$ 次多項式である．ところが $\lambda \neq 0$ とすると，右辺は k 次多項式であるから式（4.129）は成り立たない．式（4.129）が成り立つのは，$\lambda=0$ 以外には不可能である．$\lambda=0$ のとき，式（4.129）が成り立つのは $f(t)$ が定数関数のときである．すなわち線形写像 $\boldsymbol{D}$ の固有値は 0 だけであり，固有多項式の $(n+1)$ 重根になっている．固有ベクトルは定数倍を除いて

$$f(t) = 1$$

しかない．したがって，P_n にどんな基底をとっても線形写像 $\boldsymbol{D}$ の成分行列を対角行列で表すことはできない．しかし，これをジョルダン区画からなる成分行列で

表すことはできる．それには基底として

$$f_0(t)=1,\quad f_1(t)=t,\quad f_2(t)=\frac{t^2}{2},$$
$$f_3(t)=\frac{t^3}{3!},\quad \cdots,\quad f_n(t)=\frac{t^n}{n!} \tag{4.130}$$

をとればよい．これらは線形独立であり，微分すると

$$\begin{aligned}
\boldsymbol{D}f_0(t)&=0\\
\boldsymbol{D}f_1(t)&=f_0(t)\\
\boldsymbol{D}f_2(t)&=\qquad f_1(t)\\
&\vdots \qquad\qquad \ddots\\
\boldsymbol{D}f_n(t)&=\qquad\qquad f_{n-1}(t)
\end{aligned}$$

になる．したがって，線形写像 $\boldsymbol{D}$ の成分行列 D はジョルダンの標準形

$$D=\begin{bmatrix} 0 & 1 & & & \\ & 0 & 1 & & \\ & & 0 & \ddots & \\ & & & \ddots & 1 \\ & & & & 0 \end{bmatrix}$$

である．

【例 4-30】 微分方程式

$$\frac{\mathrm{d}^n}{\mathrm{d}t^n}x+a_1\frac{\mathrm{d}^{n-1}}{\mathrm{d}t^{n-1}}x+\cdots+a_{n-1}\frac{\mathrm{d}}{\mathrm{d}t}x+a_nx=0$$

を解くのに

$$x(t) = e^{\lambda t}$$

とおいて，λ を求める方法がある．これは，$\boldsymbol{D}x(t) = \lambda x(t)$ であるから微分作用素 $\boldsymbol{D}$ の固有値 λ に対する固有ベクトルである（章末の練習問題6参照）．これが微分方程式を満たすのは，代入してみればわかるように

$$\lambda^n + a_1\lambda^{n-1} + \cdots + a_n = 0$$

を満たすときである．これを解けば，固有値 $\lambda_1, \lambda_2, \cdots, \lambda_n$ が得られて，$e^{\lambda_i t}$ がそれぞれの固有値 λ_i に対応する線形写像 $\boldsymbol{D}$ の固有ベクトルになる．ところで，固有値に重根がある場合，たとえば，固有値 λ_1 が m 重根であったとしよう．このとき，固有値 λ_1 に対応する解として $e^{\lambda_1 t}$ だけでなく，m 個の解

$$f_1(t) = e^{\lambda_1 t}, \quad f_2(t) = te^{\lambda_1 t}, \quad f_3(t) = \frac{1}{2}t^2 e^{\lambda_1 t},$$
$$\cdots, \quad f_m(t) = \frac{1}{(m-1)!}t^{m-1}e^{\lambda_1 t} \tag{4.131}$$

が得られることが知られている．これは，もとの微分方程式を満たす $x(t)$ 全体からなるベクトル空間の，線形写像 $\boldsymbol{D}$ の固有値 λ_1 に対応する一般固有ベクトル空間をつくるベクトルになっている．また，これを基底にとると

$$\left.\begin{array}{l} \boldsymbol{D}f_1(t)=\lambda_1 f_1(t) \\ \boldsymbol{D}f_2(t)=\quad f_1(t)+\lambda_1 f_2(t) \\ \boldsymbol{D}f_3(t)=\qquad\qquad f_2(t)+\lambda_1 f_3(t) \\ \vdots \qquad\qquad\qquad\qquad \ddots \\ \boldsymbol{D}f_m(t)=\qquad\qquad\qquad f_{m-1}(t)+\lambda_1 f_m(t) \\ \qquad\qquad\qquad\qquad\qquad\qquad \ddots \\ \boldsymbol{D}e^{\lambda_2 t}=\qquad\qquad\qquad\qquad \lambda_2 e^{\lambda_2 t} \\ \vdots \qquad\qquad\qquad\qquad\qquad\qquad\qquad \ddots \\ \boldsymbol{D}e^{\lambda_n t}=\qquad\qquad\qquad\qquad\qquad \lambda_n e^{\lambda_n t} \end{array}\right\} \quad (4.132)$$

であるから，線形写像 $\boldsymbol{D}$ の成分行列は

$$D=\begin{bmatrix} \boxed{\begin{matrix} \lambda_1 & 1 & & \\ & \ddots & \ddots & \\ & & \ddots & 1 \\ & & & \lambda_1 \end{matrix}} & & & & \\ & \lambda_2 & & & \\ & & \lambda_3 & & \\ & & & \ddots & \\ & & & & \lambda_n \end{bmatrix}$$

になる．λ_1 以外に重根がある場合も同様である．

【例 4-31】

$$A=\begin{bmatrix} 6 & -1 & -2 \\ 7 & 0 & -3 \\ 5 & -1 & -1 \end{bmatrix}$$

を考える．固有多項式は

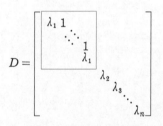

$$\phi(\lambda) = \begin{vmatrix} \lambda-6 & 1 & 2 \\ -7 & \lambda & 3 \\ -5 & 1 & \lambda+1 \end{vmatrix} = (\lambda-1)(\lambda-2)^2$$

である．固有値は $1, 2$（二重根）である．固有値 λ に対する固有ベクトルを $\vec{p}=[X, Y, Z]^{\mathrm{t}}$ とすると

$$\begin{bmatrix} \lambda-6 & 1 & 2 \\ -7 & \lambda & 3 \\ -5 & 1 & \lambda+1 \end{bmatrix} \begin{bmatrix} X \\ Y \\ Z \end{bmatrix} = \begin{bmatrix} 0 \\ 0 \\ 0 \end{bmatrix}$$

であり，$\lambda=1$ のときは

$$\begin{bmatrix} -5 & 1 & 2 \\ -7 & 1 & 3 \\ -5 & 1 & 2 \end{bmatrix} \begin{bmatrix} X \\ Y \\ Z \end{bmatrix} = \begin{bmatrix} 0 \\ 0 \\ 0 \end{bmatrix}$$

から

$$-5X + Y + 2Z = 0$$
$$-7X + Y + 3Z = 0$$

となる．Y を定数とみなして解くと $X=Y, Z=2Y$ となり

$$X : Y : Z = 1 : 1 : 2$$

である．そこで，$\vec{p}_1 = [1, 1, 2]^{\mathrm{t}}$ とおく．$\lambda=2$ のときは

$$\begin{bmatrix} -4 & 1 & 2 \\ -7 & 2 & 3 \\ -5 & 1 & 3 \end{bmatrix}\begin{bmatrix} X \\ Y \\ Z \end{bmatrix}=\begin{bmatrix} 0 \\ 0 \\ 0 \end{bmatrix} \tag{4.133}$$

から

$$\begin{aligned} -4X+\ \ Y+2Z&=0 \\ -7X+2Y+3Z&=0 \\ -5X+\ \ Y+3Z&=0 \end{aligned}$$

となる．これらは係数行列の行列式が 0 であり，独立ではないから，たとえば第一式，第二式から Z を定数とみなして解くと，$X=Z, Y=2Z$ になる．すなわち

$$X:Y:Z=1:2:1$$

であり，固有列ベクトルは定数倍を除いて

$$\vec{p}_2=[1,2,1]^{\mathrm{t}}$$

しか存在しない．そこでジョルダンの標準形をつくるために，式（4.126）に対応して

$$A\vec{p}_3=2\vec{p}_3+\vec{p}_2$$

であるような列ベクトル $\vec{p}_3$ を求める．これは

$$(2I-A)\vec{p}_3=-\vec{p}_2$$

を解けばよいから，式（4.133）の代わりに

$$\begin{bmatrix} -4 & 1 & 2 \\ -7 & 2 & 3 \\ -5 & 1 & 3 \end{bmatrix}\begin{bmatrix} X \\ Y \\ Z \end{bmatrix}=\begin{bmatrix} -1 \\ -2 \\ -1 \end{bmatrix}$$

すなわち

$$\begin{aligned} -4X+\ \ Y+2Z &= -1 \\ -7X+2Y+3Z &= -2 \\ -5X+\ \ Y+3Z &= -1 \end{aligned}$$

を解く．これも係数行列の行列式が0であり，独立ではないが，たとえば第一式と第二式から仮に $Z=1$ と仮定して解くと，$X=1, Y=1$ になる．（もちろん第三式も満たす．）ゆえに

$$\vec{p}_3 = [1, 1, 1]^{\mathrm{t}}$$

である．列ベクトル $\vec{p}_1, \vec{p}_2, \vec{p}_3$ の成分を要素とする行列を P とすれば

$$P = \begin{bmatrix} 1 & 1 & 1 \\ 1 & 2 & 1 \\ 2 & 1 & 1 \end{bmatrix}$$

となる．これがジョルダンの標準形をつくる変換行列であり

$$P^{-1}AP = \left[\begin{array}{c|cc} 1 & & \\ \hline & 2 & 1 \\ & & 2 \end{array}\right]$$

と相似変換される．実際に計算して確かめてみると

$$P^{-1}=\begin{bmatrix}-1 & 0 & 1\\ -1 & 1 & 0\\ 3 & -1 & -1\end{bmatrix}$$

であるから

$$P^{-1}AP=\begin{bmatrix}-1 & 0 & 1\\ -1 & 1 & 0\\ 3 & -1 & -1\end{bmatrix}\begin{bmatrix}6 & -1 & -2\\ 7 & 0 & -3\\ 5 & -1 & -1\end{bmatrix}\begin{bmatrix}1 & 1 & 1\\ 1 & 2 & 1\\ 2 & 1 & 1\end{bmatrix}$$

$$=\begin{bmatrix}1 & 0 & 0\\ 0 & 2 & 1\\ 0 & 0 & 2\end{bmatrix}$$

になっている．

4.3 ハミルトン-ケーリーの定理

線形写像 $\boldsymbol{A}$ をベクトル空間 V^n からそれ自身への線形写像とする．z の多項式

$$f(z)=a_0z^m+a_1z^{m-1}+\cdots+a_{m-1}z+a_m \qquad (4.134)$$

が与えられたとき，線形写像 $\boldsymbol{A}$ を‘代入’した線形写像 $f(\boldsymbol{A})$ を

$$f(\boldsymbol{A})=a_0\boldsymbol{A}^m+a_1\boldsymbol{A}^{m-1}+\cdots+a_{m-1}\boldsymbol{A}+a_m\boldsymbol{I} \qquad (4.135)$$

とする．すなわち，線形写像 $f(\boldsymbol{A})$ は z^k を線形写像 $\boldsymbol{A}^k$ でおきかえ，定数項を恒等写像 $\boldsymbol{I}$ にかえて得られる．これもまた V^n から自分自身への線形写像である．ある基底

を定めて，その基底に関する線形写像 $\boldsymbol{A}$ の成分行列を A とすれば，線形写像 $f(\boldsymbol{A})$ の成分行列は

$$f(A)=a_0A^m+a_1A^{m-1}+\cdots+a_{m-1}A+a_mI \quad (4.136)$$

になる．I は単位行列である．

z の多項式 $f(z)$ に対して

$$f(\boldsymbol{A})=\boldsymbol{O} \quad (4.137)$$

になるとき，多項式 $f(z)$ を線形写像 $\boldsymbol{A}$ の**零多項式**または**消去多項式**という．ただし，$\boldsymbol{O}$ は**零写像**，すなわち V^n の任意のベクトルを零ベクトル $\boldsymbol{O}$ に写像する線形写像である．上式を書きかえて

$$\boldsymbol{x}\in V^n \longrightarrow f(\boldsymbol{A})\boldsymbol{x}=\boldsymbol{0}$$

と表すこともできる．成分行列で表せば，多項式 $f(z)$ が線形写像 $\boldsymbol{A}$ の零多項式であるときには

$$f(A)=O \quad (4.138)$$

になる．ただし，O は零行列，すなわちすべての要素が 0 の行列である．これは多項式 $f(z)$ が線形写像 $\boldsymbol{A}$ の零多項式でありさえすれば，どんな基底に関する成分行列を用いても成立する．

さて，線形写像 $\boldsymbol{A}$ の固有多項式は

$$\phi(z)=|zI-A|$$

であった．ここで，行列 A としては線形写像 $\boldsymbol{A}$ のどんな基底に関する成分行列を用いても $\phi(z)$ は同じである（式 (4.30) の後の［注意］参照）．これに関してはつぎの**ハミルトン-ケーリーの定理**が成立する．

【定理 4-5】（ハミルトン-ケーリーの定理）　線形写像 $\boldsymbol{A}$ の固有多項式 $\phi(z)$ は $\boldsymbol{A}$ の零多項式である．すなわち

$$\phi(\boldsymbol{A}) = \boldsymbol{O} \tag{4.139}$$

である．したがって，線形写像 $\boldsymbol{A}$ の任意の基底に関する成分行列 A に対しても

$$\phi(A) = O \tag{4.140}$$

が成り立つ．

証明を与える前に，この定理の意味をよく理解するためのいくつかの例題を考えよう．

【例 4-32】

$$A = \begin{bmatrix} a & b \\ c & d \end{bmatrix}$$

のとき，固有多項式は

$$\phi(z) = |zI - A| = \begin{vmatrix} z-a & -b \\ -c & z-d \end{vmatrix}$$
$$= z^2 - (a+d)z + (ad-bc)$$

である．したがって

$$A^2 - (a+d)A + (ad-bc)I = O$$

である．これは直接計算して確かめることができる．

【例 4-33】

$$A = \begin{bmatrix} 6 & -3 & -7 \\ -1 & 2 & 1 \\ 5 & -3 & -6 \end{bmatrix}$$

のとき，$A^6 - A^5 - 2A^4 - A^2$ を計算しよう．行列 A の固有多項式は

$$\phi(z) = |zI - A| = z^3 - 2z^2 - z + 2$$

である．

$$f(z) = z^6 - z^5 - 2z^4 - z^2$$

とおくと，求めたいのは行列 $f(A)$ である．多項式 $f(z)$ を固有多項式 $\phi(z)$ で割ると，商が $z^3 + z^2 + z + 1$ で余りが $-z+2$ であって

$$f(z) = (z^3 + z^2 + z + 1)\phi(z) - z + 2$$

になる．$\phi(A) = O$ であるから，両辺に行列 A を代入すれば

$$f(A) = -A + 2I = \begin{bmatrix} -4 & 3 & 7 \\ 1 & 0 & -1 \\ -5 & 3 & 8 \end{bmatrix}$$

になる．

【注意】 一般に $f(z)$ を z の多項式とするとき，行列の多項式 $f(A)$ をつぎのように計算できる．すなわち，行列 A の固有多項式 $\phi(z)$ を用いて多項式 $f(z)$ を割り算し

$$f(z) = g(z)\phi(z) + r(z)$$

と表すと

$$f(A) = r(A)$$

になる．

もし，行列 A を対角化する行列 P があれば，つぎのような計算法もある．

$$P^{-1}AP = \begin{bmatrix} \lambda_1 & & & \\ & \lambda_2 & & \\ & & \ddots & \\ & & & \lambda_n \end{bmatrix}$$

と行列 A を相似変換できるとすれば，［例 4-8］で示したように

$$P^{-1}A^kP = \begin{bmatrix} {\lambda_1}^k & & & \\ & {\lambda_2}^k & & \\ & & \ddots & \\ & & & {\lambda_n}^k \end{bmatrix}$$

であるから

$$P^{-1}f(A)P = f(P^{-1}AP) = \begin{bmatrix} f(\lambda_1) & & & \\ & f(\lambda_2) & & \\ & & \ddots & \\ & & & f(\lambda_n) \end{bmatrix}$$

である．したがって

$$f(A) = P\begin{bmatrix} f(\lambda_1) & & & \\ & f(\lambda_2) & & \\ & & \ddots & \\ & & & f(\lambda_n) \end{bmatrix}P^{-1}$$

が得られる．

［【定理 4-5】の証明］　ベクトル空間 V^n にある基底 $\{\boldsymbol{e}_i\}$ をとり，この基底に関する線形写像 $\boldsymbol{A}$ の成分行列を $A=[a_{ij}]$ とする．すなわち

$$\boldsymbol{A}\boldsymbol{e}_j=\sum_{i=1}^{n}a_{ij}\boldsymbol{e}_i \qquad (j=1,\cdots,n) \tag{4.141}$$

とする．ここで

$$M(z)=zI-A$$

とおけば，線形写像 $\boldsymbol{A}$ の固有多項式は

$$\phi(z)=|M(z)|$$

である．行列 $M(z)$ の (i,j) 要素 $m_{ij}(z)$ は

$$m_{ij}(z)=z\delta_{ij}-a_{ij} \tag{4.142}$$

である．行列 $M(z)$ の余因子行列を $\tilde{M}(z)=[\tilde{m}_{ij}(z)]$ とすれば，余因子行列はもとの行列の要素どうしの加減と積のみによってつくられるから（第2章3節3.5項），その要素 $\tilde{m}_{ij}(z)$ は z の多項式である．余因子行列の性質（式(2.54)）によって

$$\sum_{k=1}^{n}m_{ik}(z)\tilde{m}_{kj}(z)=\phi(z)\delta_{ij} \qquad (i,j=1,2,\cdots,n)$$

であり，積の順序を変えて

$$\sum_{k=1}^{n}\tilde{m}_{kj}(z)m_{ik}(z)=\phi(z)\delta_{ij} \qquad (i,j=1,2,\cdots,n)$$

になる．両辺は z の多項式であるから，線形写像 $\boldsymbol{A}$ を代入することができて

$$\sum_{k=1}^{n}\tilde{m}_{kj}(\boldsymbol{A})m_{ik}(\boldsymbol{A})=\phi(\boldsymbol{A})\delta_{ij} \qquad (i,j=1,2,\cdots,n)$$

となる．両辺を基底ベクトル $\boldsymbol{e}_i$ に作用させて i に関する和をとると

$$\sum_{i=1}^{n}\sum_{k=1}^{n}\tilde{m}_{kj}(\boldsymbol{A})m_{ik}(\boldsymbol{A})\boldsymbol{e}_i = \sum_{i=1}^{n}\phi(\boldsymbol{A})\delta_{ij}\boldsymbol{e}_i \qquad (j=1,2,\cdots,n)$$

$$\therefore\quad \sum_{k=1}^{n}\tilde{m}_{kj}(\boldsymbol{A})\sum_{i=1}^{n}m_{ik}(\boldsymbol{A})\boldsymbol{e}_i = \phi(\boldsymbol{A})\boldsymbol{e}_j \qquad (j=1,2,\cdots,n)$$

ところが，左辺において式（4.141），（4.142）に注意すると

$$\sum_{i=1}^{n}m_{ik}(\boldsymbol{A})\boldsymbol{e}_i = \sum_{i=1}^{n}(\delta_{ik}\boldsymbol{A}-a_{ik}\boldsymbol{I})\boldsymbol{e}_i = \boldsymbol{A}\boldsymbol{e}_k-\sum_{i=1}^{n}a_{ik}\boldsymbol{e}_i = \boldsymbol{0}$$

であるから，右辺も $\boldsymbol{0}$ であり

$$\phi(\boldsymbol{A})\boldsymbol{e}_j = \boldsymbol{0} \qquad (j=1,2,\cdots,n)$$

が成立する．線形写像 $f(\boldsymbol{A})$ はすべての基底ベクトル $\boldsymbol{e}_1, \boldsymbol{e}_2, \cdots, \boldsymbol{e}_n$ を $\boldsymbol{0}$ に写像するから零写像，すなわち

$$\phi(\boldsymbol{A}) = \boldsymbol{O}$$

である．

練習問題 4

1 つぎの行列を対角行列に相似変換せよ．

(i) $\begin{bmatrix} 4 & -2 & 1 \\ 5 & -3 & -1 \\ 2 & -2 & 1 \end{bmatrix}$ (ii) $\begin{bmatrix} 3 & 3 & 1 \\ -1 & -1 & -1 \\ 1 & 3 & 3 \end{bmatrix}$

2　ベクトル空間 V^n から V^n への線形写像 $\boldsymbol{A}$ が正則である必要十分条件は，線形写像 $\boldsymbol{A}$ の固有値がすべて 0 でないことである．これを示せ．［ヒント：n 次行列 A の行列式 $|A|$ と固有値 $\lambda_1, \lambda_2, \cdots, \lambda_n$ との関係は何か．］

3　線形状態方程式 $\vec{x}_{k+1} = A\vec{x}_k$ がどの初期状態 $(\vec{x}_0 \neq 0)$ から出発しても，k の増加とともに $\vec{x}_k$ がある一定の $\vec{x}_\infty (\neq \vec{0})$ に収束する必要十分条件は，行列 A の固有値の一つが 1（単根）であり，他の固有値はすべて絶対値が 1 より小さいことである．これを示せ．ただし，$\vec{x}_0$ は固有値 1 に対応する固有ベクトルの成分を含むものとする．

4　行列 $P = [p_{ij}]$ の各要素はすべて正または 0 とし，$\sum_{i=1}^{n} p_{ij} = 1$，すなわち各列の要素の和は 1 とする（遷移確率行列）．

(i)　線形状態方程式 $\vec{p}_{k+1} = P\vec{p}_k \ (k = 0, 1, 2, \cdots)$ を考えると，初期状態 $\vec{p}_0$ の各成分が正または 0 で，成分の和が 1（確率ベクトル）のとき，任意の k に対し状態 $\vec{p}_k$ もまたそうであることを示せ．

(ii)　行列 P は固有値に 1 をもつことを示せ．

(iii)　行列 P の 1 以外の固有値は絶対値が 1 以下であることを示せ．

［ヒント：(i) 行列 P と P^{t} の固有多項式，固有値の関係は何か．$P^{\mathrm{t}} \begin{bmatrix} 1 \\ \vdots \\ 1 \end{bmatrix}$ を考えよ．

(ii)　$P^{\mathrm{t}}\vec{x} = \lambda\vec{x}$ とし，列ベクトル $\vec{x}$ の成分のうち絶対値

が最大のものを x_j とすると $\lambda x_j = \sum_{i=1}^{n} p_{ij} x_i$ から $|\lambda|\,|x_j| \leqq \sum_{i=1}^{n} p_{ij}\,|x_i| \leqq |x_j| \sum_{i=1}^{n} p_{ij}$ となる.]

(参考)　もし行列 P のすべての要素が正なら, 上の不等式から $|\lambda| = 1$ となるのは $x_1 = x_2 = \cdots = x_n$, したがって, $\lambda = 1$ だけとなり, これが単根となる. ゆえに $k \to \infty$ で状態 $\vec{p}_k$ は, 一般に一定の状態 (行列 p の固有値 1 の固有ベクトル) に収束する.

5　差分方程式

$$x_k + a_1 x_{k-1} + \cdots + a_n x_{k-n} = 0 \qquad (*)$$

を考える.

(i)　この方程式を満たす数列 $\{x_k\}$ の全体 $\mathscr{U}$ はベクトル空間であることを示せ.

(ii)　$\boldsymbol{E}$ をずらし作用素とする. すなわち数列 $\{x_k\}$ を一つずらした数列 $\{x_k{}'\}(x_k{}' = x_{k+1})$ を $\boldsymbol{E}\{x_k\}$ と表す. これは $\mathscr{U}$ の線形写像であることを示せ. (すなわち, $\{x_k\}$ が $\mathscr{U}$ の元なら $\boldsymbol{E}\{x_k\}$ も $\mathscr{U}$ の元で, かつ線形写像であることをいう.)

(iii)　$\mathscr{U}$ においてずらし作用素 $\boldsymbol{E}$ の固有値は方程式

$$\lambda^n + a_1 \lambda^{n-1} + \cdots + a_n = 0 \qquad (**)$$

の根であり, 固有値 λ に対応するずらし作用素 $\boldsymbol{E}$ の固有ベクトルは $\{\lambda^k\}$ であることを示せ. [ヒント: $\boldsymbol{E}\{x_k\} = \lambda\{x_k\}$ とすると $x_{k+1} = \lambda x_k$.　$\therefore$　$x_k = c\lambda^k$ これが (*) の解でなければならない.]

(iv)　方程式 (**) が n 個の相異なる根 $\lambda_1, \lambda_2, \cdots, \lambda_n$ をもてば固有ベクトル $\{\lambda_1{}^k\}, \{\lambda_2{}^k\}, \cdots, \{\lambda_n{}^k\}$ は線形独立であり, ベクトル空間 $\mathscr{U}$ をつくる. したがって, $\mathscr{U}$ は n 次元ベクトル空間であり, (*) の一般解は

$$x_k = c_1 \lambda_1{}^k + \cdots + c_n \lambda_n{}^k$$

と表せる．このことを用いて

$$x_k - 3x_{k-1} - x_{k-2} + 3x_{k-3} = 0$$

の一般解を求めよ．

6 微分方程式

$$\frac{\mathrm{d}^n}{\mathrm{d}t^n}x(t) + a_1\frac{\mathrm{d}^{n-1}}{\mathrm{d}t^{n-1}}x(t) + \cdots + a_n x(t) = 0 \qquad (*)$$

を考える．

(i) この方程式を満たす関数 $x(t)$ の全体 $\mathscr{V}$ はベクトル空間であることを示せ．

(ii) $\boldsymbol{D}$ を微分作用素とする．すなわち $\boldsymbol{D}x(t) = \dot{x}(t)$ とする．これは $\mathscr{V}$ の線形写像であることを示せ．[ヒント：$x(t)$ が $\mathscr{V}$ の元なら $\boldsymbol{D}x(t)$ も $\mathscr{V}$ の元で，かつ線形写像であることをいう．]

(iii) $\mathscr{V}$ において微分作用素 $\boldsymbol{D}$ の固有値は方程式

$$\lambda^n + a_1\lambda^{n-1} + \cdots + a_n = 0 \qquad (**)$$

の根であり，固有値 λ に対応する微分作用素 $\boldsymbol{D}$ の固有ベクトルは $\boldsymbol{e}^{\lambda t}$ であることを示せ．[ヒント：$\boldsymbol{D}x(t) = \lambda x(t)$ とすると $\dot{x}(t) = \lambda x(t)$．ゆえに $x(t) = ce^{\lambda t}$．これが $(*)$ の解でなければならない．]

(iv) 方程式 $(**)$ が n 個の相異なる根 $\lambda_1, \lambda_2, \cdots, \lambda_n$ をもてば固有ベクトル $\boldsymbol{e}^{\lambda_1 t}, \boldsymbol{e}^{\lambda_2 t}, \cdots, \boldsymbol{e}^{\lambda_n t}$ は線形独立で，ベクトル空間 $\mathscr{V}$ をつくる．したがって，$\mathscr{V}$ は n 次元ベクトル空間であり，$(*)$ の一般解は

$$x(t) = c_1\boldsymbol{e}^{\lambda_1 t} + \cdots + c_n\boldsymbol{e}^{\lambda_n t}$$

と表せる．このことを用いて

$$\dddot{x}(t) - 3\ddot{x}(t) - \dot{x}(t) + 3x(t) = 0$$

の一般解を求めよ．

7 z の n 次多項式

$$\phi(z) = z^n + a_1 z^{n-1} + a_2 z^{n-2} + \cdots + a_n$$

を考える．多項式

$$f(z)=t_nz^{n-1}+t_{n-1}z^{n-2}+\cdots+t_1$$

に z を掛けた $zf(z)$ を $\phi(z)$ で割った余りの多項式を

$$\tilde{f}(z)=\tilde{t}_nz^{n-1}+\tilde{t}_{n-1}z^{n-2}+\cdots+\tilde{t}_1$$

とする．（このことを $zf(z)\equiv\tilde{f}(z)(\mathrm{mod}\phi(z))$ と書くこともある．）

このときつぎの関係を示せ．

$$\begin{bmatrix}\tilde{t}_1\\ \tilde{t}_2\\ \vdots\\ \tilde{t}_n\end{bmatrix}=\begin{bmatrix}0 & & & -a_n\\ 1 & \ddots & & -a_{n-1}\\ & \ddots & & \vdots\\ & & 0 & -a_2\\ & & 1 & -a_1\end{bmatrix}\begin{bmatrix}t_1\\ t_2\\ \vdots\\ t_n\end{bmatrix}$$

8 （i） 線形写像 $\boldsymbol{A}:V^n\longrightarrow V^m,\ \boldsymbol{B}:V^m\longrightarrow V^l$ に対し，$\mathrm{Image}(\boldsymbol{B}\circ\boldsymbol{A})\subset\mathrm{Image}(\boldsymbol{B})$，　$\mathrm{Ker}(\boldsymbol{B}\circ\boldsymbol{A})\supset\mathrm{Ker}(\boldsymbol{A})$ を示せ．

（ii） この結果を用いて，$m\times n$ 行列 A，$l\times m$ 行列 B に対し

$$\mathrm{rank}BA\leqq\min(\mathrm{rank}A,\mathrm{rank}B)$$

であることを示せ．［ヒント：$\mathrm{rank}(\boldsymbol{B}\circ\boldsymbol{A})=\dim\mathrm{Image}(\boldsymbol{B}\circ\boldsymbol{A})$，かつ $\mathrm{rank}(\boldsymbol{B}\circ\boldsymbol{A})=n-\dim\mathrm{Ker}(\boldsymbol{B}\circ\boldsymbol{A})$］

9 つぎの行列のジョルダンの標準形を求めよ．

（i） $\begin{bmatrix}-4 & 3 & 2\\ -7 & 6 & 2\\ -8 & 4 & 5\end{bmatrix}$　（ii） $\begin{bmatrix}1 & 2 & -1\\ 1 & 1 & 0\\ 2 & -2 & 2\end{bmatrix}$

10 前問 6 で，たとえば λ_1 が（$**$）の m_1 重根のとき，対応する線形独立な解 $e^{\lambda_1 t}, te^{\lambda_1 t}, \dfrac{t^2}{2}e^{\lambda_1 t}, \cdots, \dfrac{t^{m-1}}{(m-1)!}e^{\lambda_1 t}$ を

基底にとれば，微分作用素 $\boldsymbol{D}$ の成分行列がジョルダンの標準形になることを［例 4-30］で示した．同じことが前問5についてもいえる．λ_1 が $(**)$ の m_1 重根のとき，対応する線形独立な解として $\{\lambda_1{}^k\}, \{k\lambda_1{}^{k-1}\}$, $\left\{\frac{1}{2}k(k-1)\lambda_1{}^{k-2}\right\}, \cdots, \left\{\frac{1}{(m_1-1)!}k(k-1)(k-2)\cdots(k-m_1+2)\lambda^{k-m_1+1}\right\}$ が得られる．これを基底にとれば，ずらし作用素 $\boldsymbol{E}$ の成分行列がジョルダンの標準形になることを示せ．

11　n 次正方行列 A が正則のとき，逆行列 A^{-1} を行列 A の多項式で表せ．［ヒント：ハミルトン-ケーリーの定理を用いる．$A^n+a_1A^{n-1}+\cdots+a_nI=A(A^{n-1}+a_1A^{n-2}+\cdots+a_{n-1}I)+a_nI$．$a_n$ は0になるか．行列式 $|A|$ との関係は何か．］

12　(i)　線形写像 $\boldsymbol{A}$ の零多項式で次数が最小のものは，定数倍を除いてただ一つしかないことを示せ．［ヒント：$\varphi_1(z), \varphi_2(z)$ がそうなら，$\varphi_1(z)$ を $\varphi_2(z)$ で割った余りも零多項式である．］

(ii)　$\varphi(z)$ を線形写像 $\boldsymbol{A}$ の次数最小の零多項式（**最小多項式**という）とするとき，線形写像 $\boldsymbol{A}$ の固有多項式 $\phi(z)$ は最小多項式 $\varphi(z)$ で割り切れることを示せ．［ヒント：固有多項式 $\phi(z)$ を最小多項式 $\varphi(z)$ で割った余りも零多項式である．］

(iii)　最小多項式 $\varphi(z)$ の根は線形写像 $\boldsymbol{A}$ のすべての固有値を含むことを示せ．［ヒント：線形写像 $\boldsymbol{A}$ の固有値 λ に対応する固有ベクトルを $\boldsymbol{p}$ とするとき，$\varphi(\boldsymbol{A})\boldsymbol{p}=\varphi(\lambda)\boldsymbol{p}=\boldsymbol{0}$ を示す．］

補　遺

1　双対ベクトル空間

ベクトル空間 V^n から実数への線形写像の全体を**双対ベクトル空間**とよび，$\tilde{V}^n$ と表す．$\tilde{V}^n$ も実は n 次元ベクトル空間となる．V^n に基底 $\{\boldsymbol{e}_i\}$ をとると，双対ベクトル空間 $\tilde{V}^n$ に対応する基底，すなわち**双対基底** $\{\tilde{\boldsymbol{e}}^i\}$ が定まる．この両者を用いて解析を進めると，ベクトル空間の構造がずっと見やすくなる．

双対ベクトル空間のベクトルを**双対ベクトル**とよぶが，これを物理的に考えることができる．電気回路で，枝を流れる電流の状態をベクトル $\boldsymbol{x}$ で表すと，枝にかかる電圧の状態を表すベクトル $\tilde{\boldsymbol{y}}$ が双対ベクトルになる．電流 × 電圧 = エネルギーに注意すれば，電圧配置状態 $\tilde{\boldsymbol{y}}$ のもとで電流 $\boldsymbol{x}$ が流れれば，このときの消費エネルギーが実数 $\tilde{\boldsymbol{y}}(\boldsymbol{x})$ である．このように，電流状態に対して電圧状態，変位に対して力，回転角度に対してモーメント，など，エネルギーを介して結びつく物理量の状態が，ベクトルと双対ベクトルで表される．

2 シルベスタの標準形

第3章では，正規直交基底を選んで，二次形式の成分行列を対角行列に変換した．正規直交とは限らない基底を選べば，二次形式の成分行列をもっと簡単な形，すなわち対角要素として $1, -1, 0$ のみを用いた対角行列

$$
\begin{bmatrix}
\overbrace{1 \quad \ddots \quad 1}^{l} & & & & & \\
& \overbrace{-1 \quad \ddots \quad -1}^{m} & & \\
& & 0 & & \\
& & & \ddots & \\
& & & & 0
\end{bmatrix}
$$

に変換することができる．このとき，基底の選び方は一意的ではないが，1の数 l，-1 の数 m の組（符号という）は一意に定まる．上の形を**シルベスタの標準形**という．

3 エルミート行列とユニタリ変換

ベクトル空間ではベクトル $\boldsymbol{x}$ のスカラー倍 $c\boldsymbol{x}$ がとれる．スカラー c は今まで実数と考えてきたが，これを複素数にまで広げて考えることができる．実際，量子力学などでは，複素数で表される状態が重要な役割を演ずる．複素数をスカラーとしてもつベクトル空間を**複素ベクトル空間**という．

複素ベクトル空間でも，基底を用いてベクトル $\boldsymbol{x}$ を成

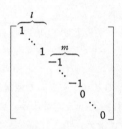

分列ベクトル $\vec{x}$ で表現することができるが，この際，成分列ベクトルの成分は一般に複素数になる．複素数 c の絶対値の2乗は，c^* を共役複素数として

$$|c|^2 = cc^*$$

と書ける．これと照合して，複素ベクトル空間でのベクトルの内積は

$$(c\boldsymbol{x}, \boldsymbol{y}) = c^*(\boldsymbol{x}, \boldsymbol{y})$$
$$(\boldsymbol{x}, c\boldsymbol{y}) = c(\boldsymbol{x}, \boldsymbol{y})$$

を満たすものとする．特に正規直交系を用いて成分表現すると，ベクトル $\boldsymbol{x}, \boldsymbol{y}$ の内積は，

$$(\boldsymbol{x}, \boldsymbol{y}) = \sum_{i=1}^{n} x_i{}^* y_i$$

となる．ベクトルまたは行列で，‘成分を共役複素数にかえて転置をとる’操作を**エルミート共役**といい，肩に † を付けて表すと，正規直交系では

$$(\boldsymbol{x}, \boldsymbol{y}) = \vec{x}^\dagger \vec{y}$$

となる．

複素ベクトル空間で二次形式 $f(\boldsymbol{x}, \boldsymbol{y})$ を考えると，成分表現を用いて

$$f(\boldsymbol{x}, \boldsymbol{x}) = \vec{x}^\dagger F \vec{x}$$

と表せる．二次形式 f の成分行列 F が

$$F^\dagger = F$$

を満たすとき，二次形式 f を**エルミート形式**，成分行列 F を**エルミート行列**とよぶ．エルミート行列は対称行列を複素ベクトル空間に拡張した概念である．エルミート形式で

は $f^* = f$ が成立するので，実数値をとる．また，エルミート形式の固有値はすべて実数で，その固有ベクトルは互いに直交する．一方

$$U^\dagger U = I$$

の成立する行列を**ユニタリ行列**とよぶ．これは直交行列を複素ベクトル空間に拡張した概念である．エルミート行列 F は，適当なユニタリ行列 U を用いて

$$U^\dagger F U = \Lambda$$

という形の対角行列に変換できる．ここで Λ は行列 F の固有値を対角要素とする対角行列である．二次形式について述べたすべてのことが，転置 t をエルミート共役 † に，対称行列をエルミート行列に，直交行列をユニタリ行列に変えることによって，複素ベクトル空間に拡張できる．

4　随伴写像

ベクトル空間 V から自分自身への線形写像 $\boldsymbol{A}$ が与えられたときに，V から自分自身への線形写像 $\boldsymbol{A}_{\mathrm{ad}}$ で，任意のベクトル $\boldsymbol{x}, \boldsymbol{y} \in V$ に対して

$$(\boldsymbol{A}\boldsymbol{x}, \boldsymbol{y}) = (\boldsymbol{x}, \boldsymbol{A}_{\mathrm{ad}}\boldsymbol{y})$$

を満たすものが存在する．線形写像 $\boldsymbol{A}_{\mathrm{ad}}$ を線形写像 $\boldsymbol{A}$ の**随伴写像**という．特に

$$\boldsymbol{A}_{\mathrm{ad}} = \boldsymbol{A}$$

であるとき，$\boldsymbol{A}$ を**自己随伴写像**という．正規直交基底を用いて成分表現すると，随伴写像 $\boldsymbol{A}_{\mathrm{ad}}$ の成分行列は線形写像 $\boldsymbol{A}$ の成分行列の転置（複素ベクトル空間の場合はエル

ミート共役）に等しい．（一般の基底ではこうならない．）随伴写像の概念は応用上重要であるが，これは V の双対ベクトル空間 $\tilde{V}$ の線形写像と考えるとわかりやすい．

5　一般逆行列

ベクトル空間 V^n から V^m への線形写像 $\boldsymbol{A}$ が与えられたとしよう．V^m の元 $\boldsymbol{y}$ に対して，

$$\boldsymbol{A}\boldsymbol{x} = \boldsymbol{y}$$

を満たす $\boldsymbol{x}$ は，$\boldsymbol{y} \in \mathrm{Image}(\boldsymbol{A})$ でなければ存在しないし，また，$\boldsymbol{y} \in \mathrm{Image}(\boldsymbol{A})$ のときは $\mathrm{Ker}(\boldsymbol{A})$ が $\boldsymbol{0}$ でなければ多数存在する．ここで V^m から V^n への線形写像 $\boldsymbol{A}^+$ をつぎのように定めよう．ベクトル $\boldsymbol{y}$ に対して，まずノルム $\|\boldsymbol{y} - \boldsymbol{y}_0\|$ を最小にするベクトル $\boldsymbol{y}_0 \in \mathrm{Image}(\boldsymbol{A})$ を定める．つぎに，$\boldsymbol{A}\boldsymbol{x} = \boldsymbol{y}_0$ を満たすベクトル $\boldsymbol{x}$ のうちで，ノルム $\|\boldsymbol{x}\|$ の最小のものをベクトル $\boldsymbol{x}_0$ とする．このとき

$$\boldsymbol{A}^+\boldsymbol{y} = \boldsymbol{x}_0$$

と定義する．

このようにして定めた写像 $\boldsymbol{A}^+$ は V^m から V^n への線形写像で

$$\boldsymbol{A}\boldsymbol{A}^+ = \boldsymbol{I}$$

を満たす．とくに，逆写像 $\boldsymbol{A}^{-1}$ が存在するときは

$$\boldsymbol{A}^+ = \boldsymbol{A}^{-1}$$

である．線形写像 $\boldsymbol{A}^+$ を線形写像 $\boldsymbol{A}$ の**一般逆写像**という．また，成分表現を用いたときには，$\boldsymbol{A}^+$ に対応する成分行列 A^+ を，線形写像 $\boldsymbol{A}$ に対応する成分行列 A の**一般逆行**

列という.

6 その他

不変部分空間およびジョルダンの標準形に関係した部分は，理論的な構造を証明していない．これをきちんと行うには，**最小多項式**を考える．ハミルトン-ケーリーの定理から，線形写像 $\boldsymbol{A}$ の固有多項式 $\phi(z)$ は零多項式，すなわち，線形写像 $\boldsymbol{A}$ を代入すれば零写像となるものであることを示したが，線形写像 $\boldsymbol{A}$ の零多項式のうち最も次数の低いものが定数倍を除いてただ一つ定まる．これを最小多項式といい，各根（すべての固有値を含む）の重複度が，各固有値に対応する線形写像 $\boldsymbol{A}$ の不変部分空間の構造を完全に定めるのである．また，行列の変形として考える場合には**単因子**とよぶ量がその構造を定めることになる．また，確率行列とこれに関係したグラフ構造，行列に関する各種の数値計算法，二次形式と変分原理，これに基づく近似法についても述べなかった．

練習問題の略解

練習問題 1

1 $\vec{a}\cdot\vec{b}=1\cdot3+0\cdot(-2)+3\cdot1+(-2)\cdot2=2$, $\vec{c}=(\vec{a}+\vec{b})/2=[2,-1,2,0]^{\mathrm{t}}$, $|\vec{c}|=\sqrt{2^2+(-1)^2+2^2+0^2}=3$.

2 ベクトル空間である．多項式 $f(t), g(t)$ が $t=\alpha$ に根をもてば和 $f(t)+g(t)$，スカラー倍 $cf(t)$（c は実数）も $t=\alpha$ に根をもつ．零元は $f(t)=0$（恒等的に 0）．公理の残りも満足する（略）．

3 数列 $\{a_n\}, \{b_n\}$ が解なら和 $\{a_n+b_n\}$, スカラー倍 $\{ca_n\}$（c は実数）も解であり，ベクトル空間をつくることはすぐわかる．代入により $(-1)^n, 2^n$ も解であることがわかる．ゆえに，線形結合 $c_1(-1)^n+c_2 2^n$（c_1, c_2 は実数）も解である．任意の数列 $\{a_n\}$ を考える．$a_1=\alpha, a_2=\beta$ であるとする．前述の解がこれを満たすように c_1, c_2 を決めてみる．$-c_1+2c_2=\alpha, c_1+4c_2=\beta$ となればよいが，その解は $c_1=(-2\alpha+\beta)/3, c_2=(\alpha+\beta)/6$ である．このとき $a_1=\alpha, a_2=\beta$ となるが，このような解は逐次代入してみればわかるようにただ一通りしかない．ゆえに，これは数列 $\{a_n\}$ を表している．任意の解が $(-1)^n, 2^n$ の線形結合で表すことができ，しかも両者は線形独立であるから，これらは基底である．

4 $\boldsymbol{e}_1=(\boldsymbol{e}_1{}'+\boldsymbol{e}_2{}')/2$, $\boldsymbol{e}_2=(\boldsymbol{e}_1{}'-\boldsymbol{e}_2{}')/2$ より

$$\{p_{ij}\} = \begin{array}{c|cc} {}_{i}\diagdown^{j} & 1 & 2 \\ \hline 1 & 1/2 & 1/2 \\ 2 & 1/2 & -1/2 \end{array}$$

また，$x_1{}' = (x_1 + x_2)/2$，$x_2{}' = (x_1 - x_2)/2$.

5

$$\{g_{ij}\} = \begin{array}{c|ccc} {}_{i}\diagdown^{j} & 1 & 2 & 3 \\ \hline 1 & 1 & & \\ 2 & & 1 & \\ 3 & & & 1 \end{array}$$

6

$$[a_{ij}] = \begin{bmatrix} 1 & 2 & -1 \\ 0 & 1 & 3 \\ 0 & 0 & 1 \end{bmatrix}$$

$\boldsymbol{e}_1 = \boldsymbol{A}^{-1}\tilde{\boldsymbol{e}}_1$，$\boldsymbol{e}_2 = 2\boldsymbol{A}^{-1}\tilde{\boldsymbol{e}}_1 + \boldsymbol{A}^{-1}\tilde{\boldsymbol{e}}_2$，$\tilde{\boldsymbol{e}}_3 = -\boldsymbol{A}^{-1}\tilde{\boldsymbol{e}}_1 + 3\boldsymbol{A}^{-1}\tilde{\boldsymbol{e}}_2 + \boldsymbol{A}^{-1}\tilde{\boldsymbol{e}}_3$ より $\boldsymbol{A}^{-1}\tilde{\boldsymbol{e}}_1 = \boldsymbol{e}_1$，$\boldsymbol{A}^{-1}\tilde{\boldsymbol{e}}_2 = -2\boldsymbol{e}_1 + \boldsymbol{e}_2$，$\boldsymbol{A}^{-1}\tilde{\boldsymbol{e}}_3 = 7\boldsymbol{e}_1 - 3\boldsymbol{e}_2 + \boldsymbol{e}_3$．ゆえに

$$[a_{ij}]^{-1} = \begin{bmatrix} 1 & -2 & 7 \\ 0 & 1 & -3 \\ 0 & 0 & 1 \end{bmatrix}$$

7 $\begin{bmatrix} 1 \\ 0 \end{bmatrix} \to \begin{bmatrix} 0 \\ 1 \end{bmatrix} \to \begin{bmatrix} 0 \\ 2 \end{bmatrix} \to \begin{bmatrix} -\sqrt{2} \\ \sqrt{2} \end{bmatrix}$,

$\begin{bmatrix} 0 \\ 1 \end{bmatrix} \to \begin{bmatrix} 1 \\ 0 \end{bmatrix} \to \begin{bmatrix} 2 \\ 0 \end{bmatrix} \to \begin{bmatrix} \sqrt{2} \\ \sqrt{2} \end{bmatrix}$ より

$[a_{ij}] = \begin{bmatrix} -\sqrt{2} & \sqrt{2} \\ \sqrt{2} & \sqrt{2} \end{bmatrix}$. また $\begin{bmatrix} 3 \\ 4 \end{bmatrix} \to \begin{bmatrix} \sqrt{2} \\ 7\sqrt{2} \end{bmatrix}$.

練習問題　2

1 (i) $\begin{bmatrix} 16 \\ 1 \\ 18 \end{bmatrix}$　(ii) $\begin{bmatrix} 9 & 17 \\ 22 & 36 \end{bmatrix}$

2 (i) $\begin{bmatrix} 1 & & \\ & 1 & \\ & & 1 \end{bmatrix}$, $\begin{bmatrix} & & 1 \\ & 1 & \\ 1 & & \end{bmatrix}$, $\begin{bmatrix} 1 & & \\ & 1 & \\ & & 1 \end{bmatrix}$

(ii) $\begin{bmatrix} 0 & 0 & 1 & 0 \\ 0 & 0 & 0 & 1 \\ 0 & 0 & 0 & 0 \\ 0 & 0 & 0 & 0 \end{bmatrix}$, $\begin{bmatrix} 0 & 0 & 0 & 1 \\ 0 & 0 & 0 & 0 \\ 0 & 0 & 0 & 0 \\ 0 & 0 & 0 & 0 \end{bmatrix}$, $\begin{bmatrix} 0 & 0 & 0 & 0 \\ 0 & 0 & 0 & 0 \\ 0 & 0 & 0 & 0 \\ 0 & 0 & 0 & 0 \end{bmatrix}$

3 (i) $\sum_{i=1}^{n}(a_{ii}+b_{ii})=\sum_{i=1}^{n}a_{ii}+\sum_{i=1}^{n}b_{ii}$.　(ii) $\sum_{i=1}^{n}ca_{ii}=c\sum_{i=1}^{n}a_{ii}$.

(iii) $C=AB, D=BA$ とすると $c_{ij}=\sum_{k=1}^{n}a_{ik}b_{kj}$, $d_{ij}=\sum_{k=1}^{n}b_{ik}a_{kj}$. ゆえに $\sum_{i=1}^{n}c_{ii}=\sum_{i=1}^{n}\sum_{k=1}^{n}a_{ik}b_{ki}$, $\sum_{i=1}^{n}d_{ii}=\sum_{i=1}^{n}\sum_{k=1}^{n}b_{ik}a_{ki}$.

4 A, B を（上）三角行列とすると $A+B$ も（上）三角行

列になることは明らか．$C=AB$ とおくと

$$c_{ij}=[0\cdots0\quad a_{ii}\cdots a_{in}]\begin{bmatrix} b_{1j}\\ \vdots \\ b_{jj}\\ 0\\ \vdots\\ 0\end{bmatrix}$$ は $j<i$ のとき 0 となる．

5 $\begin{bmatrix} 1/\sqrt{3} & 1/\sqrt{2} & \pm1/\sqrt{6}\\ 1/\sqrt{3} & 0 & \mp2/\sqrt{6}\\ 1/\sqrt{3} & -1/\sqrt{2} & \pm1/\sqrt{6}\end{bmatrix}$, $\begin{bmatrix} 1/\sqrt{3} & 1/\sqrt{2} & \pm1/\sqrt{6}\\ 1/\sqrt{3} & 0 & \mp2/\sqrt{6}\\ -1/\sqrt{3} & 1/\sqrt{2} & \mp1/\sqrt{6}\end{bmatrix}$,

$\begin{bmatrix} 1/\sqrt{3} & 1/\sqrt{2} & \pm1/\sqrt{6}\\ 1/\sqrt{3} & -1/\sqrt{2} & \pm1/\sqrt{6}\\ 1/\sqrt{3} & 0 & \mp2/\sqrt{6}\end{bmatrix}$, $\begin{bmatrix} 1/\sqrt{3} & 1/\sqrt{2} & \pm1/\sqrt{6}\\ 1/\sqrt{3} & -1/\sqrt{2} & \pm1/\sqrt{6}\\ -1/\sqrt{3} & 0 & \mp2/\sqrt{6}\end{bmatrix}$

6 (i) 10 (ii) 225

7 (i) $x=3, y=-2, z=4$ (ii) $x=2, y=5, z=3$

8 (i) $\begin{bmatrix} 21 & -2 & -11\\ -8 & 1 & 4\\ -11 & 1 & 6\end{bmatrix}$, 1

(ii) $\begin{bmatrix} 20 & -8 & 13/2 & -39/2\\ -13 & 5 & -4 & 13\\ -18 & 7 & -11/2 & 35/2\\ -1 & 0 & 0 & 1\end{bmatrix}$, 21

練習問題　3

1　(i)　$\displaystyle\sum_{i=1}^{n}|x_i|\geqq 0$.　等号は $x_1=\cdots=x_n=0$.

(ii)　$\displaystyle\sum_{i=1}^{n}|cx_i|=|c|\sum_{i=1}^{n}|x_i|$.

(iii)　$\displaystyle\sum_{i=1}^{n}|x_i+y_i|\leqq\sum_{i=1}^{n}(|x_i|+|y_i|)=\sum_{i=1}^{n}|x_i|+\sum_{i=1}^{n}|y_i|$.

また (i)　$\max_i|x_i|\geqq 0$. 等号は $x_1=\cdots=x_n=0$.
(ii)　$\max_i|cx_i|=|c|\max_i|x_i|$.　(iii)　$\max_i|x_i+y_i|$
$\leqq\max_i(|x_i|+|y_i|)\leqq\max_i|x_i|+\max_i|y_i|$.

2　固有方程式 $\lambda^2-(\mathrm{Tr}F)\lambda+|F|=0$ は実根をもつから判別式は正または0.

3　(i)　$\lambda=2,7$.

$$\vec{p}_1=\begin{bmatrix}1/\sqrt{5}\\-2/\sqrt{5}\end{bmatrix},\quad \vec{p}_2=\begin{bmatrix}2/\sqrt{5}\\1/\sqrt{5}\end{bmatrix},$$

$$P=\begin{bmatrix}1/\sqrt{5}&2/\sqrt{5}\\-2/\sqrt{5}&1/\sqrt{5}\end{bmatrix}, P^{\mathrm{t}}AP=\begin{bmatrix}2&0\\0&7\end{bmatrix}.$$

(ii)　$\lambda=3,-1$.

$$\vec{p}_1=\begin{bmatrix}1/\sqrt{2}\\1/\sqrt{2}\end{bmatrix},\quad \vec{p}_2=\begin{bmatrix}-1/\sqrt{2}\\1/\sqrt{2}\end{bmatrix},$$

$$P=\begin{bmatrix}1/\sqrt{2}&-1/\sqrt{2}\\1/\sqrt{2}&1/\sqrt{2}\end{bmatrix}, P^{\mathrm{t}}AP=\begin{bmatrix}3&0\\0&-1\end{bmatrix}.$$

((i), (ii) とも固有ベクトルの選び方により別の解も可能.)

4　行列 F のつくる二次形式はどの基底を用いても同じ値である．特に固有ベクトルを基底にとれば

$$f(\boldsymbol{x}, \boldsymbol{x}) = [x_1, \cdots, x_n] \begin{bmatrix} \lambda_1 & & \\ & \ddots & \\ & & \lambda_n \end{bmatrix} \begin{bmatrix} x_1 \\ \vdots \\ x_n \end{bmatrix}$$

$$= \sum_{i=1}^{n} \lambda_i (x_i)^2.$$

$\lambda_1, \cdots, \lambda_n > 0$ なら $\vec{x} \neq 0$ のとき上式は正である.

5 （i） 行列 F の固有値を $\lambda_1, \cdots, \lambda_n$ とすると，これらはすべて正であるから $\mathrm{Tr}F = \lambda_1 + \cdots + \lambda_n > 0$.

（ii） 同様に行列式 $|F| = \lambda_1 \lambda_2 \cdots \lambda_n > 0$

（iii） $\vec{x} = [1, 0, \cdots, 0]^{\mathrm{t}}$ とすると

$$\vec{x}^{\,\mathrm{t}} F \vec{x} = [1, 0, \cdots, 0] \begin{bmatrix} f_{11} & \cdots & f_{1n} \\ & \cdots & \\ & \cdots & \\ f_{n1} & \cdots & f_{nn} \end{bmatrix} \begin{bmatrix} 1 \\ 0 \\ \vdots \\ 0 \end{bmatrix} = f_{11} > 0.$$

同様に，$[0, 1, 0, \cdots, 0]^{\mathrm{t}}, \cdots, [0, \cdots, 0, 1]^{\mathrm{t}}$ を用いることにより $f_{22} > 0, \cdots, f_{nn} > 0$.

（iv） $\vec{x} = [1, \cdots, 1]^{\mathrm{t}}$として

$$\vec{x}^{\,\mathrm{t}} F \vec{x} = [1, \cdots, 1] \begin{bmatrix} f_{11} & \cdots & f_{1n} \\ & \cdots & \\ & \cdots & \\ f_{n1} & \cdots & f_{nn} \end{bmatrix} \begin{bmatrix} 1 \\ \vdots \\ \vdots \\ 1 \end{bmatrix}$$

$$= \sum_{i=1}^{n} \sum_{j=1}^{n} f_{ij} > 0.$$

6 (i) $[x, y]\begin{bmatrix} 5 & 2 \\ 2 & 2 \end{bmatrix}\begin{bmatrix} x \\ y \end{bmatrix} = 1.$

$\begin{bmatrix} x' \\ y' \end{bmatrix} = \begin{bmatrix} 2/\sqrt{5} & 1/\sqrt{5} \\ -1/\sqrt{5} & 2/\sqrt{5} \end{bmatrix}\begin{bmatrix} x \\ y \end{bmatrix}$ により

$[x', y']\begin{bmatrix} 6 & 0 \\ 0 & 1 \end{bmatrix}\begin{bmatrix} x' \\ y' \end{bmatrix} = 1.$

$6x'^2 + y'^2 = 1$ なるだ円となる.

(ii) $[x, y]\begin{bmatrix} 1 & 2 \\ 2 & -2 \end{bmatrix}\begin{bmatrix} x \\ y \end{bmatrix} = 1.$

$\begin{bmatrix} x' \\ y' \end{bmatrix} = \begin{bmatrix} 2/\sqrt{5} & 1/\sqrt{5} \\ -1/\sqrt{5} & 2/\sqrt{5} \end{bmatrix}\begin{bmatrix} x \\ y \end{bmatrix}$ により

$[x', y']\begin{bmatrix} 2 & 0 \\ 0 & -3 \end{bmatrix}\begin{bmatrix} x' \\ y' \end{bmatrix} = 1.$

$2x'^2 - 3y'^2 = 1$ なる双曲線.

((i), (ii) とも固有ベクトルの選び方により別の解も可能.)

7 (i) $\begin{bmatrix} 2 & -1 \\ -1 & 1 \end{bmatrix}$ (ii) $\begin{bmatrix} 3 & -2 \\ -2 & 1 \end{bmatrix}$

((i), (ii)とも固有ベクトルの選び方により別の解も可能.)

練習問題 **4**

1 (i) $\lambda = 1, -1, 2$

$$P=\begin{bmatrix}1&1&1\\1&2&1\\1&1&0\end{bmatrix},\quad P^{-1}=\begin{bmatrix}1&-1&1\\-1&1&0\\1&0&-1\end{bmatrix},$$

$$P^{-1}AP=\begin{bmatrix}1&&\\&-1&\\&&2\end{bmatrix}.$$

（ii） $\lambda=1,2$（二重根）

$$P=\begin{bmatrix}1&1&3\\-1&0&-1\\1&-1&0\end{bmatrix},\quad P^{-1}=\begin{bmatrix}-1&-3&-1\\-1&-3&-2\\1&2&1\end{bmatrix},$$

$$P^{-1}AP=\begin{bmatrix}1&&\\&2&\\&&2\end{bmatrix}$$

（（i），（ii）とも固有ベクトルの選び方により別の解も可能．）

2 行列式 $|A|=\lambda_1\lambda_2\cdots\lambda_n$

3 一般の初期状態 $\vec{x}_0$ に対して $\lim_{k\to\infty}\vec{x}_k=\vec{x}_\infty$ がただ一通りに定まるとする．$\vec{x}_\infty=A\vec{x}_\infty$ であるから状態 $\vec{x}_\infty$ は行列 A の固有値 1 の固有ベクトルである．他に絶対値が 1 より大きい固有値があれば，対応する解は発散し，また 1 以外の絶対値 1 の固有値があれば振動して収束しない．ゆえに，1 以外の固有値は絶対値が 1 より小さい．もし固有値 1 が重根であれば，（i）$\vec{x}_\infty$ と独立な固有ベクトルがあるか，または（ii）（k の多項式）$\times\vec{x}_\infty$ なる形の解が存在する．前者の場合は収束解が一意的でなく，後者の場合は発散する．ゆえに固有値 1 は単根である．逆の場合は明らか．

4 (i) $\vec{p}_k=[x_i]$, 各 $x_i \geqq 0$, $\sum_{i=1}^{n} x_i = 1$ とし，$\vec{p}_{k+1}=[y_i]$ とおくと

$$y_i = \sum_{j=1}^{n} p_{ij}x_j \geqq 0,$$

$$\sum_{i=1}^{n} y_i = \sum_{j=1}^{n}\left(\sum_{i=1}^{n} p_{ij}\right)x_j = \sum_{j=1}^{n} x_j = 1.$$

(ii) $\sum_{i=1}^{n} p_{ij} = 1$ より

$$P^{\mathrm{t}}\begin{bmatrix}1\\ \vdots\\ 1\end{bmatrix}=\begin{bmatrix}1\\ \vdots\\ 1\end{bmatrix}.$$

すなわち $[1, \cdots, 1]^{\mathrm{t}}$ は行列 P^{t} の固有値 1 の固有ベクトルである．行列 P と転置行列 P^{t} とは同じ固有多項式をもち，したがって，同じ固有値をもつ．ゆえに，行列 P も固有値 1 をもつ．

(iii) ヒントより $|\lambda|\,|x_j| \leqq |x_j|$, $|x_j|>0$ より $|\lambda| \leqq 1$. ゆえに，転置行列 P^{t} の固有値の絶対値は 1 以下であり，したがって，行列 P についても同様である．

5 (i) 数列 $\{x_k\}, \{y_k\}$ が解なら和 $\{x_k+y_k\}$，スカラー倍 $\{cx_k\}$（c は実数）も解である．（以下略．）(ii) 数列 $\{x_k\}$ が解なら数列 $\{x_k{}'\}(x_k{}'=x_{k+1})$ も解である．$\boldsymbol{E}\{x_k+y_k\}=\boldsymbol{E}\{x_k\}+\boldsymbol{E}\{y_k\}$, $\boldsymbol{E}\{cx_k\}=c\boldsymbol{E}\{x_k\}$（$c$ は実数）. (iii) ヒントより $x_k=c\lambda^k$ を代入する．(iv) $\lambda^3-3\lambda^2-\lambda+3=0$ より $\lambda=1, -1, 3$. ゆえに，$x_k=c_1+c_2(-1)^k+c_3 3^k$.

6 (i) $x(t), y(t)$ が解なら和 $x(t)+y(t)$，スカラー倍 $cx(t)$（c は実数）も解である．（以下略．）(ii) $x(t)$ が解なら $\dot{x}(t)$ も解である．$\boldsymbol{D}(x(t)+y(t))=\boldsymbol{D}x(t)+\boldsymbol{D}y(t)$,

$\boldsymbol{D}cx(t)=c\boldsymbol{D}x(t)$（$c$ は実数）.（iii） ヒントより $x(t)=ce^{\lambda t}$ を代入する.（iv） $\lambda^3-3\lambda^2-\lambda+3=0$ より $\lambda=1,-1,3$. ゆえに，$x(t)=c_1e^t+c_2e^{-t}+c_3e^{3t}$.

7 多項式 $zf(z)$ を多項式 $\phi(z)$ で割った商は t_n であるから $zf(z)=t_n\phi(z)+\tilde{f}(z)$. ゆえに，$\tilde{f}(z)=zf(z)-t_n\phi(z)=t_nz^n+t_{n-1}z^{n-1}+\cdots+t_1z-(t_nz^n+t_na_1z^{n-1}+\cdots+t_na_n)=(t_{n-1}-a_1t_n)z^{n-1}+(t_{n-2}-a_2t_n)z^{n-2}+\cdots+(t_1-a_{n-1}t_n)z-t_na_n$.

8 （i） $\boldsymbol{z}=(\boldsymbol{B}\circ\boldsymbol{A})\boldsymbol{x}$ なら $\boldsymbol{z}=\boldsymbol{B}\boldsymbol{y},\boldsymbol{y}=\boldsymbol{A}\boldsymbol{x}$. ゆえに，$\mathrm{Image}(\boldsymbol{B}\circ\boldsymbol{A})\subset\mathrm{Image}(\boldsymbol{B})$. また，$\boldsymbol{A}\boldsymbol{x}=\boldsymbol{0}$ なら $(\boldsymbol{B}\circ\boldsymbol{A})\boldsymbol{x}=\boldsymbol{0}$. ゆえに，$\mathrm{Ker}(\boldsymbol{B}\circ\boldsymbol{A})\supset\mathrm{Ker}(\boldsymbol{A})$.

（ii） $\mathrm{rank}BA=\dim\mathrm{Image}(\boldsymbol{B}\circ\boldsymbol{A})\leqq\dim\mathrm{Image}(\boldsymbol{B})=\mathrm{rank}B$. $\mathrm{rank}BA=n-\dim\mathrm{Ker}(\boldsymbol{B}\circ\boldsymbol{A})\leqq n-\dim\mathrm{Ker}(\boldsymbol{A})=\mathrm{rank}A$.

9 （i） $\lambda=1,3$（二重根）

$$P=\begin{bmatrix}1&1&0\\1&1&1\\1&2&-1\end{bmatrix},\quad P^{-1}=\begin{bmatrix}3&-1&-1\\-2&1&1\\-1&1&0\end{bmatrix},$$

$$P^{-1}AP=\left[\begin{array}{c|cc}1&&\\\hline&3&1\\&&3\end{array}\right].$$

（ii） $\lambda=1$（二重根），2

$$P=\begin{bmatrix}0&1&1\\1&1&1\\2&1&1\end{bmatrix},\quad P^{-1}=\begin{bmatrix}-1&1&0\\1&-2&1\\0&2&-1\end{bmatrix},$$

$$P^{-1}AP = \left[\begin{array}{cc|c} 1 & 1 & \\ & 1 & \\ \hline & & 2 \end{array}\right]$$

((i), (ii) とも固有ベクトルの選び方により別の解も可能.)

10 $\boldsymbol{e}_1 = \{\lambda_1{}^k\}, \boldsymbol{e}_2 = \{k\lambda_1{}^{k-1}\},\ \boldsymbol{e}_3 = \{k(k-1)\lambda_1{}^{k-2}/2\}, \cdots$ とおく. $\{\lambda_1{}^{k+1}\} = \lambda_1\{\lambda_1{}^k\}, \{(k+1)\lambda_1{}^k\} = \lambda_1\{k\lambda_1{}^{k-1}\} + \{\lambda_1{}^k\},\ \{(k+1)k\lambda_1{}^{k-1}/2\} = \lambda_1\{k(k-1)\lambda_1{}^{k-2}/2\} + \{k\lambda_1{}^{k-1}\}, \cdots$ により $\boldsymbol{E}\boldsymbol{e}_1 = \lambda\boldsymbol{e}_1, \boldsymbol{E}\boldsymbol{e}_2 = \lambda\boldsymbol{e}_2 + \boldsymbol{e}_1, \boldsymbol{E}\boldsymbol{e}_3 = \lambda\boldsymbol{e}_3 + \boldsymbol{e}_2, \cdots$.

11 固有多項式を $\phi(\lambda) = \lambda^n + a_1\lambda^{n-1} + \cdots + a_n$ とする. $A^n + a_1A^{n-1} + \cdots + a_nI = A(A^{n-1} + a_1A^{n-2} + \cdots + a_{n-1}I) + a_nI = 0, a_n = |A| \neq 0$ より $A(A^{n-1} + a_1A^{n-2} + \cdots + a_{n-1}I)/a_n = I$. ゆえに, $A^{-1} = (A^{n-1} + a_1A^{n-2} + \cdots + a_{n-1}I)/a_n$.

12 (i) $\varphi_1(z), \varphi_2(z)$ を線形写像 $\boldsymbol{A}$ の次数最小の零多項式とする. 多項式 $\varphi_1(z)$ を多項式 $\varphi_2(z)$ で割って $\varphi_1(z) = c\varphi_2(z) + r(z)$ (c は実数) とおくと $r(z)$ も零多項式である ($r(\boldsymbol{A}) = \varphi_1(\boldsymbol{A}) - c\varphi_2(\boldsymbol{A}) = \boldsymbol{0}$). 余り $r(z)$ の次数は多項式 $\varphi_2(z)$ の次数より小さいから, 次数最小の仮定により $r(z) = 0$. ゆえに, $\varphi_1(z) = c\varphi_2(z)$. (ii) 固有多項式 $\phi(z)$ を最小多項式 $\varphi(z)$ で割って, $\phi(z) = q(z)\varphi(z) + r(z)$ とおくと, (i)と同様に余り $r(z)$ は最小多項式 $\varphi(z)$ より次数の小さい零多項式となるから $r(z) = 0$.
(iii) 線形写像 $\boldsymbol{A}$ の固有値 λ に対応する固有ベクトルを $\boldsymbol{p}$ とすると, $\boldsymbol{A}\boldsymbol{p} = \lambda\boldsymbol{p}$. これを繰り返して用いると $\varphi(\boldsymbol{A})\boldsymbol{p} = \varphi(\lambda)\boldsymbol{p}$ となる. $\varphi(\boldsymbol{A}) = \boldsymbol{0}, \boldsymbol{p} \neq \boldsymbol{0}$ より $\varphi(\lambda) = 0$, すなわち, 任意の固有値 λ は最小多項式 $\varphi(z)$ の根である.

文庫版あとがき

数理科学の重要性が社会的に認知される時代が来た．

AIの勃興もこれに拍車をかけている．いまや理系，文系の壁を越えて，数学的な思考に関心が集まる．

初等教育の計算，幾何，連立方程式のなどの代数から始まり，関数とその微分，積分，また確率統計などを教わる．そして大学で線形代数に出会う．これは比較的抽象性の高いもので，ここで挫折してしまう学生もいるだろう．

線形代数は現代数学の方法を見通しよく教える格好の題材である．複雑な計算は必要なく，公式を覚えなくてもよい．素直に論理に従えば，すっきりと身につく．しかもその応用たるや，理系のほとんどの分野で必要で，経済学や認知科学をはじめとする多くの文系の分野にも多々現れる．つまり世にあふれているのである．

このためであろう，線形代数の教科書は多い．そのほとんどは，数学者の執筆になるものである．しかし，数学者となると，つい数学を専攻する学生を意識してしまい，数学としての厳密性と完全性を必要以上に求める．このため，かえってその本質を分かりにくくしてしまう．

本書は，多くの現実の問題を例にとりながら，厳密な論理性を失うことなく，線形代数の本質を直感的に摑むことを目指した，いわば欲張った本である．大学初学年を対象に，現代数学の考え方とその面白さをまず学ぶとともに，身近な例題で線形代数の本質がわかることを目標にしている．

もちろん，入門書でもあることから，紙数の関係もあって，書き逃した話題も多くある．しかし，本書の論理に従えばそれらを学ぶことも容易であろうと考える．

数理工学を永年考究してきた研究者として，特徴のある本書の復刊は大変うれしい．

2023年5月

甘利　俊一

索 引

ア 行

カ 行

サ　行

タ　行

ナ　行

ハ　行

マ, ヤ, ラ, ワ 行

本書は、一九八七年五月一〇日、講談社より発行されたものである。

熱学思想の史的展開2　山本義隆

熱力学はカルノーの一篇の論文に始まり骨格が完成した。熱素説に立ちつつも、時代に半世紀も先行していた。理論のヒントは水車だったのか？

熱学思想の史的展開3　山本義隆

隠された因子、エントロピーがついにその姿を現わす。そして重要な概念が加速的に連結し熱力学が体系化されていく。格好の入門篇。全3巻完結。

重力と力学的世界（上）　山本義隆

〈重力〉理論完成までの思想的格闘の跡を丹念に辿り、先人の思考の核心に肉薄する壮大な力学史。上巻は、ケプラーからオイラーまでを収録。

重力と力学的世界（下）　山本義隆

西欧近代において、古典力学はいかなる世界を発見し、いかなる世界像を作り出し、そして何を切り捨ててきたのか。歴史形象としての古典力学。

数学がわかるということ　山口昌哉

非線形数学の第一線で活躍した著者が〈数学とは〉をしみじみと、〈私の数学〉を楽しげに語る異色の数学入門書。（野崎昭弘）

カオスとフラクタル　山口昌哉

ブラジルで蝶が羽ばたけば、テキサスで竜巻が起こる？　カオスやフラクタルの非線形数学の不思議をさぐる本格的入門書。（合原一幸）

大学数学の教則　矢崎成俊

高校までの数学と大学の数学では、大きな断絶がある。この溝を埋めるべく企図された、自分の中の数学を芽生えさせる、「大学数学の作法」指南書。

数学文章作法　基礎編　結城浩

レポート・論文・プリント・教科書など、数式まじりの文章を正確で読みやすいものにするには？『数学ガール』の著者がそのノウハウを伝授！

数学文章作法　推敲編　結城浩

ただ何となく推敲していませんか？　語句の吟味・全体のバランス・レビューなど、文章をより良くするために効果的な方法を、具体的に学びましょう。

生物学のすすめ　ジョン・メイナード＝スミス　木村武二訳

現代生物学では何が問題になるのか。20世紀生物学に多大な影響を与えた大家が、複雑な生命現象を理解するためのキー・ポイントを易しく解説。

現代の古典解析　森毅

おなじみ一刀斎の秘伝公開！　極限と連続に始まり、指数関数と三角関数を経て、偏微分方程式に至る。見晴らしのきく、読み切り22講義。

ベクトル解析　森毅

1次元線形代数学から多次元へ、1変数の微積分から多変数へ。応用面と異なる、教育的重要性を軸に展開するユニークなベクトル解析のココロ。

対談 数学大明神　森毅　安野光雅

数楽的センスの大饗宴！　読み巧者の数学者と数学ファンの画家が、とめどなく繰り広げる興趣つきぬ数学談義。　（河合雅雄・亀井哲治郎）

線型代数　森毅

理工系大学生必須の線型代数を、その生態のイメージと意味のセンスを大事にしつつ、基礎的な概念をひとつひとつユーモアを交え丁寧に説明する。

新版 数学プレイ・マップ　森毅

一刀斎の案内で数の世界を気ままに歩き、勝手に遊ぶ数学エッセイ。「微積分の七不思議」「数学の大いなる流れ」他三篇を増補。　（亀井哲治郎）

フィールズ賞で見る現代数学　マイケル・モナスティルスキー　眞野元訳

「数学のノーベル賞」とも称されるフィールズ賞。その誕生の歴史、および第一回から二〇〇六年までの歴代受賞者の業績を概説。

思想の中の数学的構造　山下正男

レヴィ＝ストロースと群論？　ニーチェやオルテガの遠近法主義、ヘーゲルと解析学、孟子と関数概念……。数学的アプローチによる比較思想史。

熱学思想の史的展開1　山本義隆

熱の正体は？　その物理的特質とは？　『磁力と重力の発見』の著者による壮大な科学史。熱力学入門書としての評価も高い。全面改稿。

作用素環の数理
J・フォン・ノイマン
長田まりゑ編訳

終戦直後に行われた講演「数学者」と、「作用素環について」I～IVの計五篇を収録。一分野としての作用素環論を確立した記念碑的業績を網羅する。

新・自然科学としての言語学
福井直樹

気鋭の文法学者によるチョムスキーの生成文法解説書。文庫化にあたり旧著を大幅に増補改訂し、付録として黒田成幸の論考「数学と生成文法」を収録。

電気にかけた生涯
藤宗寛治

実験・観察にすぐれたファラデー、電磁気学にまとめたマクスウェル、ほかにクーロンやオームなど科学者十二人の列伝を通して電気の歴史をひもとく。

科学の社会史
古川安

大学、学会、企業、国家などと関わりながら「制度化」の歩みを進めて来た西洋科学。現代に至るまでの約五百年の歴史を概観した定評ある入門書。

ロバート・オッペンハイマー
藤永茂

マンハッタン計画を主導し原子爆弾を生み出したオッペンハイマーの評伝。多数の資料をもとに、政治に翻弄、欺かれた科学者の愚行と内的葛藤に迫る。

πの歴史
ペートル・ベックマン
田尾陽一／清水韶光訳

円周率だけでなく意外なところに顔をだすπ。ユークリッドやアルキメデスによる探究の歴史に始まり、オイラーの発見したπの不思議にいたる。

やさしい微積分
L・S・ポントリャーギン
坂本實訳

微積分の基本概念・計算法を全盲の数学者がイメージ豊かに解説。版を重ねて読み継がれる定番の入門教科書。練習問題・解答付きで独習にも最適。

科学と仮説
アンリ・ポアンカレ
南條郁子訳

科学の要件とは何か？　仮説の種類と役割とは？　数学と物理学を題材に、関連しあう多様な問題を論じる。規約主義を初めて打ち出した科学哲学の古典。

フラクタル幾何学（上）
B・マンデルブロ
広中平祐監訳

「フラクタルの父」マンデルブロの主著。膨大な資料を基に、地理・天文・生物などあらゆる分野から事例を収集・報告したフラクタル研究の金字塔。

調査の科学　林知己夫
消費者の嗜好や政治意識を測定するとは？　集団特性の数量的表現の解析手法を開発した統計学者による社会調査の論理と方法の入門書。（吉野諒三）

インドの数学　林隆夫
ゼロの発明だけでなく、数表記法、平方根の近似公式、順列組み合せ等大きな足跡を残してきたインドの数学を古代から16世紀まで原典に則して辿る。

幾何学基礎論　D・ヒルベルト　中村幸四郎訳
20世紀数学全般の公理化への出発点となった記念碑的著作。ユークリッド幾何学を根源まで遡り、斬新な観点から厳密に基礎づける。（佐々木力）

素粒子と物理法則　R・P・ファインマン／S・ワインバーグ　小林澈郎訳
量子論と相対論を結びつけるディラックのテーマを対照的に展開したノーベル賞学者による追悼記念講演。現代物理学の本質を堪能させる三重奏。

ゲームの理論と経済行動Ｉ（全3巻）　ノイマン／モルゲンシュテルン　銀林／橋本／宮本監訳　阿部／橋本訳
今やさまざまな分野への応用いちじるしい「ゲーム理論」の嚆矢とされる記念碑的著作。第Ｉ巻はゲームの形式的記述とゼロ和2人ゲームについて。

ゲームの理論と経済行動II　ノイマン／モルゲンシュテルン　銀林／橋本／宮本監訳　銀林／下島訳
第Ｉ巻でのゼロ和2人ゲームの考察を踏まえ、第II巻ではプレイヤーが3人以上の場合のゼロ和ゲーム、およびゲームの合成分解について論じる。

ゲームの理論と経済行動III　ノイマン／モルゲンシュテルン　銀林／橋本／宮本監訳　銀林／宮本訳
第III巻では非ゼロ和ゲームにまで理論を拡張。これまでの数学的結果をもとにいよいよ経済学的解釈を試みる。全3巻完結。（中山幹夫）

計算機と脳　J・フォン・ノイマン　柴田裕之訳
脳の振る舞いを数学で記述することは可能か？　現代のコンピュータの生みの親でもあるフォン・ノイマン最晩年の考察。新訳。（野﨑昭弘）

数理物理学の方法　J・フォン・ノイマン　伊東恵一編訳
多岐にわたるノイマンの業績を展望するための文庫オリジナル編集。本巻は量子力学・統計力学など物理学の重要論文四篇を収録。全篇新訳。

遊歴算家・山口和「奥の細道」をゆく　鳴海風／高山ケンタ・画

全国を旅し数学を教えた山口和。彼の道中日記をもとに数々のエピソードや数学愛好者の思いを描いた和算時代小説。文庫オリジナル。（上野健爾）

不完全性定理　野﨑昭弘

事実・推論・証明……。理屈っぽいとケムたがられる話題を、なるほどと納得させながら、ユーモアたっぷりにひもといたゲーデルへの超入門書。

数学的センス　野﨑昭弘

美しい数学とは詩なのです。いまさら数学者にはなれないけれどそれを楽しめたら……。そんな期待に応えてくれる心やさしいエッセイ風数学再入門。

高等学校の確率・統計　黒田孝郎／森毅／小島順／野﨑昭弘ほか

成績の平均や偏差値はおなじみでも、実務の水準とは隔たりが！　基礎からやり直したい人のために伝説の検定教科書を指導書付きで復活。

高等学校の基礎解析　黒田孝郎／森毅／小島順／野﨑昭弘ほか

わかってしまえば日常感覚に近いものながら、数学挫折のきっかけの微分・積分。その基礎を丁寧にひもといた再入門のための検定教科書第2弾！

高等学校の微分・積分　黒田孝郎／森毅／小島順／野﨑昭弘ほか

高校数学のハイライト「微分・積分」！　その入門コース『基礎解析』に続く本格コース。公式暗記の学習からほど遠い、特色ある教科書の文庫化第3弾。

算数・数学24の真珠　野﨑昭弘

算数・数学には基本中の基本〈真珠〉となる考え方がある。ゼロ、円周率、＋と－、無限……。数学のエッセンスを優しい語り口で説く。（亀井哲治郎）

数学の楽しみ　テオニ・パパス／安原和見訳

ここにも数学があった！　石鹼の泡、くもの巣、雪片曲線、一筆書きパズル、魔方陣、DNAらせん……。イラストも楽しい数学入門150篇。

相対性理論（下）　W・パウリ／内山龍雄訳

アインシュタインが絶賛し、物理学者内山龍雄をして、研究を措いてでも訳したかったと言わしめた、相対論三大名著の一冊。（細谷暁夫）

ガウスの数論　高瀬正仁

青年ガウスは目覚めとともに正十七角形の作図法を思いついた。初等幾何に露頭した数論の一端！　創造の世界の不思議に迫る原典講読第2弾。

評伝　岡潔　星の章　高瀬正仁

詩人数学者と呼ばれ、数学の世界に日本的情緒を見事開花させた不世出の天才・岡潔。その人間形成と研究生活を克明に描く。誕生から研究の絶頂期へ。

評伝　岡潔　花の章　高瀬正仁

野を歩き、花を摘むように数学的自然を彷徨した伝説の数学者・岡潔。本巻は、その圧倒的数学世界を、絶頂期から晩年、逝去に至るまで丹念に描く。

高橋秀俊の物理学講義　高橋秀俊／藤村靖

ロゲルギストを主宰した研究者の物理的センスとは。力について、示量変数と示強変数、ルジャンドル変換、変分原理などの汎論四〇講。（田崎晴明）

物理学入門　武谷三男

科学とはどんなものか。ギリシャの力学から惑星の運動解明まで、理論変革の跡をひも解いた科学論。三段階論で知られる著者の入門書。（上條隆志）

数は科学の言葉　トビアス・ダンツィク　水谷淳訳

数感覚の芽生えから実数論・無限論の誕生まで、数万年にわたる人類と数の歴史を活写。アインシュタインも絶賛した数学読み物の古典的名著。

常微分方程式　竹之内脩

初学者を対象に基礎理論を学ぶとともに、重要な具体例を取り上げ、それぞれの方程式の解法と解について解説する。練習問題を付した定評ある教科書。

対称性の数学　高橋礼司

モザイク文様等〝平面の結晶群〟ともいうべき周期性をもった図形の対称性を考察し、視覚イメージから抽象的な群論的思考へと誘う入門書。（梅田亨）

数理のめがね　坪井忠二

物のかぞえかた、勝負の確率といった身近な現象の本質を解き明かす地球物理学の大家による数理エッセイ。後半に「微分方程式雑記帳」を収録する。

ちくま学芸文庫

理工学者が書いた数学の本　線形代数

二〇二三年七月十日　第一刷発行

著者　甘利俊一（あまり・しゅんいち）
　　　金谷健一（かなたに・けんいち）

発行者　喜入冬子
発行所　株式会社　筑摩書房
東京都台東区蔵前二―五―三　〒一一一―八七五五
電話番号　〇三―五六八七―二六〇一（代表）
装幀者　安野光雅
印刷所　大日本法令印刷株式会社
製本所　株式会社積信堂

ISBN978-4-480-51197-3 C0141